Characteristics of Distributed-Parameter Systems

Mathematics and Its Applications

Managing Editor:

M. HAZEWINKEL

Centre for Mathematics and Computer Science, Amsterdam, The Netherlands

Volume 266

Characteristics of Distributed-Parameter Systems

Handbook of Equations of Mathematical Physics and Distributed-Parameter Systems

by

A.G. Butkovskiy

and

L.M. Pustyl'nikov
*Russian Academy of Sciences,
Moscow, Russia*

With editorial assistance from
Seppo Pohjolainen

Translated from the Russian by
Robert Piché

SPRINGER SCIENCE+BUSINESS MEDIA, B.V.

Library of Congress Cataloging-in-Publication Data

```
Butkovskiĭ, A. G. (Anatoliĭ Grigor'evich)
   Characteristics of distributed-parameter systems : handbook of
 equations of mathematical physics and distributed-parameter systems
 / by A.G. Butkovskiy and L. M. Pustyl'nikov ; with editorial
 assistance from Seppo Pohjolainen ; translated from the Russian by
 Robert Piché.
      p.   cm. -- (Mathematics and its applications)
   Continues: Green's functions and transfer functions handbook.
 1982.
   Includes bibliographical references and index.
   ISBN 978-94-010-4914-6     ISBN 978-94-011-2062-3 (eBook)
   DOI 10.1007/978-94-011-2062-3
   1. Distributed parameter systems.  2. Green's functions.
 3. Transfer functions.   I. Pustyl'nikov, Leonid Moiseevich.
 II. Butkovskiĭ, A. G. (Anatoliĭ Grigor'evich).  Kharakteristiki
 sistem s raspredelennymi parametrami.  English.  III. Title.
 IV. Series: Mathematics and its applications

 QA402.B887  1993
 003'.78--dc20                                             93-30135
```

ISBN 978-94-010-4914-6

Printed on acid-free paper

All Rights Reserved
© 1993 Springer Science+Business Media Dordrecht
Originally published by Kluwer Academic Publishers in 1993
Softcover reprint of the hardcover 1st edition 1993
No part of the material protected by this copyright notice may be reproduced or
utilized in any form or by any means, electronic or mechanical,
including photocopying, recording or by any information storage and
retrieval system, without written permission from the copyright owner.

Никто не обнимет необъятного

Козьма Прутков

Contents

Preface	ix
Principal notations	xi
Definitions	xiv
The system of classification of problems	xix

1 Characteristics of distributed systems described by individual equations   1

§ 1. Group (1.0.2) 1
§ 2. Group (1.1.1) 29
§ 3. Group (1.1.2) 31
§ 4. Group (1.2.2) 56
§ 5. Group (2.0.2) 111
§ 6. Group (2.1.2) 119
§ 7. Group (2.2.2) 126
§ 8. Group (3.0.1) 133
§ 9. Group (3.0.2) 134
§ 10. Group (3.1.1) 142
§ 11. Group (3.1.2) 143
§ 12. Group (3.2.2) 152
§ 13. Group (r.0.2) 161
§ 14. Differential-difference equations 162
§ 15. Integral equations 167
§ 16. Integro-differential equations 195

2 Characteristics of interconnected distributed systems   200

§ 1. Systems of group (0.1.0) 200
§ 2. Systems of group (1.0.2) 205
§ 3. Systems of group (1.1.2) 228
§ 4. Systems of group (1.2.2) 259
§ 5. Systems of integral equations 311

3 On the practice of finding characteristics of distributed systems — 316
§ 1. Introduction — 316
§ 2. Finite Integral Transforms of Greenberg and Sobolev — 317
    2.1 Greenberg Transforms — 317
    2.2 Sobolev transform — 322
§ 3. On a mistake in the application of the Sobolev transform — 326
§ 4. Greenberg transforms of some functions and expressions — 334
    4.1 Delta functions — 334
    4.2 Arbitrary linear combination of eigenfunctions — 334
    4.3 Special functions — 334
    4.4 Derivatives — 335
    4.5 Derivatives of higher order — 336
§ 5. Further properties of finite integral transforms — 336
    5.1 Liouville's transformation — 336
    5.2 Asymptotic formulas for eigenvalues — 338
    5.3 Asymptotics, boundary values, and oscillatory properties of eigenfunctions — 338
    5.4 Extremal properties of eigenvalues and eigenfunctions — 339
    5.5 Asymptotic and approximate expressions for the kernel of the Sobolev transform — 340
    5.6 Integral equations for the kernel of the Sobolev transform — 341
§ 6. Application of finite integral transforms to the analysis of distributed parameter systems — 341
    6.1 Standardising functions — 342
    6.2 Modal representation of the solutions — 344
    6.3 Transfer functions — 345
    6.4 The dispersion equation; the sign of the eigenvalues — 347
§ 7. Generalised (modified) Green's functions — 348
§ 8. On the form of presentation of the states of distributed parameter systems containing boundary conditions of the first kind — 351
§ 9. Normal and anormal systems — 356
    9.1 Normal system — 356
    9.2 Anormal system — 357

Appendix: Tables of characteristic values — 360

Bibliography — 373

Index — 385

Preface

This book is a continuation of the book *Green's Functions and Transfer Functions* [35] written some ten years ago. However, there is no overlap whatsoever in the contents of the two books, and this book can be used quite independently of the previous one. This series of books represents a new kind of handbook, in which are collected data on the characteristics of systems with distributed and lumped parameters. The present volume covers some two hundred problems. Essentially, this book should be considered as a desktop handbook, intended, like [35], to give rapid "on-line" access to relevant data about problems. For each problem, the book lists all the main characteristics of the solution: standardising functions, Green's functions, transfer functions or matrices, eigenfunctions and eigenvalues with their asymptotics, roots of characteristic equations, and other data.

In addition to systems described by a single differential equation, this volume also includes degenerate multiconnected systems, systems for which no Green's function or matrix exists, and other special cases which are important for applications.

The purpose of this book is to make it easier for scientists and engineers to compare, in a short time, a large number of systems with distributed parameters. It is an aid for rapidly analysing the qualitative aspects of a specific system, by providing ready-made descriptions of its special features and of the characteristics of its solution. It may be used as a basic handbook for approaching questions of controllability, observability, identification, synthesis, and other questions associated with the problems that are dealt with in this book.

Finally, the present book is indispensable for the solution of problems in the structural theory of distributed-parameter systems. In this complex and important class of problems, as a rule, the properties of systems are determined based on the system's interconnection structure and the properties of the individual blocks. The solution of a given problem is seriously hindered if the detailed characteristics of a block are not readily at hand. The present book removes these difficulties.

The systems and problems considered here are, as a rule, more complex than the ones in the previous volume [35]. This is reflected by the greater length of the present book, and by the smaller number of problems. The present book and the previous one [35] complement each other, but of course each book can also be used independently of the other.

The actual characteristics of distributed parameter systems are collected in the first and second chapters of this book. While most of the material is taken from the literature (and is duly referenced in the bibliography), some of the material is original and is published here for the first time.

Chapter 1 has the same organization as the corresponding chapter in [35], but is made up of completely new material. Included here are, among others, special descriptions combining concrete and general features of distributed parameter systems of selected classes. Treated for the first time in a handbook of this type are differential-difference and integro-differential equations. Also presented are the characteristics of simple quantum mechanical systems, and data for other systems.

Chapter 2 presents the characteristics of systems of differential or integral equations. Several different multiconnected systems are presented. The characteristics are given in matrix terms, and represent the complete solution for each and every input and output channel. Various special characteristics of these systems are also given.

In Chapter 3, practical prescriptions for finding and understanding the characteristics of various classes of distributed systems are given.

The present book addresses itself to a wide audience of specialists in many fields of science and technology who deal with processes in continuous media, various kinds of field phenomena, problems of mathematical physics, and control of distributed-parameter systems. This book is also useful for undergraduate and graduate students of physico-mathematical and engineering sciences.

The authors take this opportunity to express their sincere gratitude to Ekaterina Pustyl'nikova and Olga Shalyapina for their great help during the preparation of this book. Also, the assistance of Dr. Robert Piché, who translated the manuscript from Russian into English and provided many useful suggestions for improvements in the text, is gratefully acknowledged. The authors also express their thanks to Professor Seppo Pohjolainen, who is a well-known specialist in distributed parameter control systems. His editorial contribution is difficult to overestimate, and it is thanks to his attention and care that the authors now see their book in strongly improved form. It is a great pleasure to say many thanks to the Tampere University of Technology, to Rector Professor Timo Lepistö, Professor Heikki Koivo, and Professor Keijo Ruohonen, for their help and attention in creating conditions for completing this work.

A. G. Butkovskiy, L. M. Pustyl'nikov

Principal notations

Symbol	Explanation
$c(x; k, n)$	the k-th hyperbolic sine of order n, defined as the inverse Laplace transform of $p^{k-1}/(p^n - 1)$ for $k = 1, 2, \ldots, n$
$\mathbb{C}_n[x_1, x_2]$	set of all continuous and n times continuously differentiable functions on (x_1, x_2)
$\mathcal{D}, \bar{\mathcal{D}}, \partial\mathcal{D}$	open set in Euclidean space, its closure, and its boundary
$\det(\cdot)$	matrix determinant
E	identity matrix
f	a function or vector-function of the independent spatial and/or time variables; the input to the distributed parameter system; the external forcing term of the partial differential equation
$g(\lambda_n, t)$	Green's function or impulse response function (or matrix) in the modal representation of the system
$g, g_1, g_2, \ldots$	functions or vector-functions appearing in the boundary conditions
G	Green's function or matrix-function; impulse response function or matrix; fundamental solution
G*	generalised (modified) Green's function
j	imaginary unit, $j^2 = -1$
L	the differential operator $\frac{\partial}{\partial x}\left[p(x)\frac{\partial}{\partial x}\right] + q(x)$
L_0	differential operator connected to L by the relation $r(x)L_0 = L$, where $r(x)$ is a weight function
$\mathcal{L}[\cdot]$	linear differential, integro-differential, or integral operator
$\mathcal{L}_p^{-1}[\cdot]$	inverse Laplace transform
$\ell[\cdot]$	linear operator appearing in the boundary conditions
$\mathcal{N}[\cdot]$	linear operator appearing in the initial conditions
$p(x), q(x)$	coefficients of the differential operator L

PRINCIPAL NOTATIONS

$Q, Q_1, Q_2, \ldots$	dependent variable, a function or vector-function of the independent spatial and/or time variables; the state or output of the distributed parameter system; the solution of the partial differential equation or integral equation
$\bar{Q}(\lambda_n)$	finite Greenberg integral transform of $Q(x)$
$\bar{Q}_S(x, \lambda)$	finite Sobolev integral transform of $Q(x)$
$Q_0, Q_{10}, Q_{20}, \ldots$	functions or vector-functions describing the initial state of the distributed parameter system; the initial conditions of the partial differential equation
(r, θ, z)	independent spatial variables in cylindrical coordinate system
(r, θ, ϕ)	independent spatial variables in spherical coordinate system
$R(\lambda_n, t)$	finite Greenberg integral transform of the standardising function for the boundary conditions
$\mathbb{R}$	the set of real numbers
$s(x; k, n)$	the k-th sine of order n, defined as the inverse Laplace transform of $p^{k-1}(p^n + 1)^{-1}$ for $k = 1, 2, \ldots, n$
t	independent time variable
w	standardising function or vector-function
w^0	standardising function or vector-function for the boundary conditions
w^1	standardising function or vector-function for the initial conditions
W	transfer function or matrix-function
$W(\lambda_n, t)$	transfer function (or matrix-function) in the modal representation of the system
x	independent spatial variable, a point in $\tilde{D}$
(x, y, z)	independent spatial variables in rectangular coordinate system
$(x, \xi), (y, \eta), (z, \zeta), (r, \rho),$ $(\theta, \omega), (\phi, \nu), (t, \tau)$	pairs of conjugate independent variables
$\delta(z)$	delta function
δ_{mn}	Kronecker's symbol, $\delta_{mn} = 1$ if $m = n$, $\delta_{mn} = 0$ if $m \neq n$
$\Delta(\lambda^2)$	characteristic determinant, characteristic function
$\Gamma(x, \xi, \lambda)$	Green's resolvent; kernel of the finite Sobolev integral transform
$\phi_n(x) = \phi(\lambda_n, x)$	eigenfunctions of Sturm-Liouville boundary value problem; n-th spatial mode
$\lambda_n^2 \, (n = 1, 2, \ldots)$	eigenvalues; parameter of finite Greenberg integral transform

PRINCIPAL NOTATIONS

Λ — set of all eigenvalues; spectrum
$(\cdot, \cdot)$ — scalar product of two functions
$\|\phi\|_{L_r^2}^2$ — weighted mean square norm of $\phi(x)$ with the weight function $r(x)$ (see page 320)

The symbols $*$, $\otimes$, $\odot$ represent convolution over time, space, and space-time, respectively. For functions $u = u(x, \xi, t)$ and $v = v(x, \xi, t)$, these operations are defined as follows:

$$(u * v)(x, \xi, t) = \int_0^t u(x, \xi, \tau) v(x, \xi, t - \tau) \, d\tau,$$

$$(u \otimes v)(x, \xi, t) = \int_{x_1}^{x_2} u(x, \eta, t) v(\eta, \xi, t) \, d\eta,$$

$$(u \odot v)(x, \xi, t) = \int_0^t \int_{x_1}^{x_2} u(x, \eta, \tau) v(\eta, \xi, t - \tau) \, d\eta \, d\tau.$$

Definitions

All the boundary and initial value problems listed in this work are expressed in a single standard form, which is defined in this section. Only linear problems are considered.

We are concerned with boundary or initial value problems for differential equations, integral equations and integro-differential equations that describe processes in a specified open set $\mathcal{D}$ with a boundary $\partial \mathcal{D}$ in Euclidean space, and for a time $t \geq t_0$ where t_0 is some given initial value. We denote by $Q(x, t)$ the unknown function of a problem; in general, it is a vector-function depending on a point x that belongs to an open set $\mathcal{D}$ in r-dimensional Euclidean space E^r and $t \geq t_0$.

To be as general as possible we take the basic equation of a problem in the form

$$\mathcal{L}[Q(x,t)] = f(x,t), \quad x \in \mathcal{D}, \quad t > t_0. \tag{1}$$

where $\mathcal{L}$ is a linear operator and $f(x,t)$ a given function; the unknown function $Q(x,t)$ is subject to boundary conditions of the form

$$\ell[Q(x,t)] = g(x,t), \quad x \in \partial\mathcal{D}, \quad t > t_0, \tag{2}$$

where ℓ is a linear boundary operator and $g(x,t)$ is a given function, and to initial conditions of the form

$$\mathcal{N}[Q(x,t)] = Q_0(x), \quad x \in \mathcal{D}, \quad t = t_0, \tag{3}$$

where N is also a linear operator and $Q_0(x)$ is a given function. If the basic equation (1) is an integral equation, then conditions (2) and (3) are unnecessary. In the general case the problem is to find a vector-function $Q(x,t)$ satisfying (1–3) for given vector-functions $f(x,t)$, $g(x,t)$, and $Q_0(x)$.

It can be shown (see [34] and [35, §2.11]) that there is a generalised function or vector-function $w(x,t)$, in general not unique, which depends linearly on $f(x,t)$, $g(x,t)$, and $Q_0(x)$, and is such that the problem (1–3) is equivalent to the problem

$$\mathcal{L}[Q(x,t)] = w(x,t), \quad x \in \mathcal{D}, \quad t > t_0, \tag{4}$$
$$\ell[Q(x,t)] = 0, \quad x \in \partial\mathcal{D}, \quad t > t_0, \tag{5}$$
$$\mathcal{N}[Q(x,t)] = 0, \quad x \in \mathcal{D}, \quad t = t_0. \tag{6}$$

DEFINITIONS

In other words, the problem (1–3) is equivalent to the problem (4–6) with homogeneous boundary conditions and zero initial conditions. We call w(x, t) the *standardising function* of the problem (1–3), and say that the problem (4–6) is the *standard form* of this problem. Of course, if g(x, t) = 0 in (2) and $Q_0(x) = 0$ in (3), then the problem (1–3) is already in standard form, and the standardising function is just f(x, t).

An important aspect of a problem in standard form is that it is completely characterised by a function called the Green's function, also known as the impulse response function, the influence function, the source function, etc. In the scalar case, the Green's function of the standard problem is, by definition, a function $G(x, \xi, t, \tau)$ which, for every $\xi \in \bar{\mathcal{D}}$ and $\tau \geq t_0$, satisfies the system (4–6) with

$$w(x, t) = \delta(x - \xi)\delta(t - \tau), \quad x \in \bar{\mathcal{D}}, \quad t \geq t_0, \tag{7}$$

in the sense of generalised functions [174], that is, it satisfies the system of equations

$$\mathcal{L}[G(x, \xi, t, \tau)] = \delta(x - \xi)\delta(t - \tau), \quad x \in \mathcal{D}, \quad t > t_0, \tag{8}$$
$$\ell\mathcal{L}[G(x, \xi, t, \tau)] = 0, \quad x \in \partial\mathcal{D}, \quad t > t_0, \tag{9}$$
$$\mathcal{N}[G(x, \xi, t, \tau)] = 0, \quad x \in \mathcal{D}, \quad t = t_0. \tag{10}$$

Knowing the Green's function and the standardising function, a solution of the problem (1–3) can be found from the formula

$$Q(x, t) = \int_{t_0}^{t} \int_{\mathcal{D}} G(x, \xi, t, \tau) w(\xi, \tau) \, d\xi \, d\tau. \tag{11}$$

We need to distinguish two special cases.

If the problem (1–3) is static, that is, if it does not depend on the time t, then it is described by a system without initial conditions:

$$\mathcal{L}[Q(x)] = f(x), \quad x \in \mathcal{D}, \tag{12}$$
$$\ell\mathcal{L}[Q(x)] = g(x), \quad x \in \partial\mathcal{D}. \tag{13}$$

In this case the standard form is simply

$$\mathcal{L}[Q(x)] = w(x), \quad x \in \mathcal{D}, \tag{14}$$
$$\ell\mathcal{L}[Q(x)] = 0, \quad x \in \partial\mathcal{D}. \tag{15}$$

where the standardising function w(x) depends linearly on f(x) and g(x). Here, the Green's function $G(x, \xi)$ satisfies the equations

$$\mathcal{L}[G(x, \xi)] = \delta(x - \xi), \quad x, \xi \in \bar{\mathcal{D}}, \tag{16}$$
$$\ell\mathcal{L}[G(x, \xi)] = 0, \quad x \in \partial\mathcal{D}, \quad \xi \in \bar{\mathcal{D}}. \tag{17}$$

For any given functions f(x) and g(x) the solution of the problem (12–13) is given by

$$Q(x) = \int_{\mathcal{D}} G(x, \xi) w(\xi) \, d\xi. \tag{18}$$

The second special case occurs when the problem does not depend space variable x but only on the time t; that is, it has the form

$$\mathcal{L}[Q(t)] = f(t), \quad t > t_0, \tag{19}$$
$$\mathcal{N}[Q(t)] = Q_0, \quad t = t_0. \tag{20}$$

For this special case the standard form is

$$\mathcal{L}[Q(t)] = w(t), \quad t \geq t_0, \tag{21}$$
$$\mathcal{N}[Q(t)] = 0, \quad t = t_0. \tag{22}$$

where the standardising function w(t) depends linearly on f(t) and Q_0. The Green's function $G(t, \tau)$ of this problem satisfies the equations:

$$\mathcal{L}[G(t, \tau)] = \delta(t - \tau), \quad t, \tau \geq t_0, \tag{23}$$
$$\mathcal{N}[G(t, \tau)] = 0, \quad t = t_0. \tag{24}$$

The solution of the problem (19–20) for any f(t) and Q_0 is given by

$$Q(t) = \int_{t_0}^{t} G(t, \tau) w(\tau) \, d\tau. \tag{25}$$

In the vector-function case, when

$$Q(x, t) = (Q_1(x, t), \ldots, Q_m(x, t))$$

and

$$f(x, t) = (f_1(x, t), \ldots, f_n(x, t)),$$

we must replace equation (1) by the system of equations

$$\mathcal{L}_i[Q_1(x, t), \ldots, Q_m(x, t)] = f_i(x, t), \quad x \in \mathcal{D}, \quad t > t_0, \quad i = 1, \ldots, n. \tag{26}$$

The Green's function $G(x, \xi, t, \tau)$ for this problem is an n × m matrix

$$\left[G_{ij}(x, \xi, t, \tau) \right], \quad i = 1, \ldots, n; \quad j = 1, \ldots, m, \tag{27}$$

whose elements satisfy the equations

$$\mathcal{L}_i[G_{i1}(x, \xi, t, \tau), \ldots, G_{im}(x, \xi, t, \tau)] = \delta_{ij} \delta(x - \xi) \delta(t - \tau). \tag{28}$$

together with (2) and (3), where $x, \xi \in \bar{\mathcal{D}}$, $t, \tau \geq t_0$, and δ_{ij} is the Kronecker symbol:

$$\delta_{ij} = \begin{cases} 1 & \text{if } i = j, \\ 0 & \text{if } i \neq j. \end{cases} \tag{29}$$

DEFINITIONS

In this case we introduce the idea of a *standardising vector-function*

$$w(x, t) = (w_1(x, t), \ldots, w_n(x, t)),$$

and express the solution $Q(x, t)$ in terms of $w(x, t)$ by a system of the form

$$Q_j(x, t) = \int_{t_0}^{t} \int_{\mathcal{D}} \sum_{i=1}^{n} G_{i,j}(x, \xi, t, \tau) w_i(\xi, \tau) \, d\xi \, d\tau, \quad j = 1, \ldots, m. \tag{30}$$

This is a matrix version of the the solution (11).

In the stationary case, that is, when the equations (1–3) are invariant under a translation along the time axis, the Green's function is represented in the form

$$G(x, \xi, t, \tau) = G(x, \xi, t - \tau). \tag{31}$$

Thus it depends only on three variables, and so we can write it as $G(x, \xi, t)$.

It follows from the 'causality principle' for physical processes that

$$G(x, \xi, t, \tau) = 0 \text{ for } x \in \bar{\mathcal{D}}, \ \xi \in \mathcal{D}, \ t < \tau. \tag{32}$$

In particular, for stationary systems,

$$G(x, \xi, t) = 0 \text{ for } x \in \bar{\mathcal{D}}, \ \xi \in \mathcal{D}, \ t < 0. \tag{33}$$

The relations (32) and (33) have a simple physical meaning: the reaction of a physical system to a disturbance cannot occur before the instant the disturbance begins to act.

The transfer function of a stationary problem, denoted $W(x, \xi, p)$, is obtained by taking the Laplace transform with respect to t of $G(x, \xi, t)$, that is,

$$W(x, \xi, p) = \tilde{G}(x, \xi, p) = \int_{0}^{\infty} e^{-pt} G(x, \xi, t) \, dt \tag{34}$$

where p is a complex variable.

It is easily seen that if the problem (1–3), or its equivalent standard form (4–6), is stationary, then we can take the Laplace transform with respect to t of the equations of the problem straight away. As a result we obtain

$$\tilde{\mathcal{L}}[\tilde{Q}(x, p)] = \tilde{f}(x, p), \quad x \in \mathcal{D}, \tag{35}$$
$$\tilde{\ell}[\tilde{Q}(x, p)] = \tilde{g}(x, p), \quad x \in \partial \mathcal{D}. \tag{36}$$

where the complex number p can be regarded as a parameter; here the tilde denotes the Laplace transform of the original function with respect to t. The operator $\tilde{\mathcal{L}}$ is obtained by taking the Laplace transform of (1) and using the initial conditions (3). The problem (35–36) is a static problem with a parameter p. It can also be reduced to a standard form:

$$\tilde{\mathcal{L}}[\tilde{Q}(x, p)] = \tilde{w}(x, p), \quad x \in \bar{\mathcal{D}}, \tag{37}$$
$$\tilde{\ell}[\tilde{Q}(x, p)] = 0, \quad x \in \partial \mathcal{D}. \tag{38}$$

where the standardising function $\tilde{w}(x, p)$ depends linearly on $f(x, p)$ and $g(x, p)$. We call the problem (35–36) a *spatial boundary value problem*. In this case the transfer function $W(x, \xi, p)$ of (1–3) is the same as the Green's function for the problem (35–36), or the problem (37–38); it is the solution of the system:

$$\tilde{\mathcal{L}}[W(x, \xi, p)] = \delta(x - \xi), \quad x, \xi \in \bar{\mathcal{D}}, \tag{39}$$

$$\tilde{\ell}[W(x, \xi, p)] = 0, \quad x \in \partial\mathcal{D}, \quad \xi \in \bar{\mathcal{D}}. \tag{40}$$

We can associate with each boundary value problem (39–40) a certain system (denumerable or nondenumerable) of eigenfunctions $\phi_k(x)$ and eigenvalues λ_k, defined as the solution of the system

$$\tilde{\mathcal{L}}[\phi_k(x)] = \lambda_k \phi_k(x), \tag{41}$$

$$\tilde{\ell}[\phi_k(x)] = 0. \tag{42}$$

In the main text, as well as standardising functions, Green's functions and transfer functions, we mention several other functions and numbers: the eigenfunctions of a given boundary value problem and of its adjoint problem, eigenvalues, spatial eigenfrequencies (wave numbers), temporal eigenfrequencies, and the relations between these (dispersion relations), and normalising weight functions for the eigenfunctions of a given problem. The physical significance of these concepts is well documented in textbooks and monographs, examples of which are given in the bibliography. An overview of these topics from the point of view of finite integral transforms is presented in chapter 3 of this book.

The system of classification of problems

The system of classification of problems used in this book follows the same classification scheme as the previous work [35]. This system applies both to problems involving individual differential equations and to systems of differential equations. The problems are divided into groups, each group being labelled with a triple of integers (r.m.n), where

r is the dimension of the spatial domain of definition $\mathcal{D}$ of the function Q in a given problem;

m is the order of the highest derivative of Q with respect to t in the basic equation;

n is the order of the highest derivative of Q with respect to spatial variables in the basic equation.

This book presents detailed characteristics for individual equations of thirteen groups in chapter 1, and for systems of equations of four groups in chapter 2. Differential-difference equations, integral equations, integro-differential equations, and systems of integral equations are grouped in separate sections.

Chapter 1

Characteristics of distributed systems described by individual equations

§ 1. Group (1.0.2)

$$-x^2 \frac{d^2Q}{dx^2}(x) + cQ(x) = f(x),$$

$$\frac{dQ}{dx}(1) - b_1 Q(1) = g_1, \qquad \frac{dQ}{dx}(\ell) + b_2 Q(\ell) = g_2,$$

$$1 \leq x \leq \ell.$$

$$w(x) = f(x) + g_2 x^2 \delta(x - \ell) - g_1 x^2 \delta(x - 1),$$

$$G(x, \xi) = \sqrt{\frac{x}{\xi^3}} \sum_{\lambda_n} \frac{\psi(\lambda_n, x) \psi(\lambda_n, \xi)}{(\lambda_n^2 + c) \|\varphi_n\|^2},$$

$$\psi(\lambda_n, z) = \cos(\mu_n \ln z) + \frac{b_1 - \frac{1}{2}}{\mu_n} \sin(\mu_n \ln z), \qquad n=1,2,...,$$

$$\|\varphi_n\|^2 = \frac{1}{2\mu_n}\left[b_1 - \frac{1}{2} + (\lambda_n^2 + b_1^2 - b_1)\left(\ln\ell + \frac{b_2\ell + \frac{1}{2}}{\lambda_n^2 + b_2^2\ell^2 + b_2\ell}\right)\right], \quad n=1,2,\ldots,$$

$$\mu_n = \sqrt{\lambda_n^2 - \frac{1}{4}}, \quad n=1,2,\ldots,$$

λ_n are the positive roots of the equation

$$\frac{\operatorname{tg}\left(\sqrt{\lambda^2 - \frac{1}{4}}\ln\ell\right)}{\sqrt{\lambda^2 - \frac{1}{4}}} = \frac{b_1 + b_2\ell}{\lambda^2 - b_1 b_2 \ell - \frac{b_1}{2} + \frac{b_2\ell}{2}}, \qquad [124,\ p.\ 124]$$

(for the case $b_1 > \frac{1}{2}$ see Appendix, Table 1.)

$$G(x,\xi) = \begin{cases} -\dfrac{\sqrt{x}}{\xi\sqrt{\xi}\,\Delta(\lambda^2)}\,\psi_1(\lambda,\xi)\,\psi_2(\lambda,x), & 1 \le \xi \le x, \\[2mm] -\dfrac{\sqrt{x}}{\xi\sqrt{\xi}\,\Delta(\lambda^2)}\,\psi_1(\lambda,x)\,\psi_2(\lambda,\xi), & x \le \xi \le \ell, \end{cases}$$

[124, p. 126],

$$\psi_1(\lambda,z) = \cos(\mu\ln z) + \frac{b_1 - \frac{1}{2}}{\mu}\sin(\mu\ln z),$$

$$\psi_2(\lambda,z) = \cos\left(\mu\ln\frac{z}{\ell}\right) - \frac{b_2\ell + \frac{1}{2}}{\mu}\sin\left(\mu\ln\frac{z}{\ell}\right),$$

$$\Delta(\lambda^2) = -(b_1 + b_2\ell)\cos(\mu\ln\ell) + \frac{\lambda^2 - b_1 b_2 \ell - \frac{b_1}{2} + \frac{b_2\ell}{2}}{\mu}\sin(\mu\ln\ell),$$

$$\mu = \sqrt{\lambda^2 - \frac{1}{4}}, \qquad \lambda^2 = -c.$$

If for some n=m the value c is equal to $-\lambda_m^2$, then a necessary and sufficient condition for existence of a solution of this problem is

$$\int_1^l w(x)\psi(\lambda_m, x) x^{-\frac{3}{2}} dx = 0.$$

When the above condition holds, there exists an infinite number of solutions of the form

$$Q(x) = \sum_{\substack{\lambda_n \\ (n \neq m)}} \frac{\sqrt{x}\,\psi(\lambda_n, x)}{(\lambda_n^2 + c)\|\varphi_n\|^2} \int_1^l w(\xi)\psi(\lambda_n, \xi)\xi^{-\frac{3}{2}} d\xi + c^{(m)}\sqrt{x}\,\psi(\lambda_m, x),$$

where $c^{(m)}$ is an arbitrary constant [124, p. 36].

$$-x^2 \frac{d^2 Q}{dx^2}(x) - x\frac{dQ}{dx}(x) + cQ(x) = f(x),$$

$$\frac{dQ}{dx}(1) - b_1 Q(1) = g_1, \qquad \frac{dQ}{dx}(l) + b_2 Q(l) = g_2,$$

$$1 \leq x \leq l.$$

$$w(x) = f(x) + g_2 x^2 \delta(x - l) - g_1 x^2 \delta(x - 1),$$

$$G(x, \xi) = \xi^{-1} \sum_{\lambda_n} \frac{\varphi(\lambda_n, x)\varphi(\lambda_n, \xi)}{(\lambda_n^2 + c)\|\varphi_n\|^2},$$

$$\varphi(\lambda_n, z) = \cos(\lambda_n \ln z) + \frac{b_1}{\lambda_n}\sin(\lambda_n \ln z),$$

$$\|\varphi_n\|^2 = \frac{\ln l}{2}\left(1 + \frac{b_1^2}{\lambda_n^2}\right) + \frac{b_1}{2\lambda_n^2} + \frac{b_2 l}{2\lambda_n^2} \cdot \frac{\lambda_n^2 + b_1^2}{\lambda_n^2 + b_2^2 l^2}, \qquad n=1,2,\ldots,\ [124, p. 136]$$

$$\|\varphi_n\|^2 \sim \frac{\ln l}{2} \text{ for } n \gg 1,$$

λ_n are the positive roots of the equation

$$\frac{\operatorname{tg}(\lambda \ln \ell)}{\lambda} = \frac{b_1 + b_2 \ell}{\lambda^2 - b_1 b_2 \ell},$$

$$G(x, \xi) = \begin{cases} -\dfrac{1}{\xi \Delta(\lambda^2)} \varphi_1(\lambda, \xi) \varphi_2(\lambda, x), & 1 \le \xi \le x, \\[2mm] -\dfrac{1}{\xi \Delta(\lambda^2)} \varphi_1(\lambda, x) \varphi_2(\lambda, \xi), & x \le \xi \le \ell, \end{cases}$$

$$\varphi_1(\lambda, z) = \cos(\lambda \ln z) + \frac{b_1}{\lambda} \sin(\lambda \ln z),$$

$$\varphi_2(\lambda, z) = \cos\left(\lambda \ln \frac{z}{\ell}\right) - \frac{b_2 \ell}{\lambda} \sin\left(\lambda \ln \frac{z}{\ell}\right),$$

$$\Delta(\lambda^2) = \frac{\lambda^2 - b_1 b_2 \ell}{\lambda} \sin(\lambda \ln \ell) - (b_1 + b_2 \ell) \cos(\lambda \ln \ell),$$

$$\lambda^2 = -c$$

If for some $n=m$ the value c is equal to $-\lambda_m^2$, then a necessary and sufficient condition for existence of a solution of this problem is

$$\int_1^\ell w(x) \varphi(\lambda_m, x) x^{-1} dx = 0.$$

When the above condition holds, there exists an infinite number of solutions of the form

$$Q(x) = \sum_{\substack{\lambda_n \\ (n \ne m)}} \frac{\varphi(\lambda_n, x)}{(\lambda_n^2 + c) \|\varphi_n\|^2} \int_1^\ell w(\xi) \varphi(\lambda_n, \xi) \xi^{-1} d\xi + c^{(m)} \varphi(\lambda_m, x),$$

where $c^{(m)}$ is an arbitrary constant [124, p. 36].

$$-(1-x^2)\frac{d^2Q}{dx^2}(x) + x\frac{dQ}{dx}(x) + cQ(x) = f(x),$$

$$Q(-1) = g_1, \quad Q(1) = g_2, \quad -1 \leq x \leq 1.$$

$$w(x) = f(x) + \sqrt{1-x^2}\{g_2[\sqrt{1-x^2}\,\delta(x-1)]' - g_1[\sqrt{1-x^2}\,\delta(x+1)]'\},$$

$$G(x,\xi) = \frac{2}{\pi}\sqrt{1-x^2}\sum_{n=1}^{\infty}\frac{U_{n-1}(x)U_{n-1}(\xi)}{n^2+c},$$

$U_{n-1}(z)$ is the Chebyshev polynomial of the second kind,

$$G(x,\xi) = \begin{cases} \dfrac{\sin[\lambda(\pi-\arccos\xi)]\sin(\lambda\arccos x)}{\lambda\sin(\lambda\pi)\sqrt{1-\xi^2}}, & -1 \leq \xi \leq x, \\[2ex] \dfrac{\sin[\lambda(\pi-\arccos x)]\sin(\lambda\arccos\xi)}{\lambda\sin(\lambda\pi)\sqrt{1-\xi^2}}, & x \leq \xi \leq 1, \end{cases}$$

[124, p. 142],

$$\lambda^2 = -c.$$

The component $Q^0(x)$ of the solution $Q(x)$ which has no discontinuity at the boundaries of the interval $[-1,1]$ is written in the following form:

$$Q^0(x) = U(x) - \int_{-1}^{1} G(x,\xi)\,SU(\xi)\,d\xi,$$

where

$$U(x) = \frac{1}{2}(x+1)g_2 + \frac{1}{2}(1-x)g_1,$$

$$S = -(1-\xi^2)\frac{d^2}{d\xi^2} + \xi\frac{d}{d\xi} + c.$$

If for some n=m the value c is equal to $-m^2$, then a necessary and sufficient condition for existence of a solution of this problem is

$$\int_{-1}^{1} w(x) U_{m-1}(x) \, dx = 0.$$

When the above condition holds, there exists an infinite number of solutions of the form

$$Q(x) = \frac{2\sqrt{1-x^2}}{\pi} \sum_{\substack{n=1 \\ (n \neq m)}}^{\infty} \frac{U_{n-1}(x)}{n^2+c} \int_{-1}^{1} w(\xi) U_{k-1}(\xi) \, d\xi + c^{(m)} \sqrt{1-x^2} \, U_{m-1}(x),$$

where $c^{(m)}$ is an arbitrary constant [124, p. 36].

$$-x^4 \frac{d^2 Q}{dx^2}(x) + cQ(x) = f(x),$$

$$\frac{dQ}{dx}(1) = g_1, \qquad \frac{dQ}{dx}(\ell) = g_2,$$

$$1 \leq x \leq \ell.$$

$$w(x) = f(x) + g_2 x^4 \delta(x-\ell) - g_1 x^4 \delta(x-1),$$

$$G(x, \xi) = \frac{3\ell^3}{(\ell^3 - 1) c \xi^4} + \frac{2x}{\xi^3} \sum_{\substack{\lambda_n \\ (n \geq 2)}} \frac{\psi(\lambda_n, x) \psi(\lambda_n, \xi)}{(\lambda_n^2 + c) \left[1 - \dfrac{\lambda_n^2 + 1}{\ell(\ell^2 + \lambda_n^2)}\right]},$$

$$\psi(\lambda_n, z) = \cos\left(\lambda_n \frac{z-1}{z}\right) - \frac{1}{\lambda_n} \sin\left(\lambda_n \frac{z-1}{z}\right), \qquad n=2,3,\ldots,$$

λ_n (n=2,3,....) are the positive roots of the equation

$$\frac{\operatorname{tg}\left(\lambda \frac{\ell-1}{\ell}\right)}{\lambda} = \frac{\ell-1}{\lambda^2 + \ell},$$

$$G(x, \xi) = \begin{cases} -\dfrac{x}{\xi^3 \Delta(\lambda)} \psi_1(\lambda, \xi) \psi_2(\lambda, x), & 1 \leq \xi \leq x, \\ -\dfrac{x}{\xi^3 \Delta(\lambda)} \psi_1(\lambda, x) \psi_2(\lambda, \xi), & x \leq \xi \leq \ell, \end{cases}$$

$$\psi_1(\lambda, z) = \frac{1}{\lambda} \sin\left(\lambda \frac{z-1}{z}\right) - \cos\left(\lambda \frac{z-1}{z}\right),$$

$$\psi_2(\lambda, z) = \cos\left(\lambda \frac{\ell-z}{\ell z}\right) + \frac{\ell}{\lambda} \sin\left(\lambda \frac{\ell-z}{\ell z}\right),$$

$$\Delta(\lambda) = (\ell - 1) \cos\left(\lambda \frac{\ell-1}{\ell}\right) - \frac{\lambda^2 + \ell}{\lambda} \sin\left(\lambda \frac{\ell-1}{\ell}\right) \quad [124, \text{p. } 146],$$

$$\lambda^2 = -c.$$

If c=0, then the Green's function $G(x, \xi)$ does not exist. However, the generalized ("modified") Green's function [Chapter 3, § 7] exists and is given by

$$G^*(x, \xi) = \frac{2x}{\xi^3} \sum_{\lambda_n}{}' \frac{\psi(\lambda_n, x) \psi(\lambda_n, \xi)}{\lambda_n^2 \left[1 - \dfrac{\lambda_n^2 + 1}{\ell(\ell^2 + \lambda_n^2)}\right]},$$

where the symbol $\sum_{\lambda_n}{}'$ means summation over all eigenvalues λ_n^2, except $\lambda_1^2 = 0$.
In this case, a necessary and sufficient condition for solvability is

$$\int_1^\ell w(x) x^{-4} dx = 0.$$

and when this condition holds, the solution is given by

$$Q(x) = \int_1^\ell w(\xi) G^*(x, \xi) d\xi + c^*,$$

where c^* is an arbitrary constant.

If for some n=m the value c is equal to $-\lambda_m^2$, then a necessary and sufficient condition for existence of a solution to this problem is

$$\int_1^l w(x) \psi(\lambda_m, x) x^{-3} dx = 0.$$

When the above condition is satisfied, there exists an infinite number of solutions of the form

$$Q(x) = \frac{3l^3}{c(l^3-1)} \int_1^l w(\xi) \xi^{-4} d\xi +$$

$$+ 2x \sum_{\substack{\lambda_n \\ (n \geq 2,\ n \neq m)}} \frac{\psi(\lambda_n, x)}{(\lambda_n^2 + c)\left[1 - \frac{\lambda_n^2 + 1}{l(l^2 + \lambda_n^2)}\right]} \int_1^l w(\xi) \psi(\lambda_n, \xi) \xi^{-3} d\xi +$$

$$+ c^{(m)} x \psi(\lambda_m, x),$$

where $c^{(m)}$ is an arbitrary constant [124, p. 36]

$$-x^4 \frac{d^2}{dx^2} Q(x) + cQ(x) = f(x),$$

$$\frac{dQ}{dx}(1) + b_1 Q(1) = g_1, \qquad \frac{dQ}{dx}(l) + b_2 Q(l) = g_2,$$

$$1 \leq x \leq l.$$

$$w(x) = f(x) + g_2 x^4 \delta(x - l) - g_1 x^4 \delta(x - 1),$$

$$G(x, \xi) = x\xi^{-3} \sum_{\lambda_n} \frac{\psi(\lambda_n, x) \psi(\lambda_n, \xi)}{(\lambda_n^2 + c) \|\varphi_n\|^2},$$

$$\psi(\lambda_n, z) = \cos(\lambda_n \frac{z-1}{z}) + \frac{b_1 - 1}{\lambda_n} \sin(\lambda_n \frac{z-1}{z}),$$

$$\|\varphi_n\|^2 = \frac{\ell-1}{2\ell}\left[1 + \frac{(b_1-1)^2}{\lambda_n^2}\right] + \frac{b_1-1}{2\lambda_n^2} + \frac{b_2\ell^2+\ell}{2\lambda_n^2} \cdot \frac{\lambda_n^2 + (b_1-1)^2}{\left(\lambda_n^2 + (b_2\ell^2+\ell)\right)^2},$$

λ_n are the positive roots of the equation

$$\frac{\operatorname{tg}\left(\lambda\frac{\ell-1}{\ell}\right)}{\lambda} = \frac{(b_1-1) + (b_2\ell^2+\ell)}{\lambda^2 - (b_1-1)(b_2\ell^2+\ell)}$$

(for the case $b_1 > 1$, see Appendix, Table 1),

$$\|\varphi_n\|^2 \sim \frac{\ell-1}{2\ell} \text{ and } \lambda_n^2 \sim \left(\frac{\pi n \ell}{\ell-1}\right)^2, \text{ when } n \gg 1.$$

$$G(x,\xi) = \begin{cases} -\dfrac{x}{\xi^3 \Delta(\lambda)} \psi_1(\lambda,\xi)\psi_2(\lambda,x), & 1 \le \xi \le x, \\ \\ -\dfrac{x}{\xi^3 \Delta(\lambda)} \psi_1(\lambda,x)\psi_2(\lambda,\xi), & x \le \xi \le \ell, \end{cases}$$

$$\psi_1(\lambda, z) = \cos\frac{\lambda(z-1)}{z} + \frac{b_1-1}{\lambda}\sin\frac{\lambda(z-1)}{z},$$

$$\psi_2(\lambda, z) = \cos\frac{\lambda(\ell-z)}{\ell z} + \frac{b_2\ell^2+\ell}{\lambda}\sin\frac{\lambda(\ell-z)}{\ell z},$$

$$\Delta(\lambda) = (b_1 - 1 + b_2\ell^2 + \ell)\cos\frac{\lambda(\ell-1)}{\ell} -$$

$$- \frac{\lambda^2 - (b_1-1)(b_2\ell^2+\ell)}{\lambda}\sin\frac{\lambda(\ell-1)}{\ell}, \quad [124, \text{p. }147], \quad \lambda^2 = -c.$$

If for some n=m the value c is equal to $-\lambda_m^2$, then a necessary and sufficient condition for existence of a solution to this problem is

$$\int_1^l w(x)\,\psi(\lambda_m, x)\, x^{-3} dx = 0.$$

When the above condition holds there exist an infinite number of solutions of the form

$$Q(x) = x \sum_{\substack{\lambda_n \\ (n \neq m)}} \frac{\psi(\lambda_n, x)}{(\lambda_n^2 + c)\,\|\varphi_n\|^2} \int_1^l w(\xi)\,\psi(\lambda_n, \xi)\,\xi^{-3} d\xi +$$

$$+ c^{(m)} x\psi(\lambda_m, x),$$

where $c^{(m)}$ is an arbitrary constant [124, p. 36].

$$-(a^2 - x^2)^2 \frac{d^2 Q}{dx^2}(x) + cQ(x) = f(x),$$

$$\frac{dQ}{dx}(-l) = g_1, \qquad \frac{dQ}{dx}(l) = g_2, \qquad |l| < a,$$

$$-l \leq x \leq l.$$

$$w(x) = f(x) + g_2 \cdot (a^2 - x^2)^2 \delta(x - l) - g_1 \cdot (a^2 - x^2)^2 \delta(x + l),$$

$$G(x, \xi) = \frac{a^2 - l^2}{c(a^2 - \xi^2)^2 \|\varphi_1\|^2} + \sum_{\substack{\lambda_n \\ (n \geq 2)}} \frac{\varphi(\lambda_n, x)\,\varphi(\lambda_n, \xi)}{(\lambda_n^2 + c)(a^2 - \xi^2)^2 \|\varphi_n\|^2},$$

$$\varphi(\lambda_n, z) = \sqrt{a^2 - z^2}\left[\cos\alpha(\lambda_n, z) - \frac{l}{\sqrt{\lambda_n^2 - a^2}}\sin\alpha(\lambda_n, z)\right], \quad n=2,3,\ldots,$$

$$\alpha(\lambda_n, z) = \frac{\sqrt{\lambda_n^2 - a^2}}{2a} \ln\frac{(a+z)(a+l)}{(a-z)(a-l)}, \quad n=2,3,\ldots,$$

$$\|\varphi_n\|^2 = \begin{cases} \dfrac{1}{2a^2}\left(2l + \dfrac{a^2 - l^2}{a}\ln\dfrac{a+l}{a-l}\right), & n=1, \\[2mm] \dfrac{1}{\lambda_n^2 - a^2}\left(\dfrac{\lambda_n^2 - a^2 + l^2}{2a}\ln\dfrac{a+l}{a-l} - l\right), & n=2,3,\ldots, \end{cases}$$

λ_n (n=2,3,...) are the positive roots of the equation

$$\frac{\mathrm{tg}\left(\frac{\sqrt{\lambda^2-a^2}}{a}\ln\frac{a+l}{a-l}\right)}{\sqrt{\lambda^2-a^2}} = -\frac{2l}{\lambda^2-a^2-l^2}$$

$$\lambda_n^2 \sim \left(\frac{\pi a n}{\ln\frac{a+l}{a-l}}\right)^2, \text{ and } \|\varphi_n\|^2 \sim \frac{1}{2a}\ln\frac{a+l}{a-l}, \text{ when } n \gg 1.$$

$$G(x,\xi) = \begin{cases} -\dfrac{\sqrt{a^2-x^2}}{\Delta(\lambda)\sqrt{(a^2-\xi^2)^3}}\psi_1(\lambda,\xi)\psi_2(\lambda,x), & -l \leq \xi \leq x, \\[2ex] -\dfrac{\sqrt{a^2-x^2}}{\Delta(\lambda)\sqrt{(a^2-\xi^2)^3}}\psi_1(\lambda,x)\psi_2(\lambda,\xi), & x \leq \xi \leq l, \end{cases}$$

$$\psi_1(\lambda,z) = \cos\alpha(\lambda,z) - \frac{l}{\sqrt{\lambda^2-a^2}}\sin\alpha(\lambda,z),$$

$$\alpha(\lambda,z) = \frac{\sqrt{\lambda^2-a^2}}{2a}\ln\frac{(a+z)(a+l)}{(a-z)(a-l)},$$

$$\psi_2(\lambda,z) = \cos\beta(\lambda,z) + \frac{l}{\sqrt{\lambda^2-a^2}}\sin\beta(\lambda,z),$$

$$\beta(\lambda,z) = \frac{\sqrt{\lambda^2-a^2}}{2a}\ln\frac{(a+z)(a-l)}{(a-z)(a+l)},$$

$$\Delta(\lambda) = l\cos\left(\frac{\sqrt{\lambda^2-a^2}}{a}\ln\frac{a+l}{a-l}\right) + \frac{\lambda^2-a^2-l^2}{2\sqrt{\lambda^2-a^2}}\sin\left(\frac{\sqrt{\lambda^2-a^2}}{a}\ln\frac{a+l}{a-l}\right),$$

[124, p.156], $\lambda^2 = -c$.

If c=0, then the Green's function $G(x, \xi)$ does not exist. However, the generalized ("modified") Green's function [Chapter 3, §7] exists and is given by

$$G^*(x, \xi) = \frac{1}{(a^2 - \xi^2)^2} {\sum_{\lambda_n}}' \frac{\varphi(\lambda_n, x)\,\varphi(\lambda_n, \xi)}{\lambda_n^2 \|\varphi_n\|^2}$$

where the symbol ${\sum_{\lambda_n}}'$ means summation over all eigenvalues λ_n^2, except $\lambda_1^2 = 0$.
In this case, a necessary and sufficient condition for solvability is

$$\int_{-l}^{l} w(x)(a^2 - x^2)^{-2}\,dx = 0. \quad (*)$$

and when this condition holds, the solution is given by

$$Q(x) = \int_{-l}^{l} w(\xi) G^*(x, \xi)\,d\xi + c^*,$$

where c^* is an arbitrary constant.

If for some n=m (m=2,3,...) the value c is equal to $-\lambda_m^2$, then a necessary and sufficient condition for existence of a solution to this is

$$\int_{-l}^{l} w(x)\,\varphi(\lambda_m, x)(a^2 - x^2)^{-2}\,dx = 0.$$

When the above condition holds, there exist an infinite number of solutions of the form

$$Q(x) = -\frac{a^2 - l^2}{\lambda_m^2 \|\varphi_1\|^2} \int_{-l}^{l} w(\xi)(a^2 - \xi^2)^{-2}\,d\xi +$$

$$+ \sum_{\lambda_n} \frac{\varphi(\lambda_n, x)}{(\lambda_n^2 - \lambda_m^2)\|\varphi_n\|^2} \int_{-l}^{l} w(\xi)\,\varphi(\lambda_n, \xi)(a^2 - \xi^2)^{-2}\,d\xi + c^{(m)} \varphi(\lambda_m, x),$$

$$(n \neq m, n \geq 2)$$

where $c^{(m)}$ is an arbitrary constant.

$$-(x^2+a^2)^2 \frac{d^2Q}{dx^2}(x) + cQ(x) = f(x),$$

$$\frac{dQ}{dx}(0) - b_1 Q(0) = g_1, \qquad \frac{dQ}{dx}(\ell) + b_2 Q(\ell) = g_2,$$

$$0 \leq x \leq \ell.$$

$$w(x) = f(x) + g_2 \cdot (x^2+a^2)^2 \delta(x-\ell) - g_1 \cdot (x^2+a^2)^2 \delta(x),$$

$$G(x,\xi) = \frac{\sqrt{x^2+a^2}}{\sqrt{(\xi^2+a^2)^3}} \sum_{\lambda_n} \frac{\psi(\lambda_n, x)\psi(\lambda_n, \xi)}{(\lambda_n^2+c)\|\varphi_n\|^2},$$

$$\psi(\lambda_n, z) = \cos \alpha(\lambda_n, z) + \frac{b_1 a^2}{\sqrt{\lambda_n^2+a^2}} \sin \alpha(\lambda_n, z),$$

$$\alpha(\lambda_n, z) = \frac{\sqrt{\lambda_n^2+a^2}}{a} \operatorname{arctg} \frac{x}{a}, \quad n=1,2,\ldots,$$

$$\|\varphi_n\|^2 =$$

$$+\frac{1}{2(\lambda_n^2+a^2)} \left\{ b_1 a^2 + (\lambda_n^2+a^2+b_1^2 a^4) \times \left[\frac{1}{a} \operatorname{arctg} \frac{\ell}{a} + \frac{b_2(a^2+\ell^2)+\ell}{\lambda_n^2+a^2+(b_2(a^2+\ell^2)+\ell)^2} \right] \right\},$$

$$n=1,2,\ldots,$$

λ_n are the positive roots of the equation

$$\frac{\operatorname{tg}\left(\frac{\sqrt{\lambda^2+a^2}}{a} \operatorname{arctg} \frac{\ell}{a}\right)}{\sqrt{\lambda^2+a^2}} = \frac{a^2 b_1 + b_2(a^2+\ell^2) + \ell}{\lambda^2+a^2 - a^2 b_1 [b_2(a^2+\ell^2)+\ell]}$$

[124, p. 172],

$$\|\varphi_n\|^2 \sim \frac{1}{2a}\operatorname{arctg}\frac{\ell}{a} \quad \text{and} \quad \lambda_n^2 \sim \left(\frac{n\pi a}{\operatorname{arctg}\frac{\ell}{a}}\right)^2, \text{ when } n \gg 1,$$

(see Appendix, Table 1),

$$G(x,\xi) = \begin{cases} \dfrac{\sqrt{x^2+a^2}}{\Delta(\lambda)\sqrt{(\xi^2+a^2)^3}} \psi_1(\lambda,\xi)\psi_2(\lambda,x), & 0 \le \xi \le x, \\[2ex] \dfrac{\sqrt{x^2+a^2}}{\Delta(\lambda)\sqrt{(\xi^2+a^2)^3}} \psi_1(\lambda,x)\psi_2(\lambda,\xi), & x \le \xi \le \ell, \end{cases}$$

$$\psi_1(\lambda,z) = \cos\alpha(\lambda,z) + \frac{a^2 b_1}{\sqrt{\lambda^2+a^2}}\sin\alpha(\lambda,z),$$

$$\alpha(\lambda,z) = \frac{\sqrt{\lambda^2+a^2}}{a}\operatorname{arctg}\frac{z}{a},$$

$$\psi_2(\lambda,z) = \cos\beta(\lambda,z) + \frac{b_2(a^2+\ell^2)+\ell}{\sqrt{\lambda^2+a^2}}\sin\beta(\lambda,z),$$

$$\beta(\lambda,z) = \frac{\sqrt{\lambda^2+a^2}}{a}\operatorname{arctg}\frac{a(\ell-z)}{a^2+\ell z},$$

$$\Delta(\lambda) = [a^2 b_1 + b_2(a^2+\ell^2) + \ell]\cos\alpha(\lambda,\ell) -$$

$$- \frac{\lambda^2+a^2-a^2 b_1[b_2(a^2+\ell^2)+\ell]}{\sqrt{\lambda^2+a^2}}\sin\alpha(\lambda,\ell),$$

$$\lambda^2 = -c.$$

If for some n=m the value c is equal to $-\lambda_m^2$, then a necessary and sufficient condition for existence of solution of this problem is

$$\int_0^l w(x) \psi(\lambda_m, x) (x^2 + a^2)^{-\frac{3}{2}} dx = 0.$$

When the above condition holds, there exists an infinite number of solutions of the form

$$Q(x) = \sum_{\substack{\lambda_n \\ (n \neq m)}} \frac{\sqrt{x^2 + a^2}\, \psi(\lambda_n, x)}{(\lambda_n^2 - \lambda_m^2) \|\varphi_n\|^2} \int_0^l w(\xi) \psi(\lambda_n, \xi) (\xi^2 + a^2)^{-\frac{3}{2}} d\xi$$

$$+ c^{(m)} \sqrt{x^2 + a^2}\, \psi(\lambda_m, x),$$

where $c^{(m)}$ is an arbitrary constant.

$$-x^{2a} \frac{d^2 Q}{dx^2}(x) - a x^{2a-1} \frac{dQ}{dx}(x) + cQ(x) = f(x),$$

$$\frac{dQ}{dx}(1) - b_1 Q(1) = g_1, \qquad \frac{dQ}{dx}(l) + b_2 Q(l) = g_2,$$

$$1 \leq x \leq l.$$

$$w(x) = f(x) + g_2 x^{2a} \delta(x - l) - g_1 x^{2a} \delta(x - 1),$$

$$G(x, \xi) = \frac{1}{\xi^a} \sum_{\lambda_n} \frac{\varphi(\lambda_n, x)\, \varphi(\lambda_n, \xi)}{(\lambda_n^2 + c)\|\varphi_n\|^2},$$

$$\varphi(\lambda_n, x) = \cos\left[\frac{\lambda_n}{a-1}(x^{1-a} - 1)\right] - \frac{b_1}{\lambda_n} \sin\left[\frac{\lambda_n}{a-1}(x^{1-a} - 1)\right], \quad n = 1, 2, \ldots,$$

$$\|\varphi_n\|^2 = \frac{1}{2\lambda_n^2}\left[(\lambda_n^2 + b_1^2)\left(\frac{l^{1-a} - 1}{1-a} + \frac{b_2 l^a}{\lambda_n^2 + b_2^2 l^{2a}}\right) + b_1\right], \quad n = 1, 2, \ldots,$$

λ_n are the positive roots of the equation

$$\frac{\text{tg}\left[\frac{\lambda}{a-1}(1-\ell^{1-a})\right]}{\lambda} = \frac{b_1+b_2\ell^a}{\lambda^2-b_1b_2\ell^a} \qquad [124, \text{p.195}]$$

(see Appendix, Table 1),

$$\|\varphi_n\|^2 \sim \frac{\ell^{1-a}-1}{2(1-a)} \quad \text{and} \quad \lambda_n^2 \sim \left[\frac{\pi n(a-1)}{1-\ell^{1-a}}\right]^2 \quad \text{when } n \gg 1.$$

$$G(x,\xi) = \begin{cases} \dfrac{1}{\xi^a \Delta(\lambda)} \varphi_1(\lambda,\xi)\varphi_2(\lambda,x), & 1 \le \xi \le x, \\[2mm] \dfrac{1}{\xi^a \Delta(\lambda)} \varphi_1(\lambda,x)\varphi_2(\lambda,\xi), & x \le \xi \le \ell, \end{cases}$$

$$\varphi_1(\lambda,z) = \cos\left[\frac{\lambda}{a-1}(z^{1-a}-1)\right] - \frac{b_1}{\lambda}\sin\left[\frac{\lambda}{a-1}(z^{1-a}-1)\right],$$

$$\varphi_2(\lambda,z) = \cos\left[\frac{\lambda}{a-1}(\ell^{1-a}-z^{1-a})\right] - \frac{b_2\ell^a}{\lambda}\sin\left[\frac{\lambda}{a-1}(\ell^{1-a}-z^{1-a})\right],$$

$$\Delta(\lambda) = (b_1+b_2\ell^a)\cos\mu + \frac{\lambda^2-b_1b_2\ell^a}{\lambda}\sin\mu,$$

$$\mu = \frac{\lambda}{a-1}(\ell^{1-a}-1),$$

$$\lambda^2 = -c.$$

If for some n=m the value c is equal to $c = -\lambda_m^2$, then a necessary and sufficient condition for existence of a solution of this problem is

$$\int_1^\ell w(x)\,\varphi(\lambda_m,x)\,x^{-a}\,dx = 0.$$

When the above condition holds, there exists an infinite number of solutions of the form

$$Q(x) = \sum_{\lambda_n \atop (n \neq m)} \frac{\varphi(\lambda_n, x)}{(\lambda_n^2 - \lambda_m^2)\|\varphi_n\|^2} \int_1^l w(\xi) \varphi(\lambda_n, \xi) \xi^{-a} d\xi + c^{(m)} \varphi(\lambda_m, x),$$

where $c^{(m)}$ is an arbitrary constant. The case a=1 can be obtained from the above characteristics by taking the limit $a \to 1$.

$$-\frac{d^2Q}{dx^2}(x) + \frac{2}{x} \cdot \frac{dQ}{dx}(x) - \frac{2}{x^2} Q(x) + cQ(x) = f(x),$$

$$\frac{dQ}{dx}(1) - b_1 Q(1) = g_1, \qquad \frac{dQ}{dx}(l) + b_2 Q(l) = g_2,$$

$$1 \leq x \leq l.$$

$$w(x) = f(x) + g_2 \delta(x - l) - g_1 \delta(x - 1),$$

$$G(x, \xi) = \frac{x}{\xi} \sum_{\lambda_n} \frac{\psi(\lambda_n, x) \psi(\lambda_n, \xi)}{(\lambda_n^2 + c)\|\varphi_n\|^2},$$

$$\psi(\lambda_n, z) = \cos\lambda_n(z-1) + \frac{b_1 - 1}{\lambda_n} \sin\lambda_n(z-1), \quad n=1,2,\ldots,$$

$$\|\varphi_n\|^2 = \frac{1}{2\lambda_n^2} \left[(l-1)[\lambda_n^2 + (b_1-1)^2] + b_1 - 1 + (b_2 + \frac{1}{l}) \times \frac{\lambda_n^2 + (b_1-1)^2}{\lambda_n^2 + (b_2 + \frac{1}{l})^2} \right],$$

$$n=1,2,\ldots,$$

λ_n are the positive roots of the equation

$$\frac{\tan\lambda(l-1)}{\lambda} = \frac{b_1 - 1 + b_2 + \frac{1}{l}}{\lambda^2 - (b_1 - 1)(b_2 + \frac{1}{l})} \qquad [124, \text{p. } 205]$$

(for the case $b_1, b_2 > -\frac{1}{l}$ see Appendix, Table 1),

$$\|\varphi_n\|^2 \sim \frac{l-1}{2} \quad \text{and} \quad \lambda_n^2 \sim \left(\frac{\pi n}{l-1}\right)^2 \quad \text{for} \quad n \gg 1.$$

$$G(x, \xi) = \begin{cases} -\dfrac{x\ell}{\xi \Delta(\lambda)} \psi_1(\lambda, \xi) \psi_2(\lambda, x), & 1 \leq \xi \leq x, \\ \\ -\dfrac{x\ell}{\xi \Delta(\lambda)} \psi_1(\lambda, x) \psi_2(\lambda, \xi), & x \leq \xi \leq \ell, \end{cases}$$

$$\psi_1(\lambda, z) = \cos\lambda(z-1) + \frac{b_1 - 1}{\lambda} \sin\lambda(z-1),$$

$$\psi_2(\lambda, z) = \cos\lambda(\ell - z) + \frac{1}{\lambda}\left(b_2 + \frac{1}{\ell}\right) \sin\lambda(\ell - z),$$

$$\Delta(\lambda) = [\ell(1-b_1) - b_2\ell - 1] \cos\lambda(\ell - 1) + \frac{(1 + b_2\ell)(1 - b_1) + \lambda^2 \ell}{\lambda} \sin\lambda(\ell - 1),$$

$$\lambda^2 = -c.$$

If for some n=m the value c is equal to $-\lambda_m^2$, then a necessary and sufficient condition for existence of a solution of this problem is

$$\int_1^\ell w(x) \psi(\lambda_m, x) x^{-1} dx = 0.$$

When the above condition holds, there exists an infinite number of solutions of the form

$$Q(x) = x \sum_{\substack{\lambda_n \\ (n \neq m)}} \frac{\psi(\lambda_m, x)}{(\lambda_n^2 - \lambda_m^2) \|\varphi_n\|^2} \int_1^\ell w(\xi) \psi(\lambda_n, \xi) \xi^{-1} d\xi + c^{(m)} x \psi(\lambda_m, x),$$

where $c^{(m)}$ is an arbitrary constant.

$$-\frac{d^2Q}{dx^2}(x) - 2a\,\operatorname{ctg}ax\frac{dQ}{dx}(x) + (a^2+c)Q(x) = f(x),$$

$$\frac{dQ}{dx}(1) - b_1 Q(1) = g_1, \quad \frac{dQ}{dx}(\ell) + b_2 Q(\ell) = g_2,$$

$$1 \leq x \leq \ell.$$

$$w(x) = f(x) + g_2 \delta(x-\ell) - g_1 \delta(x-1)$$

$$G(x,\xi) = \frac{\sin a\xi}{\sin ax} \sum_{\lambda_n} \frac{\psi(\lambda_n, x)\psi(\lambda_n, \xi)}{(\lambda_n^2 + c)\|\varphi_n\|^2},$$

$$\psi(\lambda_n, z) = \cos\lambda_n(z-1) + \frac{b_1 + a\,\operatorname{ctg}a}{\lambda_n}\sin\lambda_n(z-1), \quad n=1,2,\ldots,$$

$$\|\varphi_n\|^2 =$$

$$= \frac{1}{2\lambda_n^2}\left\{b_1 + a\,\operatorname{ctg}a + [\lambda_n^2 + (b_1 + a\,\operatorname{ctg}a)^2]\left[\ell - 1 + \frac{b_2 - a\,\operatorname{ctg}a\ell}{\lambda_n^2 + (b_2 - a\,\operatorname{ctg}a\ell)^2}\right]\right\},$$

$$n=1,2,\ldots,$$

λ_n are the positive roots of the equation

$$\frac{\operatorname{tg}\lambda(\ell-1)}{\lambda} = \frac{b_1 + a\,\operatorname{ctg}a + b_2 - a\,\operatorname{ctg}a\ell}{\lambda^2 - (b_1 + a\,\operatorname{ctg}a)(b_2 - a\,\operatorname{ctg}a\ell)}$$

$\|\varphi_n\|^2 \sim \frac{\ell-1}{2}$ and $\lambda_n^2 \sim \left(\frac{\pi n}{\ell-1}\right)^2$ for $n \gg 1$.

$$G(x,\xi) = \begin{cases} -\dfrac{\sin a\xi}{\sin ax\,\Delta(\lambda)}\psi_1(\lambda,\xi)\psi_2(\lambda,x), & 1 \leq \xi \leq x, \\ -\dfrac{\sin a\xi}{\sin ax\,\Delta(\lambda)}\psi_1(\lambda,x)\psi_2(\lambda,\xi), & x \leq \xi \leq \ell, \end{cases}$$

$$\psi_1(\lambda, z) = \cos\lambda(z-1) + \frac{b_1 + a\,\text{ctga}}{\lambda}\sin\lambda(z-1),$$

$$\psi_2(\lambda, z) = \cos\lambda(\ell - z) + \frac{b_2 - a\,\text{ctga}\ell}{\lambda}\sin\lambda(\ell - z),$$

$$\Delta(\lambda) = \frac{\lambda^2 - (b_1 + a\,\text{ctga})(b_2 - a\,\text{ctga}\ell)}{\lambda}\sin\lambda(\ell-1) -$$

$$- (b_1 + a\,\text{ctga} + b_2 - a\,\text{ctga}\ell)\cos\lambda(\ell-1) \quad [124, \text{p.}218].$$

$$\lambda^2 = -c.$$

If for some n=m the value c is equal to $-\lambda_m^2$, then a necessary and sufficient condition for existence of a solution of this problem is

$$\int_1^\ell w(x)\,\psi(\lambda_m, x)\,\sin ax\,dx = 0.$$

When the above condition holds, there exists an infinite number of solutions of the form

$$Q(x) = \frac{1}{\sin ax}\sum_{\substack{\lambda_n \\ (n \neq m)}} \frac{\psi(\lambda_n, x)}{(\lambda_n^2 - \lambda_m^2)\|\varphi_n\|^2}\int_1^\ell w(\xi)\,\psi(\lambda_n, \xi)\,\sin a\xi\,d\xi +$$

$$+ c^{(m)}\frac{1}{\sin ax}\psi(\lambda_m, x),$$

where $c^{(m)}$ is an arbitrary constant [124,p.36].

$$-\frac{d^2Q}{dx^2}(x) - 2\text{th}x\frac{dQ}{dx}(x) + (c-1)Q(x) = f(x),$$

$$\frac{dQ}{dx}(0) - b_1 Q(0) = g_1, \quad \frac{dQ}{dx}(\ell) + b_2 Q(\ell) = g_2,$$

$$0 \leq x \leq \ell.$$

$$w(x) = f(x) + g_2 \delta(x-\ell) - g_1 \delta(x),$$

$$G(x, \xi) = \frac{\text{ch}\xi}{\text{ch}x} \sum_{\lambda_n} \frac{\psi(\lambda_n, x) \psi(\lambda_n, \xi)}{(\lambda_n^2 + c) \|\varphi_n\|^2},$$

$$\psi(\lambda_n, z) = \cos\lambda_n z + \frac{b_1}{\lambda_n} \sin\lambda_n z, \quad n=1,2,...,$$

$$\|\varphi_n\|^2 = \frac{1}{2\lambda_n^2} \left[b_1 + (\lambda_n^2 + b_1^2)\left(\ell + \frac{b_2 - \text{th}\ell}{\lambda_n^2 + (b_2 - \text{th}\ell)^2}\right) \right], \quad n=1,2,...,$$

λ_n are the positive roots of the equation

$$\frac{\text{tg}\lambda\ell}{\lambda} = \frac{b_1 + b_2 - \text{th}\ell}{\lambda^2 - b_1(b_2 - \text{th}\ell)}, \quad [124, \text{p. } 229],$$

(for the case $b_2 > \text{th}\ell$ see Appendix, Table 1),

$$\|\varphi_n\|^2 \sim \frac{\ell}{2} \quad \text{and} \quad \lambda_n^2 \sim \left(\frac{\pi n}{\ell}\right)^2 \text{ for } n \gg 1.$$

$$G(x, \xi) = \begin{cases} -\dfrac{\text{ch}\xi}{\text{ch}x\, \Delta(\lambda)} \psi_1(\lambda, \xi) \psi_2(\lambda, x), & 0 \leq \xi \leq x, \\ -\dfrac{\text{ch}\xi}{\text{ch}x\, \Delta(\lambda)} \psi_1(\lambda, x) \psi_2(\lambda, \xi), & x \leq \xi \leq \ell, \end{cases}$$

$$\psi_1(\lambda, z) = \cos\lambda z + \frac{b_1}{\lambda} \sin\lambda z,$$

$$\psi_2(\lambda, z) = \cos\lambda(\ell - z) + \frac{b_2 - \text{th}\ell}{\lambda} \sin\lambda(\ell - z),$$

$$\Delta(\lambda) = (\text{th}\ell - b_1 - b_2)\cos\lambda\ell + \frac{\lambda^2 - b_1(b_2 - \text{th}\ell)}{\lambda}\sin\lambda\ell, \quad \lambda^2 = -c.$$

If for some n=m the value c is equal to $-\lambda_m^2$ then a necessary and sufficient condition for existence of a solution of this problem is

$$\int_0^l w(x) \psi(\lambda_m, x) \, chx \, dx = 0.$$

When the above condition holds, there exists an infinite number of solutions of the form

$$Q(x) = \frac{1}{chx} \sum_{\substack{\lambda_n \\ (n \neq m)}} \frac{\psi(\lambda_n, x)}{(\lambda_n^2 - \lambda_m^2) \|\varphi_n\|^2} \int_0^l w(\xi) \psi(\lambda_n, \xi) \, ch\xi \, d\xi + c^{(m)} \frac{1}{chx} \psi(\lambda_m, x),$$

where $c^{(m)}$ is an arbitrary constant.

$$-L_0 Q(x) + cQ(x) = f(x),$$

$$Q(x_1) = g_1, \qquad Q(x_2) = g_2,$$

$$L_0 = \frac{1}{r(x)} \left\{ \frac{d}{dx}\left[p(x) \frac{d}{dx}\right] + q(x) \right\},$$

$$p(x) = \frac{1}{P^2(x) \psi'(x)}, \qquad q(x) = -\frac{1}{P(x)}\left(\frac{P'(x)}{P^2(x) \psi'(x)}\right)' + s\frac{\psi'(x)}{P^2(x)},$$

$$r(x) = \frac{\psi'(x)}{P^2(x)} > 0, \qquad P(x), \psi(x) \in \mathbb{C}_2[x_1, x_2], \qquad s \in \mathbb{R},$$

$$x_1 \leq x \leq x_2.$$

$$w(x) = f(x) + g_2 \frac{P^2(x)}{\psi'(x)} \left(\frac{\delta(x - x_2)}{P^2(x) \psi'(x)}\right)' - g_1 \frac{P^2(x)}{\psi'(x)} \left(\frac{\delta(x - x_1)}{P^2(x) \psi'(x)}\right)',$$

$$G(x, \xi) = \frac{2}{L} \sum_{\lambda_n} \frac{\varphi(\lambda_n, x) \varphi(\lambda_n, \xi) r(\xi)}{\lambda_n^2 + c},$$

$$\varphi(\lambda_n, z) = P(z) \sin\frac{\pi n}{L}(\psi(z) - \psi(x_1)), \quad n=1,2,...,$$

$$L = \psi(x_2) - \psi(x_1), \qquad \lambda_n^2 = \frac{\pi^2 n^2}{L^2} - s \quad [117, p.236],$$

$$G(x, \xi) =$$

$$= \begin{cases} \dfrac{P(x)\sin\mu[\psi(\xi) - \psi(x_1)]\sin\mu[\psi(x_2) - \psi(x)]\psi'(\xi)}{P(\xi)\mu\sin\mu L}, & x_1 \leq \xi \leq x, \\[2ex] \dfrac{P(x)\sin\mu[\psi(x) - \psi(x_1)]\sin\mu[\psi(x_2) - \psi(\xi)]\psi'(\xi)}{P(\xi)\mu\sin\mu L}, & x \leq \xi \leq x_2, \end{cases}$$

$$\mu = \sqrt{\lambda^2 + s}, \qquad \lambda^2 = -c.$$

The component $Q^0(x)$ of the solution $Q(x)$ which has no discontinuity at the boundaries of the interval $[x_1, x_2]$ is written in the following form:

$$Q^0(x) = U(x) - \int_{x_1}^{x_2} G(x, \xi) SU(\xi) d\xi,$$

where

$$U(x) = \frac{x - x_1}{x_2 - x_1} g_2 - \frac{x_2 - x}{x_2 - x_1} g_1$$

and

$$S = -L_0 + c.$$

If for some n=m the value c is equal to $-\lambda_m^2$, then a necessary and sufficient condition for existence of a solution to this is

$$\int_{x_1}^{x_2} w(x) \varphi(\lambda_m, x) r(x) dx = 0.$$

When the above condition holds, there exists an infinite number of solutions of the form

$$Q(x) = \frac{2}{L} \sum_{\substack{\lambda_n \\ (n \neq m)}} \frac{\varphi(\lambda_n, x)}{\lambda_n^2 - \lambda_m^2} \int_{x_1}^{x_2} w(\xi) \varphi(\lambda_n, \xi) r(\xi) d\xi + c^{(m)} \varphi(\lambda_m, x),$$

where $c^{(m)}$ is an arbitary constant [124,p.36].

$$-L_0 Q(x) + cQ(x) = f(x) ,$$

$$\frac{dQ}{dx}(x_1) - b_1 Q(x_1) = g_1 , \qquad \frac{dQ}{dx}(x_2) + b_2 Q(x_2) = g_2 ,$$

$$L_0 = \frac{1}{r(x)} \left\{ \frac{d}{dx}\left[p(x) \frac{d}{dx}\right] + q(x) \right\} , \qquad x_1 \leq x \leq x_2 ,$$

$$p(x) = \frac{1}{P^2(x) \psi'(x)} , \qquad q(x) = -\frac{1}{P(x)} \left(\frac{P'(x)}{P^2(x) \psi'(x)} \right)' + s \frac{\psi'(x)}{P^2(x)} ,$$

$$r(x) = \frac{\psi'(x)}{P^2(x)} > 0, \qquad P(x), \psi(x) \in \mathbb{C}_2[x_1, x_2], \qquad s \in \mathbb{R} .$$

$$w(x) = f(x) + \frac{1}{\psi'^2(x)} [g_2 \delta(x - x_2) - g_1 \delta(x - x_1)] ,$$

$$G(x, \xi) = \sum_{\lambda_n} \frac{\varphi(\lambda_n, x) \varphi(\lambda_n, \xi) r(\xi)}{(\lambda_n^2 + c) \|\varphi_n\|^2} ,$$

$$\varphi(\lambda_n, z) = P(z) \left\{ \cos\mu_n [\psi(z) - \psi(z_1)] + \frac{B_1}{\mu_n} \sin\mu_n [\psi(z) - \psi(x_1)] \right\} ,$$

$$\mu_n = \sqrt{\lambda_n^2 + s} , \quad n = 1, 2, \dots,$$

$$\|\varphi_n\|^2 = \frac{1}{2\mu_n^2} \left[B_1 + (\mu_n^2 + B_1^2) \left(L + \frac{B_2}{\mu_n^2 + B_2^2} \right) \right] , \quad n = 1, 2, \dots,$$

$$B_1 = \frac{b_1}{\psi'(x_1)} - \frac{P'(x_1)}{P(x_1) \psi'(x_1)} , \qquad B_2 = \frac{b_2}{\psi'(x_2)} + \frac{P'(x_2)}{P(x_2) \psi'(x_2)} ,$$

$$L = \psi(x_2) - \psi(x_1),$$

λ_n are the positive roots of the equation

$$\frac{\text{tg}(\sqrt{\lambda^2+s}\,L)}{\sqrt{\lambda^2+s}} = \frac{B_1+B_2}{\lambda^2+s-B_1B_2} \qquad [124, \text{p.238}],$$

(for the case $\psi(x)$ monotonic on $[x_1,x_2]$, see Appendix, Table 1).

$$\|\varphi_n\|^2 \sim \frac{L}{2} \quad \text{and} \quad \lambda_n^2 \sim \frac{\pi^2 n^2}{L^2} - s, \text{ when } n \gg 1.$$

$$G(x,\xi) =$$

$$= \begin{cases} \dfrac{P(x)\left(\cos\alpha(\xi)+\dfrac{B_1}{\mu}\sin\alpha(\xi)\right)\left(\cos\beta(x)+\dfrac{B_2}{\mu}\sin\beta(x)\right)\psi'(\xi)}{P(\xi)\Delta(\lambda)}, & x_1 \le \xi \le x, \\[2ex] \dfrac{P(x)\left(\cos\alpha(x)+\dfrac{B_1}{\mu}\sin\alpha(x)\right)\left(\cos\beta(\xi)+\dfrac{B_2}{\mu}\sin\beta(\xi)\right)\psi'(\xi)}{P(\xi)\Delta(\lambda)}, & x \le \xi \le x_2, \end{cases}$$

$$\alpha(z) = \mu(\psi(z)-\psi(x_1)), \qquad \beta(z) = \mu(\psi(x_2)-\psi(z)), \qquad \mu = \sqrt{\lambda^2+s},$$

$$\Delta(\lambda) = (B_1+B_2)\cos\mu L - \frac{\mu^2-B_1B_2}{\mu}\sin\mu L, \qquad \lambda^2 = -c.$$

If for some $n=m$ the value c is equal to $-\lambda_m^2$, then a necessary and sufficient condition for existence of a solution of this problem is

$$\int_{x_1}^{x_2} w(x)\varphi(\lambda_m,x)r(x)\,dx = 0.$$

When the above condition holds, there exists an infinite number of solutions of the form

$$Q(x) = \sum_{\substack{\lambda_n \\ (n \ne m)}} \frac{\varphi(\lambda_n,x)}{(\lambda_n^2-\lambda_m^2)\|\varphi_n\|^2} \int_{x_1}^{x_2} w(\xi)\varphi(\lambda_n,\xi)r(\xi)\,d\xi + c^{(m)}\varphi(\lambda_m,x),$$

where $c^{(m)}$ is an arbitrary constant [124,p. 36].

$$-A(x)\frac{d^2Q}{dx^2}(x) - B(x)\frac{dQ}{dx}(x) + [c - C(x)]Q(x) = f(x)$$

$$Q(x_1) = g_1, \qquad Q(x_2) = g_2,$$

$$A(x) \in \mathbb{C}_2[x_1, x_2], \qquad A(x) \neq 0, \quad B(x) \in \mathbb{C}_1[x_1, x_2],$$

$$C(x) \in \mathbb{C}[x_1, x_2], \qquad c \in \mathbb{R}, \quad x_1 \leq x \leq x_2.$$

$$w(x) = f(x) + g_2 \frac{1}{r(x)} [p(x) \delta(x - z_2)]' - g_1 \frac{1}{r(x)} [p(x) \delta(x - x_1)]',$$

$$p(x) = \exp \int_{x_1}^{x} \frac{B(\xi)}{A(\xi)} d\xi, \qquad r(x) = \frac{1}{A(x)} \exp \int_{x_1}^{x} \frac{B(\xi)}{A(\xi)} d\xi,$$

$$G(x, \xi) = \sum_{\lambda_n} \frac{y_2(\lambda_n, x) y_2(\lambda_n, \xi) r(\xi)}{(\lambda_n^2 + c) \|y_2(\lambda_n, x)\|^2},$$

$$y_2(\lambda_n, x) = y_1(\lambda_n, x) \int_{x_1}^{x} \frac{d\xi}{p(\xi) y_1^2(\lambda_n, \xi)}, \qquad n = 1, 2, \ldots,$$

$y_1(\lambda, x)$ is a particular solution of the equation

$$A(x)\frac{d^2y}{dx^2} + B(x)\frac{dy}{dx} + [c(x) + \lambda^2]y = 0,$$

which is nonzero at the boundaries of the interval $[x_1, x_2]$.

$$\|y_2(\lambda_n, x)\|^2 =$$

$$= \int_{x_1}^{x_2} \left\{ y_1^2(\lambda_n, \xi) \left[\int_{x_1}^{\xi} \frac{d\eta}{p(\eta) y_1^2(\lambda_n, \eta)} \right]^2 \exp\left[\int_{x_1}^{\xi} \frac{B(\eta)}{A(\eta)} d\eta \right] \right\} \frac{1}{A(\xi)} d\xi,$$

λ_n are the positive roots of the equation

$$\int_{x_1}^{x_2} \frac{d\xi}{p(\xi) y_1^2(\lambda, \xi)} = 0,$$

$$\|y_2(\lambda_n, x)\|^2 \sim \frac{1}{2} \int_{x_1}^{x_2} \frac{d\xi}{\sqrt{A(\xi)}} \quad \text{and} \quad \lambda_n^2 \sim \left[\pi n \int_{x_1}^{x_2} \frac{d\xi}{\sqrt{A(\xi)}}\right]^2 \quad \text{when} \quad n \gg 1.$$

$G(x, \xi) =$

$$= \begin{cases} y_1(\lambda, \xi) \int_{x_1}^{\xi} \frac{d\eta}{p(\eta) y_1^2(\lambda, \eta)} \, y_1(\lambda, x) \int_{x}^{x_2} \frac{d\eta}{p(\eta) y_1^2(\lambda, \eta)} \times \\ \quad \times p(\xi) \left[A(\xi) \int_{x_1}^{x_2} \frac{d\eta}{p(\eta) y_1^2(\lambda, \eta)} \right]^{-1}, & x_1 \leq \xi \leq x, \\ \\ y_1(\lambda, x) \int_{x_1}^{x} \frac{d\eta}{p(\eta) y_1^2(\lambda, \eta)} \, y_1(\lambda, \xi) \int_{\xi}^{x_2} \frac{d\eta}{p(\eta) y_1^2(\lambda, \eta)} \times \\ \quad \times p(\xi) \left[A(\xi) \int_{x_1}^{x_2} \frac{d\eta}{p(\eta) y_1^2(\lambda, \eta)} \right]^{-1}, & x \leq \xi \leq x_2, \end{cases}$$

[124, p.260], $\quad \lambda^2 = -c$.

The component $Q^0(x)$ of the solution $Q(x)$ which has no discontinuity at the boundaries of the interval $[x_1, x_2]$ is written in the following form:

$$Q^0(x) = U(x) - \int_{x_1}^{x_2} G(x, \xi) SU(\xi) d\xi,$$

where

$$U(x) = \frac{x - x_1}{x_2 - x_1} g_2 + \frac{x_2 - x}{x_2 - x_1} g_1,$$

$$S = -A(\xi)\frac{d^2}{d\xi^2} - B(\xi)\frac{d}{d\xi} - C(\xi) + c.$$

If for some n=m the value c is equal to $-\lambda_m^2$ then a necessary and sufficient condition for existence of solution of this problem is

$$\int_{x_1}^{x_2} w(x) y_2(\lambda_m, x) r(x) dx = 0.$$

When the above condition holds, there exists an infinite number of solutions of the form

$$Q(x) = \sum_{\substack{\lambda_n \\ (n \neq m)}} \frac{y_2(\lambda_n, x)}{(\lambda_n^2 - \lambda_m^2) \|y_2(\lambda_n, x)\|^2} \int_{x_1}^{x_2} w(\xi) y_2(\lambda_n, \xi) r(\xi) d\xi + c^{(m)} y_2(\lambda_m, x),$$

where $c^{(m)}$ is an arbitrary constant [124, p. 36].

$$-\frac{d^2Q(x)}{dx^2} - k^2 Q(x) = f(x),$$

$$-\infty < x < \infty, \quad k \neq 0,$$

$$w(x) = f(x),$$

Green's functions

$$G_1(x, \xi) = \frac{j}{2k} e^{jk|x-\xi|} + \Psi_1(x-\xi),$$

$$G_2(x, \xi) = -\frac{j}{2k} e^{-jk|x-\xi|} + \Psi_2(x-\xi),$$

where $\Psi_1(x)$, $\Psi_2(x)$ are arbitrary solutions of the corresponding homogeneous problem [175, p.166].

§ 2. Group (1.1.1)

$$\frac{\partial Q}{\partial t}(x,t) + a\frac{\partial Q}{\partial x}(x,t) = f(x,t),$$

$$Q(x,0) = Q_0(x),$$

$$a \neq 0, \quad -\infty < x < \infty, \quad t \geq 0.$$

$w(x,t) = f(x,t) + Q_0(x)\delta(t),$

$G(x,\xi,t) = G(x-\xi,t) = \delta(x-\xi-at),$

$$W(x,\xi,p) = \frac{1}{|a|}e^{-\frac{x-\xi}{a}p} \qquad [59, \text{p. } 34; 95, \text{p. } 200].$$

These are the Green's function and transfer function for the "pure delay" (or "transport delay") block [178, p. 8].

The series connection of two such blocks with a=v and a=-v gives a block described by the hyperbolic equation:

$$\frac{\partial^2 Q}{\partial t^2}(x,t) - v^2 \frac{\partial^2 Q}{\partial x^2} = f(x,t).$$

$$\frac{\partial Q}{\partial t}(x,t) + a\frac{\partial Q}{\partial x}(x,t) + q(x)Q(x,t) = f(x,t),$$

$$Q(x,0) = Q_0(x),$$

$$a \neq 0, \quad q(x) \in \mathbb{C}(-\infty,\infty), \quad -\infty < x < \infty, \quad t \geq 0.$$

$$w(x, t) = f(x, t) + Q_0(x)\delta(t),$$

$$G(x, \xi, t) = \psi(x, \xi)\delta(x - \xi - at),$$

$$W(x, \xi, p) = \frac{1}{|a|}\psi(x, \xi) e^{-\frac{x-\xi}{a}p},$$

where

$$\psi(x, \xi) = e^{\frac{1}{a}\int_x^\xi q(\zeta)d\zeta}.$$

§ 3. Group (1.1.2)

$$b\frac{\partial Q}{\partial t}(x,t) - x^2\frac{\partial^2 Q}{\partial x^2}(x,t) + cQ(x,t) = f(x,t),$$

$$Q(x,0) = Q_0(x),$$

$$\frac{\partial Q}{\partial x}(1,t) - b_1 Q(1,t) = g_1(t), \quad \frac{\partial Q}{\partial x}(\ell,t) + b_2 Q(\ell,t) = g_2(t),$$

$$b > 0, \quad 1 \le x \le \ell, \quad t \ge 0.$$

$$w(x,t) = f(x,t) + g_2(t) x^2 \delta(x-\ell) - g_1(t) x^2 \delta(x-1) + Q_0(x) b \delta(t),$$

$$G(x, \xi, t) = \sqrt{\frac{x}{\xi^3}} \sum_{\lambda_n} \frac{\psi(\lambda_n, x) \psi(\lambda_n, \xi)}{\|\varphi_n\|^2} \cdot \frac{1}{b} e^{-\frac{\lambda_n^2 + c}{b} t},$$

$$\psi(\lambda_n, z) = \cos(\mu_n \ln z) + \frac{b_1 - \frac{1}{2}}{\mu_n} \sin(\mu_n \ln z), \quad n = 1, 2, \ldots,$$

$$\|\varphi_n\|^2 = \frac{1}{2\mu_n} \left[b_1 - \frac{1}{2} + (\lambda_n^2 + b_1^2 - b_1) \left(\ln \ell + \frac{b_2 \ell + \frac{1}{2}}{\lambda_n^2 + b_2^2 \ell^2 + b_2 \ell} \right) \right], \quad n = 1, 2, \ldots,$$

$$\mu_n = \sqrt{\lambda_n^2 - \frac{1}{4}}, \quad n = 1, 2, \ldots,$$

λ_n are the positive roots of the equation

$$\frac{\operatorname{tg}(\sqrt{\lambda^2 - \frac{1}{4}} \ln \ell)}{\sqrt{\lambda^2 - \frac{1}{4}}} = \frac{b_1 + b_2 \ell}{\lambda^2 - b_1 b_2 \ell - \frac{b_1}{2} + \frac{b_2 \ell}{2}}$$

(for the case $b_1 > \frac{1}{2}$, see Appendix, Table 1).

$$W(x, \xi, p) = \sqrt{\frac{x}{\xi^3}} \sum_{\lambda_n} \frac{\psi(\lambda_n, x) \psi(\lambda_n, \xi)}{(bp + \lambda_n^2 + c) \|\varphi_n\|^2},$$

$$W(x, \xi, p) = \begin{cases} -\dfrac{\sqrt{x}}{\xi \sqrt{\xi} \Delta(\lambda^2)} \psi_1(\lambda, \xi) \psi_2(\lambda, x), & 1 \leq \xi \leq x, \\[2ex] -\dfrac{\sqrt{x}}{\xi \sqrt{\xi} \Delta(\lambda^2)} \psi_1(\lambda, x) \psi_2(\lambda, \xi), & x \leq \xi \leq \ell, \end{cases}$$

[124, p. 124],

$$\psi_1(\lambda, z) = \cos(\mu \ln z) + \frac{b_1 - \frac{1}{2}}{\mu} \sin(\mu \ln z),$$

$$\psi_2(\lambda, z) = \cos\left(\mu \ln \frac{z}{\ell}\right) - \frac{b_2 \ell + \frac{1}{2}}{\mu} \sin\left(\mu \ln \frac{z}{\ell}\right),$$

$$\Delta(\lambda^2) = -(b_1 + b_2 \ell) \cos(\mu \ln \ell) + \frac{\lambda^2 - b_1 b_2 \ell - \frac{b_1}{2} + \frac{b_2 \ell}{2}}{\mu} \sin(\mu \ln \ell),$$

$$\mu = \sqrt{\lambda^2 - \frac{1}{4}}, \qquad \lambda^2 = -bp - c$$

$$b \frac{\partial Q}{\partial t}(x, t) - x^2 \frac{\partial^2 Q}{\partial x^2}(x, t) - x \frac{\partial Q}{\partial x}(x, t) + cQ(x, t) = f(x, t),$$

$$Q(x, 0) = Q_0(x),$$

$$\frac{\partial Q}{\partial x}(1, t) - b_1 Q(1, t) = g_1(t), \qquad \frac{\partial Q}{\partial x}(\ell, t) + b_2 Q(\ell, t) = g_2(t),$$

$$b > 0, \quad 1 \leq x \leq \ell, \quad t \geq 0.$$

$$w(x, t) = f(x, t) + g_2(t) x^2 \delta(x - \ell) - g_1(t) x^2 \delta(x - 1) + Q_0(x) b \delta(t),$$

$$G(x,\xi,t) = \xi^{-1} \sum_{\lambda_n} \frac{\varphi(\lambda_n,x)\varphi(\lambda_n,\xi)}{\|\varphi_n\|^2} \frac{1}{b} e^{-\frac{\lambda_n^2+c}{b}t},$$

$$\varphi(\lambda_n,z) = \cos(\lambda_n \ln z) + \frac{b_1}{\lambda_n}\sin(\lambda_n \ln z),$$

$$\|\varphi_n\|^2 = \frac{\ln \ell}{2}\left(1+\frac{b_1^2}{\lambda_n^2}\right) + \frac{b_1}{2\lambda_n^2} + \frac{b_2 \ell}{2\lambda_n^2}\frac{\lambda_n^2+b_1^2}{\lambda_n^2+b_2^2\ell^2}, \quad n=1,2,\dots,$$

$$\|\varphi_n\|^2 \sim \frac{\ln \ell}{2} \quad \text{when} \quad n \gg 1,$$

λ_n are the positive roots of the equation

$$\frac{\operatorname{tg}(\lambda \ln \ell)}{\lambda} = \frac{b_1+b_2\ell}{\lambda^2-b_1b_2\ell} \qquad [124,\text{ p. }137].$$

$$W(x,\xi,p) = \xi^{-1}\sum_{\lambda_n} \frac{\varphi(\lambda_n,x)\varphi(\lambda_n,\xi)}{(bp+\lambda_n^2+c)\|\varphi_n\|^2},$$

$$W(x,\xi,p) = \begin{cases} -\dfrac{1}{\xi\Delta(\lambda^2)}\varphi_1(\lambda,\xi)\varphi_2(\lambda,x), & 1\le\xi\le x, \\[1em] -\dfrac{1}{\xi\Delta(\lambda^2)}\varphi_1(\lambda,x)\varphi_2(\lambda,\xi), & x\le\xi\le\ell, \end{cases}$$

$$\varphi_1(\lambda,z) = \cos(\lambda \ln z) + \frac{b_1}{\lambda}\sin(\lambda \ln z),$$

$$\varphi_2(\lambda,z) = \cos\left(\lambda \ln \frac{z}{\ell}\right) - \frac{b_2\ell}{\lambda}\sin\left(\lambda \ln \frac{z}{\ell}\right),$$

$$\Delta(\lambda^2) = \frac{\lambda^2-b_1b_2\ell}{\lambda}\sin(\lambda \ln \ell) - (b_1+b_2\ell)\cos(\lambda \ln \ell),\quad \lambda^2 = -bp-c.$$

$$b\frac{\partial Q}{\partial t}(x,t) - (1-x^2)\frac{\partial^2 Q}{\partial x^2}(x,t) + x\frac{\partial Q}{\partial x}(x,t) + cQ(x,t) = f(x,t),$$

$$Q(x,0) = Q_0(x),$$

$$Q(-1,t) = g_1(t), \quad Q(1,t) = g_2(t),$$

$$b > 0, \quad -1 \leq x \leq 1, \quad t \geq 0.$$

$$w(x,t) = f(x,t) + \sqrt{1-x^2}\{g_2(t)[\sqrt{1-x^2}\,\delta(x-1)]' - g_1(t)[\sqrt{1-x^2}\,\delta(x+1)]'\} +$$

$$+ Q_0(x)\,b\delta(t),$$

$$G(x,\xi,t) = \frac{2}{\pi}\sqrt{1-x^2}\sum_{n=1}^{\infty} U_{n-1}(x)\,U_{n-1}(\xi)\,\frac{1}{b}e^{-\frac{n^2+c}{b}t},$$

$U_{n-1}(z)$ is the Chebyshev polynomial of the second kind [109],

$$W(x,\xi,p) = \frac{2}{\pi}\sqrt{1-x^2}\sum_{n=1}^{\infty} \frac{U_{n-1}(x)\,U_{n-1}(\xi)}{bp + n^2 + c},$$

$$W(x,\xi,p) = \begin{cases} \dfrac{\sin[\lambda(\pi - \arccos\xi)]\sin(\lambda\arccos x)}{\lambda\sin(\lambda\pi)\sqrt{1-\xi^2}}, & -1 \leq \xi \leq x, \\[2ex] \dfrac{\sin[\lambda(\pi - \arccos x)]\sin(\lambda\arccos\xi)}{\lambda\sin(\lambda\pi)\sqrt{1-\xi^2}}, & x \leq \xi \leq 1, \end{cases}$$

[124, p. 143], $\lambda^2 = -bp - c$.

The function $Q^0(x,t)$ denotes the component of the solution $Q(x,t)$ which has no discontinuity at the boundaries of the interval [-1,1], and is given by

$$Q^0(x,t) = U(x,t) - \int_{-1}^{1} G(x,\xi,t)\,bU(\xi,0)\,d\xi -$$

$$-\int_0^t \int_{-1}^1 G(x,\xi,t-\tau) SU(\xi,\tau) d\xi d\tau ,$$

where

$$U(x,t) = \frac{1}{2}(x+1)g_2(t) + \frac{1}{2}(1-x)g_1(t) ,$$

$$S = b\frac{\partial}{\partial \tau} - (1-\xi^2)\frac{\partial^2}{\partial \xi^2} + \xi\frac{\partial}{\partial \xi} + c .$$

$$b\frac{\partial Q}{\partial t}(x,t) - x^4 \frac{\partial^2 Q}{\partial x^2}(x,t) + cQ(x,t) = f(x,t) ,$$

$$Q(x,0) = Q_0(x) ,$$

$$\frac{\partial Q}{\partial x}(1,t) = g_1(t) , \quad \frac{\partial Q}{\partial x}(\ell,t) = g_2(t) ,$$

$$b > 0, \quad 1 \leq x \leq \ell, \quad t \geq 0 .$$

$$w(x,t) = f(x,t) + g_2(t) x^4 \delta(x-\ell) - g_1(t) x^4 \delta(x-1) + Q_0(x) b\delta(t) ,$$

$$G(x,\xi,t) = \frac{3\ell^3 e^{-\frac{c}{b}t}}{(\ell^3-1)b\xi^4} + \frac{2x}{\xi^3} \sum_{\lambda_n \atop (n\geq 2)} \frac{\psi(\lambda_n,x)\psi(\lambda_n,\xi)}{1 - \frac{\lambda_n^2+1}{\ell(\ell^2+\lambda_n^2)}} \frac{1}{b} e^{-\frac{\lambda_n^2+c}{b}t} ,$$

$$\psi(\lambda_n,z) = \cos(\lambda_n \frac{z-1}{z}) - \frac{1}{\lambda_n}\sin(\lambda_n \frac{z-1}{z}) , \quad n=2,3,...,$$

λ_n (n=2,3,...) are the positive roots of the equation

$$\frac{\text{tg}(\lambda \frac{\ell-1}{\ell})}{\lambda} = \frac{\ell-1}{\lambda^2+\ell} ,$$

$$W(x,\xi,p) = \frac{3\ell^3}{(bp+c)(\ell^3-1)\xi^4} + \frac{2x}{\xi^3} \sum_{\lambda_n \atop (n\geq 2)} \frac{\psi(\lambda_n,x)\psi(\lambda_n,\xi)}{(bp+\lambda_n^2+c)\left[1 - \frac{\lambda_n^2+1}{\ell(\ell^2+\lambda_n^2)}\right]} ,$$

$$W(x,\xi,p) = \begin{cases} -\dfrac{x}{\xi^3 \Delta(\lambda)} \psi_1(\lambda,\xi) \psi_2(\lambda,x), & 1 \leq \xi \leq x, \\ -\dfrac{x}{\xi^3 \Delta(\lambda)} \psi_1(\lambda,x) \psi_2(\lambda,\xi), & x \leq \xi \leq \ell, \end{cases}$$

$$\psi_1(\lambda,z) = \frac{1}{\lambda} \sin\left(\lambda \frac{z-1}{z}\right) - \cos\left(\lambda \frac{z-1}{z}\right)$$

$$\psi_2(\lambda,z) = \cos\left(\lambda \frac{\ell-z}{\ell z}\right) + \frac{\ell}{\lambda} \sin\left(\lambda \frac{\ell-z}{\ell z}\right),$$

$$\Delta(\lambda) = (\ell-1)\cos\left(\lambda \frac{\ell-1}{\ell}\right) - \frac{\lambda^2+\ell}{\lambda} \sin\left(\lambda \frac{\ell-1}{\ell}\right) \quad [124,\text{p}.146],$$

$$\lambda^2 = -bp - c.$$

$$\boxed{\begin{aligned} b\frac{\partial Q}{\partial t}(x,t) - x^4 \frac{\partial^2 Q}{\partial x^2}(x,t) + cQ(x,t) &= f(x,t), \\ Q(x,0) &= Q_0(x), \\ \frac{\partial Q}{\partial x}(1,t) - b_1 Q(1,t) = g_1(t), \quad \frac{\partial Q}{\partial x}(\ell,t) + b_2 Q(\ell,t) &= g_2(t), \\ b > 0, \quad 1 \leq x \leq \ell, \quad t \geq 0. & \end{aligned}}$$

$$w(x,t) = f(x,t) + g_2(t) x^4 \delta(x-\ell) - g_1(t) x^4 \delta(x-1) + Q_0(x) b\delta(t),$$

$$G(x,\xi,t) = \frac{x}{\xi^3} \sum_{\lambda_n} \frac{\psi(\lambda_n,x)\psi(\lambda_n,\xi)}{\|\varphi_n\|^2} \frac{1}{b} e^{-\frac{\lambda_n^2 + c}{b} t},$$

$$\psi(\lambda_n,z) = \cos\left(\lambda_n \frac{z-1}{z}\right) + \frac{b_1-1}{\lambda_n} \sin\left(\lambda_n \frac{z-1}{z}\right),$$

$$\|\varphi_n\|^2 = \frac{\ell-1}{2\ell}\left[1 + \frac{(b_1-1)^2}{\lambda_n^2}\right] + \frac{b_1-1}{2\lambda_n^2} + \frac{b_2\ell^2+\ell}{2\lambda_n^2}\cdot\frac{\lambda_n^2+(b_1-1)^2}{\lambda_n^2+(b_2\ell^2+\ell)^2},$$

$$n=1,2,...,$$

λ_n are the positive roots of the equation

$$\frac{\text{tg}(\lambda\frac{\ell-1}{\ell})}{\lambda} = \frac{(b_1-1)+(b_2\ell^2+\ell)}{\lambda^2-(b_1-1)(b_2\ell^2+\ell)} \qquad [124, \text{p}.147]$$

(for the case $b_1 > 1$ see Appendix, Table 1.)

$$\|\varphi_n\|^2 \sim \frac{\ell-1}{2\ell} \quad \text{and} \quad \lambda_n^2 \sim \left(\frac{\pi n \ell}{\ell-1}\right)^2 \quad \text{for} \quad n \gg 1.$$

$$W(x,\xi,p) = \frac{x}{\xi^3}\sum_{\lambda_n}\frac{\psi(\lambda_n,x)\psi(\lambda_n,\xi)}{(bp+\lambda_n^2+c)\|\varphi_n\|^2},$$

$$W(x,\xi,p) = \begin{cases} -\dfrac{x}{\xi^3\Delta(\lambda)}\psi_1(\lambda,\xi)\psi_2(\lambda,x), & 1\leq\xi\leq x, \\[2ex] -\dfrac{x}{\xi^3\Delta(\lambda)}\psi_1(\lambda,x)\psi_2(\lambda,\xi), & x\leq\xi\leq\ell, \end{cases}$$

$$\psi_1(\lambda,z) = \cos\frac{\lambda(z-1)}{z} + \frac{b_1-1}{\lambda}\sin\frac{\lambda(z-1)}{z},$$

$$\psi_2(\lambda,z) = \cos\frac{\lambda(\ell-z)}{\ell z} + \frac{b_2\ell^2+\ell}{\lambda}\sin\frac{\lambda(\ell-z)}{\ell z},$$

$$\Delta(\lambda) = (b_1-1+b_2\ell^2+\ell)\cos\frac{\lambda(\ell-1)}{\ell} - \frac{\lambda^2-(b_1-1)(b_2\ell^2+\ell)}{\lambda}\sin\frac{\lambda(\ell-1)}{\ell},$$

$$\lambda^2 = -bp-c.$$

$$b\frac{\partial Q}{\partial t}(x,t) - (a^2-x^2)^2 \frac{\partial^2 Q}{\partial x^2}(x,t) + cQ(x,t) = f(x,t),$$

$$Q(x,0) = Q_0(x),$$

$$\frac{\partial Q}{\partial x}(-\ell,t) = g_1(t), \qquad \frac{\partial Q}{\partial x}(\ell,t) = g_2(t),$$

$$|\ell| < a, \qquad b > 0, \qquad -\ell \le x \le \ell, \qquad t \ge 0.$$

$$w(x,t) = f(x,t) + g_2(t)(a^2-x^2)^2 \delta(x-\ell) - g_1(t)(a^2-x^2)^2 \delta(x+\ell) +$$
$$+ Q_0(x) b \delta(t),$$

$$G(x,\xi,t) = \frac{a^2-\ell^2}{b(a^2-\xi^2)^2 \|\varphi_1\|^2} e^{-\frac{c}{b}t} + \sum_{\lambda_n \atop (n \ge 2)} \frac{\varphi(\lambda_n,x)\varphi(\lambda_n,\xi)}{(a^2-\xi^2)^2 \|\varphi_n\|^2} \frac{1}{b} e^{-\frac{\lambda_n^2+c}{b}t}$$

$$\varphi(\lambda_n,z) = \sqrt{a^2-z^2}\left[\cos\alpha(\lambda_n,z) - \frac{\ell}{\sqrt{\lambda_n^2-a^2}}\sin\alpha(\lambda_n,z)\right], \quad n=2,3,\dots,$$

$$\alpha(\lambda_n,z) = \frac{\sqrt{\lambda_n^2-a^2}}{2a}\ln\frac{(a+z)(a+\ell)}{(a-z)(a-\ell)}, \quad n=2,3,\dots,$$

$$\|\varphi_n\|^2 = \begin{cases} \dfrac{1}{2a^2}\left(2\ell + \dfrac{a^2-\ell^2}{a}\ln\dfrac{a+\ell}{a-\ell}\right), & n=1 \\[2ex] \dfrac{1}{\lambda_n^2-a^2}\left(\dfrac{\lambda_n^2-a^2+\ell^2}{2a}\ln\dfrac{a+\ell}{a-\ell} - \ell\right), & n=2,3,\dots, \end{cases}$$

λ_n (n=2,3,...) are the positive roots of the equation

$$(\sqrt{\lambda^2-a^2})^{-1} \text{tg}\left(\frac{\sqrt{\lambda^2-a^2}}{a}\ln\frac{a+\ell}{a-\ell}\right) = \frac{-2\ell}{\lambda^2-a^2-\ell^2} \qquad [124,\text{p}.156],$$

$$\|\varphi_n\|^2 \sim \frac{1}{2a}\ln\frac{a+\ell}{a-\ell} \quad \text{and} \quad \lambda_n^2 \sim \left(\frac{\pi a n}{\ln\frac{a+\ell}{a-\ell}}\right)^2 \quad \text{for} \quad n \gg 1.$$

$$W(x,\xi,p) = \frac{a^2-\ell^2}{(bp+c)(a^2-\xi^2)^2\|\varphi_1\|^2} + \sum_{\substack{\lambda_n \\ (n\geq 2)}} \frac{\varphi(\lambda_n,x)\varphi(\lambda_n,\xi)}{(bp+\lambda_n^2+c)(a^2-\xi^2)^2\|\varphi_n\|^2},$$

$$W(x,\xi,p) = \begin{cases} -\dfrac{\sqrt{a^2-x^2}}{\Delta(\lambda)\sqrt{(a^2-\xi^2)^3}}\psi_1(\lambda,\xi)\psi_2(\lambda,x), & -\ell \leq \xi \leq x, \\[2ex] -\dfrac{\sqrt{a^2-x^2}}{\Delta(\lambda)\sqrt{(a^2-\xi^2)^3}}\psi_1(\lambda,x)\psi_2(\lambda,\xi), & x \leq \xi \leq \ell, \end{cases}$$

$$\psi_1(\lambda,z) = \cos\alpha(\lambda,z) - \frac{\ell}{\sqrt{\lambda^2-a^2}}\sin\alpha(\lambda,z),$$

$$\alpha(\lambda,z) = \frac{\sqrt{\lambda^2-a^2}}{2a}\ln\frac{(a+z)(a+\ell)}{(a-z)(a-\ell)},$$

$$\psi_2(\lambda,z) = \cos\beta(\lambda,z) + \frac{\ell}{\sqrt{\lambda^2-a^2}}\sin\beta(\lambda,z),$$

$$\beta(\lambda,z) = \frac{\sqrt{\lambda^2-a^2}}{2a}\ln\frac{(a+z)(a-\ell)}{(a-z)(a+\ell)},$$

$$\Delta(\lambda) = \ell\cos\left(\frac{\sqrt{\lambda^2-a^2}}{a}\ln\frac{a+\ell}{a-\ell}\right) + \frac{\lambda^2-a^2-\ell^2}{2\sqrt{\lambda^2-a^2}}\sin\left(\frac{\sqrt{\lambda^2-a^2}}{a}\ln\frac{a+\ell}{a-\ell}\right),$$

$$\lambda^2 = -bp-c.$$

$$b\frac{\partial Q}{\partial t}(x,t) - (x^2+a^2)^2 \frac{\partial^2 Q}{\partial x^2}(x,t) + cQ(x,t) = f(x,t),$$

$$Q(x,0) = Q_0(x),$$

$$\frac{\partial Q}{\partial x}(0,t) - b_1 Q(0,t) = g_1(t), \qquad \frac{\partial Q}{\partial x}(l,t) + b_2 Q(l,t) = g_2(t),$$

$$b > 0, \qquad 0 \le x \le l, \qquad t \ge 0.$$

$$w(x,t) = f(x,t) + g_2(t)(x^2+a^2)^2 \delta(x-l) - g_1(t)(x^2+a^2)^2 \delta(x) +$$
$$+ Q_0(x) b \delta(t),$$

$$G(x,\xi,t) = \frac{\sqrt{x^2+a^2}}{\sqrt{(\xi^2+a^2)^3}} \sum_{\lambda_n} \frac{\psi(\lambda_n, x) \psi(\lambda_n, \xi)}{\|\varphi_n\|^2} \frac{1}{b} e^{-\frac{\lambda_n^2+c}{b}t},$$

$$\psi(\lambda_n, z) = \cos\alpha(\lambda_n, z) + \frac{b_1 a^2}{\sqrt{\lambda_n^2+a^2}} \sin\alpha(\lambda_n, z),$$

$$\alpha(\lambda_n, z) = \frac{\sqrt{\lambda_n^2+a^2}}{a} \operatorname{arctg}\frac{z}{a}, \quad n=1,2,\ldots,$$

$$\|\varphi_n\|^2 =$$

$$\frac{1}{2(\lambda_n^2+a^2)} \left\{ b_1 a^2 + (\lambda_n^2+a^2+b_1^2 a^4) \left[\frac{1}{a}\operatorname{arctg}\frac{l}{a} + \frac{b_2(a^2+l^2)+l}{\lambda_n^2+a^2+(b_2(a^2+l^2)+l)^2} \right] \right\},$$

$$n=1,2,\ldots,$$

λ_n are the positive roots of the equation

$$\frac{\operatorname{tg}\left(\frac{\sqrt{\lambda^2+a^2}}{a}\operatorname{arctg}\frac{l}{a}\right)}{\sqrt{\lambda^2+a^2}} = \frac{a^2 b_1 + b_2(a^2+l^2)+l}{\lambda^2+a^2 - a^2 b_1(b_2(a^2+l^2)+l)} \quad \text{(see Appendix, Table 1)},$$

$$\|\varphi_n\|^2 \sim \frac{1}{2a}\text{arctg}\frac{l}{a} \quad \text{and} \quad \lambda_n^2 \sim \left(\frac{\pi n a}{\text{arctg}\frac{l}{a}}\right)^2 \quad \text{for} \quad n \gg 1.$$

$$W(x,\xi,p) = \frac{\sqrt{x^2+a^2}}{\sqrt{(\xi^2+a^2)^3}} \sum_{\lambda_n} \frac{\psi(\lambda_n,x)\psi(\lambda_n,\xi)}{(bp+\lambda_n^2+c)\|\varphi_n\|^2},$$

$$W(x,\xi,p) = \begin{cases} \dfrac{\sqrt{x^2+a^2}}{\Delta(\lambda)\sqrt{(\xi^2+a^2)^3}} \psi_1(\lambda,\xi)\psi_2(\lambda,x), & 0 \le \xi \le x, \\[2ex] \dfrac{\sqrt{x^2+a^2}}{\Delta(\lambda)\sqrt{(\xi^2+a^2)^3}} \psi_1(\lambda,x)\psi_2(\lambda,\xi), & x \le \xi \le l, \end{cases}$$

$$\psi_1(\lambda,z) = \cos\alpha(\lambda,z) + \frac{a^2 b_1}{\sqrt{\lambda^2+a^2}}\sin\alpha(\lambda,z),$$

$$\alpha(\lambda,z) = \frac{\sqrt{\lambda^2+a^2}}{a}\text{arctg}\frac{z}{a},$$

$$\psi_2(\lambda,z) = \cos\beta(\lambda,z) + \frac{b_2(a^2+l^2)+l}{\sqrt{\lambda^2+a^2}}\sin\beta(\lambda,z),$$

$$\beta(\lambda,z) = \frac{\sqrt{\lambda^2+a^2}}{a}\text{arctg}\frac{a(l-z)}{a^2+lz},$$

$$\Delta(\lambda) = [a^2 b_1 + b_2(a^2+l^2) + l]\cos\alpha(\lambda,l) -$$

$$- \frac{\lambda^2 + a^2 - a^2 b_1(b_2(a^2+l^2)+l)}{\sqrt{\lambda^2+a^2}}\sin\alpha(\lambda,l) \quad [124, \text{p}.172],$$

$$\lambda^2 = -bp - c.$$

$$b\frac{\partial Q}{\partial t}(x,t) - x^{2a}\frac{\partial^2 Q}{\partial x^2}(x,t) - ax^{2a-1}\frac{\partial Q(x,t)}{\partial x} + cQ(x,t) = f(x,t),$$

$$Q(x,0) = Q_0(x),$$

$$\frac{\partial Q}{\partial x}(1,t) - b_1 Q(1,t) = g_1(t), \quad \frac{\partial Q}{\partial x}(\ell,t) + b_2 Q(\ell,t) = g_2(t),$$

$$b > 0, \quad 1 \leq x \leq \ell, \quad t \geq 0.$$

$$w(x,t) = f(x,t) + g_2(t) x^{2a} \delta(x-\ell) - g_1(t) x^{2a} \delta(x-1) + Q_0(x) b \delta(t),$$

$$G(x,\xi,t) = \frac{1}{\xi^a} \sum_{\lambda_n} \frac{\varphi(\lambda_n, x)\varphi(\lambda_n, \xi)}{\|\varphi_n\|^2} \frac{1}{b} e^{-\frac{\lambda_n^2 + c}{b}t},$$

$$\varphi(\lambda_n, x) = \cos\left[\frac{\lambda_n}{a-1}(x^{1-a}-1)\right] - \frac{b_1}{\lambda_n}\sin\left[\frac{\lambda_n}{a-1}(x^{1-a}-1)\right], \quad n=1,2,\ldots,$$

$$\|\varphi_n\|^2 = \frac{1}{2\lambda_n^2}\left[(\lambda_n^2 + b_1^2)\left(\frac{\ell^{1-a}-1}{1-a} + \frac{b_2 \ell^a}{\lambda_n^2 + b_2^2 \ell^{2a}}\right) + b_1\right], \quad n=1,2,\ldots,$$

λ_n are the positive roots of the equation

$$\frac{\text{tg}\left[\frac{\lambda}{a-1}(1-\ell^{1-a})\right]}{\lambda} = \frac{b_1 + b_2 \ell^a}{\lambda^2 - b_1 b_2 \ell^a} \quad [124, \text{p}.195]$$

(see Appendix, Table 1),

$$\|\varphi_n\|^2 \sim \frac{\ell^{1-a}-1}{2(1-a)} \quad \text{and} \quad \lambda_n^2 \sim \left[\frac{\pi n(a-1)}{1-\ell^{1-a}}\right]^2 \quad \text{for} \quad n \gg 1.$$

$$W(x,\xi,p) = \frac{1}{\xi^a} \sum_{\lambda_n} \frac{\varphi(\lambda_n, x)\varphi(\lambda_n, \xi)}{(bp + \lambda_n^2 + c)\|\varphi_n\|^2},$$

$$W(x,\xi,p) = \begin{cases} \dfrac{1}{\xi^a \Delta(\lambda)} \varphi_1(\lambda,\xi)\varphi_2(\lambda,x)\,, & 1 \le \xi \le x\,, \\[2mm] \dfrac{1}{\xi^a \Delta(\lambda)} \varphi_1(\lambda,x)\varphi_2(\lambda,\xi)\,, & x \le \xi \le \ell\,, \end{cases}$$

$$\varphi_1(\lambda,z) = \cos\left[\frac{\lambda}{a-1}(z^{1-a}-1)\right] - \frac{b_1}{\lambda}\sin\left[\frac{\lambda}{a-1}(z^{1-a}-1)\right],$$

$$\varphi_2(\lambda,z) = \cos\left[\frac{\lambda}{a-1}(\ell^{1-a}-z^{1-a})\right] - \frac{b_2\ell^a}{\lambda}\sin\left[\frac{\lambda}{a-1}(\ell^{1-a}-z^{1-a})\right],$$

$$\Delta(\lambda) = (b_1 + b_2\ell^a)\cos\mu + \frac{\lambda^2 - b_1 b_2 \ell^a}{\lambda}\sin\mu,$$

$$\mu = \frac{\lambda}{a-1}(\ell^{1-a}-1)\,, \quad \lambda^2 = -bp - c\,.$$

The case a=1 is obtained from the above formulas by taking the limit $a \to 1$.

$$b\frac{\partial Q}{\partial t}(x,t) - \frac{\partial^2 Q}{\partial x^2}(x,t) + \frac{2}{x}\frac{\partial Q}{\partial x}(x,t) - \frac{2}{x^2}Q(x,t) + cQ(x,t) = f(x,t)\,,$$

$$Q(x,0) = Q_0(x)\,,$$

$$\frac{\partial Q}{\partial x}(1,t) - b_1 Q(1,t) = g_1(t)\,, \qquad \frac{\partial Q}{\partial x}(\ell,t) + b_2 Q(\ell,t) = g_2(t)\,,$$

$$b > 0\,, \qquad 1 \le x \le \ell\,, \qquad t \ge 0\,.$$

$$w(x,t) = f(x,t) + g_2(t)\delta(x-\ell) - g_1(t)\delta(x-1) + Q_0(x)b\delta(t)\,,$$

$$G(x,\xi,t) = \frac{x}{\xi}\sum_{\lambda_n} \frac{\psi(\lambda_n,x)\psi(\lambda_n,\xi)}{\|\varphi_n\|^2}\frac{1}{b}e^{-\frac{\lambda_n^2+c}{b}t},$$

$$\psi(\lambda_n, z) = \cos\lambda_n(z-1) + \frac{b_1-1}{\lambda_n}\sin\lambda_n(z-1), \quad n=1,2,...,$$

$$\|\varphi_n\|^2 = \frac{1}{2\lambda_n^2}\left[(\ell-1)[\lambda_n^2 + (b_1-1)^2] + b_1 - 1 + (b_2 + \frac{1}{\ell})\frac{\lambda_n^2 + (b_1-1)^2}{\lambda_n^2 + (b_2 + \frac{1}{\ell})^2}\right],$$
$$n=1,2,...,$$

λ_n are the positive roots of the equation

$$\frac{\mathrm{tg}\lambda(\ell-1)}{\lambda} = \frac{b_1 - 1 + b_2 + \frac{1}{\ell}}{\lambda^2 - (b_1-1)(b_2 + \frac{1}{\ell})}$$

(for $b_1, b_2 > -\frac{1}{2}$ see Appendix, Table 1),

$$\|\varphi_n\|^2 \sim \frac{\ell-1}{2} \quad \text{and} \quad \lambda_n^2 \sim \left(\frac{\pi n}{\ell-1}\right)^2 \quad \text{for} \quad n \gg 1.$$

$$W(x,\xi,p) = \frac{x}{\xi}\sum_{\lambda_n}\frac{\psi(\lambda_n,x)\psi(\lambda_n,\xi)}{(bp + \lambda_n^2 + c)\|\varphi_n\|^2},$$

$$W(x,\xi,p) = \begin{cases} -\dfrac{x\ell}{\xi\Delta(\lambda)}\psi_1(\lambda,\xi)\psi_2(\lambda,x), & 1 \leq \xi \leq x, \\[1em] -\dfrac{x\ell}{\xi\Delta(\lambda)}\psi_1(\lambda,x)\psi_2(\lambda,\xi), & x \leq \xi \leq \ell, \end{cases}$$

$$\psi_1(\lambda,z) = \cos\lambda(z-1) + \frac{b_1-1}{\lambda}\sin\lambda(z-1),$$

$$\psi_2(\lambda,z) = \cos\lambda(\ell-z) + \frac{1}{\lambda}(b_2 + \frac{1}{\ell})\sin\lambda(\ell-z),$$

$$\Delta(\lambda) = [\ell(1-b_1) - b_2\ell - 1]\cos\lambda(\ell-1) +$$
$$+ \frac{(1+b_2\ell)(1-b_1) + \lambda^2\ell}{\lambda}\sin\lambda(\ell-1) \quad [124, p. 205],$$

$$\lambda^2 = -bp - c.$$

$$b\frac{\partial Q}{\partial t}(x,t) - \frac{\partial^2 Q}{\partial x^2}(x,t) - 2a\,\text{ctga}x\,\frac{\partial Q}{\partial x}(x,t) + (a^2 + c)Q(x,t) = f(x,t),$$

$$Q(x,0) = Q_0(x),$$

$$\frac{\partial Q}{\partial x}(1,t) - b_1 Q(1,t) = g_1(t), \qquad \frac{\partial Q}{\partial x}(\ell,t) + b_2 Q(\ell,t) = g_2(t),$$

$$b > 0, \qquad 1 \leq x \leq \ell, \qquad t \geq 0.$$

$$w(x,t) = f(x,t) + g_2(t)\delta(x-\ell) - g_1(t)\delta(x-1) + Q_0(x)b\delta(t),$$

$$G(x,\xi,t) = \frac{\sin a\xi}{b \sin ax} \sum_{\lambda_n} \frac{\psi(\lambda_n, x)\psi(\lambda_n, \xi)}{\|\varphi_n\|^2} e^{-\frac{\lambda_n^2 + c}{b}t},$$

$$\psi(\lambda_n, z) = \cos\lambda_n(z-1) + \frac{b_1 + a\,\text{ctga}}{\lambda_n}\sin\lambda_n(z-1), \quad n=1,2,\ldots,$$

$$\|\varphi_n\|^2 = \frac{1}{2\lambda_n^2}\{b_1 + a\,\text{ctga} + [\lambda_n^2 + (b_1 + a\,\text{ctga})^2] \times$$

$$\times \left[\ell - 1 + \frac{b_2 - a\,\text{ctga}\ell}{\lambda_n^2 + (b_2 - a\,\text{ctga}\ell)^2}\right]\}, \quad n=1,2,\ldots,$$

λ_n are the positive roots of the equation

$$\frac{\text{tg}\,\lambda(\ell-1)}{\lambda} = \frac{b_1 + a\,\text{ctga} + b_2 - a\,\text{ctga}\ell}{\lambda^2 - (b_1 + a\,\text{ctga})(b_2 - a\,\text{ctga}\ell)} \qquad [124, \text{p}.217],$$

$$\|\varphi_n\|^2 \sim \frac{\ell-1}{2} \quad \text{and} \quad \lambda_n^2 \sim \left(\frac{\pi n}{\ell-1}\right)^2 \quad \text{for} \quad n \gg 1.$$

$$W(x, \xi, p) = \begin{cases} -\dfrac{\sin a\xi}{\sin ax \Delta(\lambda)} \psi_1(\lambda, \xi) \psi_2(\lambda, x) , & 1 \leq \xi \leq x , \\ -\dfrac{\sin a\xi}{\sin ax \Delta(\lambda)} \psi_1(\lambda, x) \psi_2(\lambda, \xi) , & x \leq \xi \leq \ell , \end{cases}$$

$$\psi_1(\lambda, z) = \cos\lambda(z-1) + \frac{b_1 + a\, \text{ctg}\, a}{\lambda} \sin\lambda(z-1) ,$$

$$\psi_2(\lambda, z) = \cos\lambda(\ell - z) + \frac{b_2 - a\, \text{ctg}\, a\ell}{\lambda} \sin\lambda(\ell - z) ,$$

$$\Delta(\lambda) = \frac{\lambda^2 - (b_1 + a\, \text{ctg}\, a)(b_2 - a\, \text{ctg}\, a\ell)}{\lambda} \sin\lambda(\ell - 1) -$$
$$- (b_1 + a\, \text{ctg}\, a + b_2 - a\, \text{ctg}\, a\ell) \cos\lambda(\ell - 1) , \quad \lambda^2 = -bp - c ,$$

$$W(x, \xi, p) = \frac{\sin a\xi}{\sin ax} \sum_{\lambda_n} \frac{\psi(\lambda_n, x)\, \psi(\lambda_n, \xi)}{(bp + \lambda_n^2 + c) \|\varphi_n\|^2} .$$

$$b\frac{\partial Q}{\partial t}(x, t) - \frac{\partial^2 Q}{\partial x^2}(x, t) - 2\,\text{th}\,x \frac{\partial Q}{\partial x}(x, t) + (c-1)Q(x, t) = f(x, t) ,$$

$$Q(x, 0) = Q_0(x) ,$$

$$\frac{\partial Q}{\partial x}(0, t) - b_1 Q(0, t) = g_1(t) , \qquad \frac{\partial Q}{\partial x}(\ell, t) + b_2 Q(\ell, t) = g_2(t) ,$$

$$b > 0 , \quad 0 \leq x \leq \ell , \quad t \geq 0 .$$

$$w(x, t) = f(x, t) + g_2(t)\delta(x - \ell) - g_1(t)\delta(x) + Q_0(x) b\delta(t) ,$$

$$G(x, \xi, t) = \frac{\text{ch}\,\xi}{b\,\text{ch}\,x} \sum_{\lambda_n} \frac{\psi(\lambda_n, x)\, \psi(\lambda_n, \xi)}{\|\varphi_n\|^2} e^{-\frac{\lambda_n^2 + c}{b} t} ,$$

$$\psi(\lambda_n, z) = \cos\lambda_n z + \frac{b_1}{\lambda_n}\sin\lambda_n z, \quad n=1,2,\ldots,$$

$$\|\varphi_n\|^2 = \frac{1}{2\lambda_n^2}\left[b_1 + (\lambda_n^2 + b_1^2)\left(\ell + \frac{b_2 - th\ell}{\lambda_n^2 + (b_2 - th\ell)^2}\right)\right], \quad n=1,2,\ldots,$$

λ_n are the positive roots of the equation

$$\frac{tg\lambda\ell}{\lambda} = \frac{b_1 + b_2 - th\ell}{\lambda^2 - b_1(b_2 - th\ell)} \quad [124, p.229]$$

(for $b_2 > th\ell$ see Appendix, Table 1),

$$\|\varphi_n\|^2 \sim \frac{\ell}{2} \quad \text{and} \quad \lambda_n^2 \sim \frac{\pi^2 n^2}{\ell^2} \quad \text{for} \quad n \gg 1,$$

$$W(x, \xi, p) = \frac{ch\xi}{chx}\sum_{\lambda_n}\frac{\psi(\lambda_n, x)\psi(\lambda_n, \xi)}{(bp + \lambda_n^2 + c)\|\varphi_n\|^2},$$

$$W(x, \xi, p) = \begin{cases} -\dfrac{ch\xi}{chx\Delta(\lambda)}\psi_1(\lambda, \xi)\psi_2(\lambda, x), & 0 \le \xi \le x, \\ -\dfrac{ch\xi}{chx\Delta(\lambda)}\psi_1(\lambda, x)\psi_2(\lambda, \xi), & x \le \xi \le \ell, \end{cases}$$

$$\psi_1(\lambda, z) = \cos\lambda z + \frac{b_1}{\lambda}\sin\lambda z,$$

$$\psi_2(\lambda, z) = \cos\lambda(\ell - z) + \frac{b_2 - th\ell}{\lambda}\sin\lambda(\ell - z),$$

$$\Delta(\lambda) = (th\ell - b_1 - b_2)\cos\lambda\ell + \frac{\lambda^2 - (b_2 - th\ell)b_1}{\lambda}\sin\lambda\ell,$$

$$\lambda^2 = -bp - c.$$

$$jh\frac{\partial Q}{\partial t}(x,t) + \frac{h^2}{2\mu}\frac{\partial^2 Q}{\partial x^2}(x,t) = f(x,t),$$

$$Q(x,0) = Q_0(x), \quad -\infty < x < \infty, \quad t \geq 0.$$

$$w(x,t) = f(x,t) + jhQ_0(x)\delta(t),$$

$$G(x,\xi,t) = \left(\frac{1}{jh}\right)^{3/2}\left(\frac{\mu}{2\pi t}\right)^{1/2} e^{\frac{j\mu}{2ht}(x-\xi)^2} \quad [172, \text{p}.307].$$

This is the quantum wave function of a free particle in one spatial dimension. It is also the amplitude of hydroacoustic pressure of the transmission of a quasimonochromatic signal in an underwater sound channel [96].
A series connection of two such blocks, one of which is the complex conjugate of the other, gives a block described by the equation of transverse vibration of elastic beams

$$\frac{\partial^2 Q}{\partial t^2}(x,t) + \frac{h^2}{4\mu^2}\frac{\partial^4 Q}{\partial x^4}(x,t) = f(x,t).$$

$$jh\frac{\partial Q}{\partial t}(x,t) + \frac{h^2}{2\mu}\frac{\partial^2 Q}{\partial x^2}(x,t) + KxQ(x,t) = f(x,t),$$

$$Q(x,0) = Q_o(x), \quad -\infty < x < \infty, \quad t \geq 0.$$

$$w(x,t) = f(x,t) + jhQ_0(x)\delta(t),$$

$$G(x,\xi,t) = \left(\frac{1}{jh}\right)^{3/2}\left(\frac{\mu}{2\pi t}\right)^{1/2} e^{\frac{j}{h}S(x,\xi,t)},$$

$$S(x, \xi, t) = -\frac{K^2 t^3}{24\mu} + \frac{Kt}{2}(x+\xi) + \frac{\mu}{2t}(x-\xi)^2 \quad [172, \text{p.307}].$$

This is the quantum wave function of a charged particle accelerated by a homogeneous electrical field.

$$jh\frac{\partial Q}{\partial t}(x,t) + \frac{h^2}{2\mu}\frac{\partial^2 Q}{\partial x^2}(x,t) - \omega^2 x^2 Q(x,t) = f(x,t),$$

$$Q(x,0) = Q_0(x), \quad -\infty < x < \infty, \quad t \geq 0.$$

$$w(x,t) = f(x,t) + jhQ_0(x)\delta(t),$$

$$G(x,\xi,t) = \left(\frac{1}{jh}\right)^{3/2}\left(\frac{\omega}{2\pi\sin\omega t}\right)^{1/2}\exp\left\{\frac{j}{h}\frac{1}{\sin\omega t}[(x^2+\xi^2)\cos\omega t - 2x\xi]\right\}$$

[172, p. 307].

This is the wave function of a harmonic oscillator.

$$jh\frac{\partial Q}{\partial t}(x,t) + \frac{h^2}{2\mu}\frac{\partial^2 Q}{\partial x^2}(x,t) - V(x)Q(x,t) = f(x,t),$$

$$Q(x,0) = Q_0(x), \quad -\infty < x < \infty, \quad t \geq 0.$$

$$w(x,t) = f(x,t) + jhQ_0(x)\delta(t).$$

If the solution $X(x, \xi, \tau, t)$ of the boundary value problem

$$\mu\frac{d^2X}{d\tau^2} = -\frac{\partial V}{\partial X}, \quad X(0) = \xi, \quad X(t) = x$$

is unique, then for $h \to 0$,

$$G(x, \xi, t) = \left(\frac{1}{jh}\right)^{3/2} \sqrt{\frac{1}{2\pi} \left|\frac{\partial^2 S}{\partial x \partial \xi}\right|} \, e^{\frac{j}{h} S(x, \xi, t)} [1 + hz(x, \xi, t, h)],$$

where the action

$$S(x, \xi, t) = \int_0^t \left\{\frac{\mu}{2}\dot{X}^2 - V[X(x, \xi, \tau, t)]\right\} d\tau,$$

and

$$z(x, \xi, t, 0) = \int_0^t \left|\frac{\partial^2 S(X, \xi, \tau)}{\partial X \partial \xi}\right|^{-\frac{1}{2}} \frac{\partial^2}{\partial x^2} \left|\frac{\partial^2 S(X, \xi, \tau)}{\partial X \partial \xi}\right|^{\frac{1}{2}} d\tau \quad [172, \text{p. } 306].$$

The integral is taken along the path $X(x, \xi, \tau, t)$.

$$b\frac{\partial Q}{\partial t}(x, t) - \frac{1}{r(x)} \left\{\frac{\partial}{\partial x}\left[p(x) \frac{\partial Q}{\partial x}(x, t)\right] + q(x) Q(x, t)\right\} + cQ(x, t) = f(x, t),$$

$$Q(x, 0) = Q_0(x), \qquad Q(x_1, t) = g_1(t), \qquad Q(x_2, t) = g_2(t),$$

$$p(x) = \frac{1}{P^2(x) \psi'(x)}, \qquad q(x) = -\frac{1}{P(x)} \left(\frac{P'(x)}{P^2(x) \psi'(x)}\right)' + s\frac{\psi'(x)}{P^2(x)},$$

$$r(x) = \frac{\psi'(x)}{P^2(x)} > 0, \qquad P(x), \psi(x) \in \mathbb{C}_2[x_1, x_2], \qquad s \in \mathbb{R},$$

$$b > 0, \qquad x_1 \le x \le x_2, \qquad t \ge 0.$$

$$w(x, t) = f(x, t) + \frac{P^2(x)}{\psi'(x)} \left[g_2(t) \left(\frac{\delta(x - x_2)}{P^2(x) \psi'(x)}\right)' - g_1(t) \left(\frac{\delta(x - x_1)}{P^2(x) \psi'(x)}\right)'\right] +$$

$$+ Q_0(x) b\delta(t),$$

$$G(x, \xi, t) = \frac{2}{bL} \sum_{\lambda_n} \varphi(\lambda_n, x) \varphi(\lambda_n, \xi) r(\xi) e^{-\frac{\lambda_n^2 + c}{b} t},$$

$$\varphi(\lambda_n, z) = P(z) \sin \frac{\pi n}{L} (\psi(z) - \psi(x_1)), \quad n = 1, 2, \ldots,$$

$$L = \psi(x_2) - \psi(x_1), \quad \lambda_n^2 = \frac{\pi^2 n^2}{L^2} - s \quad [124, p. 236],$$

$$W(x, \xi, p) = \frac{2}{L} \sum_{\lambda_n} \frac{\varphi(\lambda_n, x) \varphi(\lambda_n, \xi) r(\xi)}{bp + \lambda_n^2 + c},$$

$$W(x, \xi, p) =$$

$$= \begin{cases} \dfrac{P(x) \sin\mu [\psi(\xi) - \psi(x_1)] \sin\mu [\psi(x_2) - \psi(x)] \psi'(\xi)}{P(\xi) \mu \sin\mu L}, & x_1 \leq \xi \leq x, \\[2ex] \dfrac{P(x) \sin\mu [\psi(x) - \psi(x_1)] \sin\mu [\psi(x_2) - \psi(\xi)] \psi'(\xi)}{P(\xi) \mu \sin\mu L}, & x \leq \xi \leq x_2, \end{cases}$$

$$\mu = \sqrt{\lambda^2 + s}, \quad \lambda^2 = -bp - c.$$

The function $Q^0(x, t)$ denotes the component of the solution $Q(x, t)$ which has no discontinuity at the boundaries of the interval $[x_1, x_2]$, and is given by

$$Q^0(x, t) = U(x, t) - \int_{x_1}^{x_2} G(x, \xi, t) bU(\xi, 0) d\xi -$$

$$- \int_0^t \int_{x_1}^{x_2} G(x, \xi, t - \tau) SU(\xi, \tau) d\xi d\tau,$$

where

$$U(x,t) = \frac{x-x_1}{x_2-x_1} g_2(t) + \frac{x_2-x}{x_2-x_1} g_1(t),$$

$$S = b\frac{\partial}{\partial \tau} - \frac{1}{r(\xi)} \left\{ \frac{\partial}{\partial \xi} \left[p(\xi) \frac{\partial}{\partial \xi} \right] + q(\xi) \right\} + c.$$

$$b\frac{\partial Q}{\partial t}(x,t) - \frac{1}{r(x)} \left\{ \frac{\partial}{\partial x}\left[p(x)\frac{\partial Q}{\partial x}(x,t)\right] + q(x)Q(x,t) \right\} + cQ(x,t) = f(x,t),$$

$$Q(x,0) = Q_0(x),$$

$$\frac{\partial Q}{\partial x}(x_1,t) - b_1 Q(x_1,t) = g_1(t), \qquad \frac{\partial Q}{\partial x}(x_2,t) + b_2 Q(x_2,t) = g_2(t),$$

$$p(x) = \frac{1}{P^2(x)\psi'(x)}, \qquad q(x) = -\frac{1}{P(x)}\left(\frac{P'(x)}{P^2(x)\psi'(x)}\right)' + s\frac{\psi'(x)}{P^2(x)},$$

$$r(x) = \frac{\psi'(x)}{P^2(x)} > 0, \qquad P(x), \psi(x) \in \mathbb{C}_2[x_1,x_2], \qquad s \in \mathbb{R},$$

$$b > 0, \qquad x_1 \le x \le x_2, \qquad t \ge 0.$$

$$w(x,t) = f(x,t) + \frac{1}{\psi'^2(x)}[g_2(t)\delta(x-x_2) - g_1(t)\delta(x-x_1)] + Q_0(x)b\delta(t),$$

$$G(x,\xi,t) = \frac{1}{b}\sum_{\lambda_n} \frac{\varphi(\lambda_n,x)\varphi(\lambda_n,\xi)r(\xi)}{\|\lambda_n\|^2} e^{-\frac{\lambda_n^2+c}{b}t},$$

$$\varphi(\lambda_n,z) = P(z)\left\{\cos\mu_n[\psi(z) - \psi(x_1)] + \frac{B_1}{\mu_n}\sin\mu_n[\psi(z) - \psi(x_1)]\right\},$$

$$\mu_n = \sqrt{\lambda_n^2 + s}, \quad n=1,2,\ldots,$$

$$\|\lambda_n\|^2 = \frac{1}{2\mu_n^2}\left[B_1 + (\mu_n^2 + B_1^2)\left(L + \frac{B_2}{\mu_n^2 + B_2^2}\right)\right], \quad n=1,2,\ldots,$$

$$B_1 = \frac{b_1}{\psi'(x_1)} - \frac{P'(x_1)}{P(x_1)\psi'(x_1)}, \quad B_2 = \frac{b_2}{\psi'(x_2)} + \frac{P'(x_2)}{P(x_2)\psi'(x_2)},$$

$$L = \psi(x_2) - \psi(x_1),$$

λ_n are the positive roots of the equation

$$\frac{\tg(\sqrt{\lambda^2+s}\, L)}{\sqrt{\lambda^2+s}} = \frac{B_1+B_2}{\lambda^2+s-B_1 B_2},$$

(For $\psi(x)$ monotonic on $[x_1, x_2]$ see Appendix, Table 1)

$$\|\varphi_n\|^2 \sim \frac{L}{2} \quad \text{and} \quad \lambda_n^2 \sim \frac{\pi^2 n^2}{L^2} - s \quad \text{when} \quad n \gg 1.$$

$$W(x, \xi, p) = \sum_{\lambda_n} \frac{\varphi(\lambda_n, x)\, \varphi(\lambda_n, \xi)\, r(\xi)}{(bp + \lambda_n^2 + c)\|\varphi_n\|^2},$$

$W(x, \xi, p) =$

$$= \begin{cases} \dfrac{P(x)(\cos\alpha(\xi) + \dfrac{B_1}{\mu}\sin\alpha(\xi))(\cos\beta(x) + \dfrac{B_2}{\mu}\sin\beta(x))\psi'(\xi)}{P(\xi)\Delta(\lambda)}, & x_1 \leq \xi \leq x, \\[2ex] \dfrac{P(x)(\cos\alpha(x) + \dfrac{B_1}{\mu}\sin\alpha(x))(\cos\beta(\xi) + \dfrac{B_2}{\mu}\sin\beta(\xi))\psi'(\xi)}{P(\xi)\Delta(\lambda)}, & x \leq \xi \leq x_2, \end{cases}$$

$$\alpha(z) = \mu(\psi(z) - \psi(x_1)), \quad \beta(z) = \mu(\psi(x_2) - \psi(z)),$$

$$\Delta(\lambda) = (B_1 + B_2)\cos\mu L - \frac{\mu^2 - B_1 B_2}{\mu}\sin\mu L,$$

$$\mu = \sqrt{\lambda^2+s} \quad [124, p.237], \quad \lambda^2 = -bp - c.$$

$$b\frac{\partial Q}{\partial t}(x,t) - A(x)\frac{\partial^2 Q}{\partial x^2}(x,t) - B(x)\frac{\partial Q}{\partial x}(x,t) + [c - C(x)]Q(x,t) = f(x,t),$$

$$Q(x,0) = Q_0(x), \qquad Q(x_1,t) = g_1(t), \qquad Q(x_2,t) = g_2(t),$$

$$A(x) \in \mathbb{C}_2[x_1, x_2], \qquad A(x) \neq 0, \qquad B(x) \in \mathbb{C}_1[x_1, x_2],$$

$$C(x) \in \mathbb{C}[x_1, x_2], \qquad c \in \mathbb{R}, \qquad b > 0, \qquad x_1 \leq x \leq x_2, \qquad t \geq 0.$$

$$w(x,t) = f(x,t) + g_2(t)\frac{1}{r(x)}[p(x)\delta(x-x_2)]' -$$

$$-g_1(t)\frac{1}{r(x)}[p(x)\delta(x-x_1)]' + Q_0(x)b\delta(t),$$

$$p(x) = \exp\int_{x_1}^{x}\frac{B(\xi)}{A(\xi)}d\xi, \qquad r(x) = \frac{1}{A(x)}\exp\int_{x_1}^{x}\frac{B(\xi)}{A(\xi)}d\xi,$$

$$G(x,\xi,t) = \frac{1}{b}\sum_{\lambda_n}\frac{y_2(\lambda_n,x)y_2(\lambda_n,\xi)r(\xi)}{\|y_2(\lambda_n,x)\|^2}\exp\left(-\frac{\lambda_n^2+c}{b}t\right),$$

$$y_2(\lambda_n, x) = y_1(\lambda_n, x)\int_{x_1}^{x}\frac{d\xi}{p(\xi)y_1^2(\lambda_n,\xi)}, \qquad n=1,2,\dots,$$

$y_1(\lambda, x)$ is a particular solution which is nonzero at the boundaries of the interval $[x_1, x_2]$ of the equation

$$A(x)y'' + B(x)y' + [C(x) + \lambda^2]y = 0,$$

$$\|y_2(\lambda_n, x)\|^2 = \int_{x_1}^{x_2}\left[y_1^2(\lambda_n,\xi)\left[\int_{x_1}^{\xi}\frac{d\eta}{p(\eta)y_1^2(\lambda_n,\eta)}\right]^2\exp\left[\int_{x_1}^{\xi}\frac{B(\eta)}{A(\eta)}d\eta\right]\right]\frac{1}{A(\xi)}d\xi,$$

λ_n are the positive roots of the equation

$$\int_{x_1}^{x_2}\frac{d\xi}{p(\xi)y_1^2(\lambda,\xi)} = 0,$$

$$\|y_2(\lambda_n, x)\|^2 \sim \frac{1}{2} \int_{x_1}^{x_2} \frac{d\xi}{\sqrt{A(\xi)}} \quad \text{and} \quad \lambda_n^2 \sim \left[\pi n \int_{x_1}^{x_2} \frac{d\xi}{\sqrt{A(\xi)}}\right]^2 \quad \text{for} \quad n \gg 1.$$

$$W(x, \xi, p) = \sum_{\lambda_n} \frac{y_2(\lambda_n, x) y_2(\lambda_n, \xi) r(\xi)}{(bp + \lambda_n^2 + c)\|y_2(\lambda_n, x)\|^2},$$

$$W(x, \xi, p) =$$

$$= \begin{cases} y_1(\lambda, \xi) \int_{x_1}^{\xi} \frac{d\eta}{p(\eta) y_1^2(\lambda, \eta)} \cdot y_1(\lambda, x) \int_{x}^{x_2} \frac{d\eta}{p(\eta) y_1^2(\lambda, \eta)} \times \\ \quad \times p(\xi)\left[A(\xi) \int_{x_1}^{x_2} \frac{d\eta}{p(\eta) y_1^2(\lambda, \eta)}\right]^{-1}, \quad x_1 \leq \xi \leq x, \\ \\ y_1(\lambda, x) \int_{x_1}^{x} \frac{d\eta}{p(\eta) y_1^2(\lambda, \eta)} \cdot y_1(\lambda, \xi) \int_{\xi}^{x_2} \frac{d\eta}{p(\eta) y_1^2(\lambda, \eta)} \times \\ \quad \times p(\xi)\left[A(\xi) \int_{x_1}^{x_2} \frac{d\eta}{p(\eta) y_1^2(\lambda, \eta)}\right]^{-1}, \quad x \leq \xi \leq x_2, \end{cases}$$

[124, p. 258], $\lambda^2 = -bp - c$.

The function $Q^0(x, t)$ denotes the component of the solution $Q(x, t)$ which has no discontinuity at the boundaries of the interval $[x_1, x_2]$ and is given by

$$Q^0(x, t) = U(x, t) - \int_{x_2}^{x_2} G(x, \xi, t) bU(\xi, 0) d\xi - \int_0^t \int_{x_1}^{x_2} G(x, \xi, t-\tau) SU(\xi, \tau) d\xi d\tau,$$

where

$$U(x, t) = \frac{x - x_1}{x_2 - x_1} g_2(t) + \frac{x_2 - x}{x_2 - x_1} g_1(t),$$

$$S = b\frac{\partial}{\partial \tau} - A(\xi)\frac{\partial^2}{\partial \xi^2} - B(\xi)\frac{\partial}{\partial \xi} - C(\xi) + c.$$

§ 4. Group (1.2.2)

$$a\frac{\partial^2 Q}{\partial t^2}(x,t) - x^2 \frac{\partial^2 Q}{\partial x^2}(x,t) + cQ(x,t) = f(x,t),$$

$$Q(x,0) = Q_0(x), \quad \frac{\partial Q}{\partial t}(x,0) = Q_1(x),$$

$$\frac{\partial Q}{\partial x}(1,t) - b_1 Q(1,t) = g_1(t), \quad \frac{\partial Q}{\partial x}(\ell,t) + b_2 Q(\ell,t) = g_2(t),$$

$$a > 0, \quad 1 \leq x \leq \ell, \quad t \geq 0.$$

$$w(x,t) = f(x,t) + g_2(t) x^2 \delta(x-\ell) - g_1(t) x^2 \delta(x-1) +$$
$$+ Q_0(x) a\delta'(t) + Q_1(x) a\delta(t),$$

$$G(x,\xi,t) = \sqrt{\frac{x}{\xi^3}} \sum_{\lambda_n} \frac{\psi(\lambda_n, x) \psi(\lambda_n, \xi)}{\|\varphi_n\|^2} \frac{1}{\sqrt{a(\lambda_n^2 + c)}} \sin\sqrt{\frac{\lambda_n^2 + c}{a}} t,$$

$$\psi(\lambda_n, z) = \cos(\mu_n \ln z) + \frac{b_1 - \frac{1}{2}}{\mu_n} \sin(\mu_n \ln z), \quad n=1,2,...,$$

$$\|\varphi_n\|^2 = \frac{1}{2\mu_n} \left[b_1 - \frac{1}{2} + (\lambda_n^2 + b_1^2 - b_1) \left(\ln \ell + \frac{b_2 \ell + \frac{1}{2}}{\lambda_n^2 + b_2^2 \ell^2 + b_2 \ell} \right) \right], \quad n=1,2,...,$$

$$\mu_n = \sqrt{\lambda_n^2 - \frac{1}{4}}, \quad n=1,2,...,$$

λ_n are the positive roots of the equation

$$\frac{\text{tg}(\sqrt{\lambda^2 - \frac{1}{4}} \ln \ell)}{\sqrt{\lambda^2 - \frac{1}{4}}} = \frac{b_1 + b_2 \ell}{\lambda^2 - b_1 b_2 \ell - \frac{b_1}{2} + \frac{b_2 \ell}{2}}$$

(for the case $b_1 > \frac{1}{2}$ see Appendix, Table 1),

$$W(x, \xi, p) = \sqrt{\frac{x}{\xi^3}} \sum_{\lambda_n} \frac{\psi(\lambda_n, x)\,\psi(\lambda_n, \xi)}{(ap^2 + \lambda_n^2 + c)\,\|\varphi_n\|^2},$$

$$W(x, \xi, p) = \begin{cases} -\dfrac{\sqrt{x}}{\xi\sqrt{\xi}\Delta(\lambda^2)}\,\psi_1(\lambda, \xi)\,\psi_2(\lambda, x), & 1 \le \xi \le x, \\[2ex] -\dfrac{\sqrt{x}}{\xi\sqrt{\xi}\Delta(\lambda^2)}\,\psi_1(\lambda, x)\,\psi_2(\lambda, \xi), & x \le \xi \le \ell, \end{cases}$$

$$\psi_1(\lambda, z) = \cos(\mu \ln z) + \frac{b_1 - \frac{1}{2}}{\mu}\sin(\mu \ln z),$$

$$\psi_2(\lambda, z) = \cos\left(\mu \ln \frac{z}{\ell}\right) - \frac{b_2\ell + \frac{1}{2}}{\mu}\sin\left(\mu \ln \frac{z}{\ell}\right),$$

$$\Delta(\lambda^2) = -(b_1 + b_2\ell)\cos(\mu\ln\ell) + \frac{\lambda^2 - b_1 b_2\ell - \dfrac{b_1}{2} + \dfrac{b_2\ell}{2}}{\mu}\sin(\mu\ln\ell),$$

$$\mu = \sqrt{\lambda^2 - \frac{1}{4}} \quad [124,\text{p}.124], \quad \lambda^2 = -ap^2 - c.$$

$$a\frac{\partial^2 Q}{\partial t^2}(x,t) - x^2\frac{\partial^2 Q}{\partial x^2}(x,t) - x\frac{\partial Q}{\partial x}(x,t) + cQ(x,t) = f(x,t),$$

$$Q(x, 0) = Q_0(x), \qquad \frac{\partial Q}{\partial x}(x, 0) = Q_1(x),$$

$$\frac{\partial Q}{\partial x}(1, t) - b_1 Q(1, t) = g_1(t), \qquad \frac{\partial Q}{\partial x}(\ell, t) + b_2 Q(\ell, t) = g_2(t),$$

$$a > 0, \quad 1 \le x \le \ell, \quad t \ge 0.$$

$$w(x,t) = f(x,t) + g_2(t) x^2 \delta(x-\ell) - g_1(t) x^2 \delta(x-1) +$$
$$+ Q_0(x) a\delta'(t) + Q_1(x) a\delta(t),$$

$$G(x,\xi,t) = \xi^{-1} \sum_{\lambda_n} \frac{\varphi(\lambda_n, x) \varphi(\lambda_n, \xi)}{\|\varphi_n\|^2} \frac{1}{\sqrt{a(\lambda_n^2+c)}} \sin\sqrt{\frac{\lambda_n^2+c}{a}} t,$$

$$\varphi(\lambda_n, z) = \cos(\lambda_n \ln z) + \frac{b_1}{\lambda_n} \sin(\lambda_n \ln z),$$

$$\|\varphi_n\|^2 = \frac{\ln \ell}{2}\left(1 + \frac{b_1^2}{\lambda_n^2}\right) + \frac{b_1}{2\lambda_n^2} + \frac{b_2}{2\lambda_n^2} \frac{\lambda_n^2 + b_1^2}{\lambda_n^2 + b_2^2 \ell^2}, \quad n=1,2,\ldots,$$

$$\|\varphi_n\|^2 \sim \frac{\ln \ell}{2} \quad \text{for} \quad n \gg 1,$$

λ_n are the positive roots of the equation

$$\frac{\text{tg}(\lambda \ln \ell)}{\lambda} = \frac{b_1 + b_2 \ell}{\lambda^2 - b_1 b_2 \ell},$$

$$W(x, \xi, p) = \xi^{-1} \sum_{\lambda_n} \frac{\varphi(\lambda_n, x) \varphi(\lambda_n, \xi)}{(ap^2 + \lambda_n^2 + c) \|\varphi_n\|^2},$$

$$W(x, \xi, p) = \begin{cases} -\dfrac{1}{\xi \Delta(\lambda^2)} \varphi_1(\lambda, \xi) \varphi_2(\lambda, x), & 1 \le \xi \le x, \\ -\dfrac{1}{\xi \Delta(\lambda^2)} \varphi_1(\lambda, x) \varphi_2(\lambda, \xi), & x \le \xi \le \ell, \end{cases}$$

$$\varphi_1(\lambda, z) = \cos(\lambda \ln z) + \frac{b_1}{\lambda} \sin(\lambda \ln z),$$

$$\varphi_2(\lambda, z) = \cos(\lambda \ln \frac{z}{\ell}) - \frac{b_2 \ell}{\lambda} \sin(\lambda \ln \frac{z}{\ell}),$$

$$\Delta(\lambda^2) = \frac{\lambda^2 - b_1 b_2 \ell}{\lambda} \sin(\lambda \ln \ell) - (b_1 + b_2 \ell) \cos(\lambda \ln \ell) \quad [124, p. 136],$$

$$\lambda^2 = -ap^2 - c.$$

$$a\frac{\partial^2 Q}{\partial t^2}(x,t) - (1-x^2)\frac{\partial^2 Q}{\partial x^2}(x,t) + x\frac{\partial Q}{\partial x}(x,t) + cQ(x,t) = f(x,t),$$

$$Q(x,0) = Q_0(x), \quad \frac{\partial Q}{\partial t}(x,0) = Q_1(x),$$

$$Q(-1,t) = g_1(t), \quad Q(1,t) = g_2(t),$$

$$a > 0, \quad -1 \leq x \leq 1, \quad t \geq 0.$$

$$w(x,t) = f(x,t) + \sqrt{1-x^2}\{g_2(t)[\sqrt{1-x^2}\,\delta(x-1)]' -$$

$$- g_1(t)[\sqrt{1-x^2}\,\delta(x+1)]'\} + Q_0(x)\,a\delta'(t) + Q_1(x)\,a\delta(t),$$

$$G(x,\xi,t) = \frac{2}{\pi}\sqrt{1-x^2}\sum_{n=1}^{\infty} U_{n-1}(x)\,U_{n-1}(\xi)\frac{1}{\sqrt{a(n^2+c)}}\sin\sqrt{\frac{n^2+c}{a}}\,t,$$

$U_{n-1}(z)$ is the Chebyshev polynomial of the second kind [109],

$$W(x,\xi,p) = \frac{2}{\pi}\sqrt{1-x^2}\sum_{n=1}^{\infty}\frac{U_{n-1}(x)\,U_{n-1}(\xi)}{ap^2 + n^2 + c},$$

$$W(x,\xi,p) = \begin{cases} \dfrac{\sin[\lambda(\pi - \arccos\xi)]\sin(\lambda\arccos x)}{\lambda\sin(\lambda\pi)\sqrt{1-\xi^2}}, & -1 \leq \xi \leq x, \\[2ex] \dfrac{\sin[\lambda(\pi - \arccos x)]\sin(\lambda\arccos\xi)}{\lambda\sin(\lambda\pi)\sqrt{1-\xi^2}}, & x \leq \xi \leq 1, \end{cases}$$

[124, p. 143], $\lambda^2 = -ap^2 - c$.

The function $Q^0(x, t)$ denotes the component of the solution $Q(x, t)$ which has no discontinuity at the boundaries of the interval [-1,1], and is given by

$$Q^0(x, t) = U(x, t) - \int_{-1}^{1} \left[\frac{\partial G(x, \xi, t)}{\partial t} aU(\xi, 0) + G(x, \xi, t) a \frac{\partial U}{\partial t}(\xi, 0) \right] d\xi -$$

$$- \int_{0}^{1} \int_{-1}^{1} G(x, \xi, t-\tau) SU(\xi, \tau) d\xi d\tau ,$$

$$U(x, t) = \frac{1}{2}(x+1) g_2(t) + \frac{1}{2}(1-x) g_1(t) ,$$

$$S = a \frac{\partial^2}{\partial \tau^2} - (1-\xi^2) \frac{\partial^2}{\partial \xi^2} + \xi \frac{\partial}{\partial \xi} + c .$$

$$a \frac{\partial^2 Q}{\partial t^2}(x, t) - x^4 \frac{\partial^2 Q}{\partial x^2}(x, t) + cQ(x, t) = f(x, t) ,$$

$$Q(x, 0) = Q_0(x) , \qquad \frac{\partial Q}{\partial t}(x, 0) = Q_1(x) ,$$

$$\frac{\partial Q}{\partial x}(1, t) = g_1(t) , \qquad \frac{\partial Q}{\partial x}(\ell, t) = g_2(t) ,$$

$$a > 0, \qquad 1 \leq x \leq \ell, \qquad t \geq 0 .$$

$$w(x, t) = f(x, t) + g_2(t) x^4 \delta(x - \ell) - g_1(t) x^4 \delta(x - 1) +$$

$$+ Q_0(x) a \delta'(t) + Q_1(x) a \delta(t) ,$$

$$G(x, \xi, t) = \frac{3\ell^3}{(\ell^3 - 1) \xi^4} \frac{1}{\sqrt{ac}} \sin \sqrt{\frac{c}{a}} t +$$

$$+ \frac{2x}{\xi^3} \sum_{\substack{\lambda_n \\ (n \geq 2)}} \frac{\psi(\lambda_n, x) \psi(\lambda_n, \xi)}{1 - \frac{\lambda_n^2 + 1}{\ell(\ell^2 + \lambda_n^2)}} \frac{1}{\sqrt{a(\lambda_n^2 + c)}} \sin\sqrt{\frac{\lambda_n^2 + c}{a}} t,$$

$$\psi(\lambda_n, z) = \cos(\lambda_n \frac{z-1}{z}) - \frac{1}{\lambda_n} \sin(\lambda_n \frac{z-1}{z}), \quad n=2,3,\dots,$$

λ_n (n=2,3,...) are the positive roots of the equation

$$\frac{\operatorname{tg}(\lambda \frac{\ell-1}{\ell})}{\lambda} = \frac{\ell-1}{\lambda^2 + \ell} \quad [124, p. 145],$$

$$W(x, \xi, p) = \frac{3\ell^3}{(ap^2 + c)(\ell^3 - 1)\xi^4} +$$

$$+ \frac{2x}{\xi^3} \sum_{\substack{\lambda_n \\ (n \geq 2)}} \frac{\psi(\lambda_n, x) \psi(\lambda_n, \xi)}{(ap^2 + \lambda_n^2 + c)\left[1 - \frac{\lambda_n^2 + 1}{\ell(\ell^2 + \lambda_n^2)}\right]},$$

$$W(x, \xi, p) = \begin{cases} -\frac{x}{\xi^3 \Delta(\lambda)} \psi_1(\lambda, \xi) \psi_2(\lambda, x), & 1 \leq \xi \leq x, \\ -\frac{x}{\xi^3 \Delta(\lambda)} \psi_1(\lambda, x) \psi_2(\lambda, \xi), & x \leq \xi \leq \ell, \end{cases}$$

$$\psi_1(\lambda, z) = \frac{1}{\lambda} \sin(\lambda \frac{z-1}{z}) - \cos(\lambda \frac{z-1}{z}),$$

$$\psi_2(\lambda, z) = \cos(\lambda \frac{\ell-z}{\ell z}) + \frac{\ell}{\lambda} \sin(\lambda \frac{\ell-z}{\ell z}),$$

$$\Delta(\lambda) = (\ell-1) \cos(\lambda \frac{\ell-1}{\ell}) - \frac{\lambda^2 + \ell}{\lambda} \sin(\lambda \frac{\ell-1}{\ell}),$$

$$\lambda^2 = -ap^2 - c.$$

$$a\frac{\partial^2 Q}{\partial t^2}(x,t) - x^4 \frac{\partial^2 Q}{\partial x^2}(x,t) + cQ(x,t) = f(x,t),$$

$$Q(x,0) = Q_0(x), \qquad \frac{\partial Q}{\partial t}(x,0) = Q_1(t),$$

$$\frac{\partial Q}{\partial x}(1,t) - b_1 Q(1,t) = g_1(t), \qquad \frac{\partial Q}{\partial x}(\ell,t) + b_2 Q(\ell,t) = g_2(t),$$

$$a > 0, \qquad 1 \leq x \leq \ell, \qquad t \geq 0.$$

$$w(x,t) = f(x,t) + g_2(t) x^4 \delta(x-\ell) - g_1(t) x^4 \delta(x-1) +$$
$$+ Q_0(x) a\delta'(t) + Q_1(x) a\delta(t),$$

$$G(x,\xi,t) = \frac{x}{\xi^3} \sum_{\lambda_n} \frac{\psi(\lambda_n, x)\psi(\lambda_n, \xi)}{\|\varphi_n\|^2} \frac{1}{\sqrt{a(\lambda_n^2+c)}} \sin\sqrt{\frac{\lambda_n^2+c}{a}} t,$$

$$\psi(\lambda_n, z) = \cos(\lambda_n \frac{z-1}{z}) + \frac{b_1-1}{\lambda_n} \sin(\lambda_n \frac{z-1}{z}),$$

$$\|\varphi_n\|^2 = \frac{\ell-1}{2\ell}\left[1 + \frac{(b_1-1)^2}{\lambda_n^2}\right] + \frac{b_1-1}{2\lambda_n^2} + \frac{b_2\ell^2+\ell}{2\lambda_n^2} \frac{\lambda_n^2 + (b_1-1)^2}{\lambda_n^2 + (b_2\ell^2+\ell)^2},$$

$$n = 1, 2, \ldots,$$

λ_n are the positive roots of the equation

$$\frac{\operatorname{tg}(\lambda \frac{\ell-1}{\ell})}{\lambda} = \frac{(b_1-1) + (b_2\ell^2+\ell)}{\lambda^2 - (b_1-1)(b_2\ell^2+\ell)},$$

(for the case $b_1 > 1$ see Appendix, Table 1),

$$\|\varphi_n\|^2 \sim \frac{\ell-1}{2\ell} \quad \text{and} \quad \lambda_n^2 \sim \left(\frac{\pi n \ell}{\ell-1}\right)^2 \quad \text{for} \quad n \gg 1.$$

$$W(x, \xi, p) = x\xi^{-3} \sum_{\lambda_n} \frac{\psi(\lambda_n, x)\psi(\lambda_n, \xi)}{(ap^2 + \lambda_n^2 + c)\|\varphi_n\|^2},$$

$$W(x, \xi, p) = \begin{cases} -\dfrac{x}{\xi^3 \Delta(\lambda)} \psi_1(\lambda, \xi)\psi_2(\lambda, x), & 1 \leq \xi \leq x, \\ \\ -\dfrac{x}{\xi^3 \Delta(\lambda)} \psi_1(\lambda, x)\psi_2(\lambda, \xi), & x \leq \xi \leq \ell, \end{cases}$$

$$\psi_1(\lambda, z) = \cos\frac{\lambda(z-1)}{z} + \frac{b_1 - 1}{\lambda} \sin\frac{\lambda(z-1)}{z},$$

$$\psi_2(\lambda, z) = \cos\frac{\lambda(\ell-z)}{\ell z} + \frac{b_2 \ell^2 + \ell}{\lambda} \sin\frac{\lambda(\ell-z)}{\ell z},$$

$$\Delta(\lambda) = (b_1 - 1 + b_2\ell^2 + \ell) \cos\frac{\lambda(\ell-1)}{\ell}$$
$$- \frac{\lambda^2 - (b_1 - 1)(b_2\ell^2 + \ell)}{\lambda} \sin\frac{\lambda(\ell-1)}{\ell} \quad [124, \text{p. } 147],$$

$$\lambda^2 = -ap^2 - c.$$

$$a\frac{\partial^2 Q}{\partial t^2}(x, t) - (a_0^2 - x^2)^2 \frac{\partial^2 Q}{\partial x^2}(x, t) + cQ(x, t) = f(x, t),$$

$$Q(x, 0) = Q_0(x), \quad \frac{\partial Q}{\partial t}(x, 0) = Q_1(x),$$

$$\frac{\partial Q}{\partial x}(-\ell, t) = g_1(t), \quad \frac{\partial Q}{\partial x}(\ell, t) = g_2(t),$$

$$|\ell| < a_0, \quad a > 0, \quad -\ell \leq x \leq \ell, \quad t \geq 0,$$

$$w(x,t) = f(x,t) + g_2(t)(a_0^2 - x^2)^2 \delta(x-\ell) - g_1(t)(a_0^2 - x^2)^2 \delta(x+\ell) +$$
$$+ Q_0(x) a\delta'(t) + Q_1(x) a\delta(t),$$

$$G(x,\xi,t) = \frac{a_0^2 - \ell^2}{(a_0^2 - \xi^2)^2 \|\varphi_1\|^2} \frac{1}{\sqrt{ac}} \sin\sqrt{\frac{c}{a}} t +$$
$$+ \sum_{\lambda_n \atop (n \geq 2)} \frac{\varphi(\lambda_n, x) \varphi(\lambda_n, \xi)}{(a_0^2 - \xi^2)^2 \|\varphi_n\|^2} \frac{1}{\sqrt{a(\lambda_n^2 + c)}} \sin\sqrt{\frac{\lambda_n^2 + c}{a}} t,$$

$$\varphi(\lambda_n, z) = \sqrt{a_0^2 - z^2} \left[\cos\alpha(\lambda_n, z) - \frac{\ell}{\sqrt{\lambda_n^2 - a_0^2}} \sin\alpha(\lambda_n, z) \right], \ n=2,3,...,$$

$$\alpha(\lambda_n, z) = \frac{\sqrt{\lambda_n^2 - a_0^2}}{2a_0} \ln\frac{(a_0 + z)(a_0 + \ell)}{(a_0 - z)(a_0 - \ell)}, \ n=2,3,...,$$

$$\|\varphi_n\|^2 = \begin{cases} \frac{1}{2a_0^2}\left(2\ell + \frac{a_0^2 - \ell^2}{a_0} \ln\frac{a_0 + \ell}{a_0 - \ell}\right), & n=1, \\ \frac{1}{\lambda_n^2 - a_0^2}\left(\frac{\lambda_n^2 - a_0^2 + \ell^2}{2a_0} \ln\frac{a_0 + \ell}{a_0 - \ell} - \ell\right), & n=2,3,..., \end{cases}$$

λ_n $(n=2,3,...)$ are the positive roots of the equation

$$(\sqrt{\lambda^2 - a_0^2})^{-1} \text{tg}\left(\frac{\sqrt{\lambda^2 - a_0^2}}{a_0} \ln\frac{a_0 + \ell}{a_0 - \ell}\right) = \frac{-2\ell}{\lambda^2 - a_0^2 - \ell^2} \quad [124, \text{p. } 156],$$

$$\|\varphi_n\|^2 \sim \frac{1}{2a_0} \ln\frac{a_0 + \ell}{a_0 - \ell} \quad \text{and} \quad \lambda_n^2 \sim \left(\frac{\pi a_0 n}{\ln\frac{a_0 + \ell}{a_0 - \ell}}\right)^2 \quad \text{for} \quad n \gg 1.$$

$$W(x, \xi, p) = \frac{a_0^2 - \ell^2}{(ap^2 + c)(a_0^2 - \xi^2)^2 \|\varphi_1\|^2} +$$

$$+ \sum_{\substack{\lambda_n \\ (n \geq 2)}} \frac{\varphi(\lambda_n, x) \varphi(\lambda_n, \xi)}{(ap^2 + \lambda_n^2 + c)(a_0^2 - \xi^2)^2 \|\varphi_n\|^2},$$

$$W(x, \xi, p) = \begin{cases} -\dfrac{\sqrt{a_0^2 - x^2}}{\Delta(\lambda)\sqrt{(a_0^2 - \xi^2)^3}} \psi_1(\lambda, \xi) \psi_2(\lambda, x), & -\ell \leq \xi \leq x, \\ \\ -\dfrac{\sqrt{a_0^2 - x^2}}{\Delta(\lambda)\sqrt{(a_0^2 - \xi^2)^3}} \psi_1(\lambda, x) \psi_2(\lambda, \xi), & x \leq \xi \leq \ell, \end{cases}$$

$$\psi_1(\lambda, z) = \cos\alpha(\lambda, z) - \frac{\ell}{\sqrt{\lambda^2 - a_0^2}} \sin\alpha(\lambda, z),$$

$$\alpha(\lambda, z) = \frac{\sqrt{\lambda^2 - a_0^2}}{2a_0} \ln \frac{(a_0 + z)(a_0 + \ell)}{(a_0 - z)(a_0 - \ell)},$$

$$\psi_2(\lambda, z) = \cos\beta(\lambda, z) + \frac{\ell}{\sqrt{\lambda^2 - a_0^2}} \sin\beta(\lambda, z),$$

$$\beta(\lambda, z) = \frac{\sqrt{\lambda^2 - a_0^2}}{2a_0} \ln \frac{(a_0 + z)(a_0 - \ell)}{(a_0 - z)(a_0 + \ell)},$$

$$\Delta(\lambda) = \ell \cos\left(\frac{\sqrt{\lambda^2 - a_0^2}}{a_0} \ln \frac{a_0 + \ell}{a_0 - \ell}\right) + \frac{\lambda^2 - a_0^2 - \ell^2}{2\sqrt{\lambda^2 - a_0^2}} \sin\left(\frac{\sqrt{\lambda^2 - a_0^2}}{a_0} \ln \frac{a_0 + \ell}{a_0 - \ell}\right),$$

$$\lambda^2 = -ap^2 - c.$$

$$a\frac{\partial^2 Q}{\partial t^2}(x,t) - (x^2 + a_0^2)^2 \frac{\partial^2 Q}{\partial x^2}(x,t) + cQ(x,t) = f(x,t),$$

$$Q(x,0) = Q_0(x), \qquad \frac{\partial Q}{\partial t}(x,0) = Q_1(x),$$

$$\frac{\partial Q}{\partial x}(0,t) - b_1 Q(0,t) = g_1(t), \qquad \frac{\partial Q}{\partial x}(\ell,t) + b_2 Q(\ell,t) = g_2(t),$$

$$a > 0, \qquad 0 \leq x \leq \ell, \qquad t \geq 0,$$

$$w(x,t) = f(x,t) + g_2(t)(x^2 + a_0^2)^2 \delta(x - \ell) - g_1(t)(x^2 + a_0^2)^2 \delta(x) +$$
$$+ Q_0(x) a \delta'(t) + Q_1(x) a \delta(t),$$

$$G(x,\xi,t) = \frac{\sqrt{x^2 + a_0^2}}{\sqrt{(\xi^2 + a_0^2)^3}} \sum_{\lambda_n} \frac{\psi(\lambda_n, x)\psi(\lambda_n, \xi)}{\|\varphi_n\|^2} \frac{1}{\sqrt{a(\lambda_n^2 + c)}} \sin\sqrt{\frac{\lambda_n^2 + c}{a}} t,$$

$$\psi(\lambda_n, z) = \cos\alpha(\lambda_n, z) + \frac{b_1 a_0^2}{\sqrt{\lambda_n^2 + a_0^2}} \sin\alpha(\lambda_n, z),$$

$$\alpha(\lambda_n, z) = \frac{\sqrt{\lambda_n^2 + a_0^2}}{a_0} \operatorname{arctg} \frac{z}{a_0}, \quad n = 1, 2, \ldots,$$

$$\|\varphi_n\|^2 =$$

$$= \frac{1}{2(\lambda_n^2 + a_0^2)} \left\{ b_1 a_0^2 + (\lambda_n^2 + a_0^2 + b_1^2 a_0^4) \times \left[\frac{1}{a_0} \operatorname{arctg} \frac{\ell}{a_0} + \frac{b_2(a_0^2 + \ell^2) + \ell}{\lambda_n^2 + a_0^2 + (b_2(a_0^2 + \ell^2) + \ell)^2} \right] \right\},$$

$$n = 1, 2, \ldots,$$

λ_n are the positive roots of the equation

$$\frac{\operatorname{tg}\left(\frac{\sqrt{\lambda^2+a_0^2}}{a_0}\operatorname{arctg}\frac{\ell}{a_0}\right)}{\sqrt{\lambda^2+a_0^2}} = \frac{a_0^2 b_1 + b_2(a_0^2+\ell^2)+\ell}{\lambda^2+a_0^2-a_0^2 b_1(b_2(a_0^2+\ell^2)+\ell)}$$

(see Appendix, Table 1),

$$\|\varphi_n\|^2 \sim \frac{1}{2a_0}\operatorname{arctg}\frac{\ell}{a_0} \quad \text{and} \quad \lambda_n^2 \sim \left(\frac{\pi n a_0}{\operatorname{arctg}\frac{\ell}{a_0}}\right)^2 \quad \text{for} \quad n \gg 1.$$

$$W(x,\xi,p) = \frac{\sqrt{x^2+a_0^2}}{\sqrt{(\xi^2+a_0^2)^3}} \sum_{\lambda_n} \frac{\psi(\lambda_n,x)\psi(\lambda_n,\xi)}{(ap^2+\lambda_n^2+c)\|\varphi_n\|^2},$$

$$W(x,\xi,p) = \begin{cases} \dfrac{\sqrt{x^2+a_0^2}}{\Delta(\lambda)\sqrt{(\xi^2+a_0^2)^3}}\psi_1(\lambda,\xi)\psi_2(\lambda,x), & 0 \le \xi \le x, \\[2ex] \dfrac{\sqrt{x^2+a_0^2}}{\Delta(\lambda)\sqrt{(\xi^2+a_0^2)^3}}\psi_1(\lambda,x)\psi_2(\lambda,\xi), & x \le \xi \le \ell, \end{cases}$$

$$\psi_1(\lambda,z) = \cos\alpha(\lambda,z) + \frac{a_0^2 b_1}{\sqrt{\lambda^2+a_0^2}}\sin\alpha(\lambda,z),$$

$$\alpha(\lambda,z) = \frac{\sqrt{\lambda^2+a_0^2}}{a_0}\operatorname{arctg}\frac{z}{a_0},$$

$$\psi_2(\lambda,z) = \cos\beta(\lambda,z) + \frac{b_2(a_0^2+\ell^2)+\ell}{\sqrt{\lambda^2+a_0^2}}\sin\beta(\lambda,z),$$

$$\beta(\lambda,z) = \frac{\sqrt{\lambda^2+a_0^2}}{a_0}\operatorname{arctg}\frac{a_0(\ell-z)}{a_0^2+\ell z},$$

$$\Delta(\lambda) = [a_0^2 b_1 + (a_0^2+\ell^2)b_2+\ell]\cos\alpha(\lambda,\ell) -$$

$$-\frac{\lambda^2 + a_0^2 - a_0^2 b_1 \left((a_0^2 + \ell^2) b_2 + \ell \right)}{\sqrt{\lambda^2 + a_0^2}} \sin\alpha(\lambda, \ell) \quad [124, \text{p}.173],$$

$$\lambda^2 = -ap^2 - c.$$

$$a\frac{\partial^2 Q}{\partial t^2}(x,t) - x^{2\alpha}\frac{\partial^2 Q}{\partial x^2}(x,t) - \alpha x^{2\alpha-1}\frac{\partial Q}{\partial x}(x,t) + cQ(x,t) = f(x,t),$$

$$Q(x,0) = Q_0(x), \quad \frac{\partial Q}{\partial t}(x,0) = Q_1(x),$$

$$\frac{\partial Q}{\partial x}(1,t) - b_1 Q(1,t) = g_1(t), \quad \frac{\partial Q}{\partial x}(\ell,t) + b_2 Q(\ell,t) = g_2(t),$$

$$a > 0, \quad 1 \le x \le \ell, \quad t \ge 0,$$

$$w(x,t) = f(x,t) + g_2(t) x^{2\alpha} \delta(x-\ell) - g_1(t) x^{2\alpha} \delta(x-1) +$$
$$+ Q_0(x) a\delta'(t) + Q_1(x) a\delta(t),$$

$$G(x,\xi,t) = \xi^{-\alpha} \sum_{\lambda_n} \frac{\varphi(\lambda_n, x) \varphi(\lambda_n, \xi)}{\|\varphi_n\|^2} \frac{1}{\sqrt{a(\lambda_n^2 + c)}} \sin\sqrt{\frac{\lambda_n^2 + c}{a}} t,$$

$$\varphi(\lambda_n, z) = \cos\left[\frac{\lambda_n}{\alpha - 1}(z^{1-\alpha} - 1)\right] - \frac{b_1}{\lambda_n}\sin\left[\frac{\lambda_n}{\alpha - 1}(z^{1-\alpha} - 1)\right], \quad n = 1,2,\ldots,$$

$$\|\varphi_n\|^2 = \frac{1}{2\lambda_n^2}\left[(\lambda_n^2 + b_1^2)\left(\frac{\ell^{1-\alpha} - 1}{1 - \alpha} + \frac{b_2 \ell^\alpha}{\lambda_n^2 + b_2^2 \ell^{2\alpha}}\right) + b_1\right], \quad n = 1, 2, \ldots,$$

λ_n are the positive roots of the equation

$$\frac{\text{tg}\left[\frac{\lambda}{\alpha - 1}(1 - \ell^{1-\alpha})\right]}{\lambda} = \frac{b_1 + b_2 \ell^\alpha}{\lambda^2 - b_1 b_2 \ell^\alpha} \quad [124, \text{p}.195]$$

(see Appendix, Table 1),

$$\|\varphi_n\|^2 \sim \frac{\ell^{1-\alpha}-1}{2(1-\alpha)} \quad \text{and} \quad \lambda_n^2 \sim \left[\frac{\pi n(\alpha-1)}{1-\ell^{1-\alpha}}\right]^2 \quad \text{for} \quad n \gg 1.$$

$$W(x, \xi, p) = \xi^{-\alpha} \sum_{\lambda_n} \frac{\varphi(\lambda_n, x)\, \varphi(\lambda_n, \xi)}{(ap^2 + \lambda_n^2 + c)\|\varphi_n\|^2},$$

$$W(x, \xi, p) = \begin{cases} \dfrac{1}{\xi^\alpha \Delta(\lambda)} \varphi_1(\lambda, \xi)\, \varphi_2(\lambda, x), & 1 \le \xi \le x, \\[2ex] \dfrac{1}{\xi^\alpha \Delta(\lambda)} \varphi_1(\lambda, x)\, \varphi_2(\lambda, \xi), & x \le \xi \le \ell, \end{cases}$$

$$\varphi_1(\lambda, z) = \cos\left[\frac{\lambda}{\alpha-1}(z^{1-\alpha}-1)\right] - \frac{b_1}{\lambda} \sin\left[\frac{\lambda}{\alpha-1}(z^{1-\alpha}-1)\right],$$

$$\varphi_2(\lambda, z) = \cos\left[\frac{\lambda}{\alpha-1}(\ell^{1-\alpha}-z^{1-\alpha})\right] - \frac{b_2 \ell^\alpha}{\lambda} \sin\left[\frac{\lambda}{\alpha-1}(\ell^{1-\alpha}-z^{1-\alpha})\right],$$

$$\Delta(\lambda) = (b_1 + b_2 \ell^\alpha) \cos\mu + \frac{\lambda^2 - b_1 b_2 \ell^\alpha}{\lambda} \sin\mu,$$

$$\mu = \frac{\lambda}{\alpha-1}(\ell^{1-\alpha}-1),$$

$$\lambda^2 = -ap^2 - c.$$

The case $\alpha = 1$ is obtained from the above formulas by taking the limit $\alpha \to 1$.

$$a\frac{\partial^2 Q}{\partial t^2}(x,t) - \frac{\partial^2 Q}{\partial x^2}(x,t) + \frac{2}{x}\frac{\partial Q}{\partial x}(x,t) - \frac{2}{x^2}Q(x,t) + cQ(x,t) = f(x,t),$$

$$Q(x,0) = Q_0(x), \qquad \frac{\partial Q}{\partial t}(x,0) = Q_1(x),$$

$$\frac{\partial Q}{\partial x}(1,t) - b_1 Q(1,t) = g_1(t), \qquad \frac{\partial Q}{\partial x}(\ell,t) + b_2 Q(\ell,t) = g_2(t),$$

$$a > 0, \qquad 1 \leq x \leq \ell, \qquad t \geq 0.$$

$$w(x,t) = f(x,t) + g_2(t)\delta(x-\ell) - g_1(t)\delta(x-1) +$$
$$+ Q_0(x) a\delta'(t) + Q_1(x) a\delta(t),$$

$$G(x,\xi,t) = x\xi^{-1} \sum_{\lambda_n} \frac{\psi(\lambda_n,x)\psi(\lambda_n,\xi)}{\|\varphi_n\|^2} \frac{1}{\sqrt{a(\lambda_n^2+c)}} \sin\sqrt{\frac{\lambda_n^2+c}{a}}\,t,$$

$$\psi(\lambda_n,z) = \cos\lambda_n(z-1) + \frac{b_1-1}{\lambda_n}\sin\lambda_n(z-1), \quad n=1,2,\ldots,$$

$$\|\varphi_n\|^2 = \frac{1}{2\lambda_n^2}\left[(\ell-1)[\lambda_n^2+(b_1-a)^2] + b_1 - 1 + (b_2+\frac{1}{\ell})\frac{\lambda_n^2+(b_1-1)^2}{\lambda_n^2+(b_2+\frac{1}{\ell})^2}\right],$$

$$n=1,2,\ldots,$$

λ_n are the positive roots of the equation

$$\frac{\operatorname{tg}\lambda(\ell-1)}{\lambda} = \frac{b_1-1+b_2+\frac{1}{\ell}}{\lambda^2-(b_1-1)(b_2+\frac{1}{\ell})}$$

(for $b_1, b_2 > -\frac{1}{2}$ see Appendix, Table 1),

$$\|\varphi_n\|^2 \sim \frac{\ell-1}{2} \quad \text{and} \quad \lambda_n^2 \sim \left(\frac{\pi n}{\ell-1}\right)^2 \quad \text{for} \quad n \gg 1.$$

$$W(x, \xi, p) = x\xi^{-1} \sum_{\lambda_n} \frac{\psi(\lambda_n, x)\psi(\lambda_n, \xi)}{(ap^2 + \lambda_n^2 + c)\|\varphi_n\|^2},$$

$$W(x, \xi, p) = \begin{cases} -\dfrac{x\ell}{\xi\Delta(\lambda)} \psi_1(\lambda, \xi)\psi_2(\lambda, x), & 1 \leq \xi \leq x, \\ \\ -\dfrac{x\ell}{\xi\Delta(\lambda)} \psi_1(\lambda, x)\psi_2(\lambda, \xi), & x \leq \xi \leq \ell, \end{cases}$$

$$\psi_1(\lambda, z) = \cos\lambda(z-1) + \frac{b_1-1}{\lambda}\sin\lambda(z-1),$$

$$\psi_2(\lambda, z) = \cos\lambda(\ell-z) + \frac{1}{\lambda}\left(b_2 + \frac{1}{\ell}\right)\sin\lambda(\ell-z),$$

$$\Delta(\lambda) = [\ell(1-b_1) - b_2\ell - 1]\cos\lambda(\ell-1) -$$

$$+ \frac{(1+b_2\ell)(1-b_1) + \lambda^2\ell}{\lambda}\sin\lambda(\ell-1) \quad [124, \text{p. 206}],$$

$$\lambda^2 = -ap^2 - c.$$

$$a\frac{\partial^2 Q}{\partial t^2}(x, t) - \frac{\partial^2 Q}{\partial x^2}(x, t) - 2a_0 \operatorname{ctg} a_0 x \frac{\partial Q}{\partial x}(x, t) + (a_0^2 + c)Q(x, t) = f(x, t),$$

$$Q(x, 0) = Q_0(x), \quad \frac{\partial Q}{\partial t}(x, 0) = Q_1(x),$$

$$\frac{\partial Q}{\partial x}(1, t) - b_1 Q(1, t) = g_1(t), \quad \frac{\partial Q}{\partial x}(\ell, t) + b_2 Q(\ell, t) = g_2(t),$$

$$a > 0, \quad 1 \leq x \leq \ell, \quad t \geq 0.$$

$$w(x,t) = f(x,t) + g_2(t)\delta(x-l) - g_1(t)\delta(x-1) +$$
$$+ Q_0(x) a\delta'(t) + Q_1(x) a\delta(t),$$

$$G(x,\xi,t) = \frac{\sin a_0 \xi}{\sqrt{a}\sin a_0 x} \sum_{\lambda_n} \frac{\psi(\lambda_n, x)\psi(\lambda_n, \xi)}{\sqrt{\lambda_n^2 + c}\,\|\lambda_n\|^2} \sin\sqrt{\frac{\lambda_n^2 + c}{a}}\,t,$$

$$\psi(\lambda_n, z) = \cos\lambda_n(z-1) + \frac{b_1 + a_0 \operatorname{ctg} a_0}{\lambda_n}\sin\lambda_n(z-1), \quad n=1,2,\ldots,$$

$$\|\varphi_n\|^2 = \frac{1}{2\lambda_n^2}\{b_1 + a_0\operatorname{ctg} a_0 + [\lambda_n^2 + (b_1 + a_0\operatorname{ctg} a_0)^2] \times$$

$$\times \left[l - 1 + \frac{b_2 - a_0\operatorname{ctg} a_0 l}{\lambda_n^2 + (b_2 - a_0\operatorname{ctg} a_0 l)^2}\right]\}, \quad n=1,2,\ldots,$$

λ_n are the positive roots of the equation

$$\frac{\operatorname{tg}\lambda(l-1)}{\lambda} = \frac{b_1 + a_0\operatorname{ctg} a_0 + b_2 - a_0\operatorname{ctg} a_0 l}{\lambda^2 - (b_1 + a_0\operatorname{ctg} a_0)(b_2 - a_0\operatorname{ctg} a_0 l)} \quad [124, \text{p. } 217],$$

$$\|\varphi_n\|^2 \sim \frac{l-1}{2} \quad \text{and} \quad \lambda_n^2 \sim \left(\frac{\pi n}{l-1}\right)^2 \quad \text{for} \quad n \gg 1.$$

$$W(x,\xi,p) = \frac{\sin a_0\xi}{\sin a_0 x} \sum_{\lambda_n} \frac{\psi(\lambda_n, x)\psi(\lambda_n, \xi)}{(ap^2 + \lambda_n^2 + c)\|\varphi_n\|^2},$$

$$W(x,\xi,p) = \begin{cases} -\dfrac{\sin a_0 \xi}{\sin a_0 x\, \Delta(\lambda)} \psi_1(\lambda, \xi)\psi_2(\lambda, x), & 1 \leq \xi \leq x, \\[2mm] -\dfrac{\sin a_0 \xi}{\sin a_0 x\, \Delta(\lambda)} \psi_1(\lambda, x)\psi_2(\lambda, \xi), & x \leq \xi \leq l, \end{cases}$$

$$\psi_1(\lambda, z) = \cos\lambda(z-1) + \frac{b_1 + a_0 \text{ctga}_0}{\lambda} \sin\lambda(z-1),$$

$$\psi_2(\lambda, z) = \cos\lambda(l-z) + \frac{b_2 - a_0 \text{ctga}_0 l}{\lambda} \sin\lambda(l-z),$$

$$\Delta(\lambda) = \frac{\lambda^2 - (b_1 + a_0 \text{ctga}_0)(b_2 - a_0 \text{ctga}_0 l)}{\lambda} \sin\lambda(l-1)$$
$$- (b_1 + a_0 \text{ctga}_0 + b_2 - a_0 \text{ctga}_0 l) \cos\lambda(l-1),$$

$$\lambda^2 = -ap^2 - c.$$

$$\boxed{\begin{array}{c} a\dfrac{\partial^2 Q}{\partial t^2}(x,t) - \dfrac{\partial^2 Q}{\partial x^2}(x,t) - 2\text{thx}\dfrac{\partial Q}{\partial x}(x,t) + (c-1)Q(x,t) = f(x,t), \\[6pt] Q(x,0) = Q_0(x), \quad \dfrac{\partial Q}{\partial t}(x,0) = Q_1(x), \\[6pt] \dfrac{\partial Q}{\partial x}(0,t) - b_1 Q(0,t) = g_1(t), \quad \dfrac{\partial Q}{\partial x}(l,t) + b_2 Q(l,t) = g_2(t), \\[6pt] a>0, \quad 0 \le x \le l, \quad t \ge 0. \end{array}}$$

$$w(x,t) = f(x,t) + g_2(t)\delta(x-l) - g_1(t)\delta(x) + Q_0(x) a\delta'(t) +$$
$$+ Q_1(x) a\delta(t),$$

$$G(x,\xi,t) = \frac{\text{ch}\xi}{\text{chx}} \sum_{\lambda_n} \frac{\psi(\lambda_n, x)\psi(\lambda_n, \xi)}{\sqrt{a(\lambda_n^2 + c)} \|\varphi_n\|^2} \sin\sqrt{\frac{\lambda_n^2 + c}{a}}\, t,$$

$$\psi(\lambda_n, z) = \cos\lambda_n z + \frac{b_1}{\lambda_n} \sin\lambda_n z, \quad n = 1, 2, \ldots,$$

$$\|\varphi_n\|^2 = \frac{1}{2\lambda_n^2}\left[b_1 + (\lambda_n^2 + b_1^2)\left(l + \frac{b_2 - \text{th}l}{\lambda_n^2 + (b_2 - \text{th}l)^2}\right)\right], \quad n = 1, 2, \ldots,$$

λ_n are the positive roots of the equation

$$\frac{\text{tg}\lambda \ell}{\lambda} = \frac{b_1 + b_2 - \text{th}\ell}{\lambda^2 - b_1(b_2 - \text{th}\ell)}$$

(for $b_2 > \text{th}\ell$ see Appendix, Table 1),

$$\|\varphi_n\|^2 \sim \frac{\ell}{2} \quad \text{and} \quad \lambda_n^2 \sim \frac{\pi^2 n^2}{\ell^2} \quad \text{for} \quad n \gg 1,$$

$$W(x, \xi, p) = \frac{\text{ch}\xi}{\text{ch}x} \sum_{\lambda_n} \frac{\psi(\lambda_n, x)\psi(\lambda_n, \xi)}{(ap^2 + \lambda_n^2 + c)\|\varphi_n\|^2},$$

$$W(x, \xi, p) = \begin{cases} -\dfrac{\text{ch}\xi}{\text{ch}x\,\Delta(\lambda)}\psi_1(\lambda, \xi)\psi_2(\lambda, x), & 0 \le \xi \le x, \\[2mm] -\dfrac{\text{ch}\xi}{\text{ch}x\,\Delta(\lambda)}\psi_1(\lambda, x)\psi_2(\lambda, \xi), & x \le \xi \le \ell, \end{cases}$$

$$\psi_1(\lambda, z) = \cos\lambda z + \frac{b_1}{\lambda}\sin\lambda z,$$

$$\psi_2(\lambda, z) = \cos\lambda(\ell - z) + \frac{b_2 - \text{th}\ell}{\lambda}\sin\lambda(\ell - z),$$

$$\Delta(\lambda) = (\text{th}\ell - b_1 - b_2)\cos\lambda\ell + \frac{\lambda^2 - b_1(b_2 - \text{th}\ell)}{\lambda}\sin\lambda\ell \quad [124, \text{p. } 230],$$

$$\lambda^2 = -ap^2 - c.$$

$$a\frac{\partial^2 Q}{\partial t^2}(x,t) - \frac{1}{r(x)}\{\frac{\partial}{\partial x}\left[p(x)\frac{\partial Q}{\partial x}(x,t)\right] + q(x)Q(x,t)\} + cQ(x,t) = f(x,t),$$

$$Q(x,0) = Q_0(x), \qquad \frac{\partial Q}{\partial t}(x,0) = Q_1(x),$$

$$Q(x_1,t) = g_1(t), \qquad Q(x_2,t) = g_2(t),$$

$$p(x) = \frac{1}{P^2(x)\psi'(x)}, \qquad q(x) = -\frac{1}{P(x)}\left(\frac{P'(x)}{P^2(x)\psi'(x)}\right)' + s\frac{\psi'(x)}{P^2(x)},$$

$$r(x) = \frac{\psi'(x)}{P_2(x)} > 0, \qquad P(x), \psi(x) \in \mathbb{C}_2[x_1, x_2], \qquad s \in \mathbb{R},$$

$$a > 0, \qquad x_1 \leq x \leq x_2, \qquad t \geq 0.$$

$$w(x,t) = f(x,t) + \frac{P^2(x)}{\psi'(x)}\left[g_2(t)\left(\frac{\delta(x-x_2)}{P^2(x)\psi'(x)}\right)' - g_1(t)\left(\frac{\delta(x-x_1)}{P^2(x)\psi'(x)}\right)'\right] +$$

$$+ Q_0(x)a\delta'(t) + Q_1(x)a\delta(t),$$

$$G(x,\xi,t) = \frac{2}{L\sqrt{a}}\sum_{\lambda_n}\frac{\varphi(\lambda_n,x)\varphi(\lambda_n,\xi)r(\xi)}{\sqrt{\lambda_n^2+c}}\sin\sqrt{\frac{\lambda_n^2+c}{a}}t$$

$$\varphi(\lambda_n, z) = P(z)\sin\frac{\pi n}{L}(\psi(z) - \psi(x_1)), \quad n=1,2,...,$$

$$L = \psi(x_2) - \psi(x_1), \qquad \lambda_n^2 = \frac{\pi^2 n^2}{L^2} - s,$$

$$W(x,\xi,p) = \frac{2}{L}\sum_{\lambda_n}\frac{\varphi(\lambda_n,x)\varphi(\lambda_n,\xi)r(\xi)}{ap^2+\lambda_n^2+c},$$

$$W(x, \xi, p) =$$

$$= \begin{cases} \dfrac{P(x) \sin\mu [\psi(\xi) - \psi(x_1)] \sin\mu [\psi(x_2) - \psi(x)] \psi'(\xi)}{P(\xi) \mu \sin\mu L}, & x_1 \leq \xi \leq x, \\[2ex] \dfrac{P(x) \sin\mu [\psi(x) - \psi(x_1)] \sin\mu [\psi(x_2) - \psi(\xi)] \psi'(\xi)}{P(\xi) \mu \sin\mu L}, & x \leq \xi \leq x_2, \end{cases}$$

$$\mu = \sqrt{\lambda^2 + s}, \qquad \lambda^2 = -ap^2 - c, \qquad [124, p. 236].$$

The function $Q^0(x, t)$ denotes the component of the solution $Q(x, t)$ which has no discontinuity at the boundaries of the interval $[x_1, x_2]$ and is given by

$$Q^0(x, t) = U(x, t) - \int_{x_1}^{x_2} \left[\frac{\partial G(x, \xi, t)}{\partial t} aU(\xi, 0) + G(x, \xi, t) a \frac{\partial U}{\partial t}(\xi, 0) \right] d\xi -$$

$$- \int_0^t \int_{x_1}^{x_2} G(x, \xi, t-\tau) SU(\xi, \tau) d\xi d\tau,$$

where

$$U(x, t) = \frac{x - x_1}{x_2 - x_1} g_2(t) + \frac{x_2 - x}{x_2 - x_1} g_1(t),$$

$$S = a \frac{\partial^2}{\partial \tau^2} - \frac{1}{r(\xi)} \left\{ \frac{\partial}{\partial \xi} \left[p(\xi) \frac{\partial}{\partial \xi} \right] + q(\xi) \right\} + c.$$

$$a\frac{\partial^2 Q}{\partial t^2}(x,t) - \frac{1}{r(x)}\left\{\frac{\partial}{\partial x}\left[p(x)\frac{\partial Q}{\partial x}(x,t)\right] + q(x)Q(x,t)\right\} + cQ(x,t) = f(x,t),$$

$$Q(x,0) = Q_0(x), \qquad \frac{\partial Q}{\partial t}(x,0) = Q_1(x),$$

$$\frac{\partial Q}{\partial x}(x_1,t) - b_1 Q(x_1,t) = g_1(t), \qquad \frac{\partial Q}{\partial x}(x_2,t) + b_2 Q(x_2,t) = g_2(t),$$

$$p(x) = \frac{1}{P^2(x)\psi'(x)}, \qquad q(x) = -\frac{1}{P(x)}\left(\frac{P'(x)}{P^2(x)\psi'(x)}\right)' + s\frac{\psi'(x)}{P^2(x)},$$

$$r(x) = \frac{\psi'(x)}{P^2(x)} > 0, \qquad P(x), \psi(x) \in \mathbb{C}_2[x_1, x_2], \qquad s \in \mathbb{R},$$

$$a > 0, \qquad x_1 \leq x \leq x_2, \qquad t \geq 0.$$

$$w(x,t) = f(x,t) + \frac{1}{\psi'^2(x)}[g_2(t)\delta(x-x_2) - g_1(t)\delta(x-x_1)] +$$

$$+ Q_0(x)a\delta'(t) + Q_1(x)a\delta(t),$$

$$G(x,\xi,t) = \sum_{\lambda_n} \frac{\varphi(\lambda_n,x)\varphi(\lambda_n,\xi)r(\xi)}{\sqrt{a(\lambda_n^2+c)}\|\varphi_n\|^2} \sin\sqrt{\frac{\lambda_n^2+c}{a}}\,t,$$

$$\varphi(\lambda_n,z) = P(z)\left\{\cos\mu_n[\psi(z)-\psi(x_1)] + \frac{B_1}{\mu_n}\sin\mu_n[\psi(z)-\psi(x_1)]\right\},$$

$$\mu_n = \sqrt{\lambda_n^2 + s}, \quad n=1,2,\ldots,$$

$$\|\varphi_n\|^2 = \frac{1}{2\mu_n^2}\left[B_1 + (\mu_n^2 + B_1^2)\left(L + \frac{B_2}{\mu_n^2 + B_2^2}\right)\right], \quad n=1,2,\ldots,$$

$$B_1 = \frac{b_1}{\psi'(x_1)} - \frac{P'(x_1)}{P(x_1)\psi'(x_1)}, \qquad B_2 = \frac{b_2}{\psi'(x_2)} + \frac{P'(x_2)}{P(x_2)\psi'(x_2)},$$

$$L = \psi(x_2) - \psi(x_1),$$

λ_n are the positive roots of the equation

$$\frac{\text{tg}(\sqrt{\lambda^2 + s}\, L)}{\sqrt{\lambda^2 + s}} = \frac{B_1 + B_2}{\lambda^2 + s - B_1 B_2},$$

(for $\psi(x)$ monotonic on $[x_1, x_2]$ see Appendix, Table 1),

$$\|\varphi_n\|^2 \sim \frac{L}{2} \quad \text{and} \quad \lambda_n^2 \sim \frac{\pi^2 n^2}{L^2} - s \quad \text{for} \quad n \gg 1.$$

$$W(x, \xi, p) = \sum_{\lambda_n} \frac{\varphi(\lambda_n, x)\, \varphi(\lambda_n, \xi)\, r(\xi)}{(ap^2 + \lambda_n^2 + c)\, \|\varphi_n\|^2},$$

$W(x, \xi, p) =$

$$= \begin{cases} \dfrac{P(x)\left(\cos\alpha(\xi) + \dfrac{B_1}{\mu}\sin\alpha(\xi)\right)\left(\cos\beta(x) + \dfrac{B_2}{\mu}\sin\beta(x)\right)\psi'(\xi)}{P(\xi)\,\Delta(\lambda)}, & x_1 \leq \xi \leq x, \\[2em] \dfrac{P(x)\left(\cos\alpha(x) + \dfrac{B_1}{\mu}\sin\alpha(x)\right)\left(\cos\beta(\xi) + \dfrac{B_2}{\mu}\sin\beta(\xi)\right)\psi'(\xi)}{P(\xi)\,\Delta(\lambda)}, & x \leq \xi \leq x_2, \end{cases}$$

$$\alpha(z) = \mu(\psi(z) - \psi(x_1)),$$

$$\beta(z) = \mu(\psi(x_2) - \psi(z)),$$

$$\Delta(\lambda) = (B_1 + B_2)\cos\mu L - \frac{\mu^2 - B_1 B_2}{\mu}\sin\mu L,$$

$$\mu = \sqrt{\lambda^2 + s} \quad [124, p.237],$$

$$\lambda^2 = -ap^2 - c.$$

$$a\frac{\partial^2 Q}{\partial t^2}(x,t) - A(x)\frac{\partial^2 Q}{\partial x^2}(x,t) - B(x)\frac{\partial Q}{\partial x}(x,t) + [c - C(x)]Q(x,t) = f(x,t),$$

$$Q(x,0) = Q_0(x), \qquad \frac{\partial Q}{\partial t}(x,0) = Q_1(x),$$

$$Q(x_1, t) = g_1(t), \qquad Q(x_2, t) = g_2(t),$$

$$A(x) \in \mathbb{C}_2[x_1, x_2], \qquad A(x) \neq 0, \qquad B(x) \in \mathbb{C}_1[x_1, x_2],$$

$$C(x) \in \mathbb{C}[x_1, x_2], \qquad c \in \mathbb{R}, \qquad a > 0, \qquad x_1 \leq x \leq x_2, \qquad t \geq 0.$$

$$w(x,t) = f(x,t) + g_2(t)\frac{1}{r(x)}[p(x)\delta(x - x_2)]' -$$

$$- g_1(t)\frac{1}{r(x)}[p(x)\delta(x - x_1)]' + Q_0(x)\,a\delta'(t) + Q_1(x)\,a\delta(t),$$

$$p(x) = \exp\int_{x_1}^{x}\frac{B(\xi)}{A(\xi)}d\xi, \qquad r(x) = \frac{1}{A(x)}\exp\int_{x_1}^{x}\frac{B(\xi)}{A(\xi)}d\xi,$$

$$G(x,\xi,t) = \sum_{\lambda_n}\frac{y_2(\lambda_n, x)\,y_2(\lambda_n, \xi)\,r(\xi)}{\sqrt{a(\lambda_n^2 + c)}\,\|y_2(\lambda_n, x)\|^2}\sin\sqrt{\frac{\lambda_n^2 + c}{a}}\,t\,,$$

$$y_2(\lambda_n, x) = y_1(\lambda_n, x)\int_{x_1}^{x}\frac{d\xi}{p(\xi)\,y_1^2(\lambda_n, \xi)}, \qquad n = 1, 2, \ldots,$$

$y_1(\lambda, x)$ is a particular solution (which is nonzero at the boundaries of the interval $[x_1, x_2]$), of the equation

$$A(x)y'' + B(x)y' + [c(x) + \lambda^2]y = 0,$$

$$\|y_2(\lambda_n, x)\|^2 = \int_{x_1}^{x_2} \left[y_1^2(\lambda_n, \xi) \left[\int_{x_1}^{\xi} \frac{d\eta}{p(\eta) y_1^2(\lambda_n, \eta)} \right]^2 \exp\left[\int_{x_1}^{\xi} \frac{B(\eta)}{A(\eta)} d\eta \right] \right] \frac{1}{A(\xi)} d\xi,$$

λ_n are the positive roots of the equation

$$\int_{x_1}^{x_2} \frac{d\xi}{p(\xi) y_1^2(\lambda, \xi)} = 0,$$

$$\|y_2(\lambda_n, x)\|^2 \sim \frac{1}{2} \int_{x_1}^{x_2} \frac{d\xi}{\sqrt{A(\xi)}} \quad \text{and} \quad \lambda_n^2 \sim \left[\pi n \int_{x_1}^{x_2} \frac{\xi}{\sqrt{A(\xi)}} \right]^2 \quad \text{for} \quad n \gg 1.$$

$$W(x, \xi, p) = \sum_{\lambda_n} \frac{y_2(\lambda_n, \xi) y_2(\lambda_n, x) r(\xi)}{(ap^2 + \lambda_n^2 + c) \|y_2(\lambda_n, x)\|^2},$$

$$W(x, \xi, p) =$$

$$= \begin{cases} y_1(\lambda, \xi) \int_{x_1}^{\xi} \frac{d\eta}{p(\eta) y_1^2(\lambda, \eta)} \cdot y_1(\lambda, x) \int_{x}^{x_2} \frac{d\eta}{p(\eta) y_1^2(\lambda, \eta)} \cdot \\ \quad \cdot p(\xi) A^{-1}(\xi) \Delta^{-1}(\lambda), \qquad\qquad x_1 \le \xi \le x, \\ y_1(\lambda, x) \int_{x_1}^{x} \frac{d\eta}{p(\eta) y_1^2(\lambda, \eta)} \cdot y_1(\lambda, \xi) \int_{\xi}^{x_2} \frac{d\eta}{p(\eta) y_1^2(\lambda, \eta)} \cdot \\ \quad \cdot p(\xi) A^{-1}(\xi) \Delta^{-1}(\lambda), \qquad\qquad x \le \xi \le x_2, \end{cases}$$

$$\Delta(\lambda) = \int_{x_1}^{x_2} \frac{d\eta}{p(\eta) y_1^2(\lambda, \eta)} \qquad [124, p.259],$$

$$\lambda^2 = -ap^2 - c.$$

The function $Q^0(x, t)$ denotes the component of the solution which has no discontinuity at the boundaries of the interval $[x_1, x_2]$ and is given by

$$Q^0(x, t) = U(x, t) - \int_{x_1}^{x_2} \left[\frac{\partial G(x, \xi, t)}{\partial t} aU(\xi, 0) + G(x, \xi, t) a\frac{\partial U}{\partial t}(\xi, 0) \right] d\xi -$$

$$- \int_0^t \int_{x_1}^{x_2} G(x, \xi, t-\tau) SU(\xi, \tau) d\xi d\tau ,$$

$$U(x, t) = \frac{x - x_1}{x_2 - x_1} g_2(t) + \frac{x_2 - x}{x_2 - x_1} g_1(t) ,$$

$$S = a\frac{\partial^2}{\partial \tau^2} - A(\xi) \frac{\partial^2}{\partial \xi^2} - B(\xi) \frac{\partial}{\partial \xi} - C(\xi) + c .$$

$$\boxed{\begin{array}{c} a\dfrac{\partial^2 Q}{\partial t^2}(x, t) + b\dfrac{\partial Q}{\partial t}(x, t) - x^2 \dfrac{\partial^2 Q}{\partial x^2}(x, t) + cQ(x, t) = f(x, t) , \\[2mm] Q(x, 0) = Q_0(x) , \qquad \dfrac{\partial Q}{\partial t}(x, 0) = Q_1(x) , \\[2mm] \dfrac{\partial Q}{\partial x}(1, t) - b_1 Q(1, t) = g_1(t) , \qquad \dfrac{\partial Q}{\partial x}(\ell, t) + b_2 Q(\ell, t) = g_2(t) , \\[2mm] a > 0, \quad b > 0, \quad 1 \leq x \leq \ell, \quad t \geq 0 . \end{array}}$$

$$w(x, t) = f(x, t) + g_2(t) x^2 \delta(x - \ell) - g_1(t) x^2 \delta(x - 1) +$$

$$+ Q_0(x) [a\delta'(t) + b\delta(t)] + Q_1(x) a\delta(t) ,$$

$$G(x, \xi, t) = \sqrt{\frac{x}{\xi^3}} \sum_{\lambda_n} \frac{\psi(\lambda_n, x) \psi(\lambda_n, \xi)}{\|\varphi_n\|^2} g(\lambda_n, t) ,$$

$$\psi(\lambda_n, z) = \cos(\mu_n \ln z) + \frac{b_1 - \frac{1}{2}}{\mu_n} \sin(\mu_n \ln z), \quad n=1,2,\ldots,$$

$$\|\varphi_n\|^2 = \frac{1}{2\mu_n} \left[b_1 - \frac{1}{2} + (\lambda_n^2 + b_1^2 - b_1) \left(\ln \ell + \frac{b_2 \ell + \frac{1}{2}}{\lambda_n^2 + b_2^2 \ell^2 + b_2 \ell} \right) \right], \quad n=1,2,\ldots,$$

$$\mu_n = \sqrt{\lambda_n^2 - \frac{1}{4}}, \quad n=1,2,\ldots,$$

λ_n are the positive roots of the equation

$$\frac{\operatorname{tg}\left(\sqrt{\lambda^2 - \frac{1}{4}} \ln \ell\right)}{\sqrt{\lambda^2 - \frac{1}{4}}} = \frac{b_1 + b_2 \ell}{\lambda^2 - b_1 b_2 \ell - \frac{b_1}{2} + \frac{b_2 \ell}{2}}$$

(for $b_1 > \frac{1}{2}$, see Appendix, Table 1),

$$g(\lambda_n, t) = \begin{cases} \dfrac{2}{\Delta_n} e^{-\frac{b}{2a}t} \operatorname{sh}\dfrac{\Delta_n}{2a}t, & n < N, \\[2ex] \dfrac{2}{\Delta_n'} e^{-\frac{b}{2a}t} \sin\dfrac{\Delta_n'}{2a}t, & n \geq N, \end{cases}$$

$$\Delta_n = \sqrt{b^2 - 4a(\lambda_n^2 + c)} = j\Delta_n'$$

and N is a number such that $b^2 - 4a(\lambda_n^2 + c) \leq 0$ whenever $n \geq N$.

$$W(x, \xi, p) = \sqrt{\frac{x}{\xi^3}} \sum_{\lambda_n} \frac{\psi(\lambda_n, x)\, \psi(\lambda_n, \xi)}{(ap^2 + bp + c + \lambda_n^2)\, \|\varphi_n\|^2},$$

$$W(x, \xi, p) = \begin{cases} -\dfrac{\sqrt{x}}{\xi\sqrt{\xi}\Delta(\lambda^2)} \psi_1(\lambda, \xi) \psi_2(\lambda, x), & 1 \leq \xi \leq x, \\[2ex] -\dfrac{\sqrt{x}}{\xi\sqrt{\xi}\Delta(\lambda^2)} \psi_1(\lambda, x) \psi_2(\lambda, \xi), & x \leq \xi \leq \ell, \end{cases}$$

$$\psi_1(\lambda, z) = \cos(\mu \ln z) + \frac{b_1 - \dfrac{1}{2}}{\mu} \sin(\mu \ln z),$$

$$\psi_2(\lambda, z) = \cos\left(\mu \ln \frac{z}{\ell}\right) - \frac{b_2\ell + \dfrac{1}{2}}{\mu} \sin\left(\mu \ln \frac{z}{\ell}\right),$$

$$\Delta(\lambda^2) = -(b_1 + b_2\ell)\cos(\mu\ln\ell) + \frac{\lambda^2 - b_1 b_2 \ell - \dfrac{b_1}{2} + \dfrac{b_2\ell}{2}}{\mu} \sin(\mu\ln\ell),$$

$$\mu = \sqrt{\lambda^2 - \frac{1}{4}} \quad [124, p. 125], \quad \lambda^2 = -ap^2 - bp - c.$$

$$a\frac{\partial^2 Q}{\partial t^2}(x,t) + b\frac{\partial Q}{\partial t}(x,t) - x^2\frac{\partial^2 Q}{\partial x^2}(x,t) - x\frac{\partial Q}{\partial x}(x,t) + cQ(x,t) = f(x,t),$$

$$Q(x, 0) = Q_0(x), \quad \frac{\partial Q}{\partial t}(x, 0) = Q_1(x),$$

$$\frac{\partial Q}{\partial x}(1, t) - b_1 Q(1, t) = g_1(t), \quad \frac{\partial Q}{\partial x}(\ell, t) + b_2 Q(\ell, t) = g_2(t),$$

$$a > 0, \quad b > 0, \quad 1 \leq x \leq \ell, \quad t \geq 0.$$

$$w(x,t) = f(x,t) + g_2(t)x^2 \delta(x-\ell) - g_1(t)x^2 \delta(x-1) +$$
$$+ Q_0(x)[a\delta'(t) + b\delta(t)] + Q_1(x) a\delta(t),$$

$$G(x, \xi, t) = \xi^{-1} \sum_{\lambda_n} \frac{\varphi(\lambda_n, x) \varphi(\lambda_n, \xi)}{\|\varphi_n\|^2} g(\lambda_n, t),$$

$$\varphi(\lambda_n, z) = \cos(\lambda_n \ln z) + \frac{b_1}{\lambda_n} \sin(\lambda_n \ln z),$$

$$\|\varphi_n\|^2 = \frac{\ln \ell}{2}\left(1 + \frac{b_1^2}{\lambda_n^2}\right) + \frac{b_1}{2\lambda_n^2} + \frac{b_2 \ell}{2\lambda_n^2} \frac{\lambda_n^2 + b_1^2}{\lambda_n^2 + b_2^2 \ell^2}, \quad n = 1, 2, \ldots,$$

λ_n are the positive roots of the equation

$$\frac{\text{tg}(\lambda \ln \ell)}{\lambda} = \frac{b_1 + b_2 \ell}{\lambda^2 - b_1 b_2 \ell},$$

$$g(\lambda_n, t) = \begin{cases} \dfrac{2}{\Delta_n} e^{-\frac{b}{2a} t} \operatorname{sh} \dfrac{\Delta_n}{2a} t, & n < N, \\ \dfrac{2}{\Delta_n'} e^{-\frac{b}{2a} t} \sin \dfrac{\Delta_n'}{2a} t, & n \geq N, \end{cases}$$

$$\Delta_n = \sqrt{b^2 - 4a(\lambda_n^2 + c)} = j\Delta_n'$$

and N is a number such that $b^2 - 4a(\lambda_n^2 + c) \leq 0$ whenever $n \geq N$.

$$W(x, \xi, p) = \xi^{-1} \sum_{\lambda_n} \frac{\varphi(\lambda_n, x) \varphi(\lambda_n, \xi)}{(ap^2 + bp + c + \lambda_n^2)\|\varphi_n\|^2},$$

$$W(x, \xi, p) = \begin{cases} -\dfrac{1}{\xi \Delta(\lambda^2)} \varphi_1(\lambda, \xi) \varphi_2(\lambda, x), & 1 \le \xi \le x, \\ -\dfrac{1}{\xi \Delta(\lambda^2)} \varphi_1(\lambda, x) \varphi_2(\lambda, \xi), & x \le \xi \le l, \end{cases}$$

$$\varphi_1(\lambda, z) = \cos(\lambda \ln z) + \frac{b_1}{\lambda} \sin(\lambda \ln z),$$

$$\varphi_2(\lambda, z) = \cos\left(\lambda \ln \frac{z}{l}\right) - \frac{b_2 l}{\lambda} \sin\left(\lambda \ln \frac{z}{l}\right),$$

$$\Delta(\lambda^2) = \frac{\lambda^2 - b_1 b_2 l}{\lambda} \sin(\lambda \ln l) - (b_1 + b_2 l) \cos(\lambda \ln l) \quad [124, p. 136],$$

$$\lambda^2 = -ap^2 - bp - c.$$

$$a \frac{\partial^2 Q}{\partial t^2}(x, t) + b \frac{\partial Q}{\partial t}(x, t) - (1 - x^2) \frac{\partial^2 Q}{\partial x^2}(x, t) + x \frac{\partial Q}{\partial x}(x, t) + cQ(x, t) = f(x, t),$$

$$Q(x, 0) = Q_0(x), \quad \frac{\partial Q}{\partial t}(x, 0) = Q_1(x),$$

$$Q(-1, t) = g_1(t), \quad Q(1, t) = g_2(t),$$

$$a > 0, \quad b > 0, \quad -1 \le x \le 1, \quad t \ge 0.$$

$$w(x, t) = f(x, t) + \sqrt{1 - x^2} \left\{ g_2(t) \left[\sqrt{1 - x^2} \delta(x - 1)\right]' - g_1(t) \left[\sqrt{1 - x^2} \delta(x + 1)\right]' \right\} +$$

$$+ Q_0(x) [a \delta'(t) + b \delta(t)] + Q_1(x) a \delta(t),$$

$$G(x, \xi, t) = \frac{2}{\pi} \sqrt{1 - x^2} \sum_{n=1}^{\infty} U_{n-1}(x) U_{n-1}(\xi) g(n, t),$$

$U_{n-1}(z)$ are Chebyshev polynomials of the second kind [103, p. 192].

$$g(n,t) = \begin{cases} \dfrac{2}{\Delta_n} e^{-\frac{b}{2a}t} \operatorname{sh}\dfrac{\Delta_n}{2a}t, & n < N, \\[2ex] \dfrac{2}{\Delta_n} e^{-\frac{b}{2a}t} \sin\dfrac{\Delta'_n}{2a}t, & n \geq N, \end{cases}$$

$$\Delta_n = \sqrt{b^2 - 4a(n^2+c)} = j\Delta'_n$$

and N is a number such that $b^2 - 4a(n^2+c) \leq 0$ whenever $n \geq N$.

$$W(x, \xi, p) = \frac{2}{\pi}\sqrt{1-x^2} \sum_{n=1}^{\infty} \frac{U_{n-1}(x) U_{n-1}(\xi)}{ap^2 + bp + c + n^2},$$

$W(x, \xi, p) =$

$$= \begin{cases} \dfrac{\sin[\lambda(\pi - \arccos\xi)] \sin(\lambda\arccos x)}{\lambda \sin(\lambda\pi) \sqrt{1-\xi^2}}, & -1 \leq \xi \leq x, \\[3ex] \dfrac{\sin[\lambda(\pi - \arccos x)] \sin(\lambda\arccos\xi)}{\lambda \sin(\lambda\pi) \sqrt{1-\xi^2}}, & x \leq \xi \leq 1, \end{cases}$$

[124, p. 143],

$$\lambda^2 = -ap^2 - bp - c.$$

The function $Q^0(x, t)$ denotes the component of the solution $Q(x, t)$ which has no discontinuity at the boundaries of the interval $[-1, 1]$ and is given by

$$Q^0(x,t) = U(x,t) - \int_{-1}^{1} \left[\left(a\frac{\partial G(x,\xi,t)}{\partial t} + bG(x,\xi,t) \right) U(\xi,0) + \right.$$

$$\left. + aG(x,\xi,t)\frac{\partial U}{\partial t}(\xi,0) \right] d\xi - \int_0^t \int_{-1}^{1} G(x,\xi,t-\tau) SU(\xi,\tau) d\xi d\tau ,$$

$$U(x,t) = \frac{1}{2}(x+1)g_2(t) + \frac{1}{2}(1-x)g_1(t),$$

$$S = a\frac{\partial^2}{\partial \tau^2} + b\frac{\partial}{\partial \tau} - (1-\xi^2)\frac{\partial^2}{\partial \xi^2} + \xi\frac{\partial}{\partial \xi} + c.$$

$$a\frac{\partial^2 Q}{\partial t^2}(x,t) + b\frac{\partial Q}{\partial t}(x,t) - x^4\frac{\partial^2 Q}{\partial x^2}(x,t) + cQ(x,t) = f(x,t),$$

$$Q(x,0) = Q_0(x), \qquad \frac{\partial Q}{\partial t}(x,0) = Q_1(x),$$

$$\frac{\partial Q}{\partial x}(1,t) = g_1(t), \qquad \frac{\partial Q}{\partial x}(\ell,t) = g_2(t),$$

$$a > 0, \qquad b > 0, \qquad 1 \leq x \leq \ell, \qquad t \geq 0.$$

$$w(x,t) = f(x,t) + g_2(t)x^4\delta(x-\ell) - g_1(t)x^4\delta(x-1) +$$

$$+ Q_0(x)[a\delta'(t) + b\delta(t)] + Q_1(x)a\delta(t),$$

$$G(x,\xi,t) = \frac{3\ell^3}{(\ell^3-1)\xi^4} g(\lambda_1,t) + \frac{2x}{\xi^3} \sum_{\substack{\lambda_n \\ (n \geq 2)}} \frac{\psi(\lambda_n,x)\psi(\lambda_n,\xi)}{1 - \frac{\lambda_n^2+1}{\ell(\ell^2+\lambda_n^2)}} g(\lambda_n,t),$$

$$\psi(\lambda_n,z) = \cos\left(\lambda_n\frac{z-1}{z}\right) - \frac{1}{\lambda_n}\sin\left(\lambda_n\frac{z-1}{z}\right), \quad n=2,3,\ldots,$$

$$\lambda_1 = 0,$$

λ_n (n=2,3,...) are the positive roots of the equation

$$\frac{\text{tg}(\lambda\frac{\ell-1}{\ell})}{\lambda} = \frac{\ell-1}{\lambda^2+\ell} \quad [124, \text{p}.145],$$

$$g(\lambda_n, t) = \begin{cases} \dfrac{2}{\Delta_n} e^{-\frac{b}{2a}t} \text{sh}\dfrac{\Delta_n}{2a}t, & n < N, \\ \\ \dfrac{2}{\Delta'_n} e^{-\frac{b}{2a}t} \sin\dfrac{\Delta'_n}{2a}t, & n \geq N, \end{cases}$$

$$\Delta_n = \sqrt{b^2 - 4a(\lambda_n^2 + c)} = j\Delta'_n$$

and N is a number such that $b^2 - 4a(\lambda_n^2 + c) \leq 0$ whenever $n \geq N$.

$$W(x, \xi, p) = \frac{3\ell^3}{(ap^2 + bp + c)(\ell^3 - 1)\xi^4} +$$

$$+ \frac{2x}{\xi^3} \sum_{\substack{\lambda_n \\ (n \geq 2)}} \frac{\psi(\lambda_n, x)\psi(\lambda_n, \xi)}{(ap^2 + bp + \lambda_n^2 + c)\left[1 - \dfrac{\lambda_n^2 + 1}{\ell(\ell^2 + \lambda_n^2)}\right]},$$

$$W(x, \xi, p) = \begin{cases} -\dfrac{x}{\xi^3 \Delta(\lambda)} \psi_1(\lambda, \xi)\psi_2(\lambda, x), & 1 \leq \xi \leq x, \\ \\ -\dfrac{x}{\xi^3 \Delta(\lambda)} \psi_1(\lambda, x)\psi_2(\lambda, \xi), & x \leq \xi \leq \ell, \end{cases}$$

$$\psi_1(\lambda, z) = \frac{1}{\lambda}\sin(\lambda\frac{z-1}{z}) - \cos(\lambda\frac{z-1}{z}),$$

$$\psi_2(\lambda, z) = \cos(\lambda \frac{\ell - z}{\ell z}) + \frac{\ell}{\lambda} \sin(\lambda \frac{\ell - z}{\ell z}),$$

$$\Delta(\lambda) = (\ell - 1) \cos(\lambda \frac{\ell - 1}{\ell}) - \frac{\lambda^2 + \ell}{\lambda} \sin(\lambda \frac{\ell - 1}{\ell}),$$

$$\lambda^2 = -ap^2 - bp - c.$$

$$a \frac{\partial^2 Q}{\partial t^2}(x, t) + b \frac{\partial Q}{\partial t}(x, t) - x^4 \frac{\partial^2 Q}{\partial x^2}(x, t) + cQ(x, t) = f(x, t),$$

$$Q(x, 0) = Q_0(x), \quad \frac{\partial Q}{\partial t}(x, 0) = Q_1(x),$$

$$\frac{\partial Q}{\partial x}(1, t) - b_1 Q(1, t) = g_1(t), \quad \frac{\partial Q}{\partial x}(\ell, t) + b_2 Q(\ell, t) = g_2(t),$$

$$a > 0, \quad b > 0, \quad 1 \le x \le \ell, \quad t \ge 0.$$

$$w(x, t) = f(x, t) + g_2(t) x^4 \delta(x - \ell) - g_1(t) x^4 \delta(x - 1) +$$

$$+ Q_0(x) [a\delta'(t) + b\delta(t)] + Q_1(x) a\delta(t),$$

$$G(x, \xi, t) = x\xi^{-3} \sum_{\lambda_n} \frac{\psi(\lambda_n, x) \psi(\lambda_n, \xi)}{\|\varphi_n\|^2} g(\lambda_n, t),$$

$$\psi(\lambda_n, z) = \cos(\lambda_n \frac{z - 1}{z}) + \frac{b_1 - 1}{\lambda_n} \sin(\lambda_n \frac{z - 1}{z}),$$

$$\|\varphi_n\|^2 = \frac{\ell - 1}{2\ell} \left[1 + \frac{(b_1 - 1)^2}{\lambda_n^2} \right] + \frac{b_1 - 1}{2\lambda_n^2} + \frac{b_2 \ell^2 + \ell}{2\lambda_n^2} \frac{\lambda_n^2 + (b_1 - 1)^2}{\lambda_n^2 + (b_2 \ell^2 + \ell)^2}, \quad n=1,2,\ldots,$$

λ_n are the positive roots of the equation

$$\frac{\operatorname{tg}(\lambda \frac{\ell - 1}{\ell})}{\lambda} = \frac{(b_1 - 1) + (b_2 \ell^2 + \ell)}{\lambda^2 - (b_1 - 1)(b_2 \ell^2 + \ell)} \quad [124, p.146]$$

(for $b_1 > 1$ see Appendix, Table 1),

$$\|\varphi_n\|^2 \sim \frac{\ell - 1}{2\ell} \quad \text{and} \quad \lambda_n^2 \sim \left(\frac{\pi n \ell}{\ell - 1}\right)^2 \quad \text{for} \quad n \gg 1,$$

$$g(\lambda_n, t) = \begin{cases} \dfrac{2}{\Delta_n} e^{-\frac{b}{2a}t} \operatorname{sh} \dfrac{\Delta_n}{2a} t, & n < N, \\[2ex] \dfrac{2}{\Delta'_n} e^{-\frac{b}{2a}t} \sin \dfrac{\Delta'_n}{2a} t, & n \geq N, \end{cases}$$

$$\Delta_n = \sqrt{b^2 - 4a(\lambda_n^2 + c)} = j\Delta'_n$$

and N is a number such that $b^2 - 4a(\lambda_n^2 + c) \leq 0$ whenever $n \geq N$.

$$W(x, \xi, p) = \frac{x}{\xi^3} \sum_n \frac{\psi(\lambda_n, x) \psi(\lambda_n, \xi)}{(ap^2 + bp + c + \lambda_n^2) \|\varphi_n\|^2},$$

$$W(x, \xi, p) = \begin{cases} -\dfrac{x}{\xi^3 \Delta(\lambda)} \psi_1(\lambda, \xi) \psi_2(\lambda, x), & 1 \leq \xi \leq x, \\[2ex] -\dfrac{x}{\xi^3 \Delta(\lambda)} \psi_1(\lambda, x) \psi_2(\lambda, \xi), & x \leq \xi \leq \ell, \end{cases}$$

$$\psi_1(\lambda, z) = \cos \frac{\lambda(z-1)}{z} + \frac{b_1 - 1}{\lambda} \sin \frac{\lambda(z-1)}{z},$$

$$\psi_2(\lambda, z) = \cos \frac{\lambda(\ell - z)}{\ell z} + \frac{b_2 \ell^2 + \ell}{\lambda} \sin \frac{\lambda(\ell - z)}{\ell z},$$

$$\Delta(\lambda) = (b_1 - 1 + b_2 \ell^2 + \ell) \cos \frac{\lambda(\ell - 1)}{\ell} -$$
$$- \frac{\lambda^2 - (b_1 - 1)(b_2 \ell^2 + \ell)}{\lambda} \sin \frac{\lambda(\ell - 1)}{\ell},$$

$$\lambda^2 = -ap^2 - bp - c.$$

$$a\frac{\partial^2 Q}{\partial t^2}(x,t) + b\frac{\partial Q}{\partial t}(x,t) - (a_0^2 - x^2)^2 \frac{\partial^2 Q}{\partial x^2}(x,t) + cQ(x,t) = f(x,t),$$

$$Q(x,0) = Q_0(x), \qquad \frac{\partial Q}{\partial t}(x,0) = Q_1(x),$$

$$\frac{\partial Q}{\partial x}(-\ell, t) = g_1(t), \qquad \frac{\partial Q}{\partial x}(\ell, t) = g_2(t),$$

$$|\ell| < a_0, \qquad a > 0, \qquad b > 0, \qquad -\ell \le x \le \ell, \qquad t \ge 0.$$

$$w(x,t) = f(x,t) + g_2(t)(a_0^2 - x^2)^2 \delta(x-\ell) - g_1(t)(a_0^2 - x^2)^2 \delta(x+\ell) +$$
$$+ Q_0(x)[a\delta'(t) + b\delta(t)] + Q_1(x) a\delta(t),$$

$$G(x, \xi, t) = \frac{a_0^2 - \ell^2}{(a_0^2 - \xi^2)^2 \|\varphi_1\|^2} g(\lambda_1, t) +$$

$$+ \sum_{\substack{\lambda_n \\ (n \ge 2)}} \frac{\varphi(\lambda_n, x)\varphi(\lambda_n, \xi)}{(a_0^2 - \xi^2)^2 \|\varphi_n\|^2} g(\lambda_n, t), \qquad \lambda_1 = 0,$$

$$\varphi(\lambda_n, z) = \sqrt{a_0^2 - z^2}\left[\cos\alpha(\lambda_n, z) - \frac{\ell}{\sqrt{\lambda_n^2 - a_0^2}}\sin\alpha(\lambda_n, z)\right], \quad n=2,3,\ldots,$$

$$\alpha(\lambda_n, z) = \frac{\sqrt{\lambda_n^2 - a_0^2}}{2a_0} \ln\frac{(a_0 + z)(a_0 + \ell)}{(a_0 - z)(a_0 - \ell)}, \qquad n=2,3,\ldots,$$

$$\|\varphi_n\|^2 = \begin{cases} \dfrac{1}{2a_0^2}\left(2\ell + \dfrac{a_0^2 - \ell^2}{a_0}\ln\dfrac{a_0+\ell}{a_0-\ell}\right), & n=1, \\ \dfrac{1}{\lambda_n^2 - a_0^2}\left(\dfrac{\lambda_n^2 - a_0^2 + \ell^2}{2a_0}\ln\dfrac{a_0+\ell}{a_0-\ell} - \ell\right), & n=2,3,\ldots, \end{cases}$$

λ_n (=2,3,....) are the positive roots of the equation

$$\left(\sqrt{\lambda^2 - a_0^2}\right)^{-1} \text{tg}\left(\dfrac{\sqrt{\lambda^2 - a_0^2}}{a_0}\ln\dfrac{a_0+\ell}{a_0-\ell}\right) = \dfrac{-2\ell}{\lambda^2 - a_0^2 - \ell^2},$$

$$\|\varphi_n\|^2 \sim \dfrac{1}{2a_0}\ln\dfrac{a_0+\ell}{a_0-\ell} \quad \text{and} \quad \lambda_n^2 \sim \left(\dfrac{\pi a_0 n}{\ln\dfrac{a_0+\ell}{a_0-\ell}}\right)^2 \quad \text{for} \quad n \gg 1,$$

$$g(\lambda_n, t) = \begin{cases} \dfrac{2}{\Delta_n} e^{-\frac{b}{2a}t} \, \text{sh}\dfrac{\Delta_n}{2a}t, & n < N, \\ \dfrac{2}{\Delta_n'} e^{-\frac{b}{2a}t} \sin\dfrac{\Delta_n'}{2a}t, & n \geq N, \end{cases}$$

$$\Delta_n = \sqrt{b^2 - 4a(\lambda_n^2 + c)} = j\Delta_n'$$

and N is a number such that $b^2 - 4a(\lambda_n^2 + c) \leq 0$ whenever $n \geq N$.

$$W(x, \xi, p) = \dfrac{a_0^2 - \ell^2}{(ap^2 + bp + c)(a_0^2 - \xi^2)^2 \|\varphi_1\|^2} +$$

$$+ \sum_{\lambda_n \atop (n \geq 2)} \dfrac{\varphi(\lambda_n, x)\varphi(\lambda_n, \xi)}{(ap^2 + bp + \lambda_n^2 + c)(a_0^2 - \xi^2)^2 \|\varphi_n\|^2},$$

$$W(x,\xi,p) = \begin{cases} -\dfrac{\sqrt{a_0^2-x^2}}{\Delta(\lambda)\sqrt{(a_0^2-\xi^2)^3}}\psi_1(\lambda,\xi)\psi_2(\lambda,x), & -l \le \xi \le x, \\ \\ -\dfrac{\sqrt{a_0^2-x^2}}{\Delta(\lambda)\sqrt{(a_0^2-\xi^2)^3}}\psi_1(\lambda,x)\psi_2(\lambda,\xi), & x \le \xi \le l, \end{cases}$$

$$\psi_1(\lambda,z) = \cos\alpha(\lambda,z) - \frac{l}{\sqrt{\lambda^2-a_0^2}}\sin\alpha(\lambda,z),$$

$$\alpha(\lambda,z) = \frac{\sqrt{\lambda^2-a_0^2}}{2a_0}\ln\frac{(a_0+z)(a_0+l)}{(a_0-z)(a_0-l)},$$

$$\psi_2(\lambda,z) = \cos\beta(\lambda,z) + \frac{l}{\sqrt{\lambda^2-a_0^2}}\sin\beta(\lambda,z),$$

$$\beta(\lambda,z) = \frac{\sqrt{\lambda^2-a_0^2}}{2a_0}\ln\frac{(a_0+z)(a_0-l)}{(a_0-z)(a_0+l)},$$

$$\Delta(\lambda) = l\cos\left(\frac{\sqrt{\lambda^2-a_0^2}}{a_0}\ln\frac{a_0+l}{a_0-l}\right) + \frac{\lambda^2-a_0^2-l^2}{2\sqrt{\lambda^2-a_0^2}}\sin\left(\frac{\sqrt{\lambda^2-a_0^2}}{a_0}\ln\frac{a_0+l}{a_0-l}\right)$$

[124, p. 158], $\lambda^2 = -ap^2 - bp - c$.

$$a\frac{\partial^2 Q}{\partial t^2}(x,t) + b\frac{\partial Q}{\partial t}(x,t) - (x^2+a_0^2)^2\frac{\partial^2 Q}{\partial x^2}(x,t) + cQ(x,t) = f(x,t),$$

$$Q(x,0) = Q_0(x), \quad \frac{\partial Q}{\partial t}(x,0) = Q_1(x),$$

$$\frac{\partial Q}{\partial x}(0,t) - b_1 Q(0,t) = g_1(t), \quad \frac{\partial Q}{\partial x}(l,t) + b_2 Q(l,t) = g_2(t),$$

$$a>0, \quad b>0, \quad 0 \le x \le l, \quad t \ge 0.$$

$$w(x,t) = f(x,t) + g_2(t)(x^2 + a_0^2)^2 \delta(x-\ell) - g_1(t)(x^2 + a_0^2)^2 \delta(x) +$$
$$+ Q_0(x)[a\delta'(t) + b\delta(t)] + Q_1(x) a\delta(t),$$

$$G(x,\xi,t) = \frac{\sqrt{x^2 + a_0^2}}{\sqrt{(\xi^2 + a_0^2)^3}} \sum_{\lambda_n} \frac{\psi(\lambda_n, x)\psi(\lambda_n, \xi)}{\|\varphi_n\|^2} g(\lambda_n, t),$$

$$\psi(\lambda_n, z) = \cos\alpha(\lambda_n, z) + \frac{b_1 a_0^2}{\sqrt{\lambda_n^2 + a_0^2}} \sin\alpha(\lambda_n, z),$$

$$\alpha(\lambda_n, z) = \frac{\sqrt{\lambda_n^2 + a_0^2}}{a_0} \operatorname{arctg} \frac{z}{a_0}, \qquad n=1,2,...,$$

$$\|\varphi_n\|^2 = \frac{1}{2(\lambda_n^2 + a_0^2)} \{b_1 a_0^2 + (\lambda_n^2 + a_0^2 + b_1^2 a_0^4) \times$$

$$\times \left[\frac{1}{a_0}\operatorname{arctg}\frac{\ell}{a_0} + \frac{b_2(a_0^2 + \ell^2) + \ell}{\lambda_n^2 + a_0^2 + (b_2(a_0^2 + \ell^2) + \ell)^2}\right]\}, \quad n=1,2,...,$$

λ_n are the positive roots of the equation

$$\frac{\operatorname{tg}\left(\frac{\sqrt{\lambda^2 + a_0^2}}{a_0}\operatorname{arctg}\frac{\ell}{a_0}\right)}{\sqrt{\lambda^2 + a_0^2}} = \frac{a_0^2 b_1 + (a_0^2 + \ell^2) b_2 + \ell}{\lambda^2 + a_0^2 - a_0^2 b_1 (b_2(a_0^2 + \ell^2) + \ell)},$$

[124, p. 172], (see Appendix, Table 1),

$$\|\varphi_n\|^2 \sim \frac{1}{2a_0} \operatorname{arctg}\frac{\ell}{a_0} \quad \text{and} \quad \lambda_n^2 \sim \left(\frac{\pi n a_0}{\operatorname{arctg}\frac{\ell}{a_0}}\right)^2 \quad \text{for} \quad n \gg 1,$$

$$g(\lambda_n, t) = \begin{cases} \dfrac{2}{\Delta_n} e^{-\frac{b}{2a}t} \operatorname{sh}\dfrac{\Delta_n}{2a}t, & n < N, \\[2ex] \dfrac{2}{\Delta_n'} e^{-\frac{b}{2a}t} \sin\dfrac{\Delta_n'}{2a}t, & n \geq N, \end{cases}$$

$$\Delta_n = \sqrt{b^2 - 4a(\lambda_n^2 + c)} = j\Delta_n'$$

and N is a number such that $\lambda_n^2 \geq \dfrac{b^2}{4a} - c$ whenever $n \geq N$.

$$W(x, \xi, p) = \frac{\sqrt{x^2 + a_0^2}}{\sqrt{(\xi^2 + a_0^2)^3}} \sum_n \frac{\psi(\lambda_n, x)\psi(\lambda_n, \xi)}{(ap^2 + bp + \lambda_n^2 + c)\|\varphi_n\|^2},$$

$$W(x, \xi, p) = \begin{cases} \dfrac{\sqrt{x^2 + a_0^2}}{\Delta(\lambda)\sqrt{(\xi^2 + a_0^2)^3}} \psi_1(\lambda, \xi)\psi_2(\lambda, x), & 0 \leq \xi \leq x, \\[2ex] \dfrac{\sqrt{x^2 + a_0^2}}{\Delta(\lambda)\sqrt{(\xi^2 + a_0^2)^3}} \psi_1(\lambda, x)\psi_2(\lambda, \xi), & x \leq \xi \leq \ell, \end{cases}$$

$$\psi_1(\lambda, z) = \cos\alpha(\lambda, z) + \frac{a_0^2 b_1}{\sqrt{\lambda^2 + a_0^2}} \sin\alpha(\lambda, z),$$

$$\alpha(\lambda, z) = \frac{\sqrt{\lambda^2 + a_0^2}}{a_0} \operatorname{arctg} \frac{z}{a_0},$$

$$\psi_2(\lambda, z) = \cos\beta(\lambda, z) + \frac{b_2(a_0^2 + \ell^2) + \ell}{\sqrt{\lambda^2 + a_0^2}} \sin\beta(\lambda, z),$$

$$\beta(\lambda, z) = \frac{\sqrt{\lambda^2 + a_0^2}}{a_0} \operatorname{arctg} \frac{a_0(\ell - z)}{a_0^2 + \ell z},$$

$$\Delta(\lambda) = [a_0^2 b_1 + (a_0^2 + \ell^2) b_2 + \ell] \cos\alpha(\lambda, \ell) -$$

$$- \frac{\lambda^2 + a_0^2 - a_0^2 b_1((a_0^2 + \ell^2) b_2 + \ell)}{\sqrt{\lambda^2 + a_0^2}} \sin\alpha(\lambda, \ell),$$

$$\lambda^2 = -ap^2 - bp - c.$$

$$a\frac{\partial^2 Q}{\partial t^2}(x,t) + b\frac{\partial Q}{\partial t}(x,t) - x^{2\alpha}\frac{\partial^2 Q}{\partial x^2}(x,t) - \alpha x^{2\alpha-1}\frac{\partial Q}{\partial x}(x,t) + cQ(x,t) =$$
$$= f(x,t),$$

$$Q(x,0) = Q_0(x), \qquad \frac{\partial Q}{\partial t}(x,0) = Q_1(x),$$

$$\frac{\partial Q}{\partial x}(1,t) - b_1 Q(1,t) = g_1(t), \qquad \frac{\partial Q}{\partial x}(\ell,t) + b_2 Q(\ell,t) = g_2(t),$$

$$a > 0, \qquad b > 0, \qquad 1 \leq x \leq \ell, \qquad t \geq 0.$$

$$w(x,t) = f(x,t) + g_2(t) x^{2\alpha} \delta(x-\ell) - g_1(t) x^{2\alpha} \delta(x-1) +$$
$$+ Q_0(x)[a\delta'(t) + b\delta(t)] + Q_1(x) a\delta(t),$$

$$G(x,\xi,t) = \xi^{-\alpha} \sum_{\lambda_n} \frac{\varphi(\lambda_n, x)\varphi(\lambda_n, \xi)}{\|\varphi_n\|^2} g(\lambda_n, t),$$

$$\varphi(\lambda_n, z) = \cos\left[\frac{\lambda_n}{\alpha-1}(z^{1-\alpha} - 1)\right] - \frac{b_1}{\lambda_n}\sin\left[\frac{\lambda_n}{\alpha-1}(z^{1-\alpha} - 1)\right], \quad n=1,2,\ldots,$$

$$\|\varphi_n\|^2 = \frac{1}{2\lambda_n^2}\left[(\lambda_n^2 + b_1^2)\left(\frac{\ell^{1-\alpha} - 1}{1-\alpha} + \frac{b_2 \ell^{\alpha}}{\lambda_n^2 + b_2^2 \ell^{2\alpha}}\right) + b_1\right], \quad n=1,2,\ldots,$$

λ_n are the positive roots of the equation

$$\frac{\operatorname{tg}\left[\frac{\lambda}{\alpha-1}(1 - \ell^{1-\alpha})\right]}{\lambda} = \frac{b_1 + b_2 \ell^{\alpha}}{\lambda^2 - b_1 b_2 \ell^{\alpha}}, \qquad [124, p.195],$$

(see Appendix, Table 1),

$$\|\varphi_n\|^2 \sim \frac{\ell^{1-\alpha}-1}{2(1-\alpha)} \quad \text{and} \quad \lambda_n^2 \sim \left[\frac{\pi n (\alpha-1)}{1-\ell^{1-\alpha}}\right]^2 \quad \text{for } n \gg 1,$$

$$g(\lambda_n, t) = \begin{cases} \dfrac{2}{\Delta_n} e^{-\frac{b}{2a}t} \operatorname{sh}\dfrac{\Delta_n}{2a}t, & n < N, \\[2ex] \dfrac{2}{\Delta_n'} e^{-\frac{b}{2a}t} \sin\dfrac{\Delta_n'}{2a}t, & n \geq N, \end{cases}$$

$$\Delta_n = \sqrt{b^2 - 4a(\lambda_n^2 + c)} = j\Delta_n'$$

and N is a number such that $\lambda_n^2 \geq \dfrac{b^2}{4a} - c$ whenever $n \geq N$.

$$W(x, \xi, p) = \xi^{-\alpha} \sum_{\lambda_n} \frac{\varphi(\lambda_n, x)\varphi(\lambda_n, \xi)}{(ap^2 + bp + c + \lambda_n^2)\|\varphi_n\|^2},$$

$$W(x, \xi, p) = \begin{cases} \dfrac{1}{\xi^\alpha \Delta(\lambda)} \varphi_1(\lambda, \xi) \varphi_2(\lambda, x), & 1 \leq \xi \leq x, \\[2ex] \dfrac{1}{\xi^\alpha \Delta(\lambda)} \varphi_1(\lambda, x) \varphi_2(\lambda, \xi), & x \leq \xi \leq \ell, \end{cases}$$

$$\varphi_1(\lambda, z) = \cos\left[\frac{\lambda}{\alpha-1}(z^{1-\alpha}-1)\right] - \frac{b_1}{\lambda}\sin\left[\frac{\lambda}{\alpha-1}(z^{1-\alpha}-1)\right],$$

$$\varphi_2(\lambda, z) = \cos\left[\frac{\lambda}{\alpha-1}(\ell^{1-\alpha}-z^{1-\alpha})\right] - \frac{b_2\ell^\alpha}{\lambda}\sin\left[\frac{\lambda}{\alpha-1}(\ell^{1-\alpha}-z^{1-\alpha})\right],$$

$$\Delta(\lambda) = (b_1 + b_2\ell^\alpha)\cos\mu + \frac{\lambda^2 - b_1 b_2 \ell^\alpha}{\lambda}\sin\mu,$$

$$\mu = \frac{\lambda}{\alpha-1}(\ell^{1-\alpha}-1),$$

$$\lambda^2 = -ap^2 - bp - c.$$

The case $\alpha = 1$ is obtained from the above formulas by taking the limit $\alpha \to 1$.

$$a\frac{\partial^2 Q}{\partial t^2}(x,t) + b\frac{\partial Q}{\partial t}(x,t) - \frac{\partial^2 Q}{\partial x^2}(x,t) + \frac{2}{x}\frac{\partial Q}{\partial x}(x,t) - \frac{2}{x^2}Q(x,t) + cQ(x,t) =$$
$$= f(x,t),$$

$$Q(x,0) = Q_0(x), \qquad \frac{\partial Q}{\partial t}(x,0) = Q_1(x),$$

$$\frac{\partial Q}{\partial x}(1,t) - b_1 Q(1,t) = g_1(t), \qquad \frac{\partial Q}{\partial x}(\ell, t) + b_2 Q(\ell, t) = g_2(t),$$

$$a > 0, \qquad b > 0, \qquad 1 \le x \le \ell, \qquad t \ge 0.$$

$$w(x,t) = f(x,t) + g_2(t)\delta(x - \ell) - g_1(t)\delta(x - 1) +$$
$$+ Q_0(x)[a\delta'(t) + b\delta(t)] + Q_1(x) a\delta(t),$$

$$G(x,\xi,t) = x\xi^{-1} \sum_n \frac{\psi(\lambda_n, x)\psi(\lambda_n, \xi)}{\|\varphi_n\|^2} g(\lambda_n, t),$$

$$\psi(\lambda_n, z) = \cos\lambda_n (z - 1) + \frac{b_1 - 1}{\lambda_n} \sin\lambda_n (z - 1), \qquad n=1,2,...,$$

$$\|\varphi_n\|^2 = \frac{1}{2\lambda_n^2} \left\{ (\ell - 1)[\lambda_n^2 + (b_1 - 1)^2] + b_1 - 1 + (b_2 + \frac{1}{\ell}) \times \right.$$

$$\left. \times \frac{\lambda_n^2 + (b_1 - 1)^2}{\lambda_n^2 + (b_2 + \frac{1}{\ell})^2} \right\}, \qquad n=1,2,...,$$

λ_n are the positive roots of the equation

$$\frac{\text{tg}\lambda(\ell - 1)}{\lambda} = \frac{b_1 - 1 + b_2 + \frac{1}{\ell}}{\lambda^2 - (b_1 - 1)(b_2 + \frac{1}{\ell})},$$

(for $b_1, b_2 > -\frac{1}{2}$ see Appendix, Table 1),

$$\|\varphi_n\|^2 \sim \frac{\ell-1}{2} \quad \text{and} \quad \lambda_n^2 \sim \left(\frac{\pi n}{\ell-1}\right)^2 \quad \text{for} \quad n \gg 1,$$

$$g(\lambda_n, t) = \begin{cases} \dfrac{2}{\Delta_n} e^{-\frac{b}{2a}t} \operatorname{sh}\dfrac{\Delta_n}{2a}t, & n < N, \\[2ex] \dfrac{2}{\Delta_n'} e^{-\frac{b}{2a}t} \sin\dfrac{\Delta_n'}{2a}t, & n \geq N, \end{cases}$$

$$\Delta_n = \sqrt{b^2 - 4a(\lambda_n^2 + c)} = j\Delta_n'$$

and N is a number such that $\lambda_n^2 \geq \dfrac{b^2}{4a} - c$ whenever $n \geq N$.

$$W(x, \xi, p) = x\xi^{-1} \sum_{\lambda_n} \frac{\psi(\lambda_n, x)\psi(\lambda_n, \xi)}{(ap^2 + bp + c + \lambda_n^2)\|\varphi_n\|^2},$$

$$W(x, \xi, p) = \begin{cases} -\dfrac{x\ell}{\xi \Delta(\lambda)} \psi_1(\lambda, \xi)\psi_2(\lambda, x), & 1 \leq \xi \leq x, \\[2ex] -\dfrac{x\ell}{\xi \Delta(\lambda)} \psi_1(\lambda, x)\psi_2(\lambda, \xi), & x \leq \xi \leq \ell, \end{cases}$$

$$\psi_1(\lambda, z) = \cos\lambda(z-1) + \frac{b_1 - 1}{\lambda} \sin\lambda(z-1),$$

$$\psi_2(\lambda, z) = \cos\lambda(\ell - z) + \frac{1}{\lambda}\left(b_2 + \frac{1}{\ell}\right) \sin\lambda(\ell - z),$$

$$\Delta(\lambda) = [\ell(1 - b_1) - b_2\ell - 1]\cos\lambda(\ell - 1) +$$

$$+ \frac{(1+b_2\ell)(1-b_1)+\lambda^2\ell}{\lambda} \sin\lambda(\ell-1) , \quad [124, \text{p.206}],$$

$$\lambda^2 = -ap^2 - bp - c.$$

$$a\frac{\partial^2 Q}{\partial t^2}(x,t) + b\frac{\partial Q}{\partial t}(x,t) - \frac{\partial^2 Q}{\partial x^2}(x,t) - 2a_0 \text{ctga}_0 x \frac{\partial Q}{\partial x}(x,t) + (a_0^2 + c)Q(x,t) =$$

$$= f(x,t),$$

$$Q(x,0) = Q_0(x), \quad \frac{\partial Q}{\partial t}(x,0) = Q_1(x),$$

$$\frac{\partial Q}{\partial x}(1,t) - b_1 Q(1,t) = g_1(t), \quad \frac{\partial Q}{\partial x}(\ell,t) + b_2 Q(\ell,t) = g_2(t),$$

$$a > 0, \quad b > 0, \quad 1 \le x \le \ell, \quad t \ge 0.$$

$$w(x,t) = f(x,t) + g_2(t)\delta(x-\ell) - g_1(t)\delta(x-1) +$$

$$+ Q_0(x)[a\delta'(t) + b\delta(t)] + Q_1(x)a\delta(t),$$

$$G(x,\xi,t) = \frac{\sin a_0 \xi}{\sin a_0 x} \sum_{\lambda_n} \frac{\psi(\lambda_n, x)\psi(\lambda_n, \xi)}{\|\varphi_n\|^2} g(\lambda_n, t),$$

$$\psi(\lambda_n, z) = \cos\lambda_n(z-1) + \frac{b_1 + a_0 \text{ctga}_0}{\lambda_n} \sin\lambda_n(z-1), \quad n=1,2,...,$$

$$\|\varphi_n\|^2 = \frac{1}{2\lambda_n^2}\{b_1 + a_0\text{ctga}_0 + [\lambda_n^2 + (b_1 + a_0\text{ctga}_0)^2] \times$$

$$\times \left[\ell - 1 + \frac{b_2 - a_0\text{ctga}_0\ell}{\lambda_n^2 + (b_2 - a_0\text{ctga}_0\ell)^2}\right]\}, \quad n=1,2,...,$$

λ_n are the positive roots of the equation

$$\frac{\tan\lambda(\ell-1)}{\lambda} = \frac{b_1 + a_0 \ctg a_0 + b_2 - a_0 \ctg a_0 \ell}{\lambda^2 - (b_1 + a_0 \ctg a_0)(b_2 - a_0 \ctg a_0 \ell)}$$

[124, p. 217],

$$\|\varphi_n\|^2 \sim \frac{\ell-1}{2} \quad \text{and} \quad \lambda_n^2 \sim \left(\frac{\pi n}{\ell-1}\right)^2 \quad \text{for} \quad n \gg 1,$$

$$g(\lambda_n, t) = \begin{cases} \dfrac{2}{\Delta_n} e^{-\frac{b}{2a}t} \sh\dfrac{\Delta_n}{2a}t, & n < N, \\[2ex] \dfrac{2}{\Delta_n'} e^{-\frac{b}{2a}t} \sin\dfrac{\Delta_n'}{2a}t, & n \geq N, \end{cases}$$

$$\Delta_n = \sqrt{b^2 - 4a(\lambda_n^2 + c)} = j\Delta_n'$$

and N is a number such that $\lambda_n^2 \geq \dfrac{b^2}{4a} - c$ whenever $n \geq N$.

$$W(x, \xi, p) = \frac{\sin a_0 \xi}{\sin a_0 x} \sum_{\lambda_n} \frac{\psi(\lambda_n, x)\psi(\lambda_n, \xi)}{(ap^2 + bp + c + \lambda_n^2)\|\varphi_n\|^2},$$

$$W(x, \xi, p) = \begin{cases} -\dfrac{\sin a_0 \xi}{\sin a_0 x\, \Delta(\lambda)} \psi_1(\lambda, \xi)\psi_2(\lambda, x), & 1 \leq \xi \leq x, \\[2ex] -\dfrac{\sin a_0 \xi}{\sin a_0 x\, \Delta(\lambda)} \psi_1(\lambda, x)\psi_2(\lambda, \xi), & x \leq \xi \leq \ell, \end{cases}$$

$$\psi_1(\lambda, z) = \cos\lambda(z-1) + \frac{b_1 + a_0 \ctg a_0}{\lambda} \sin\lambda(z-1),$$

$$\psi_2(\lambda, z) = \cos\lambda(\ell-z) + \frac{b_2 - a_0 \ctg a_0 \ell}{\lambda} \sin\lambda(\ell-z),$$

$$\Delta(\lambda) = \frac{\lambda^2 - (b_1 + a_0 \operatorname{ctga}_0)(b_2 - a_0 \operatorname{ctga}_0 \ell)}{\lambda} \sin\lambda(\ell - 1) -$$
$$- (b_1 + a_0 \operatorname{ctga}_0 + b_2 - a_0 \operatorname{ctga}_0 \ell) \cos\lambda(\ell - 1),$$
$$\lambda^2 = -ap^2 - bp - c.$$

$$a\frac{\partial^2 Q}{\partial t^2}(x,t) + b\frac{\partial Q}{\partial t}(x,t) - \frac{\partial^2 Q}{\partial x^2}(x,t) - 2\operatorname{th}x\frac{\partial Q}{\partial x}(x,t) + (c-1)Q(x,t) =$$
$$= f(x,t),$$
$$Q(x,0) = Q_0(x), \qquad \frac{\partial Q}{\partial t}(x,0) = Q_1(x),$$
$$\frac{\partial Q}{\partial x}(0,t) - b_1 Q(0,t) = g_1(t), \qquad \frac{\partial Q}{\partial x}(\ell,t) + b_2 Q(\ell,t) = g_2(t),$$
$$a > 0, \quad b > 0, \quad 0 \leq x \leq \ell, \quad t \geq 0.$$

$$w(x,t) = f(x,t) + g_2(t)\delta(x - \ell) - g_1(t)\delta(x) +$$
$$+ Q_0(x)[a\delta'(t) + b\delta(t)] + Q_1(x) a\delta(t),$$

$$G(x,\xi,t) = \frac{\operatorname{ch}\xi}{\operatorname{ch}x} \sum_{\lambda_n} \frac{\psi(\lambda_n, x)\psi(\lambda_n, \xi)}{\|\varphi_n\|^2} g(\lambda_n, t),$$

$$\psi(\lambda_n, z) = \cos\lambda_n z + \frac{b_1}{\lambda_n} \sin\lambda_n z, \qquad n=1,2,...,$$

$$\|\varphi_n\|^2 = \frac{1}{2\lambda_n^2}\left[b_1 + (\lambda_n^2 + b_1^2)\left(\ell + \frac{b_2 - \operatorname{th}\ell}{\lambda_n^2 + (b_2 - \operatorname{th}\ell)^2}\right)\right], \qquad n=1,2,...,$$

λ_n are the positive roots of the equation

$$\frac{\operatorname{tg}\lambda\ell}{\lambda} = \frac{b_1 + b_2 - \operatorname{th}\ell}{\lambda^2 - b_1(b_2 - \operatorname{th}\ell)}, \qquad [124, p.229],$$

(for $b_2 > \text{th}\,l$, see Appendix, Table 1),

$$\|\varphi_n\|^2 \sim \frac{l}{2} \quad \text{and} \quad \lambda_n^2 \sim \frac{\pi^2 n^2}{l^2} \quad \text{for} \quad n \gg 1,$$

$$g(\lambda_n, t) = \begin{cases} \dfrac{2}{\Delta_n} e^{-\frac{b}{2a}t} \text{sh}\dfrac{\Delta_n}{2a}t, & n < N, \\[2mm] \dfrac{2}{\Delta_n'} e^{-\frac{b}{2a}t} \sin\dfrac{\Delta_n'}{2a}t, & n \geq N, \end{cases}$$

$$\Delta_n = \sqrt{b^2 - 4a(\lambda_n^2 + c)} = j\Delta_n'$$

and N is a number such that $\lambda_n^2 \geq \dfrac{b^2}{4a} - c$ whenever $n \geq N$.

$$W(x, \xi, p) = \frac{\text{ch}\,\xi}{\text{ch}\,x} \sum_n \frac{\psi(\lambda_n, x)\,\psi(\lambda_n, \xi)}{(ap^2 + bp + c + \lambda_n^2)\|\varphi_n\|^2},$$

$$W(x, \xi, p) = \begin{cases} -\dfrac{\text{ch}\,\xi}{\text{ch}\,x\,\Delta(\lambda)} \psi_1(\lambda, \xi)\,\psi_2(\lambda, x), & 0 \leq \xi \leq x, \\[2mm] -\dfrac{\text{ch}\,\xi}{\text{ch}\,x\,\Delta(\lambda)} \psi_1(\lambda, x)\,\psi_2(\lambda, \xi), & x \leq \xi \leq l, \end{cases}$$

$$\psi_1(\lambda, z) = \cos\lambda z + \frac{b_1}{\lambda}\sin\lambda z,$$

$$\psi_2(\lambda, z) = \cos\lambda(l - z) + \frac{b_2 - \text{th}\,l}{\lambda}\sin\lambda(l - z),$$

$$\Delta(\lambda) = (\text{th}\,l - b_1 - b_2)\cos\lambda l + \frac{\lambda^2 - b_1(b_2 - \text{th}\,l)}{\lambda}\sin\lambda l,$$

$$\lambda^2 = -ap^2 - bp - c.$$

$$a\frac{\partial^2 Q}{\partial t^2}(x,t) + b\frac{\partial Q}{\partial t}(x,t) - \frac{1}{r(x)}\left\{\frac{\partial}{\partial x}\left[p(x)\frac{\partial Q}{\partial x}(x,t)\right] + q(x)Q(x,t)\right\} +$$
$$+ cQ(x,t) = f(x,t),$$
$$Q(x,0) = Q_0(x), \qquad \frac{\partial Q}{\partial t}(x,0) = Q_1(x),$$
$$Q(x_1,t) = g_1(t), \qquad Q(x_2,t) = g_2(t),$$
$$p(x) = \frac{1}{P^2(x)\psi'(x)}, \qquad q(x) = -\frac{1}{P(x)}\left(\frac{P'(x)}{P^2(x)\psi'(x)}\right)' + s\frac{\psi'(x)}{P^2(x)},$$
$$r(x) = \frac{\psi'(x)}{P^2(x)} > 0, \qquad P(x), \psi(x) \in \mathbb{C}_2[x_1,x_2], \qquad s \in \mathbb{R},$$
$$a > 0, \qquad b > 0, \qquad x_1 \leq x \leq x_2, \qquad t \geq 0.$$

$$w(x,t) = f(x,t) + \frac{P^2(x)}{\psi'(x)}\left[g_2(t)\left(\frac{\delta(x-x_2)}{P^2(x)\psi'(x)}\right)' - g_1(t)\left(\frac{\delta(x-x_1)}{P^2(x)\psi'(x)}\right)'\right] +$$
$$+ Q_0(x)[a\delta'(t) + b\delta(t)] + Q_1(x)a\delta(t),$$

$$G(x,\xi,t) = \frac{2}{L}\sum_{\lambda_n}\varphi(\lambda_n,x)\varphi(\lambda_n,\xi)r(\xi)g(\lambda_n,t),$$

$$\varphi(\lambda_n,z) = P(z)\sin\frac{\pi n}{L}(\psi(z) - \psi(x_1)), \quad n=1,2,\ldots,$$

$$L = \psi(x_2) - \psi(x_1), \qquad \lambda_n^2 = \frac{\pi^2 n^2}{L^2} - s,$$

$$g(\lambda_n,t) = \begin{cases} \dfrac{2}{\Delta_n}e^{-\frac{b}{2a}t}\,\text{sh}\dfrac{\Delta_n}{2a}t, & n < N, \\[2ex] \dfrac{2}{\Delta_n'}e^{-\frac{b}{2a}t}\sin\dfrac{\Delta_n'}{2a}t, & n \geq N, \end{cases}$$

$$\Delta_n = \sqrt{b^2 - 4a(\lambda_n^2 + c)} = j\Delta_n'$$

and N is a number such that $\lambda_n^2 \geq \dfrac{b^2}{4a} - c$ whenever $n \geq N$.

$$W(x, \xi, p) = \frac{2}{L} \sum_{\lambda_n} \frac{\varphi(\lambda_n, x) \varphi(\lambda_n, \xi) r(\xi)}{ap^2 + bp + c + \lambda_n^2},$$

$$W(x, \xi, p) =$$

$$= \begin{cases} \dfrac{P(x) \sin\mu[\psi(\xi) - \psi(x_1)] \sin\mu[\psi(x_2) - \psi(x)] \psi'(\xi)}{P(\xi) \mu \sin\mu L}, & x_1 \leq \xi \leq x, \\[2ex] \dfrac{P(x) \sin\mu[\psi(x) - \psi(x_1)] \sin\mu[\psi(x_2) - \psi(\xi)] \psi'(\xi)}{P(\xi) \mu \sin\mu L}, & x \leq \xi \leq x_2, \end{cases}$$

$$\mu = \sqrt{\lambda^2 + s}, \qquad \lambda^2 = -ap^2 - bp - c \qquad [124, p.236].$$

The function $Q^0(x, t)$ denotes the component of the solution $Q(x, t)$ which has no discontinuity at the boundaries of the interval $[x_1, x_2]$ and is given by

$$Q^0(x, t) = U(x, t) - \int_{x_1}^{x_2} \left\{ \left[a \frac{\partial G(x, \xi, t)}{\partial t} + bG(x, \xi, t) \right] U(\xi, 0) + \right.$$

$$\left. + aG(x, \xi, t) \frac{\partial U}{\partial t}(\xi, 0) \right\} d\xi - \int_0^t \int_{x_1}^{x_2} G(x, \xi, t - \tau) SU(\xi, \tau) d\xi d\tau,$$

where

$$U(x, t) = \frac{x - x_1}{x_2 - x_1} g_2(t) + \frac{x_2 - x}{x_2 - x_1} g_1(t),$$

$$S = a \frac{\partial^2}{\partial \tau^2} + b \frac{\partial}{\partial \tau} - \frac{1}{r(\xi)} \left\{ \frac{\partial}{\partial \xi} \left[p(\xi) \frac{\partial}{\partial \xi} \right] + q(\xi) \right\} + c.$$

$$a\frac{\partial^2 Q}{\partial t^2}(x,t) + b\frac{\partial Q}{\partial t}(x,t) - \frac{1}{r(x)}\left\{\frac{\partial}{\partial x}\left[p(x)\frac{\partial Q}{\partial x}(x,t)\right] + q(x)Q(x,t)\right\} +$$

$$+ cQ(x,t) = f(x,t),$$

$$Q(x,0) = Q_0(x), \qquad \frac{\partial Q}{\partial t}(x,0) = Q_1(x),$$

$$\frac{\partial Q}{\partial x}(x_1,t) - b_1 Q(x_1,t) = g_1(t), \qquad \frac{\partial Q}{\partial x}(x_2,t) + b_2 Q(x_2,t) = g_2(t),$$

$$p(x) = \frac{1}{P^2(x)\psi'(x)}, \qquad q(x) = -\frac{1}{P(x)}\left(\frac{P'(x)}{P^2(x)\psi'(x)}\right) + s\frac{\psi'(x)}{P^2(x)},$$

$$r(x) = \frac{\psi'(x)}{P^2(x)} > 0, \qquad P(x), \psi(x) \in \mathbb{C}_2[x_1, x_2], \qquad s \in \mathbb{R}$$

$$a > 0, \qquad b > 0, \qquad x_1 \le x \le x_2, \qquad t \ge 0.$$

$$w(x,t) = f(x,t) + \frac{1}{\psi'^2(x)}[g_2(t)\delta(x-x_2) - g_1(t)\delta(x-x_1)] +$$

$$+ Q_0(x)[a\delta'(t) + b\delta(t)] + Q_1(x)a\delta(t),$$

$$G(x,\xi,t) = \sum_{\lambda_n} \frac{\varphi(\lambda_n, x)\varphi(\lambda_n, \xi) r(\xi)}{\|\varphi_n\|^2} g(\lambda_n, t),$$

$$\varphi(\lambda_n, z) = P(z)\left\{\cos\mu_n[\psi(z) - \psi(x_1)] + \frac{B_1}{\mu_n}\sin\mu_n[\psi(z) - \psi(x_1)]\right\},$$

$$\|\varphi_n\|^2 = \frac{1}{2\mu_n^2}\left[B_1 + (\mu_n^2 + B_1^2)\left(L + \frac{B_2}{\mu_n^2 + B_2^2}\right)\right],$$

$$\mu_n = \sqrt{\lambda_n^2 + s}, \quad n=1,2,\dots,$$

$$B_1 = \frac{b_1}{\psi'(x_1)} - \frac{P'(x_1)}{P(x_1)\psi'(x_1)},$$

$$B_2 = \frac{b_2}{\psi'(x_2)} + \frac{P'(x_2)}{P(x_2)\psi'(x_2)}, \qquad L = \psi(x_2) - \psi(x_1),$$

λ_n are the positive roots of the equation

$$\frac{\operatorname{tg}(\sqrt{\lambda^2 + s}\, L)}{\sqrt{\lambda^2 + s}} = \frac{B_1 + B_2}{\lambda^2 + s - B_1 B_2},$$

(for $\psi(x)$ monotonic on $[x_1, x_2]$ see Appendix, Table 1),

$$\|\varphi_n\|^2 \sim \frac{L}{2} \quad \text{and} \quad \lambda_n^2 \sim \frac{\pi^2 n^2}{L^2} - s \quad \text{for} \quad n \gg 1,$$

$$g(\lambda_n, t) = \begin{cases} \dfrac{2}{\Delta_n} e^{-\frac{b}{2a}t} \operatorname{sh}\dfrac{\Delta_n}{2a} t, & n < N, \\[2ex] \dfrac{2}{\Delta_n'} e^{-\frac{b}{2a}t} \sin\dfrac{\Delta_n'}{2a} t, & n \geq N, \end{cases}$$

$$\Delta_n = \sqrt{b^2 - 4a(\lambda_n^2 + c)} = j\Delta_n'$$

and N is a number such that $\lambda_n^2 \geq \dfrac{b^2}{4a} - c$ whenever $n \geq N$.

$$W(x, \xi, p) = \sum_{\lambda_n} \frac{\varphi(\lambda_n, x)\, \varphi(\lambda_n, \xi)\, r(\xi)}{(ap^2 + bp + c + \lambda_n^2)\, \|\varphi_n\|^2},$$

$W(x, \xi, p) =$

$$= \begin{cases} \dfrac{P(x)\left(\cos\alpha(\xi) + \dfrac{B_1}{\mu}\sin\alpha(\xi)\right)\left(\cos\beta(x) + \dfrac{B_2}{\mu}\sin\beta(x)\right)\psi'(\xi)}{P(\xi)\Delta_*(\lambda)}, & x_1 \leq \xi \leq x, \\[3ex] \dfrac{P(x)\left(\cos\alpha(x) + \dfrac{B_1}{\mu}\sin\alpha(x)\right)\left(\cos\beta(\xi) + \dfrac{B_2}{\mu}\sin\beta(\xi)\right)\psi'(\xi)}{P(\xi)\Delta_*(\lambda)}, & x \leq \xi \leq x_2, \end{cases}$$

$$\alpha(z) = \mu(\psi(z) - \psi(x_1)), \qquad \beta(z) = \mu(\psi(x_2) - \psi(z)),$$

$$\Delta_*(\lambda) = (B_1 + B_2)\cos\mu L - \frac{\mu^2 - B_1 B_2}{\mu}\sin\mu L,$$

$$\mu = \sqrt{\lambda^2 + s} \quad [124, p. 238], \quad \lambda^2 = -ap^2 - bp - c.$$

$$a\frac{\partial^2 Q}{\partial t^2}(x,t) + b\frac{\partial Q}{\partial t}(x,t) - A(x)\frac{\partial^2 Q}{\partial x^2}(x,t) - B(x)\frac{\partial Q}{\partial x}(x,t) +$$
$$+ [c - C(x)]Q(x,t) = f(x,t),$$

$$Q(x,0) = Q_0(x), \qquad \frac{\partial Q}{\partial t}(x,0) = Q_1(x),$$

$$Q(x_1, t) = g_1(t), \qquad Q(x_2, t) = g_2(t),$$

$$A(x) \in \mathbb{C}_2[x_1, x_2], \qquad A(x) \neq 0, \qquad B(x) \in \mathbb{C}_1[x_1, x_2],$$

$$C(x) \in \mathbb{C}[x_1, x_2], \qquad c \in \mathbb{R},$$

$$a > 0, \qquad b > 0, \qquad x_1 \leq x \leq x_2, \qquad t \geq 0.$$

$$w(x,t) = f(x,t) + g_2(t)\frac{1}{r(x)}\Big[p(x)\delta(x-x_2)\Big]' - g_1(t)\frac{1}{r(x)}[p(x)\delta(x-x_1)]' +$$

$$+ Q_0(x)[a\delta'(t) + b\delta(t)] + Q_1(x)a\delta(t),$$

$$p(x) = \exp\int_{x_1}^{x}\frac{B(\xi)}{A(\xi)}d\xi, \qquad r(x) = \frac{1}{A(x)}\exp\int_{x_1}^{x}\frac{B(\xi)}{A(\xi)}d\xi,$$

$$G(x,\xi,t) = \sum_{\lambda_n}\frac{y_2(\lambda_n, x) y_2(\lambda_n, \xi) r(\xi)}{\|y_2(\lambda_n, x)\|^2} g(\lambda_n, t),$$

$$y_2(\lambda_n, x) = y_1(\lambda_n, x) \int_{x_1}^{x} \frac{d\xi}{p(\xi) y_1^2(\lambda_n, \xi)}, \quad n=1,2,\ldots,$$

$y_1(\lambda, x)$ is a particular solution which is nonzero at the boundaries of the interval $[x_1, x_2]$ of the equation

$$A(x)\frac{d^2y}{dx^2} + B(x)\frac{dy}{dx} + [C(x) + \lambda^2]y = 0,$$

$$\|y_2(\lambda_n, x)\|^2 =$$

$$= \int_{x_1}^{x_2} \left[y_1^2(\lambda_n, \xi) \left[\int_{x_1}^{\xi} \frac{d\eta}{p(\eta) y_1^2(\lambda_n, \eta)} \right]^2 \exp\left[\int_{x_1}^{\xi} \frac{B(\eta)}{A(\eta)} d\eta \right] \right] \frac{1}{A(\xi)} d\xi,$$

λ_n are the positive roots of the equation

$$\int_{x_1}^{x_2} \frac{d\xi}{p(\xi) y_1^2(\lambda, \xi)} = 0,$$

$$\|y_2(\lambda_n, x)\|^2 \sim \frac{1}{2} \int_{x_1}^{x_2} \frac{d\xi}{\sqrt{A(\xi)}} \quad \text{and} \quad \lambda_n^2 \sim \left[\pi n \int_{x_1}^{x_2} \frac{d\xi}{\sqrt{A(\xi)}} \right]^2 \quad \text{for} \quad n \gg 1,$$

$$g(\lambda_n, t) = \begin{cases} \dfrac{2}{\Delta_n} e^{-\frac{b}{2a}t} \operatorname{sh}\dfrac{\Delta_n}{2a}t, & n < N, \\ \dfrac{2}{\Delta_n'} e^{-\frac{b}{2a}t} \sin\dfrac{\Delta_n'}{2a}t, & n \geq N, \end{cases}$$

$$\Delta_n = \sqrt{b^2 - 4a(\lambda_n^2 + c)} = j\Delta_n'$$

and N is a number such that $\lambda_n^2 \geq \dfrac{b^2}{4a} - c$ whenever $n \geq N$.

$$W(x, \xi, p) = \sum_n \frac{y_2(\lambda_n, x) y_2(\lambda_n, \xi) r(\xi)}{(ap^2 + bp + c + \lambda_n^2) \|y_2(\lambda_n, x)\|^2},$$

$$W(x, \xi, p) =$$

$$\begin{cases} y_1(\lambda, \xi) \int\limits_{x_1}^{\xi} \frac{d\eta}{p(\eta) y_1^2(\lambda, \eta)} \cdot y_1(\lambda, x) \int\limits_{x}^{x_2} \frac{d\eta}{p(\eta) y_1^2(\lambda, \eta)} \times \\ \qquad \times p(\xi) A^{-1}(\xi) \Delta^{-1}(\lambda), \qquad x_1 \le \xi \le x, \\ y_1(\lambda, x) \int\limits_{x_1}^{x} \frac{d\eta}{p(\eta) y_1^2(\lambda, \eta)} \cdot y_1(\lambda, \xi) \int\limits_{\xi}^{x_2} \frac{d\eta}{p(\eta) y_1^2(\lambda, \eta)} \times \\ \qquad \times p(\xi) A^{-1}(\xi) \Delta^{-1}(\lambda), \qquad x \le \xi \le x_2, \end{cases}$$

$$\Delta(\lambda) = \int\limits_{x_1}^{x_2} \frac{d\eta}{p(\eta) y_1^2(\lambda, \eta)} \qquad [124, p. 260], \quad \lambda^2 = -ap^2 - bp - c.$$

The function $Q^0(x, t)$ denotes the component of the solution which has no discontinuity at the boundaries of the interval $[x_1, x_2]$ and is given by

$$Q^0(x, t) = U(x, t) -$$

$$- \int\limits_{x_1}^{x_2} \left[\left(a \frac{\partial G(x, \xi, t)}{\partial t} + b G(x, \xi, t) \right) U(\xi, 0) + a G(x, \xi, t) \frac{\partial U}{\partial t}(\xi, 0) \right] d\xi -$$

$$- \int\limits_{0}^{t} \int\limits_{x_1}^{x_2} G(x, \xi, t - \tau) S U(\xi, \tau) d\xi d\tau,$$

where

$$U(x, t) = \frac{x - x_1}{x_2 - x_1} g_2(t) + \frac{x_2 - x}{x_2 - x_1} g_1(t),$$

$$S = a \frac{\partial^2}{\partial \tau^2} + b \frac{\partial}{\partial \tau} - A(\xi) \frac{\partial^2}{\partial \xi^2} - B(\xi) \frac{\partial}{\partial \xi} - C(\xi) + c.$$

§ 5. Group (2.0.2)

$$-\frac{\partial^2 Q}{\partial r^2}(r,\theta) - \frac{1}{r}\frac{\partial Q}{\partial r}(r,\theta) - \frac{1}{r^2}\frac{\partial^2 Q}{\partial \theta^2}(r,\theta) = f(r,\theta),$$

$$Q(r_1,\theta) = g_1(\theta), \qquad Q(r_2,\theta) = g_2(\theta),$$

$$Q(r,0) = Q(r,2\pi), \qquad \frac{\partial Q}{\partial \theta}(r,0) = \frac{\partial Q}{\partial \theta}(r,2\pi),$$

$$r_1 \le r \le r_2, \qquad 0 \le \theta \le 2\pi.$$

$$w(r,\theta) = f(r,\theta) + g_2(\theta)\frac{1}{r}[r\delta(r-r_2)]'_r - g_1(\theta)\frac{1}{r}[r\delta(r-r_1)]'_r,$$

$$G(r,\theta,\rho,\omega) = \frac{1}{2\pi}\sum_{m=-\infty}^{\infty}\sum_{\lambda_{nm}}\frac{\varphi(\lambda_{nm},r)\varphi(\lambda_{nm},\rho)\rho e^{-jm(\theta-\omega)}}{\lambda_{nm}^2\|\varphi(\lambda_{nm},r)\|^2},$$

$$\varphi(\lambda_{nm},r) = Y_m(\lambda_{nm}r_1)I_m(\lambda_{nm}r) - I_m(\lambda_{nm}r_1)Y_m(\lambda_{nm}r),$$

$$\|\varphi(\lambda_{nm},r)\|^2 = \frac{2[I_m^2(\lambda_{nm}r_1) - I_m^2(\lambda_{nm}r_2)]}{\pi^2\lambda_{nm}^2 I_m^2(\lambda_{nm}r_2)}, \quad n=1,2,...; \; m=0,\pm 1,\pm 2,...,$$

λ_{nm} are the positive roots of the equation

$$Y_m(\lambda r_1)I_m(\lambda r_2) - I_m(\lambda r_1)Y_m(\lambda r_2) = 0,$$

$I_m(z)$ and $Y_m(z)$ are Bessel and Neumann functions of order m,

$$\varphi(\lambda_{nm},r) \sim \frac{1}{\sqrt{r}}\sin\frac{\pi n(r-r_1)}{r_2-r_1},$$

$$\lambda_{nm}^2 \sim \frac{\pi^2 n^2}{(r_2-r_1)^2} \quad \text{and} \quad \|\varphi(\lambda_{nm},r)\|^2 \sim \frac{r_2-r_1}{2} \quad \text{for } n \gg 1 \quad [124, \text{p.}251].$$

$$-\frac{\partial^2 Q}{\partial r^2}(r,\theta) - \frac{1}{r}\frac{\partial Q}{\partial r}(r,\theta) - \frac{1}{r^2}\frac{\partial^2 Q}{\partial \theta^2}(r,\theta) = f(r,\theta),$$

$$\alpha_1 \frac{\partial Q}{\partial r}(r_1,\theta) + \beta_1 Q(r_1,\theta) = g_1(\theta), \quad \alpha_2 \frac{\partial Q}{\partial r}(r_2,\theta) + \beta_2 Q(r_2,\theta) = g_2(\theta),$$

$$Q(r,0) = Q(r,2\pi), \quad \frac{\partial Q}{\partial \theta}(r,0) = \frac{\partial Q}{\partial \theta}(r,2\pi),$$

$$\alpha_1 \neq 0, \quad \alpha_2 \neq 0, \quad r_1 \leq r \leq r_2, \quad 0 \leq \theta \leq 2\pi.$$

$$w(r,\theta) = f(r,\theta) + g_2(\theta)\frac{1}{\alpha_2}\delta(r-r_2) - g_1(\theta)\frac{1}{\alpha_1}\delta(r-r_1),$$

$$G(r,\theta,\rho,\omega) = \frac{1}{2\pi}\sum_{m=-\infty}^{\infty}\sum_{\lambda_{nm}} \frac{\varphi(\lambda_{nm},r)\varphi(\lambda_{nm},\rho)\rho e^{-jm(\theta-\omega)}}{\lambda_{nm}^2\|\varphi(\lambda_{nm},r)\|^2},$$

$$\varphi(\lambda_{nm},r) = \left[(\alpha_1\frac{m}{r_1}+\beta_1)Y(\lambda_{nm}r_1) - \alpha_1\lambda_{nm}Y_{m+1}(\lambda_{nm}r_1)\right]I_m(\lambda_{nm}r) -$$

$$-\left[(\alpha_1\frac{m}{r_1}+\beta_1)I_m(\lambda_{nm}r_1) - \alpha_1\lambda_{nm}I_{m+1}(\lambda_{nm}r_1)\right]Y_m(\lambda_{nm}r),$$

$$\|\varphi(\lambda_{nm},r)\|^2 = \frac{2\alpha_1^2}{\pi^2\lambda_{nm}^2 r_1^2}\left\{\frac{\pi^2 r_1^2}{4\alpha_1^2}\left(\lambda_{nm}^2 r_2^2 + \frac{\beta_2^2}{\alpha_2^2}r_2^2 - m^2\right)\varphi^2(\lambda_{nm},r_2) -\right.$$

$$\left.-\left(\lambda_{nm}^2 r_1^2 + \frac{\beta_1^2}{\alpha_1^2}r_1^2 - m^2\right)\right], \quad n=1,2,\ldots; \; m=0,\pm1,\pm2,\ldots,$$

$I_m(z)$ and $Y_m(z)$ are Bessel and Neumann functions of order m, λ_{nm} are the positive roots of equation

$$\alpha_2 \frac{d\varphi(\lambda, r_2)}{dr} + \beta_2 \varphi(\lambda, r_2) = 0.$$

When $m = \beta_1 = \beta_2 = 0$ the first eigenvalue is equal to zero.

$$\varphi(\lambda_{nm}, r) \sim \frac{1}{\sqrt{r}} \cos \frac{\pi n (r - r_1)}{r_2 - r_1},$$

$$\lambda_{nm}^2 \sim \frac{\pi^2 n^2}{(r_2 - r_1)^2} \quad \text{and} \quad \|\varphi(\lambda_{nm}, r)\|^2 \sim \frac{1}{2} (r_2 - r_1) \quad \text{for } n \gg 1 \quad [124, p. 253].$$

$$-\left[\frac{\partial^2 Q}{\partial x^2} (x, y) + \frac{1 - 2\alpha}{x} \frac{\partial Q}{\partial x} (x, y) + \frac{\partial^2 Q}{\partial y^2} (x, y) + \frac{1 - 2\beta}{y} \frac{\partial Q}{\partial y} (x, y) + \right.$$

$$\left. + \left(\frac{\alpha^2 - m^2}{x^2} + \frac{\beta^2 - \ell^2}{y^2} \right) Q(x, y) \right] = f(x, y),$$

$$Q(x_1, y) = g_{1x}(y), \quad Q(x_2, y) = g_{2x}(y),$$

$$Q(x, y_1) = g_{1y}(x), \quad Q(x, y_2) = g_{2y}(x),$$

$$x_1 \le x \le x_2, \quad y_1 \le y \le y_2.$$

$$w(x, y) = f(x, y) + \frac{g_{2x}(y)}{x^{1-2\alpha}} [x^{1-2\alpha} \delta(x - x_2)]'_x - \frac{g_{1x}(y)}{x^{1-2\alpha}} [x^{1-2\alpha} \delta(x - x_1)]'_x +$$

$$+ \frac{g_{2y}(x)}{y^{1-2\beta}} [y^{1-2\beta} \delta(y - y_2)]'_y - \frac{g_{1y}(x)}{y^{1-2\beta}} [y^{1-2\beta} \delta(y - y_1)]'_y,$$

$$G(x, y, \xi, \eta) =$$

$$= \sum_{\lambda_{nm}, \lambda_{k\ell}} \frac{\varphi_x(\lambda_{nm}, x) \varphi_x(\lambda_{nm}, \xi) \varphi_y(\lambda_{k\ell}, y) \varphi_y(\lambda_{k\ell}, \eta) \xi^{1-2\alpha} \eta^{1-2\beta}}{(\lambda_{nm}^2 + \lambda_{k\ell}^2) \|\varphi_x(\lambda_{nm}, x)\|^2 \cdot \|\varphi_y(\lambda_{k\ell}, y)\|^2},$$

$$\|\varphi_x(\lambda_{nm}, x)\|^2 = \frac{2}{\pi^2 \lambda_{nm}^2} \frac{I_m^2(\lambda_{nm}x_1) - I_m^2(\lambda_{nm}x_2)}{I_m^2(\lambda_{nm}x_2)},$$

$$\varphi_x(\lambda_{nm}, x) = x^\alpha [Y_m(\lambda_{nm}x_1) I_m(\lambda_{nm}x) - Y_m(\lambda_{nm}x_1) Y_m(\lambda_{nm}x_2)],$$

λ_{nm} are the positive roots of the equation

$$Y_m(\lambda x_1) I_m(\lambda x_2) - I_m(\lambda x_1) Y_m(\lambda x_2) = 0,$$

$I_m(z)$ and $Y_m(z)$ are Bessel and Neumann functions of order m,

$$\varphi_x(\lambda_{nm}, x) \sim x^{\alpha - \frac{1}{2}} \sin \frac{n\pi(x - x_1)}{x_2 - x_1},$$

$$\lambda_{nm}^2 \sim \frac{\pi^2 n^2}{(x_2 - x_1)^2} \quad \text{and} \quad \|\varphi_x(\lambda_{nm}, x)\|^2 \sim \frac{1}{2}(x_2 - x_1) \quad \text{for} \quad n \gg 1$$

[124, p. 255], analogous formulas hold for $\varphi_y(\lambda_{k\ell}, y)$.

$$-\left[\frac{\partial^2 Q}{\partial x^2}(x, y) + \frac{1 - 2\alpha}{x} \frac{\partial Q}{\partial x}(x, y) + \frac{\partial^2 Q}{\partial y^2}(x, y) + \frac{1 - 2\beta}{y} \frac{\partial Q}{\partial y}(x, y) + \right.$$

$$\left. + \left(\frac{\alpha^2 - m^2}{x^2} + \frac{\beta^2 - \ell^2}{y^2}\right) Q(x, y) \right] = f(x, y),$$

$$\alpha_{1x} \frac{\partial Q}{\partial x}(x_1, y) + \beta_{1x} Q(x_1, y) = g_{1x}(y),$$

$$\alpha_{2x} \frac{\partial Q}{\partial x}(x_2, y) + \beta_{2x} Q(x_2, y) = g_{2x}(y),$$

$$\alpha_{1y} \frac{\partial Q}{\partial y}(x, y_1) + \beta_{1y} Q(x, y_1) = g_{1y}(x),$$

$$\alpha_{2y} \frac{\partial Q}{\partial y}(x, y_2) + \beta_{2y} Q(x, y_2) = g_{2y}(x),$$

$$x_1 \le x \le x_2, \quad y_1 \le y \le y_2.$$

$$w(x, y) = f(x, y) + \frac{1}{\alpha_{2x}}g_{2x}(y)\delta(x - x_2) - \frac{1}{\alpha_{1x}}g_{1x}(y)\delta(x - x_1) +$$

$$+ \frac{1}{\alpha_{2y}}g_{2x}(y)\delta(y - y_2) - \frac{1}{\alpha_{1y}}g_{1y}(x)\delta(y - y_1),$$

$G(x, y, \xi, \eta) =$

$$= \sum_{\lambda_{nm}, \lambda_{k\ell}} \frac{\varphi_x(\lambda_{nm}, x)\varphi_x(\lambda_{nm}, \xi)\varphi_y(\lambda_{k\ell}, y)\varphi_y(\lambda_{k\ell}, \eta)\xi^{1-2\alpha}\eta^{1-2\beta}}{(\lambda_{nm}^2 + \lambda_{k\ell}^2)\|\varphi_x(\lambda_{nm}, x)\|^2 \|\varphi_y(\lambda_{k\ell}, y)\|^2},$$

$$\varphi_x(\lambda_{nm}, x) = x^\alpha \left\{ \left[(\alpha_{1x}\frac{\alpha + m}{x_1} + \beta_{1x})Y_m(\lambda_{nm}x_1) - \alpha_{1x}\lambda_{nm}Y_{m+1}(\lambda_{nm}x_1) \right] \times \right.$$

$$\left. \times I_m(\lambda_{nm}x) - \left[(\alpha_{1x}\frac{\alpha + m}{x_1} + \beta_{1x})I_m(\lambda_{nm}x_1) - \alpha_{1x}\lambda_{nm}I_{m+1}(\lambda_{nm}x_1) \right] Y_m(\lambda_{nm}x) \right\},$$

$$\|\varphi_x(\lambda_{nm}, x)\|^2 = \frac{1}{2\lambda_{nm}^2} \left\{ \left[\lambda_{nm}^2 x_2^2 - m^2 + \left(\frac{\beta_{2x}}{\alpha_{2x}}x_2 + \alpha\right)^2 \right] \left[\frac{\varphi_x(\lambda_{nm}, x_2)}{x_2^\alpha} \right]^2 - \right.$$

$$\left. - \left[\lambda_{nm}^2 x_1^2 - m^2 + \left(\frac{\beta_{1x}}{\alpha_{1x}}x_1 + \alpha\right)^2 \right] \frac{4\alpha_{1x}^2}{\pi^2 x_1^2} \right\},$$

λ_{nm} are the positive roots of the equation

$$\alpha_{2x}\frac{d\varphi_x(\lambda, x_2)}{dx} + \beta_{2x}\varphi_x(\lambda, x_2) = 0,$$

$\varphi_x(\lambda_{nm}, x) \sim x^{\alpha - \frac{1}{2}}\cos\frac{n\pi(x - x_1)}{x_2 - x_1}$ and $\lambda_{nm}^2 \sim \frac{\pi^2 n^2}{(x_2 - x_1)^2}$ for $n \gg 1$

[124, p. 257].

Analogous formulas hold for $\varphi_y(\lambda_{k\ell}, y)$.

$J_m(z)$ and $Y_m(z)$ are Bessel and Neumann functions of order m.

$$-\frac{1}{[u'(x)]^2}\frac{\partial^2 Q}{\partial x^2}(x,y) + \frac{u''(x)}{[u'(x)]^3}\frac{\partial Q}{\partial x}(x,y) - \frac{1}{[u'(y)]^2}\frac{\partial^2 Q}{\partial y^2}(x,y) +$$

$$+\frac{u''(y)}{[u'(y)]^3}\frac{\partial Q}{\partial y}(x,y) = f(x,y),$$

$$Q(x_1,y) = g_{1x}(y), \qquad Q(x_2,y) = g_{2x}(y),$$

$$Q(x,y_1) = g_{1y}(x), \qquad Q(x,y_2) = g_{2y}(x),$$

$$u'(s) \neq 0, \qquad x_1 \leq x \leq x_2, \qquad y_1 \leq y \leq y_2.$$

$$w(x,y) = f(x,y) + g_{2x}(y)\frac{1}{u'(x)}\left[\frac{1}{u'(x)}\delta(x-x_2)\right]'_x - g_{1x}(y)\frac{1}{u'(x)} \times$$

$$\times \left[\frac{1}{u'(x)}\delta(x-x_1)\right]'_x + g_{2y}(x)\frac{1}{u'(y)}\left[\frac{1}{u'(y)}\delta(y-y_2)\right]'_y -$$

$$-g_{1y}(x)\frac{1}{u'(y)}\left[\frac{1}{u'(y)}\delta(y-y_1)\right]'_y,$$

$$G(x,y,\xi,\eta) = \frac{4}{\pi^2 L_x L_y} \times$$

$$\times \sum_{n=1}^{\infty}\sum_{m=1}^{\infty} \frac{\sin n\pi v_x(x)\sin n\pi v_x(\xi)\sin m\pi v_y(y)\sin m\pi v_y(\eta) u'(\xi)u'(\eta)}{\frac{n^2}{L_x^2} + \frac{m^2}{L_y^2}}$$

$$L_s = u(s_2) - u(s_1), \qquad v_s(z) = \frac{u(z) - u(s_1)}{L_s} \qquad [124, p.272],$$

CHARACTERISTICS OF ... INDIVIDUAL EQUATIONS

$$-\frac{1}{[u'(x)]^2}\frac{\partial^2 Q}{\partial x^2}(x,y) + \frac{u''(x)}{[u'(x)]^3}\frac{\partial Q}{\partial x}(x,y) - \frac{1}{[u'(y)]^2}\frac{\partial^2 Q}{\partial y^2}(x,y) +$$

$$+\frac{u''(y)}{[u'(y)]^3}\frac{\partial Q}{\partial y}(x,y) = f(x,y) ,$$

$$\frac{\partial Q}{\partial x}(x_1,y) - b_{1x}Q(x_1,y) = g_{1x}(y) , \quad \frac{\partial Q}{\partial x}(x_2,y) + b_{2x}Q(x_2,y) = g_{2x}(y) ,$$

$$\frac{\partial Q}{\partial y}(x,y_1) - b_{1y}Q(x,y_1) = g_{1y}(x) , \quad \frac{\partial Q}{\partial y}(x,y_2) + b_{2y}Q(x,y_2) = g_{2y}(x) ,$$

$$u'(s) \ne 0 , \quad x_1 \le x \le x_2 , \quad y_1 \le y \le y_2 .$$

$$w(x,y) = f(x,y) + g_{2x}(y)\frac{1}{[u'(x)]^2}\delta(x-x_2) - g_{1x}(y)\frac{1}{[u'(x)]^2}\delta(x-x_1) +$$

$$+g_{2y}(x)\frac{1}{[u'(y)]^2}\delta(y-y_2) - g_{1y}(x)\frac{1}{[u'(y)]^2}\delta(y-y_1) ,$$

$$G(x,y,\xi,\eta) =$$

$$= \sum_{\lambda_{nx},\lambda_{my}} \frac{\varphi_x(\lambda_{nx},x)\varphi_x(\lambda_{nx},\xi)\varphi_y(\lambda_{my},y)\varphi_y(\lambda_{my},\eta)u'(\xi)u'(\eta)}{(\lambda_{nx}^2 + \lambda_{my}^2)\|\varphi_{nx}\|^2\|\varphi_{my}\|^2} ,$$

$$\varphi_s(\lambda_{ks},z) = \cos\lambda_{ks}[u(z) - u(s_1)] + \frac{B_{1s}}{\lambda_{ks}}\sin\lambda_{ks}[u(z) - u(s_1)] ,$$

$$\|\varphi_{ks}\|^2 = \frac{1}{2\lambda_{ks}^2}\{(\lambda_{ks}^2 + B_{1s}^2)\left[u(s_2) - u(s_1) + \frac{B_{2s}}{\lambda_{ks}^2 + B_{2s}^2}\right] + B_{1s}\} , \quad k=1,2,...,$$

$$B_{is} = \frac{b_{is}}{u'(s_i)}, \quad i = 1, 2,$$

λ_{ks} are the positive roots of the equation

$$\frac{tg\lambda[u(s_2) - u(s_1)]}{\lambda} = \frac{B_{1s} + B_{2s}}{\lambda^2 - B_{1s}B_{2s}}$$

(For the case when u(s) is monotonic, see Appendix, Table 1),

$$\|\varphi_{ks}\|^2 \sim \frac{u(s_2) - u(s_1)}{2} \quad \text{and} \quad \lambda_{ks}^2 \sim \frac{\pi^2 k^2}{[u(s_2) - u(s_1)]^2} \quad k \gg 1$$

[124, p. 273].

$$-\frac{\partial^2 Q(x,y)}{\partial x^2} - \frac{\partial^2 Q(x,y)}{\partial y^2} - k^2 Q(x,y) = f(x,y),$$

$$-\infty < x < \infty, \quad -\infty < y < \infty.$$

$$w(x, y) = f(x, y),$$

The Green's functions are

$$G_1(x, y, \xi, \eta) = \frac{j}{4} H_0^{(1)}[k\sqrt{(x-\xi)^2 + (y-\eta)^2}] + \Psi_1(x-\xi, y-\eta),$$

$$G_2(x, y, \xi, \eta) = -\frac{j}{4} H_0^{(2)}[k\sqrt{(x-\xi)^2 + (y-\eta)^2}] + \Psi_2(x-\xi, y-\eta),$$

Where $H_0^{(s)}(z)$, s=1,2 are Hankel functions, and $\Psi_1(x, y)$, $\Psi_2(x, y)$, are arbitrary solutions of the corresponding homogeneous problem [175, p.165].

§ 6. Group (2.1.2)

$$b\frac{\partial Q}{\partial t}(x,y,t) - \left[\frac{\partial^2 Q}{\partial x^2}(x,y,t) + \frac{1-2\alpha}{x}\frac{\partial Q}{\partial x}(x,y,t) + \frac{\partial^2 Q}{\partial y^2}(x,y,t) + \right.$$

$$\left. + \frac{1-2\beta}{y}\frac{\partial Q}{\partial y}(x,y,t) + \left(\frac{\alpha^2 - m^2}{x^2} + \frac{\beta^2 - \ell^2}{y^2} - c\right)Q(x,y,t)\right]$$

$$= f(x,y,t),$$

$$Q(x,y,0) = Q_0(x,y),$$

$$Q(x_1, y, t) = g_{1x}(y, t), \qquad Q(x_2, y, t) = g_{2x}(y, t),$$

$$Q(x, y_1, t) = g_{1y}(x, t), \qquad Q(x, y_2, t) = g_{2y}(x, t),$$

$$b > 0, \qquad x_1 \leq x \leq x_2, \qquad y_1 \leq y \leq y_2, \qquad t \geq 0.$$

$$w(x,y,t) = f(x,y,t) + \frac{g_{2x}(y,t)}{x^{1-2\alpha}}[x^{1-2\alpha}\delta(x-x_2)]'_x - \frac{g_{1x}(y,t)}{x^{1-2\alpha}} \times$$

$$\times [x^{1-2\alpha}\delta(x-x_1)]'_x + \frac{g_{2y}(x,t)}{y^{1-2\beta}}[y^{1-2\beta}\delta(y-y_2)]'_y - \frac{g_{1y}(x,t)}{y^{1-2\beta}} \times$$

$$\times [y^{1-2\beta}\delta(y-y_1)]'_y + Q_0(x,y)b\delta(t),$$

$$G(x,y,\xi,\eta,t) =$$

$$= \sum_{\lambda_{nm}, \lambda_{k\ell}} \frac{\varphi_x(\lambda_{nm}, x)\varphi_x(\lambda_{nm}, \xi)\varphi_y(\lambda_{k\ell}, y)\varphi_y(\lambda_{k\ell}, \eta)\xi^{1-2\alpha}\eta^{1-2\beta}}{\|\varphi_x(\lambda_{nm}, x)\|^2 \|\varphi_y(\lambda_{k\ell}, y)\|^2} \times$$

$$\times \frac{1}{b} e^{-\frac{\lambda_{nm}^2 + \lambda_{k\ell}^2 + c}{b} t},$$

$$\varphi_x(\lambda_{nm}, x) = x^\alpha [Y_m(\lambda_{nm} x_1) I_m(\lambda_{nm} x) - I_m(\lambda_{nm} x_1) Y(\lambda_{nm} x)],$$

$$\|\varphi_x(\lambda_{nm}, x)\|^2 = \frac{2}{\pi^2 \lambda_{nm}^2} \frac{I_m^2(\lambda_{nm} x_1) - I_m^2(\lambda_{nm} x_2)}{I_m^2(\lambda_{nm} x_2)},$$

λ_{nm} are the positive roots of the equation

$$Y_m(\lambda x_1) I_m(\lambda x_2) - I_m(\lambda x_1) Y_m(\lambda x_2) = 0,$$

$I_m(z)$ and $Y_m(z)$ are Bessel and Neumann functions of order m.

$$\varphi_x(\lambda_{nm}, x) \sim x^{\alpha - \frac{1}{2}} \sin \frac{n\pi(x - x_1)}{x_2 - x_1},$$

$$\|\varphi_x(\lambda_{nm}, x)\|^2 \sim \frac{x_2 - x_1}{2} \quad \text{and} \quad \lambda_{nm}^2 \sim \frac{\pi^2 n^2}{(x_2 - x_1)^2} \quad \text{for } n \gg 1$$

[124, p. 255].

Analogous formulas hold for $\varphi_y(\lambda_{k\ell}, y)$.

$$W(x, y, \xi, \eta, p) =$$

$$= \sum_{\lambda_{nm}, \lambda_{k\ell}} \frac{\varphi_x(\lambda_{nm}, x) \varphi_x(\lambda_{nm}, \xi) \varphi_y(\lambda_{k\ell}, y) \varphi_y(\lambda_{k\ell}, \eta) \xi^{1-2\alpha} \eta^{1-2\beta}}{(bp + \lambda_{nm}^2 + \lambda_{k\ell}^2 + c) \|\varphi_x(\lambda_{nm}, x)\|^2 \|\varphi_y(\lambda_{k\ell}, y)\|^2}$$

$$b\frac{\partial Q}{\partial t}(x,y,t) - \left[\frac{\partial^2 Q}{\partial x^2}(x,y,t) + \frac{1-2\alpha}{x}\frac{\partial Q}{\partial x}(x,y,t) + \frac{\partial^2 Q}{\partial y^2}(x,y,t) + \right.$$

$$\left. + \frac{1-2\beta}{y}\frac{\partial Q}{\partial y}(x,y,t) + \left(\frac{\alpha^2-m^2}{x^2} + \frac{\beta^2-\ell^2}{y^2} - c\right)Q(x,y,t)\right] = f(x,y,t)$$

$$\alpha_{1x}\frac{\partial Q}{\partial x}(x_1,y,t) + \beta_{1x}Q(x_1,y,t) = g_{1x}(x,t),$$

$$\alpha_{2x}\frac{\partial Q}{\partial x}(x_2,y,t) + \beta_{2x}Q(x_2,y,t) = g_{2x}(x,t),$$

$$\alpha_{1y}\frac{\partial Q}{\partial y}(x,y_1,t) + \beta_{1y}Q(x,y_1,t) = g_{1y}(x,t),$$

$$\alpha_{2y}\frac{\partial Q}{\partial y}(x,y_2,t) + \beta_{2y}Q(x,y_2,t) = g_{2y}(x,t),$$

$$b > 0, \quad x_1 \le x \le x_2, \quad y_1 \le y \le y_2, \quad t \ge 0.$$

$$w(x,y,t) = f(x,y,t) + \frac{1}{\alpha_{2x}}g_{2x}(y,t)\delta(x-x_2) - \frac{1}{\alpha_{1x}}g_{1x}(y,t)\delta(x-x_1) +$$

$$+ \frac{1}{\alpha_{2y}}g_{2y}(x,t)\delta(y-y_2) - \frac{1}{\alpha_{1y}}g_{1y}(x,t)\delta(y-y_1) +$$

$$+ Q_0(x,y)b\delta(t),$$

$$G(x,y,\xi,\eta,t) =$$

$$= \sum_{\lambda_{nm},\lambda_{k\ell}} \frac{\varphi_x(\lambda_{nm},x)\varphi_x(\lambda_{nm},\xi)\varphi_y(\lambda_{k\ell},y)\varphi_y(\lambda_{k\ell},\eta)\xi^{1-2\alpha}\eta^{1-2\beta}}{\|\varphi_x(\lambda_{nm},x)\|^2 \|\varphi_y(\lambda_{k\ell},y)\|^2} \times$$

$$\times \frac{1}{b}e^{-\frac{\lambda_{nm}^2+\lambda_{k\ell}^2+c}{b}t},$$

$$W(x, y, \xi, \eta, p) =$$

$$= \sum_{\lambda_{nm}, \lambda_{k\ell}} \frac{\varphi_x(\lambda_{nm}, x)\, \varphi_x(\lambda_{nm}, \xi)\, \varphi_y(\lambda_{k\ell}, y)\, \varphi_y(\lambda_{k\ell}, \eta)\, \xi^{1-2\alpha} \eta^{1-2\beta}}{(bp + \lambda_{nm}^2 + \lambda_{k\ell}^2 + c)\, \|\varphi_x(\lambda_{nm}, x)\|^2\, \|\varphi_y(\lambda_{k\ell}, y)\|^2},$$

$$\varphi_x(\lambda_{nm}, x) = x^\alpha \left\{ \left[\left(\alpha_{1x}\frac{\alpha+m}{x_1} + \beta_{1x}\right) Y_m(\lambda_{nm} x_1) - \alpha_{1x}\lambda_{nm} Y_{m+1}(\lambda_{nm} x_1) \right] \times \right.$$

$$\left. \times I_m(\lambda_{nm} x) - \left[\left(\alpha_{1x}\frac{\alpha+m}{x_1} + \beta_{1x}\right) I_m(\lambda_{nm} x_1) - \alpha_{1x}\lambda_{nm} I_{m+1}(\lambda_{nm} x_1) \right] Y_m(\lambda_{nm} x) \right\},$$

$$\|\varphi_x(\lambda_{nm}, x)\|^2 = \frac{1}{2\lambda_{nm}^2} \left\{ \left[\lambda_{nm}^2 x_2^2 - m^2 + \left(\frac{\beta_{2x}}{\alpha_{2x}} x_2 + \alpha\right)^2 \right] \left[\frac{\varphi_x(\lambda_{nm}, x_2)}{x_2^\alpha} \right]^2 - \right.$$

$$\left. - \left[\lambda_{nm}^2 x_1^2 - m^2 + \left(\frac{\beta_{1x}}{\alpha_{1x}} x_1 + \alpha\right)^2 \right] \frac{4\alpha_{1x}^2}{\pi^2 x_1^2} \right\},$$

$I_m(z)$ and $Y_m(z)$ are Bessel and Neumann functions of order m, λ_{nm} are the positive roots of the equation

$$\alpha_{2x}\frac{d\varphi_x(\lambda, x_2)}{dx} + \beta_{2x}\varphi_x(\lambda, x_2) = 0,$$

$$\varphi_x(\lambda_{nm}, x) \sim x^{\alpha-\frac{1}{2}} \cos\frac{n\pi(x-x_1)}{x_2-x_1} \quad \text{and} \quad \lambda_{nm}^2 \sim \frac{\pi^2 n^2}{(x_2-x_1)^2} \quad \text{for} \quad n \gg 1$$

[124, p. 257].

Analogous formulas hold for $\varphi_y(\lambda_{k\ell}, y)$.

$$b\frac{\partial Q}{\partial t}(x,y,t) - \frac{1}{[u'(x)]^2}\frac{\partial^2 Q}{\partial x^2}(x,y,t) + \frac{u''(x)}{[u'(x)]^3}\frac{\partial Q}{\partial x}(x,y,t) -$$

$$- \frac{1}{[u'(y)]^2}\frac{\partial^2 Q}{\partial y^2}(x,y,t) + \frac{u''(y)}{[u'(y)]^3}\frac{\partial Q}{\partial y}(x,y,t) + cQ(x,y,t) = f(x,y,t),$$

$$Q(x,y,0) = Q_0(x,y),$$

$$Q(x_1,y,t) = g_{1x}(y,t), \qquad Q(x_2,y,t) = g_{2x}(y,t),$$

$$Q(x,y_1,t) = g_{1y}(x,t), \qquad Q(x,y_2,t) = g_{2y}(x,t),$$

$$u'(s) \neq 0, \qquad b > 0, \qquad x_1 \leq x \leq x_2, \qquad y_1 \leq y \leq y_2, \qquad t \geq 0.$$

$$w(x,y,t) = f(x,y,t) + g_{2x}(y,t)\frac{1}{u'(x)}\left[\frac{1}{u'(x)}\delta(x-x_2)\right]'_x -$$

$$- g_{1x}(y,t)\frac{1}{u'(x)}\left[\frac{1}{u'(x)}\delta(x-x_1)\right]'_x +$$

$$+ (g_{2y})(x,t)\frac{1}{u'(y)}\left[\frac{1}{u'(y)}\delta(y-y_2)\right]'_y -$$

$$- g_{1y}(x,t)\frac{1}{u'(y)}\left[\frac{1}{u'(y)}\delta(y-y_1)\right]'_y + Q_o(x,y)b\delta(t),$$

$$G(x,y,\xi,\eta,t) =$$

$$= \frac{4}{L_x L_y}\sum_{n=1}^{\infty}\sum_{m=1}^{\infty}\sin\pi n v_x(x)\sin\pi n v_x(\xi)\sin\pi m v_y(y)\sin\pi m v_y(\eta)u'(\xi)u'(\eta) \times$$

$$\times \frac{1}{b}e^{-\frac{\lambda_{nx}^2 + \lambda_{my}^2 + c}{b}t},$$

$$L_s = u(s_2) - u(s_1), \qquad v_s(z) = \frac{u(z) - u(s_1)}{L_s},$$

$$\lambda_{ks}^2 = \frac{\pi^2 k^2}{L_s^2}, \quad k=1,2,\ldots,$$

$$W(x, y, \xi, \eta, p) =$$

$$= \frac{4}{L_x L_y} \sum_{n=1}^{\infty} \sum_{m=1}^{\infty} \frac{\sin\pi n v_x(x) \sin\pi n v_x(\xi) \sin\pi m v_y(y) \sin\pi m v_y(\eta) u'(\xi) u'(\eta)}{bp + \lambda_{nx}^2 + \lambda_{my}^2 + c}$$

[124, p. 272].

$$b\frac{\partial Q}{\partial t}(x, y, t) - \frac{1}{[u'(x)]^2} \frac{\partial^2 Q}{\partial x^2}(x, y, t) + \frac{u''(x)}{[u'(x)]^3} \frac{\partial^2 Q}{\partial x^2}(x, y, t) -$$

$$- \frac{1}{[u'(y)]^2} \frac{\partial^2 Q}{\partial y^2}(x, y, t) + \frac{u''(y)}{[u'(y)]^3} \frac{\partial Q}{\partial y}(x, y, t) + cQ(x, y, t) = f(x, y, t),$$

$$Q(x, y, 0) = Q_0(x, y),$$

$$\frac{\partial Q}{\partial x}(x_1, y, t) - b_{1x} Q(x_1, y, t) = g_{1x}(y, t),$$

$$\frac{\partial Q}{\partial x}(x_2, y, t) + b_{2x} Q(x_2, y, t) = g_{2x}(y, t),$$

$$\frac{\partial Q}{\partial y}(x, y_1, t) - b_{1y} Q(x, y_1, t) = g_{1y}(x, t),$$

$$\frac{\partial Q}{\partial y}(x, y_2, t) + b_{2y} Q(x, y_2, t) = g_{2y}(x, t),$$

$$u'(s) \neq 0, \quad b > 0, \quad x_1 \leq x \leq x_2, \quad y_1 \leq y \leq y_2, \quad t \geq 0.$$

$$w(x, y, t) = f(x, y, t) + g_{2x}(y, t) \frac{1}{[u'(x)]^2} \delta(x - x_2) -$$

$$- g_{1x}(y, t) \frac{1}{[u'(x)]^2} \delta(x - x_1) + g_{2y}(x, t) \frac{1}{[u'(y)]^2} \delta(y - y_2) -$$

$$-g_{1y}(x,t)\frac{1}{[u'(y)]^2}\delta(y-y_1)+Q_0(x,y)b\delta(y),$$

$$G(x,y,\xi,\eta,t) =$$

$$= \sum_{\lambda_{nx},\lambda_{my}} \frac{\varphi_x(\lambda_{nx},x)\varphi_x(\lambda_{nx},\xi)\varphi_y(\lambda_{my},y)\varphi_y(\lambda_{my},\eta)u'(\xi)u'(\eta)}{\|\varphi_{nx}\|^2 \|\varphi_{my}\|^2} \times$$

$$\times \frac{1}{b}e^{-\frac{\lambda_{nx}^2+\lambda_{my}^2+c}{b}t},$$

$$\varphi_s(\lambda_{ks},z) = \cos\lambda_{ks}[u(z)-u(s_1)] + \frac{B_{1s}}{\lambda_{ks}}\sin\lambda_{ks}[u(z)-u(s_1)],$$

$$\|\varphi_{ks}\|^2 = \frac{1}{2\lambda_{ks}^2}\left\{(\lambda_{ks}^2+B_{1s}^2)\left[u(s_2)-u(s_1)+\frac{B_{2s}}{\lambda_{ks}^2+B_{2s}^2}\right]+B_{1s}\right\}, \quad k=1,2,\ldots,$$

$$B_{is} = \frac{b_{is}}{u'(s_i)}, \quad i=1,2,$$

λ_{ks} are the positive roots of the equation

$$\frac{\text{tg}\lambda[u(s_2)-u(s_1)]}{\lambda} = \frac{B_{1s}+B_{2s}}{\lambda^2-B_{1s}B_{2s}}$$

(For the case when u(s) is monotonic see Appendix, Table 1),

$$\|\varphi_{ks}\|^2 \sim \frac{u(s_2)-u(s_1)}{2} \quad \text{and} \quad \lambda_{ks}^2 \sim \frac{\pi^2 n^2}{[u(s_2)-u(s_1)]^2} \quad \text{for} \quad n \gg 1$$

[124, p. 273],

$$W(x,y,\xi,\eta,p) =$$

$$= \sum_{\lambda_{nx},\lambda_{my}} \frac{\varphi_x(\lambda_{nx},x)\varphi_x(\lambda_{nx},\xi)\varphi_y(\lambda_{my},y)\varphi_y(\lambda_{my},\eta)u'(\xi)u'(\eta)}{(bp+\lambda_{nx}^2+\lambda_{my}^2+c)\|\varphi_{nx}\|^2 \|\varphi_{my}\|^2}$$

§ 7. Group (2.2.2)

$$a\frac{\partial^2 Q}{\partial t^2}(x,y,t) - \left[\frac{\partial^2 Q}{\partial x^2}(x,y,t) + \frac{1-2\alpha}{x}\frac{\partial Q}{\partial x}(x,y,t) + \frac{\partial^2 Q}{\partial y^2}(x,y,t) + \right.$$

$$\left. +\frac{1-2\beta}{y}\frac{\partial Q}{\partial y}(x,y,t) + \left(\frac{\alpha^2-m^2}{x^2}+\frac{\beta^2-l^2}{y^2}-c\right)Q(x,y,t)\right] = f(x,y,t),$$

$$Q(x,y,0) = Q_0(x,y), \qquad \frac{\partial Q}{\partial t}(x,y,0) = Q_1(x,y),$$

$$Q(x_1,y,t) = g_{1x}(y,t), \qquad Q(x_2,y,t) = g_{2x}(y,t),$$

$$Q(x,y_1,t) = g_{1y}(x,t), \qquad Q(x,y_2,t) = g_{2y}(x,t),$$

$$a>0, \qquad x_1 \le x \le x_2, \qquad y_1 \le y \le y_2, \qquad t \ge 0.$$

$$w(x,y,t) = f(x,y,t) + \frac{g_{2x}(y,t)}{x^{1-2\alpha}}\left[x^{1-2\alpha}\delta(x-x_2)\right]'_x -$$

$$-\frac{g_{1x}(y,t)}{x^{1-2\alpha}}\left[x^{1-2\alpha}\delta(x-x_1)\right]'_x + \frac{g_{2y}(x,t)}{y^{1-2\beta}}\left[y^{1-2\beta}\delta(y-y_2)\right]'_y -$$

$$-\frac{g_{1y}(x,t)}{y^{1-2\beta}}\left[y^{1-2\beta}\delta(y-y_1)\right]'_y + Q_0(x,y)a\delta'(t) + Q_1(x,y)a\delta(t),$$

$$G(x,y,\xi,\eta,t) =$$

$$= \sum_{\lambda_{nm},\lambda_{kl}} \frac{\varphi_x(\lambda_{nm},x)\varphi_x(\lambda_{nm},\xi)\varphi_y(\lambda_{kl},y)\varphi_y(\lambda_{kl},\eta)\xi^{1-2\alpha}\eta^{1-2\beta}}{\|\varphi_x(\lambda_{nm},x)\|^2 \|\varphi_y(\lambda_{kl},y)\|^2} \times$$

$$\times \frac{1}{\sqrt{a(\lambda_{nm}^2+\lambda_{kl}^2+c)}}\sin\sqrt{\frac{\lambda_{nm}^2+\lambda_{kl}^2+c}{a}}t,$$

$$\varphi_x(\lambda_{nm}, x) = x^\alpha [Y_m(\lambda_{nm}x_1) I_m(\lambda_{nm}x) - I_m(\lambda_{nm}x_1) Y_m(\lambda_{nm}x_1)],$$

$$\|\varphi_x(\lambda_{nm}, x)\|^2 = \frac{2[I_m^2(\lambda_{nm}x_1) - I_m^2(\lambda_{nm}x_2)]}{\pi^2 \lambda_{nm}^2 I_m^2(\lambda_{nm}x_2)},$$

λ_{nm} are the positive roots of the equation

$$Y_m(\lambda x_1) I_m(\lambda x_2) - I_m(\lambda x_1) Y_m(\lambda x_2) = 0,$$

$I_m(z)$ and $Y_m(z)$ are Bessel and Neumann functions of order m,

$$\varphi_x(\lambda_{nm}, x) \sim x^{\alpha - \frac{1}{2}} \sin \frac{\pi n (x - x_1)}{x_2 - x_1},$$

$$\|\varphi_x(\lambda_{nm}, x)\|^2 \sim \frac{x_2 - x_1}{2} \quad \text{and} \quad \lambda_{nm}^2 \sim \frac{\pi^2 n^2}{(x_2 - x_1)^2} \quad \text{for } n \gg 1$$

[124, p. 255].

Analogous formulas hold for $\varphi_y(\lambda_{k\ell}, y)$.

$$W(x, y, \xi, \eta, p) =$$

$$= \sum_{\lambda_{nm}, \lambda_{k\ell}} \frac{\varphi_x(\lambda_{nm}, x) \varphi_x(\lambda_{nm}, \xi) \varphi_y(\lambda_{k\ell}, y) \varphi_y(\lambda_{k\ell}, \eta) \xi^{1-2\alpha} \eta^{1-2\beta}}{(ap^2 + \lambda_{nm}^2 + \lambda_{k\ell}^2 + c) \|\varphi_x(\lambda_{nm}, x)\|^2 \|\varphi_y(\lambda_{k\ell}, y)\|^2}.$$

$$a\frac{\partial^2 Q}{\partial t^2}(x,y,t) - \left[\frac{\partial^2 Q}{\partial x^2}(x,y,t) + \frac{1-2\alpha}{x}\frac{\partial Q}{\partial x}(x,y,t) + \frac{\partial^2 Q}{\partial y^2}(x,y,t) + \right.$$

$$\left. + \frac{1-2\beta}{y}\frac{\partial Q}{\partial y}(x,y,t) + \left(\frac{\alpha^2-m^2}{x^2} + \frac{\beta^2-\ell^2}{y^2} - c\right)Q(x,y,t)\right] = f(x,y,t),$$

$$\alpha_{1x}\frac{\partial Q}{\partial x}(x_1,y,t) + \beta_{1x}Q(x_1,y,t) = g_{1x}(y,t),$$

$$\alpha_{2x}\frac{\partial Q}{\partial x}(x_2,y,t) + \beta_{2x}Q(x_2,y,t) = g_{2x}(y,t),$$

$$\alpha_{1y}\frac{\partial Q}{\partial y}(x,y_1,t) + \beta_{1y}Q(x,y_1,t) = g_{1y}(x,t),$$

$$\alpha_{2y}\frac{\partial Q}{\partial y}(x,y_2,t) + \beta_{2y}Q(x,y_2,t) = g_{2y}(x,t),$$

$$a > 0, \quad x_1 \le x \le x_2, \quad y_1 \le y \le y_2, \quad t \ge 0.$$

$$w(x,y,t) = f(x,y,t) + \frac{1}{\alpha_{2x}}g_{2x}(y,t)\delta(x-x_2) - \frac{1}{\alpha_{1x}}g_{1x}(y,t)\delta(x-x_1) +$$

$$+ \frac{1}{\alpha_{2y}}g_{2y}(x,t)\delta(y-y_2) - \frac{1}{\alpha_{1y}}g_{1y}(x,t)\delta(y-y_1) +$$

$$+ Q_0(x,y)a\delta'(t) + Q_1(x,y)a\delta(t),$$

$$G(x,y,\xi,\eta,t) =$$

$$= \sum_{\lambda_{nm},\lambda_{k\ell}} \frac{\varphi_x(\lambda_{nm},x)\varphi_x(\lambda_{nm},\xi)\varphi_y(\lambda_{k\ell},y)\varphi_y(\lambda_{k\ell},\eta)\xi^{1-2\alpha}\eta^{1-2\beta}}{\|\varphi_x(\lambda_{nm},x)\|^2 \|\varphi_y(\lambda_{k\ell},y)\|^2} \times$$

$$\times \frac{1}{\sqrt{a(\lambda_{nm}^2+\lambda_{k\ell}^2+c)}}\sin\sqrt{\frac{\lambda_{nm}^2+\lambda_{k\ell}^2+c}{a}}t,$$

$$W(x, y, \xi, \eta, p) =$$

$$= \sum_{\lambda_{nm}, \lambda_{k\ell}} \frac{\varphi_x(\lambda_{nm}, x) \varphi_x(\lambda_{nm}, \xi) \varphi_y(\lambda_{k\ell}, y) \varphi_y(\lambda_{k\ell}, \eta) \xi^{1-2\alpha} \eta^{1-2\beta}}{(ap^2 + \lambda_{nm}^2 + \lambda_{k\ell}^2 + c) \|\varphi_x(\lambda_{nm}, x)\|^2 \|\varphi_y(\lambda_{k\ell}, y)\|^2},$$

$$\varphi_x(\lambda_{nm}, x) = x^\alpha \left\{ \left[\left(\alpha_{1x} \frac{\alpha+m}{x_1} + \beta_{1x} \right) Y_m(\lambda_{nm} x_1) - \alpha_{1x} \lambda_{nm} Y_{m+1}(\lambda_{nm} x_1) \right] I_m(\lambda_{nm} x) - \right.$$

$$\left. - \left[\left(\alpha_{1x} \frac{\alpha+m}{x_1} + \beta_{1x} \right) I_m(\lambda_{nm} x_1) - \alpha_{1x} \lambda_{nm} I_{m+1}(\lambda_{nm} x_1) \right] Y_m(\lambda_{nm} x) \right\},$$

$$\|\varphi_x(\lambda_{nm}, x)\|^2 = \frac{1}{2\lambda_{nm}^2} \left\{ \left[\lambda_{nm}^2 x_2^2 - m^2 + \left(\frac{\beta_{2x}}{\alpha_{2x}} x_2 + \alpha \right)^2 \right] \left[\frac{\varphi_x(\lambda_{nm}, x_2)}{x_2^\alpha} \right]^2 - \right.$$

$$\left. - \left[\lambda_{nm}^2 x_1^2 - m^2 + \left(\frac{\beta_{1x}}{\alpha_{1x}} x_1 + \alpha \right)^2 \right] \frac{4\alpha_{1x}^2}{\pi^2 x_1^2} \right\},$$

$I_m(z)$ and $Y_m(z)$ are Bessel and Neumann functions of order m, λ_{nm} are the positive roots of the equation

$$\alpha_{2x} \frac{d\varphi_x(\lambda, x_2)}{dx} + \beta_{2x} \varphi_x(\lambda, x_2) = 0,$$

$$\varphi_x(\lambda_{nm}, x) \sim x^{\alpha - \frac{1}{2}} \cos \frac{\pi n (x - x_1)}{x_2 - x_1} \quad \text{and} \quad \lambda_{nm}^2 \sim \frac{\pi^2 n^2}{(x_2 - x_1)^2} \quad \text{for} \quad n \gg 1$$

[124, p. 257].

Analogous formulas hold for $\varphi_y(\lambda_{k\ell}, y)$.

$$a\frac{\partial^2 Q}{\partial t^2}(x,y,t) - \frac{1}{[u'(x)]^2}\frac{\partial^2 Q}{\partial x^2}(x,y,t) + \frac{u''(x)}{[u'(x)]^3}\frac{\partial Q}{\partial x}(x,y,t) -$$

$$-\frac{1}{[u'(y)]^2}\frac{\partial^2 Q}{\partial y^2}(x,y,t) + \frac{u''(y)}{[u'(y)]^3}\frac{\partial Q}{\partial y}(x,y,t) + cQ(x,y,t) = f(x,y,t),$$

$$Q(x,y,0) = Q_0(x,y), \qquad \frac{\partial Q}{\partial t}(x,y,0) = Q_1(x,y),$$

$$Q(x_1,y,t) = g_{1x}(y,t), \qquad Q(x_2,y,t) = g_{2x}(y,t),$$

$$Q(x,y_1,t) = g_{1y}(x,t), \qquad Q(x,y_2,t) = g_{2y}(x,t),$$

$$u'(s) \neq 0, \qquad a > 0, \qquad x_1 \leq x \leq x_2, \qquad y_1 \leq y \leq y_2, \qquad t \geq 0.$$

$$w(x,y,t) = f(x,y,t) + g_{2x}(y,t)\frac{1}{u'(x)}\left[\frac{1}{u'(x)}\delta(x-x_2)\right]'_x -$$

$$-g_{1x}(y,t)\frac{1}{u'(x)}\left[\frac{1}{u'(x)}\delta(x-x_1)\right]'_x + g_{2y}(x,t)\frac{1}{u'(y)}\left[\frac{1}{u'(y)}\delta(y-y_2)\right]'_y -$$

$$-g_{1y}(x,t)\frac{1}{u'(y)}\left[\frac{1}{u'(y)}\delta(y-y_1)\right]'_y + Q_0(x,y)a\delta'(t) + Q_1(x,y)a\delta(t),$$

$$G(x,y,\xi,\eta,t) =$$

$$= \frac{4}{L_x L_y}\sum_{n=1}^{\infty}\sum_{m=1}^{\infty} \sin\pi n v_x(x)\sin\pi n v_x(\xi)\sin\pi m v_y(y)\sin\pi m v_y(\eta)u'(\xi)u'(\eta) \times$$

$$\times \frac{1}{\sqrt{a(\lambda_{nx}^2 + \lambda_{my}^2 + c)}}\sin\sqrt{\frac{\lambda_{nx}^2 + \lambda_{my}^2 + c}{a}}t,$$

$$L_s = u(s_2) - u(s_1), \qquad v_s(z) = \frac{1}{L_s}[u(z) - u(s_1)],$$

$$\lambda_{ks}^2 = \frac{\pi^2 k^2}{L_s^2}, \qquad k=1,2,\ldots,$$

$$W(x, \xi, y, \eta, p) =$$

$$= \frac{4}{L_x L_y} \sum_{n=1}^{\infty} \sum_{m=1}^{\infty} \frac{\sin \pi n v_x(x) \sin \pi n v_x(\xi) \sin \pi m v_y(y) \sin \pi m v_y(\eta) u'(\xi) u'(\eta)}{ap^2 + \lambda_{nx}^2 + \lambda_{my}^2 + c}$$

[124, p. 272].

$$a\frac{\partial^2 Q}{\partial t^2}(x, y, t) - \frac{1}{[u'(x)]^2} \frac{\partial^2 Q}{\partial x^2}(x, y, t) + \frac{u''(x)}{[u'(x)]^3} \frac{\partial Q}{\partial x}(x, y, t) -$$

$$-\frac{1}{[u'(y)]^2} \frac{\partial^2 Q}{\partial y^2}(x, y, t) + \frac{u''(y)}{[u'(y)]^3} \frac{\partial Q}{\partial y}(x, y, t) + cQ(x, y, t) = f(x, y, t),$$

$$Q(x, y, 0) = Q_0(x, y), \quad \frac{\partial Q}{\partial t}(x, y, 0) = Q_1(x, y),$$

$$\frac{\partial Q}{\partial x}(x_1, y, t) - b_{1x} Q(x_1, y, t) = g_{1x}(y, t),$$

$$\frac{\partial Q}{\partial x}(x_2, y, t) + b_{2x} Q(x_2, y, t) = g_{2x}(y, t),$$

$$\frac{\partial Q}{\partial y}(x, y_1, t) - b_{1y} Q(x, y_1, t) = g_{1y}(x, t),$$

$$\frac{\partial Q}{\partial y}(x, y_2, t) + b_{2y} Q(x, y_2, t) = g_{2y}(x, t),$$

$$u'(s) \neq 0, \quad a > 0, \quad x_1 \leq x \leq x_2, \quad y_1 \leq y \leq y_2, \quad t \geq 0.$$

$$w(x, y, t) = f(x, y, t) + g_{2x}(y, t) \frac{1}{[u'(x)]^2} \delta(x - x_2) -$$

$$-g_{1x}(y, t) \frac{1}{[u'(x)]^2} \delta(x - x_1) + g_{2y}(x, t) \frac{1}{[u'(y)]^2} \delta(y - y_2) -$$

$$-g_{1y}(x,t)\frac{1}{[u'(y)]^2}\delta(y-y_1) + Q_0(x,y)a\delta'(t) + Q_1(x,y)a\delta(t),$$

$$G(x,y,\xi,\eta,t) =$$

$$= \sum_{\lambda_{nx},\lambda_{my}} \frac{\varphi_x(\lambda_{nx},x)\varphi_x(\lambda_{nx},\xi)\varphi_y(\lambda_{my},y)\varphi_y(\lambda_{my},\eta)u'(\xi)u'(\eta)}{\|\varphi_{nx}\|^2 \|\varphi_{my}\|^2} \times$$

$$\times \frac{1}{\sqrt{a(\lambda_{nx}^2+\lambda_{my}^2+c)}} \sin\sqrt{\frac{\lambda_{nx}^2+\lambda_{my}^2+c}{a}}\, t,$$

$$\varphi_s(\lambda_{ks},z) = \cos\lambda_{ks}[u(z)-u(s_1)] + \frac{B_{1s}}{\lambda_{ks}}\sin\lambda_{ks}[u(z)-u(s_1)],$$

$$\|\varphi_{ks}\|^2 = \frac{1}{2\lambda_{ks}^2}\left\{(\lambda_{ks}^2+B_{1s}^2)\left[u(s_2)-u(s_1)+\frac{B_{2s}}{\lambda_{ks}^2+B_{2s}^2}\right]+B_{1s}\right\}, \quad k=1,2,\ldots,$$

$$B_{is} = \frac{b_{is}}{u'(s_i)}, \quad i=1,2,$$

λ_{ks} are the positive roots of the equation

$$\frac{\operatorname{tg}\lambda[u(s_2)-u(s_1)]}{\lambda} = \frac{B_{1s}+B_{2s}}{\lambda^2-B_{1s}B_{2s}}$$

(For the case when u(s) is monotonic see, Appendix, Table 1),

$$\|\varphi_{ks}\|^2 \sim \frac{u(s_2)-u(s_1)}{2} \quad \text{and} \quad \lambda_{ks}^2 \sim \frac{\pi^2 n^2}{[u(s_2)-u(s_1)]^2} \quad \text{for} \quad n \gg 1$$

[124, p. 273],

$$W(x,y,\xi,\eta,p) =$$

$$= \sum_{\lambda_{nx},\lambda_{my}} \frac{\varphi_x(\lambda_{nx},x)\varphi_x(\lambda_{nx},\xi)\varphi_y(\lambda_{my},y)\varphi_y(\lambda_{my},\eta)u'(\xi)u'(\eta)}{(ap^2+\lambda_{nx}^2+\lambda_{my}^2+c)\|\varphi_{nx}\|^2 \|\varphi_{my}\|^2}.$$

§ 8. Group (3.0.1)

$$-s_x \frac{\partial Q}{\partial x}(x,y,z) - s_y \frac{\partial Q}{\partial y}(x,y,z) - s_z \frac{\partial Q}{\partial z}(x,y,z) - \alpha Q(x,y,z) = f(x,y,z),$$

$$s_x^2 + s_y^2 + s_z^2 = 1,$$

$$-\infty < x < \infty, \quad -\infty < y < \infty, \quad -\infty < z < \infty.$$

$$w(x,y,z) = f(x,y,z),$$

$$G(x,y,z,\xi,\eta,\zeta) =$$

$$= -\frac{e^{-\alpha|r-\rho|}}{|r-\rho|^2} \delta\left(s_x - \frac{x-\xi}{|r-\rho|}\right) \delta\left(s_y - \frac{y-\eta}{|r-\rho|}\right) \delta\left(s_z - \frac{z-\zeta}{|r-\rho|}\right) +$$

$$+ \Psi(x-\xi, y-\eta, z-\zeta),$$

$$|r-\rho| = \sqrt{(x-\xi)^2 + (y-\eta)^2 + (z-\zeta)^2},$$

$\Psi(x,y,z)$ are arbitrary solutions of the corresponding homogeneous problem,

[175, p. 167].

§ 9. Group (3.0.2)

$$-\frac{1}{r(x)}L_x Q(x,y,z) - \frac{1}{r(y)}L_y Q(x,y,z) - \frac{1}{r(z)}L_z Q(x,y,z) = f(x,y,z),$$

$$L_s = \frac{\partial}{\partial s}\left[p(s)\frac{\partial}{\partial s}\right], \quad p(s) = \frac{\sqrt{u^2(s)+a^2}}{u'(s)}, \quad r(s) = p^{-1}(s),$$

$$Q(x_1,y,z) = g_{1x}(y,z), \quad Q(x_2,y,z) = g_{2x}(y,z),$$

$$Q(x,y_1,z) = g_{1y}(x,z), \quad Q(x,y_2,z) = g_{2y}(x,z),$$

$$Q(x,y,z_1) = g_{1z}(x,y), \quad Q(x,y,z_2) = g_{2z}(x,y),$$

$$u'(s) > 0, \quad x_1 \le x \le x_2, \quad y_1 \le y \le y_2, \quad z_1 \le z \le z_2, \quad a^2 \in \mathbb{R}$$

$$w(x,y,z) = f(x,y,z) + g_{2x}(y,z)p(x)[p(x)\delta(x-x_2)]'_x -$$

$$- g_{1x}(y,z)p(x)[p(x)\delta(x-x_1)]'_x + g_{2y}(y,z)p(y)[p(y)\delta(y-y_2)]'_y -$$

$$- g_{1y}(x,z)p(y)[p(y)\delta(y-y_1)]'_y + g_{2z}(x,y)p(z)[p(z)\delta(z-z_2)]'_z -$$

$$- g_{1z}(x,y)p(z)[p(z)\delta(z-z_1)]'_z,$$

$$G(x,y,z,\xi,\eta,\zeta) =$$

$$= \sum_{\lambda} \frac{\varphi_x(\lambda_{nx},x)\varphi_x(\lambda_{nx},\xi)\varphi_y(\lambda_{my},y)\varphi_y(\lambda_{my},\eta)\varphi_z(\lambda_{\ell z},z)\varphi_z(\lambda_{\ell z},\zeta)r(\xi)r(\eta)r(\zeta)}{(\lambda_{nx}^2 + \lambda_{my}^2 + \lambda_{\ell z}^2)\|\varphi_{xn}\|^2 \|\varphi_{ym}\|^2 \|\varphi_{z\ell}\|^2},$$

$$\varphi_s(\lambda_{ks},X) = \sin\frac{k\pi[v(X)-v(s_1)]}{v(s_2)-v(s_1)}, \quad k = 1,2,...,$$

$$v(X) = \ln[u(X) + \sqrt{u^2(X)+a^2}], \quad \|\varphi_{sk}\|^2 = \frac{v(s_2)-v(s_1)}{2},$$

$$\lambda_{ks}^2 = \frac{\pi^2 k^2}{[v(s_2)-v(s_1)]^2}, \qquad k = 1, 2, ...,$$

$$\Lambda = (\lambda_{nx}, \lambda_{my}, \lambda_{\ell z}) \qquad [124, p.275].$$

$$-\frac{1}{r(x)}L_x Q(x,y,z) - \frac{1}{r(y)}L_y Q(x,y,z) - \frac{1}{r(z)}L_z Q(x,y,z) = f(x,y,z),$$

$$L_s = \frac{\partial}{\partial s}\left[p(s)\frac{\partial}{\partial s}\right], \qquad p(s) = \frac{\sqrt{u^2(s)+a^2}}{u'(s)}, \qquad r(s) = p^{-1}(s),$$

$$u'(s) > 0,$$

$$\frac{\partial Q}{\partial x}(x_1, y, z) - b_{1x} Q(x_1, y, z) = g_{1x}(y, z),$$

$$\frac{\partial Q}{\partial x}(x_2, y, z) + b_{2x} Q(x_2, y, z) = g_{2x}(y, z),$$

$$\frac{\partial Q}{\partial y}(x, y_1, z) - b_{1y} Q(x, y_1, z) = g_{1y}(x, z),$$

$$\frac{\partial Q}{\partial y}(x, y_2, z) + b_{2y} Q(x, y_2, z) = g_{2y}(x, z),$$

$$\frac{\partial Q}{\partial z}(x, y, z_1) - b_{1z} Q(x, y, z_1) = g_{1z}(x, y),$$

$$\frac{\partial Q}{\partial z}(x, y, z_2) + b_{2z} Q(x, y, z_2) = g_{2z}(x, y),$$

$$x_1 \leq x \leq x_2, \qquad y_1 \leq y \leq y_2, \qquad z_1 \leq z \leq z_2.$$

$$w(x, y, z) = f(x, y, z) + g_{2x}(y, z) p^2(x) \delta(x - x_2) -$$

$$- g_{1x}(y, z) p^2(x) \delta(x - x_1) + g_{2y}(x, z) p^2(y) \delta(y - y_2) -$$

$$- g_{1y}(x, z) p^2(y) \delta(y - y_1) + g_{2z}(x, y) p^2(z) \delta(z - z_2) -$$

$$- g_{1z}(x, y) p^2(z) \delta(z - z_1),$$

$$G(x, y, z, \xi, \eta, \zeta) =$$

$$= \sum_{\Lambda} \frac{\varphi_x(\lambda_{nx}, x)\varphi_x(\lambda_{nx}, \xi)\varphi_y(\lambda_{my}, y)\varphi_y(\lambda_{my}, \eta)\varphi_z(\lambda_{\ell z}, z)\varphi_z(\lambda_{\ell z}, \zeta)r(\xi)r(\eta)r(\zeta)}{(\lambda_{nx}^2 + \lambda_{my}^2 + \lambda_{\ell z}^2)\|\varphi_{xn}\|^2\|\varphi_{ym}\|^2\|\varphi_{z\ell}\|^2},$$

$$\varphi_s(\lambda_{ks}, X) = \cos\lambda_{ks}[v(X) - v(s_1)] + \frac{B_{1s}}{\lambda_{ks}}\sin\lambda_{ks}[v(X) - v(s_1)], \qquad k = 1, 2, \ldots,$$

$$v(X) = \ln[u(X) + \sqrt{u^2(X) + a^2}],$$

$$\|\varphi_{sk}\|^2 = \frac{1}{2\lambda_{ks}^2}\left\{B_{1s} + (\lambda_{ks}^2 + B_{1s}^2)\left[v(s_2) - v(s_1) + \frac{B_{2s}}{\lambda_{ks}^2 + B_{2s}^2}\right]\right\}, \qquad k = 1, 2, \ldots,$$

$$B_{is} = \frac{b_{is}\sqrt{u^2(s_i) + a^2}}{u'(s_i)}, \qquad i = 1, 2,$$

λ_{ks} are the positive roots of the equation

$$\frac{\tg\lambda[v(s_2) - v(s_1)]}{\lambda} = \frac{B_{1s} + B_{2s}}{\lambda^2 - B_{1s}B_{2s}}$$

(see Appendix, Table 1),

$$\varphi_s(\lambda_{ks}, X) \sim \cos\frac{\pi k[v(X) - v(s_1)]}{v(s_2) - v(s_1)} \quad \text{and} \quad \lambda_{ks}^2 \sim \frac{\pi^2 k^2}{[v(s_2) - v(s_1)]^2}$$

for $k \gg 1$,

$$\Lambda = (\lambda_{nx}, \lambda_{my}, \lambda_{\ell z}) \quad [124, \text{p}. 277].$$

$$-\frac{1}{r(x)}L_x Q(x,y,z) - \frac{1}{r(y)}L_y Q(x,y,z) - \frac{1}{r(z)}L_z Q(x,y,z) = f(x,y,z),$$

$$L_s = \frac{\partial}{\partial s}\left[p(s)\frac{\partial}{\partial s}\right] + q(s), \quad p(s) = \frac{1}{u(s)[v(s)]^a}e^{-2cs},$$

$$u(s) \neq 0, \quad v(s) \neq 0,$$

$$q(s) = \frac{1}{u(s)[v(s)]^a}\left\{c\left[\frac{u'(s)}{u(s)} + a\frac{v'(s)}{v(s)}\right] + c^2\right\}e^{-2cs},$$

$$r(s) = u(s)[v(s)]^a e^{-2cs},$$

$$Q(x_1,y,z) = g_{1x}(y,z), \quad Q(x_2,y,z) = g_{2x}(y,z),$$

$$Q(x,y_1,z) = g_{1y}(x,z), \quad Q(x,y_2,z) = g_{2y}(x,z),$$

$$Q(x,y,z_1) = g_{1z}(x,y), \quad Q(x,y,z_2) = g_{2z}(x,y),$$

$$x_1 \leq x \leq x_2, \quad y_1 \leq y \leq y_2, \quad z_1 \leq z \leq z_2.$$

$$w(x,y,z) = f(x,y,z) + g_{2x}(y,z)\frac{1}{r(x)}[p(x)\delta(x-x_2)]'_x -$$

$$-g_{1x}(y,z)\frac{1}{r(x)}[p(x)\delta(x-x_1)]'_x + g_{2y}(x,z)\frac{1}{r(y)}[p(y)\delta(y-y_2)]'_y -$$

$$-g_{1y}(x,z)\frac{1}{r(y)}[p(y)\delta(y-y_1)]'_y + g_{2z}(x,y)\frac{1}{r(z)}[p(z)\delta(z-z_2)]'_z -$$

$$-g_{1z}(x,y)\frac{1}{r(z)}[p(z)\delta(z-z_1)]'_z,$$

$$G(x,y,z,\xi,\eta,\zeta) =$$

$$= \sum \frac{\varphi_x(\lambda_{nx},x)\varphi_x(\lambda_{nx},\xi)\varphi_y(\lambda_{my},y)\varphi_y(\lambda_{my},\eta)\varphi_z(\lambda_{\ell z},z)\varphi_z(\lambda_{\ell z},\zeta)r(\xi)r(\eta)r(\zeta)}{(\lambda_{nx}^2 + \lambda_{my}^2 + \lambda_{\ell z}^2)\|\varphi_{xn}\|^2\|\varphi_{ym}\|^2\|\varphi_{z\ell}\|^2},$$

$$\varphi_s(\lambda_{ks},X) = e^{cX}\sin\frac{\pi k P(X)}{P(s_2)}, \quad k = 1,2,\ldots,$$

$$P(X) = \int_{s_1}^{X} u(\tau) [v(\tau)]^a d\tau, \qquad \|\varphi_{sk}\|^2 = \frac{P(s_2)}{2},$$

$$\lambda_{ks}^2 = \frac{\pi^2 k^2}{P^2(s_2)}, \quad k=1,2,\ldots, \quad \Lambda = (\lambda_{nx}, \lambda_{my}, \lambda_{\ell z}) \qquad [124, p.279].$$

$$-\frac{1}{r(x)} L_x Q(x,y,z) - \frac{1}{r(y)} L_y Q(x,y,z) - \frac{1}{r(z)} L_z Q(x,y,z) = f(x,y,z),$$

$$L_s = \frac{\partial}{\partial s}\left[p(s)\frac{\partial}{\partial s}\right] + q(s), \qquad p(s) = \frac{e^{-2cs}}{u(s)[v(s)]^a},$$

$$q(s) = \frac{e^{-2cs}}{u(s)[v(s)]^a}\left[c\left(\frac{u'(s)}{u(s)} + a\frac{v'(s)}{v(s)}\right) + c^2\right],$$

$$r(s) = u(s)[v(s)]^a e^{-2cs},$$

$$u(s) \neq 0, \quad v(s) \neq 0,$$

$$\frac{\partial Q}{\partial x}(x_1, y, z) - b_{1x} Q(x_1, y, z) = g_{1x}(y, z),$$

$$\frac{\partial Q}{\partial x}(x_2, y, z) + b_{2x} Q(x_2, y, z) = g_{2x}(y, z),$$

$$\frac{\partial Q}{\partial y}(x, y_1, z) - b_{1y} Q(x, y_1, z) = g_{1y}(x, z),$$

$$\frac{\partial Q}{\partial y}(x, y_2, z) + b_{2y} Q(x, y_2, z) = g_{2y}(x, z),$$

$$\frac{\partial Q}{\partial z}(x, y, z_1) - b_{1z} Q(x, y, z_1) = g_{1z}(x, y),$$

$$\frac{\partial Q}{\partial z}(x, y, z_2) + b_{2z} Q(x, y, z_2) = g_{2z}(x, y),$$

$$x_1 \leq x \leq x_2, \qquad y_1 \leq y \leq y_2, \qquad z_1 \leq z \leq z_2.$$

$$w(x, y, z) = f(x, y, z) + g_{2x}(y, z)\frac{\delta(x - x_2)}{u^2(x)[v(x)]^{2a}} -$$

$$- g_{1x}(y, z)\frac{\delta(x - x_1)}{u^2(x)[v(x)]^{2a}} + g_{2y}(x, z)\frac{\delta(y - y_2)}{u^2(y)[v(y)]^{2a}} -$$

$$- g_{1y}(x, z)\frac{\delta(y - y_1)}{u^2(y)[v(y)]^{2a}} + g_{2z}(x, y)\frac{\delta(z - z_2)}{u^2(z)[v(z)]^{2a}} -$$

$$- g_{1z}(x, y)\frac{\delta(z - z_1)}{u^2(z)[v(z)]^{2a}},$$

$$G(x, y, z, \xi, \eta, \zeta) =$$

$$= \sum_{\lambda} \frac{\varphi_x(\lambda_{nx}, x)\varphi_x(\lambda_{nx}, \xi)\varphi_y(\lambda_{my}, y)\varphi_y(\lambda_{my}, \eta)\varphi_z(\lambda_{\ell z}, z)\varphi_z(\lambda_{\ell z}, \zeta)r(\xi)r(\eta)r(\zeta)}{(\lambda_{nx}^2 + \lambda_{my}^2 + \lambda_{\ell z}^2)\|\varphi_{xn}\|^2\|\varphi_{ym}\|^2\|\varphi_{z\ell}\|^2},$$

$$\varphi_s(\lambda_{ks}, X) = e^{cX}\left[\cos\lambda_{ks}P(X) + \frac{B_{1s}}{\lambda_{ks}}\sin\lambda_{ks}P(X)\right], \quad k = 1, 2, ...,$$

$$P(X) = \int_{s_1}^{X} u(\tau)[v(\tau)]^a d\tau,$$

$$\|\varphi_{sk}\|^2 = \frac{1}{2\lambda_{ks}^2}\left\{B_{1s} + (\lambda_{ks}^2 + B_{1s}^2)\left[P(s_2) + \frac{B_{2s}}{\lambda_{ks}^2 + B_{2s}^2}\right]\right\}, \quad k = 1, 2, ...,$$

$$B_{is} = \frac{b_{is} + (-1)^i c}{u(s_i)[v(s_i)]^a}, \quad i = 1, 2,$$

λ_{ks} are the positive roots of the equation

$$\frac{\operatorname{tg}[\lambda P(s_2)]}{\lambda} = \frac{B_{1s} + B_{2s}}{\lambda^2 - B_{1s}B_{2s}},$$

$$\varphi_s(\lambda_{ks}, X) \sim e^{cX} \cos\frac{\pi k P(X)}{P(s_2)} \quad \text{and} \quad \lambda_{ks}^2 \sim \frac{\pi^2 k^2}{P^2(s_2)} \quad \text{for} \quad k \gg 1$$

[124, p. 280],

$$\Lambda = (\lambda_{nx}, \lambda_{my}, \lambda_{\ell z}).$$

$$-\frac{\partial^2 Q}{\partial x^2}(x,y,z) - \frac{\partial^2 Q}{\partial y^2}(x,y,z) - \frac{\partial^2 Q}{\partial z^2}(x,y,z) - k^2 Q(x,y,z) = f(x,y,z),$$

$$-\infty < x < \infty, \quad -\infty < y < \infty, \quad -\infty < z < \infty, \quad k \in \mathbb{C},$$

$\mathbb{C}$ is the field of complex numbers

$$w(x, y, z) = f(x, y, z).$$

The Green's functions are

$$G_{1,2}(x, y, z, \xi, \eta, \zeta) = G_{1,2}^0(x-\xi, y-\eta, z-\zeta) + \Psi_{1,2}(x-\xi, y-\eta, z-\zeta),$$

where

$$G_{1,2}^0(x, y, z) = \frac{e^{\pm jk\sqrt{x^2+y^2+z^2}}}{4\pi\sqrt{x^2+y^2+z^2}}, \quad [175, p.165]$$

$\Psi_{1,2}(x, y, z)$ are arbitrary solutions of the corresponding homogeneous problem.

In the class of functions going to the zero at infinity, the solution Q(x,y,z) is not unique because the corresponding homogeneous problem has the nontrivial solution

CHARACTERISTICS OF ... INDIVIDUAL EQUATIONS

$$\frac{\sin kr}{r} \quad (r = \sqrt{x^2 + y^2 + z^2}),$$

which goes to the zero as $r \to \infty$.

In the class of functions satisfying the conditions

$$Q(x, y, z) = O(r^{-1}), \quad \frac{\partial Q}{\partial r}(x, y, z) - jkQ(x, y, z) = o(r^{-1}), \quad r \to \infty \quad (*)$$

the solution is unique and can be represented by the convolution

$$Q(x, y, z) = G_1^0(x - \xi, y - \eta, z - \zeta) \otimes f(x, y, z).$$

In the class of functions satisfying the conditions

$$Q(x, y, z) = O(r^{-1}), \quad \frac{\partial Q}{\partial r}(x, y, z) + jkQ(x, y, z) = o(r^{-1}), \quad r \to \infty \quad (**)$$

the solution also is unique and can be represented by the convolution

$$Q(x, y, z) = G_2^0(x - \xi, y - \eta, z - \zeta) \otimes f(x, y, z).$$

Conditions (*) and (**) are the Sommerfeld radiation conditions [175, p.381].

§ 10. Group (3.1.1)

$$\frac{1}{v}\frac{\partial Q}{\partial t}(x,y,z,t) + s_x \frac{\partial Q}{\partial x}(x,y,z,t) + s_y \frac{\partial Q}{\partial y}(x,y,z,t) +$$

$$+ s_z \frac{\partial Q}{\partial z}(x,y,z,t) + \alpha Q(x,y,z,t) = f(x,y,z,t),$$

$$Q(x,y,z,0) = Q_0(x,y,z),$$

$$s_x^2 + s_y^2 + s_z^2 = 1,$$

$$-\infty < x < \infty, \quad -\infty < y < \infty, \quad -\infty < z < \infty, \quad t \geq 0.$$

$$w(x,y,z,t) = f(x,y,z,t) + \frac{1}{v} Q_0(x,y,z)\, \delta(t),$$

$$G(x,y,z,\xi,\eta,\zeta,t) = 1(t)\, v\, e^{-\alpha v t}\, \delta(x - \xi - v s_x t) \times$$

$$\times \delta(y - \eta - v s_y t)\, \delta(z - \zeta - v s_z t) \qquad [175, \text{p.166}]$$

$$W(x,y,z,\xi,\eta,\zeta,p) =$$

$$= \frac{1}{s_x s_y s_z}\, e^{-\frac{x-\xi}{v s_x}(p+\alpha v)}\, \delta\!\left(\frac{x-\xi}{s_x} - \frac{y-\eta}{s_y}\right) \delta\!\left(\frac{x-\xi}{s_x} - \frac{z-\zeta}{s_z}\right)$$

§ 11. Group (3.1.2)

$$b\frac{\partial Q}{\partial t}(x,y,z,t) - \frac{1}{r(x)}L_xQ(x,y,z,t) - \frac{1}{r(y)}L_yQ(x,y,z,t) -$$

$$-\frac{1}{r(z)}L_zQ(x,y,z,t) + cQ(x,y,z,t) = f(x,y,z,t),$$

$$L_s = \frac{\partial}{\partial s}\left[p(s)\frac{\partial}{\partial s}\right], \quad p(s) = \frac{\sqrt{u^2(s)+a^2}}{u'(s)}, \quad r(s) = p^{-1}(s),$$

$$Q(x,y,z,0) = Q_o(x,y,z),$$

$$Q(x_1,y,z,t) = g_{1x}(y,z,t), \quad Q(x_2,y,z,t) = g_{2x}(y,z,t),$$

$$Q(x,y_1,z,t) = g_{1y}(x,z,t), \quad Q(x,y_2,z,t) = g_{2y}(x,z,t),$$

$$Q(x,y,z_1,t) = g_{1z}(x,y,t), \quad Q(x,y,z_2,t) = g_{2z}(x,y,t),$$

$$u'(s) > 0, \quad b > 0, \quad x_1 \le x \le x_2, \quad y_1 \le y \le y_2,$$

$$z_1 \le z \le z_2, \quad t \ge 0.$$

$$w(x,y,z,t) = f(x,y,z,t) + g_{2x}(y,z,t)p(x)[p(x)\delta(x-x_2)]'_x -$$

$$-g_{1x}(y,z,t)p(x)[p(x)\delta(x-x_1)]'_x + g_{2y}(x,z,t)p(y)[p(y)\delta(y-y_2)]'_y -$$

$$-g_{1y}(x,z,t)p(y)[p(y)\delta(y-y_1)]'_y + g_{2z}(x,y,t)p(z)[p(z)\delta(z-z_2)]'_z -$$

$$-g_{1z}(x,y,t)p(z)[p(z)\delta(z-z_1)]'_z + Q_o(x,y,z)b\delta(t),$$

$$G(x, y, z, \xi, \eta, \zeta, t) =$$

$$= \sum_{\Lambda} \frac{\varphi_x(\lambda_{nx}, x)\varphi_x(\lambda_{nx}, \xi)\varphi_y(\lambda_{my}, y)\varphi_y(\lambda_{my}, \eta)\varphi_z(\lambda_{\ell z}, z)\varphi_z(\lambda_{\ell z}, \zeta) r(\xi) r(\eta) r(\zeta)}{\|\varphi_{xn}\|^2 \|\varphi_{ym}\|^2 \|\varphi_{z\ell}\|^2} \times$$

$$\times \frac{1}{b} e^{-\frac{\lambda_{nx}^2 + \lambda_{my}^2 + \lambda_{\ell z}^2 + c}{b} t},$$

$$W(x, y, z, \xi, \eta, \zeta, p) =$$

$$= \sum_{\Lambda} \frac{\varphi_x(\lambda_{nx}, x)\varphi_x(\lambda_{nx}, \xi)\varphi_y(\lambda_{my}, y)\varphi_y(\lambda_{my}, \eta)\varphi_z(\lambda_{\ell z}, z)\varphi_z(\lambda_{\ell z}, \zeta) r(\xi) r(\eta) r(\zeta)}{(bp + \lambda_{nx}^2 + \lambda_{my}^2 + \lambda_{\ell z}^2 + c)\|\varphi_{xn}\|^2 \|\varphi_{ym}\|^2 \|\varphi_{z\ell}\|^2},$$

$$\varphi_s(\lambda_{ks}, X) = \sin\frac{k\pi [v(X) - v(s_1)]}{v(s_2) - v(s_1)}, \qquad k = 1, 2, \ldots,$$

$$v(X) = \ln[u(X) + \sqrt{u^2(X) + a^2}],$$

$$\|\varphi_{sk}\|^2 = \frac{v(s_2) - v(s_1)}{2}, \qquad k = 1, 2, \ldots,$$

$$\lambda_{ks}^2 = \frac{k^2 \pi^2}{[v(s_2) - v(s_1)]^2}, \qquad k = 1, 2, \ldots,$$

$$\Lambda = (\lambda_{nx}, \lambda_{my}, \lambda_{\ell z})$$

[124, p.275].

$$b\frac{\partial Q}{\partial t}(x,y,z,t) - \frac{1}{r(x)}L_x Q(x,y,z,t) - \frac{1}{r(y)}L_y Q(x,y,z,t) -$$

$$-\frac{1}{r(z)}L_z Q(x,y,z,t) + cQ(x,y,z,t) = f(x,y,z,t),$$

$$L_s = \frac{\partial}{\partial s}\left[p(s)\frac{\partial}{\partial s}\right], \quad p(s) = \frac{\sqrt{u^2(s)+a^2}}{u'(s)}, \quad r(s) \equiv p^{-1}(s),$$

$$u'(s) > 0,$$

$$Q(x,y,z,0) = Q_o(x,y,z),$$

$$\frac{\partial Q}{\partial x}(x_1,y,z,t) - b_{1x}Q(x_1,y,z,t) = g_{1x}(y,z,t),$$

$$\frac{\partial Q}{\partial x}(x_2,y,z,t) + b_{2x}Q(x_2,y,z,t) = g_{2x}(y,z,t),$$

$$\frac{\partial Q}{\partial y}(x,y_1,z,t) - b_{1y}Q(x,y_1,z,t) = g_{1y}(x,z,t),$$

$$\frac{\partial Q}{\partial y}(x,y_2,z,t) + b_{2y}Q(x,y_2,z,t) = g_{2y}(x,z,t),$$

$$\frac{\partial Q}{\partial z}(x,y,z_1,t) - b_{1z}Q(x,y,z_1,t) = g_{1z}(x,y,t),$$

$$\frac{\partial Q}{\partial z}(x,y,z_2,t) + b_{2z}Q(x,y,z_2,t) = g_{2z}(x,y,t),$$

$$b > 0, \quad x_1 \le x \le x_2, \quad y_1 \le y \le y_2, \quad z_1 \le z \le z_2, \quad t \ge 0.$$

$$w(x,y,z,t) = f(x,y,z,t) + g_{2x}(y,z,t)p^2(x)\delta(x-x_2) -$$

$$-g_{1x}(y,z,t)p^2(x)\delta(x-x_1) + g_{2y}(x,z,t)p^2(y)\delta(y-y_2)-$$

$$-g_{1y}(x,z,t)p^2(y)\delta(y-y_1) + g_{2z}(x,y,t)p^2(z)\delta(z-z_2) -$$

$$-g_{1z}(x,y,t)p^2(z)\delta(z-z_1) + Q_o(x,y,z)b\delta(t),$$

$G(x,y,z,\xi,\eta,\zeta,t) =$

$$= \sum_\lambda \frac{\varphi_x(\lambda_{nx},x)\varphi_x(\lambda_{nx},\xi)\varphi_y(\lambda_{my},y)\varphi_y(\lambda_{my},\eta)\varphi_z(\lambda_{\ell z},z)\varphi_z(\lambda_{\ell z},\zeta)r(\xi)r(\eta)r(\zeta)}{\|\varphi_{xn}\|^2\|\varphi_{ym}\|^2\|\varphi_{z\ell}\|^2} \times$$

$$\times \frac{1}{b}e^{-\frac{\lambda_{nx}^2 + \lambda_{my}^2 + \lambda_{\ell z}^2 + c}{b}t},$$

$W(x,y,z,\xi,\eta,\zeta,p) =$

$$= \sum_\lambda \frac{\varphi_x(\lambda_{nx},x)\varphi_x(\lambda_{nx},\xi)\varphi_y(\lambda_{my},y)\varphi_y(\lambda_{my},\eta)\varphi_z(\lambda_{\ell z},z)\varphi_z(\lambda_{\ell z},\zeta)r(\xi)r(\eta)r(\zeta)}{(bp + \lambda_{nx}^2 + \lambda_{my}^2 + \lambda_{\ell z}^2 + c)\|\varphi_{xn}\|^2\|\varphi_{ym}\|^2\|\varphi_{z\ell}\|^2}$$

$$\varphi_s(\lambda_{ks},X) = \cos\lambda_{ks}[v(X)-v(s_1)] + \frac{B_{1s}}{\lambda_{ks}}\sin\lambda_{ks}[v(X)-v(s_1)], \quad k=1,2,\ldots,$$

$$v(X) = \ln[u(X) + \sqrt{u^2(X)+a^2}],$$

$$\|\varphi_{sk}\|^2 = \frac{1}{2\lambda_{ks}^2}\{B_{1s} + (\lambda_{ks}^2 + B_{1s}^2)\left[v(s_2)-v(s_1) + \frac{B_{2s}}{\lambda_{ks}^2+B_{2s}^2}\right]\}, \quad k=1,2,\ldots,$$

$$B_{is} = \frac{b_{is}\sqrt{u^2(s_i)+a^2}}{u'(s_i)}, \qquad i=1,2,$$

λ_{ks} are the positive roots of the equation

$$\frac{\text{tg}\lambda[v(s_2)-v(s_1)]}{\lambda} = \frac{B_{1s}+B_{2s}}{\lambda^2 - B_{1s}B_{2s}} \quad \text{(see Appendix, Table 1)},$$

$$\varphi_s(\lambda_{ks}, X) \sim \cos\frac{\pi k[v(X) - v(s_1)]}{v(s_2) - v(s_1)} \quad \text{and} \quad \lambda_{ks}^2 \sim \frac{\pi^2 k^2}{[v(s_2) - v(s_1)]^2} \quad \text{for} \quad k \gg 1,$$

$$\Lambda = (\lambda_{nx}, \lambda_{my}, \lambda_{\ell z}) \quad [124, p.275].$$

$$b\frac{\partial Q}{\partial t}(x, y, z, t) - \frac{1}{r(x)}L_x Q(x, y, z, t) - \frac{1}{r(y)}L_y Q(x, y, z, t) -$$

$$-\frac{1}{r(z)}L_z Q(x, y, z, t) = f(x, y, z, t),$$

$$L_s = \frac{\partial}{\partial s}\left[p(s)\frac{\partial}{\partial s}\right] + q(s), \quad p(s) = \frac{1}{u(s)[v(s)]^a}e^{-2cs},$$

$$q(s) = \frac{1}{u(s)[v(s)]^a}\left\{c\left[\frac{u'(s)}{u(s)} + a\frac{v'(s)}{v(s)}\right] + c^2\right\}e^{-2cs},$$

$$r(s) = u(s)[v(s)]^a e^{-2cs}, \quad u(s) \neq 0, \quad v(s) \neq 0,$$

$$Q(x, y, z, 0) = Q_o(x, y, z),$$

$$Q(x_1, y, z, t) = g_{1x}(y, z, t), \quad Q(x_2, y, z, t) = g_{2x}(y, z, t),$$

$$Q(x, y_1, z, t) = g_{1y}(x, z, t), \quad Q(x, y_2, z, t) = g_{2y}(x, z, t),$$

$$Q(x, y, z_1, t) = g_{1z}(x, y, t), \quad Q(x, y, z_2, t) = g_{2z}(x, y, t),$$

$$b > 0, \quad x_1 \leq x \leq x_2, \quad y_1 \leq y \leq y_2, \quad z_1 \leq z \leq z_2, \quad t \geq 0.$$

$$w(x, y, z, t) = f(x, y, z, t) + g_{2x}(y, z, t)\frac{1}{r(x)}[p(x)\delta(x - x_2)]'_x -$$

$$-g_{1x}(y, z, t)\frac{1}{r(x)}[p(x)\delta(x - x_1)]'_x + g_{2y}(x, z, t)\frac{1}{r(y)}[p(y)\delta(y - y_2)]'_y -$$

$$-g_{1y}(x,z,t)\frac{1}{r(y)}[p(y)\delta(y-y_1)]'_y + g_{2z}(x,y,t)\frac{1}{r(z)}[p(z)\delta(z-z_2)]'_z -$$

$$-g_{1z}(x,y,t)\frac{1}{r(z)}[p(z)\delta(z-z_1)]'_z + Q_o(x,y,z)b\delta(t),$$

$G(x,y,z,\xi,\eta,\zeta,t) =$

$$= \sum_{\Lambda} \frac{\varphi_x(\lambda_{nx},x)\varphi_x(\lambda_{nx},\xi)\varphi_y(\lambda_{my},y)\varphi_y(\lambda_{my},\eta)\varphi_z(\lambda_{\ell z},z)\varphi_z(\lambda_{\ell z},\zeta)r(\xi)r(\eta)r(\zeta)}{\|\varphi_{xn}\|^2 \|\varphi_{ym}\|^2 \|\varphi_{z\ell}\|^2} \times$$

$$\times \frac{1}{b} e^{-\frac{\lambda_{nx}^2 + \lambda_{my}^2 + \lambda_{\ell z}^2}{b}t},$$

$W(x,y,z,\xi,\eta,\zeta,p) =$

$$= \sum_{\Lambda} \frac{\varphi_x(\lambda_{nx},x)\varphi_x(\lambda_{nx},\xi)\varphi_y(\lambda_{my},y)\varphi_y(\lambda_{my},\eta)\varphi_z(\lambda_{\ell z},z)\varphi_z(\lambda_{\ell z},\zeta)r(\xi)r(\eta)r(\zeta)}{(bp + \lambda_{nx}^2 + \lambda_{my}^2 + \lambda_{\ell z}^2)\|\varphi_{xn}\|^2 \|\varphi_{ym}\|^2 \|\varphi_{z\ell}\|^2}$$

$$\varphi_s(\lambda_{ks},X) = e^{cX} \sin\frac{\pi k P(X)}{P(s_2)}, \qquad k = 1,2,\dots,$$

$$P(X) = \int_{s_1}^{X} u(\tau)[v(\tau)]^a \, d\tau, \qquad \|\varphi_{sk}\|^2 = \frac{P(s_2)}{2},$$

$$\lambda_{ks}^2 = \frac{\pi^2 k^2}{P^2(s_2)}, \qquad k = 1,2,\dots,$$

$$\Lambda = (\lambda_{nx}, \lambda_{my}, \lambda_{\ell z}) \qquad [124, p. 278].$$

$$b\frac{\partial Q}{\partial t}(x,y,z,t) - L_{ox}Q(x,y,z,t) - L_{oy}Q(x,y,z,t) -$$

$$-L_{oz}Q(x,y,z,t) = f(x,y,z,t),$$

$$L_{os} = \frac{1}{r(s)}\left\{\frac{\partial}{\partial s}\left[p(s)\frac{\partial}{\partial s}\right] + q(s)\right\}, \quad p(s) = \frac{e^{-2cs}}{u(s)[v(s)]^a},$$

$$q(s) = \frac{e^{-2cs}}{u(s)[v(s)]^a}\left[c\left(\frac{u'(s)}{u(s)} + a\frac{v'(s)}{v(s)}\right) + c^2\right],$$

$$r(s) = u(s)[v(s)]^a e^{-2cs}, \quad u(s) \neq 0, \quad v(s) \neq 0,$$

$$Q(x,y,z,0) = Q_o(x,y,z),$$

$$\frac{\partial Q}{\partial x}(x_1,y,z,t) - b_{1x}Q(x_1,y,z,t) = g_{1x}(y,z,t),$$

$$\frac{\partial Q}{\partial x}(x_2,y,z,t) + b_{2x}Q(x_2,y,z,t) = g_{2x}(y,z,t),$$

$$\frac{\partial Q}{\partial y}(x,y_1,z,t) - b_{1y}Q(x,y_1,z,t) = g_{1y}(x,z,t),$$

$$\frac{\partial Q}{\partial y}(x,y_2,z,t) + b_{2y}Q(x,y_2,z,t) = g_{2y}(x,z,t),$$

$$\frac{\partial Q}{\partial z}(x,y,z_1,t) - b_{1z}Q(x,y,z_1,t) = g_{1z}(x,y,t),$$

$$\frac{\partial Q}{\partial z}(x,y,z_2,t) + b_{2z}Q(x,y,z_2,t) = g_{2z}(x,y,t),$$

$$b > 0, \quad x_1 \leq x \leq x_2, \quad y_1 \leq y \leq y_2, \quad z_1 \leq z \leq z_2, \quad t \geq 0.$$

$$w(x, y, z, t) = f(x, y, z, t) + g_{2x}(y, z, t) \frac{\delta(x - x_2)}{u^2(x) [v(x)]^{2a}} -$$

$$- g_{1x}(y, z, t) \frac{\delta(x - x_1)}{u^2(x) [v(x)]^{2a}} + g_{2y}(x, z, t) \frac{\delta(y - y_2)}{u^2(y) [v(y)]^{2a}} -$$

$$- g_{1y}(x, z, t) \frac{\delta(y - y_1)}{u^2(y) [v(y)]^{2a}} + g_{2z}(x, y, t) \frac{\delta(z - z_2)}{u^2(z) [v(z)]^{2a}} -$$

$$- g_{1z}(x, y, t) \frac{\delta(z - z_1)}{u^2(z) [v(z)]^{2a}} + Q_0(x, y, z) b \delta(t),$$

$$G(x, y, z, \xi, \eta, \zeta, t) =$$

$$= \sum_{\lambda} \frac{\varphi_x(\lambda_{nx}, x) \varphi_x(\lambda_{nx}, \xi) \varphi_y(\lambda_{my}, y) \varphi_y(\lambda_{my}, \eta) \varphi_z(\lambda_{\ell z}, z) \varphi_z(\lambda_{\ell z}, \zeta) r(\xi) r(\eta) r(\zeta)}{\|\varphi_{xn}\|^2 \|\varphi_{ym}\|^2 \|\varphi_{z\ell}\|^2} \times$$

$$\times \frac{1}{b} e^{-\frac{\lambda_{nx}^2 + \lambda_{my}^2 + \lambda_{\ell z}^2}{b} t},$$

$$W(x, y, z, \xi, \eta, \zeta, p) =$$

$$= \sum_{\lambda} \frac{\varphi_x(\lambda_{nx}, x) \varphi_x(\lambda_{nx}, \xi) \varphi_y(\lambda_{my}, y) \varphi_y(\lambda_{my}, \eta) \varphi_z(\lambda_{\ell z}, z) \varphi_z(\lambda_{\ell z}, \zeta) r(\xi) r(\eta) r(\zeta)}{(bp + \lambda_{nx}^2 + \lambda_{my}^2 + \lambda_{\ell z}^2) \|\varphi_{xn}\|^2 \|\varphi_{ym}\|^2 \|\varphi_{z\ell}\|^2},$$

$$\varphi_s(\lambda_{ks}, X) = e^{cX} \left[\cos \lambda_{ks} P(X) + \frac{B_{1s}}{\lambda_{ks}} \sin \lambda_{ks} P(X) \right], \qquad k = 1, 2, \ldots,$$

$$P(X) = \int_{s_1}^{X} u(\tau) [v(\tau)]^a d\tau,$$

CHARACTERISTICS OF ... INDIVIDUAL EQUATIONS

$$\|\varphi_{sk}\|^2 = \frac{1}{2\lambda_{ks}^2}\left\{B_{1s} + (\lambda_{ks}^2 + B_{1s}^2)\left[P(s_2) + \frac{B_{2s}}{\lambda_{ks}^2 + B_{2s}^2}\right]\right\} \qquad k=1,2,\ldots,$$

$$B_{is} = \frac{b_{is} + (-1)^i c}{u(s_i)[v(s_i)]^a}, \qquad i=1,2,$$

λ_{ks} are the positive roots of the equation

$$\frac{tg[\lambda P(s_2)]}{\lambda} = \frac{B_{1s} + B_{2s}}{\lambda^2 - B_{1s}B_{2s}},$$

$$\varphi_s(\lambda_{ks}, X) \sim e^{cX}\cos\frac{\pi k P(X)}{P(s_2)}$$

and

$$\lambda_{ks}^2 \sim \frac{\pi^2 k^2}{P^2(s_2)} \quad \text{for } k \gg 1$$

[124, p. 280].

§ 12. Group (3.2.2)

$$a\frac{\partial^2 Q}{\partial t^2}(x,y,z,t) - \frac{1}{r(x)}L_x Q(x,y,z,t) - \frac{1}{r(y)}L_y Q(x,y,z,t) -$$

$$-\frac{1}{r(z)}L_z Q(x,y,z,t) + cQ(x,y,z,t) = f(x,y,z,t) ,$$

$$L_s = \frac{\partial}{\partial s}\left[p(s)\frac{\partial}{\partial s}\right], \quad p(s) = \frac{\sqrt{u^2(s)+a_1^2}}{u'(s)}, \quad r(s) = p^{-1}(s), \quad u'(s) > 0 ,$$

$$Q(x,y,z,0) = Q_0(x,y,z) , \quad \frac{\partial Q}{\partial t}(x,y,z,0) = Q_1(x,y,z) ,$$

$$Q(x_1,y,z,t) = g_{1x}(y,z,t) , \quad Q(x_2,y,z,t) = g_{2x}(y,z,t) ,$$

$$Q(x,y_1,z,t) = g_{2y}(x,z,t) , \quad Q(x,y_2,z,t) = g_{2y}(x,z,t) ,$$

$$Q(x,y,z_1,t) = g_{1z}(x,y,t) , \quad Q(x,y,z_2,t) = g_{2z}(x,y,t) ,$$

$$a > 0 , \quad x_1 \leq x \leq x_2 , \quad y_1 \leq y \leq y_2 , \quad z_1 \leq z \leq z_2 , \quad t \geq 0 .$$

$$w(x,y,z,t) = f(x,y,z,t) + g_{2x}(y,z,t)p(x)[p(x)\delta(x-x_2)]'_x -$$

$$-g_{1x}(y,z,t)p(x)[p(x)\delta(x-x_1)]'_x + g_{2y}(x,z,t)p(y)[p(y)\delta(y-y_2)]'_y -$$

$$-g_{1y}(x,z,t)p(y)[p(y)\delta(y-y_1)]'_y + g_{2z}(x,y,t)p(z)[p(z)\delta(z-z_2)]'_z -$$

$$-g_{1z}(x,y,t)p(z)[p(z)\delta(z-z_1)]'_z + Q_0(x,y,z)a\delta'(t) + Q_1(x,y,z)a\delta(t) ,$$

$$G(x, y, z, \xi, \eta, \zeta, t) =$$

$$= \sum_{\Lambda} \frac{\varphi_x(\lambda_{nx}, x)\varphi_x(\lambda_{nx}, \xi)\varphi_y(\lambda_{my}, y)\varphi_y(\lambda_{my}, \eta)\varphi_z(\lambda_{\ell z}, z)\varphi_z(\lambda_{\ell z}, \zeta) r(\xi) r(\eta) r(\zeta)}{\|\varphi_{xn}\|^2 \|\varphi_{ym}\|^2 \|\varphi_{z\ell}\|^2} \times$$

$$\times \frac{1}{\sqrt{a(\lambda_{nx}^2 + \lambda_{my}^2 + \lambda_{\ell z}^2 + c)}} \sin\sqrt{\frac{\lambda_{nx}^2 + \lambda_{my}^2 + \lambda_{\ell z}^2 + c}{a}} t,$$

$$W(x, y, z, \xi, \eta, \zeta, p) =$$

$$= \sum_{\Lambda} \frac{\varphi_x(\lambda_{nx}, x)\varphi_x(\lambda_{nx}, \xi)\varphi_y(\lambda_{my}, y)\varphi_y(\lambda_{my}, \eta)\varphi_z(\lambda_{\ell z}, z)\varphi_z(\lambda_{\ell z}, \zeta) r(\xi) r(\eta) r(\zeta)}{(ap^2 + \lambda_{nx}^2 + \lambda_{my}^2 + \lambda_{\ell z}^2 + c)\|\varphi_{xn}\|^2 \|\varphi_{ym}\|^2 \|\varphi_{z\ell}\|^2},$$

$$\varphi_s(\lambda_{ks}, X) = \sin\frac{k\pi[v(X) - v(s_1)]}{v(s_2) - v(s_1)}, \qquad k = 1, 2, \ldots,$$

$$v(X) = \ln\left[u(X) + \sqrt{u^2(X) + a_1^2}\right],$$

$$\|\varphi_{sk}\|^2 = \frac{v(s_2) - v(s_1)}{2}, \qquad k = 1, 2, \ldots,$$

$$\lambda_{ks}^2 = \frac{k^2\pi^2}{[v(s_2) - v(s_1)]^2}, \qquad k = 1, 2, \ldots,$$

$$\Lambda = (\lambda_{nx}, \lambda_{my}, \lambda_{\ell z})$$

[124, p. 275].

$$a\frac{\partial^2 Q}{\partial t^2}(x,y,z,t) - \frac{1}{r(x)}L_x Q(x,y,z,t) - \frac{1}{r(y)}L_y Q(x,y,z,t) -$$

$$-\frac{1}{r(z)}L_z Q(x,y,z,t) + cQ(x,y,z,t) = f(x,y,z,t),$$

$$L_s = \frac{\partial}{\partial s}\left[p(s)\frac{\partial}{\partial s}\right], \qquad p(s) = \frac{\sqrt{u^2(s)+a_1^2}}{u'(s)}, \qquad r(s) \equiv p^{-1}(s), \qquad u'(s) > 0,$$

$$Q(x,y,z,0) = Q_o(x,y,z), \qquad \frac{\partial Q}{\partial t}(x,y,z,0) = Q_1(x,y,z),$$

$$\frac{\partial Q}{\partial x}(x_1,y,z,t) - b_{1x}Q(x_1,y,z,t) = g_{1x}(y,z,t),$$

$$\frac{\partial Q}{\partial x}(x_2,y,z,t) + b_{2x}Q(x_2,y,z,t) = g_{2x}(y,z,t),$$

$$\frac{\partial Q}{\partial y}(x,y_1,z,t) - b_{1y}Q(x,y_1,z,t) = g_{1y}(x,z,t),$$

$$\frac{\partial Q}{\partial y}(x,y_2,z,t) + b_{2y}Q(x,y_2,z,t) = g_{2y}(x,z,t),$$

$$\frac{\partial Q}{\partial z}(x,y,z_1,t) - b_{1z}Q(x,y,z_1,t) = g_{1z}(x,y,t),$$

$$\frac{\partial Q}{\partial z}(x,y,z_2,t) + b_{2z}Q(x,y,z_2,t) = g_{2z}(x,y,t),$$

$$a > 0, \qquad x_1 \le x \le x_2, \qquad y_1 \le y \le y_2, \qquad z_1 \le z \le z_2, \qquad t \ge 0.$$

$$w(x,y,z,t) = f(x,y,z,t) + g_{2x}(y,z,t)p^2(x)\delta(x-x_2) -$$

$$-g_{1x}(y,z,t)p^2(x)\delta(x-x_1) + g_{2y}(x,z,t)p^2(y)\delta(y-y_2) -$$

$$-g_{1y}(x, z, t) p^2(y) \delta(y - y_1) + g_{2z}(x, y, t) p^2(z) \delta(z - z_2) -$$

$$-g_{1z}(x, y, t) p^2(z) \delta(z - z_1) + Q_o(x, y, z) a\delta'(t) + Q_1(x, y, z) a\delta(t),$$

$$G(x, y, z, \xi, \eta, \zeta, t) =$$

$$= \sum_{\lambda} \frac{\varphi_x(\lambda_{nx}, x) \varphi_x(\lambda_{nx}, \xi) \varphi_y(\lambda_{my}, y) \varphi_y(\lambda_{my}, \eta) \varphi_z(\lambda_{\ell z}, z) \varphi_z(\lambda_{\ell z}, \zeta) r(\xi) r(\eta) r(\zeta)}{\|\varphi_{xn}\|^2 \|\varphi_{ym}\|^2 \|\varphi_{z\ell}\|^2} \times$$

$$\times \frac{1}{\sqrt{a(\lambda_{nx}^2 + \lambda_{my}^2 + \lambda_{\ell z}^2 + c)}} \sin\sqrt{\frac{\lambda_{nx}^2 + \lambda_{my}^2 + \lambda_{\ell z}^2 + c}{a}} t,$$

$$W(x, y, z, \xi, \eta, \zeta, p) =$$

$$= \sum_{\lambda} \frac{\varphi_x(\lambda_{nx}, x) \varphi_x(\lambda_{nx}, \xi) \varphi_y(\lambda_{my}, y) \varphi_y(\lambda_{my}, \eta) \varphi_z(\lambda_{\ell z}, z) \varphi_z(\lambda_{\ell z}, \zeta) r(\xi) r(\eta) r(\zeta)}{(ap^2 + \lambda_{nx}^2 + \lambda_{my}^2 + \lambda_{\ell z}^2 + c) \|\varphi_{xn}\|^2 \|\varphi_{ym}\|^2 \|\varphi_{z\ell}\|^2},$$

$$\varphi_s(\lambda_{ks}, X) = \cos\lambda_{ks}[v(X) - v(s_1)] + \frac{B_{1s}}{\lambda_{ks}} \sin\lambda_{ks}[v(X) - v(s_1)],$$

$$\|\varphi_{sk}\|^2 = \frac{1}{2\lambda_{ks}^2} \{B_{1s} + (\lambda_{ks}^2 + B_{1s}^2)\left[v(s_2) - v(s_1) + \frac{B_{2s}}{\lambda_{ks}^2 + B_{2s}^2}\right]\}, \quad k=1,2,...,$$

$$v(X) = \ln[u(X) + \sqrt{u^2(X) + a^2}], \qquad B_{is} = \frac{b_{is}\sqrt{u^2(s_i) + a^2}}{u'(s_i)}, \qquad i=1,2,$$

λ_{ks} are the positive roots of the equation

$$\frac{tg\lambda[v(s_2) - v(s_1)]}{\lambda} = \frac{B_{1s} + B_{2s}}{\lambda^2 - B_{1s}B_{2s}} \quad \text{(see Appendix, Table 1)},$$

$$\varphi_s(\lambda_{ks}, X) \sim \cos\frac{\pi k[v(X) - v(s_1)]}{v(s_2) - v(s_1)} \quad \text{and} \quad \lambda_{ks}^2 \sim \frac{\pi^2 k^2}{[v(s_2) - v(s_1)]^2} \quad \text{for } k \gg 1,$$

$$\Lambda = (\lambda_{nx}, \lambda_{my}, \lambda_{\ell z}) \quad [124, p.277].$$

$$a\frac{\partial^2 Q}{\partial t^2}(x, y, z, t) - \frac{1}{r(x)} L_x Q(x, y, z, t) - \frac{1}{r(y)} L_y Q(x, y, z, t)$$

$$-\frac{1}{r(z)} L_z Q(x, y, z, t) = f(x, y, z, t),$$

$$L_s = \frac{\partial}{\partial s}\left[p(s)\frac{\partial}{\partial s}\right] + q(s), \quad p(s) = \frac{1}{u(s)[v(s)]^{a_1}} e^{-2cs},$$

$$q(s) = \frac{1}{u(s)[v(s)]^{a_1}} \left\{c\left[\frac{u'(s)}{u(s)} + a_1\frac{v'(s)}{v(s)}\right] + c^2\right\} e^{-2cs},$$

$$r(s) = u(s)[v(s)]^{a_1} e^{-2cs}, \quad u(s) \neq 0, \quad v(s) \neq 0,$$

$$Q(x, y, z, 0) = Q_o(x, y, z), \quad \frac{\partial Q}{\partial t}(x, y, z, 0) = Q_1(x, y, z),$$

$$Q(x_1, y, z, t) = g_{1x}(y, z, t), \quad Q(x_2, y, z, t) = g_{2x}(y, z, t),$$

$$Q(x, y_1, z, t) = g_{1y}(x, z, t), \quad Q(x, y_2, z, t) = g_{2y}(x, z, t),$$

$$Q(x, y, z_1, t) = g_{1z}(x, y, t), \quad Q(x, y, z_2, t) = g_{2z}(x, y, t),$$

$$a > 0, \quad x_1 \leq x \leq x_2, \quad y_1 \leq y \leq y_2, \quad z_1 \leq z \leq z_2, \quad t \geq 0.$$

$$w(x, y, z, t) = f(x, y, z, t) + g_{2x}(y, z, t)\frac{1}{r(x)}[p(x)\delta(x - x_2)]'_x -$$

$$-g_{1x}(y, z, t)\frac{1}{r(x)}[p(x)\delta(x - x_1)]'_x + g_{2y}(x, z, t)\frac{1}{r(y)}[p(y)\delta(y - y_2)]'_y -$$

$$-g_{1y}(x,z,t)\frac{1}{r(y)}[p(y)\delta(y-y_1)]'_y + g_{2z}(x,y,t)\frac{1}{r(z)}[p(z)\delta(z-z_2)]'_z -$$

$$-g_{1z}(x,y,t)\frac{1}{r(z)}[p(z)\delta(z-z_1)]'_z + Q_0(x,y,z)a\delta'(t) + Q_1(x,y,z)a\delta(t),$$

$G(x,y,z,\xi,\eta,\zeta,t) =$

$$= \sum_{\Lambda} \frac{\varphi_x(\lambda_{nx},x)\varphi_x(\lambda_{nx},\xi)\varphi_y(\lambda_{my},y)\varphi_y(\lambda_{my},\eta)\varphi_z(\lambda_{\ell z},z)\varphi_z(\lambda_{\ell z},\zeta)r(\xi)r(\eta)r(\zeta)}{\|\varphi_{xn}\|^2 \|\varphi_{ym}\|^2 \|\varphi_{z\ell}\|^2} \times$$

$$\times \frac{1}{\sqrt{a(\lambda_{nx}^2+\lambda_{my}^2+\lambda_{\ell z}^2)}} \sin\sqrt{\frac{\lambda_{nx}^2+\lambda_{my}^2+\lambda_{\ell z}^2}{a}}t,$$

$W(x,y,z,\xi,\eta,\zeta,p) =$

$$= \sum_{\Lambda} \frac{\varphi_x(\lambda_{nx},x)\varphi_x(\lambda_{nx},\xi)\varphi_y(\lambda_{my},y)\varphi_y(\lambda_{my},\eta)\varphi_z(\lambda_{\ell z},z)\varphi_z(\lambda_{\ell z},\zeta)r(\xi)r(\eta)r(\zeta)}{(ap^2+\lambda_{nx}^2+\lambda_{my}^2+\lambda_{\ell z}^2)\|\varphi_{xn}\|^2 \|\varphi_{ym}\|^2 \|\varphi_{z\ell}\|^2},$$

$$\varphi_s(\lambda_{ks},X) = e^{cX}\sin\frac{\pi k\, P(X)}{P(s_2)}, \qquad k=1,2,\ldots,$$

$$P(X) = \int_{s_1}^{X} u(\tau)[v(\tau)]^{a_1}d\tau, \qquad \|\varphi_{sk}\|^2 = \frac{P(s_2)}{2},$$

$$\lambda_{ks}^2 = \frac{\pi^2 k^2}{P^2(s_2)}, \qquad k=1,2,\ldots,$$

$$\Lambda = (\lambda_{nx},\lambda_{my},\lambda_{\ell z}) \qquad [124, p.279].$$

$$a\frac{\partial^2 Q}{\partial t^2}(x,y,z,t) - L_{ox}Q(x,y,z,t) - L_{oy}Q(x,y,z,t) - L_{oz}Q(x,y,z,t) =$$

$$= f(x,y,z,t),$$

$$L_{os} = \frac{1}{r(s)}\left\{\frac{\partial}{\partial s}\left[p(s)\frac{\partial}{\partial s}\right] + q(s)\right\}, \quad p(s) = \frac{e^{-2cs}}{u(s)[v(s)]^a},$$

$$q(s) = \frac{e^{-2cs}}{u(s)[v(s)]^a}\left[c\left(\frac{u'(s)}{u(s)} + a\frac{v'(s)}{v(s)}\right) + c^2\right]$$

$$r(s) = u(s)[v(s)]^a e^{-2cs}, \quad u(s) \neq 0, \quad v(s) \neq 0,$$

$$Q(x,y,z,0) = Q_o(x,y,z), \quad \frac{\partial Q}{\partial t}(x,y,z,0) = Q_1(x,y,z),$$

$$\frac{\partial Q}{\partial x}(x_1,y,z,t) - b_{1x}Q(x_1,y,z,t) = g_{1x}(y,z,t),$$

$$\frac{\partial Q}{\partial x}(x_2,y,z,t) + b_{2x}Q(x_2,y,z,t) = g_{2x}(y,z,t),$$

$$\frac{\partial Q}{\partial y}(x,y_1,z,t) - b_{1y}Q(x,y_1,z,t) = g_{1y}(x,z,t),$$

$$\frac{\partial Q}{\partial y}(x,y_2,z,t) + b_{2y}Q(x,y_2,z,t) = g_{2y}(x,z,t),$$

$$\frac{\partial Q}{\partial z}(x,y,z_1,t) - b_{1z}Q(x,y,z_1,t) = g_{1z}(x,y,t),$$

$$\frac{\partial Q}{\partial z}(x,y,z_2,t) + b_{2z}Q(x,y,z_2,t) = g_{2z}(x,y,t),$$

$$a > 0, \quad x_1 \leq x \leq x_2, \quad y_1 \leq y \leq y_2, \quad z_1 \leq z \leq z_2, \quad t \geq 0.$$

$$w(x,y,z,t) = f(x,y,z,t) + g_{2x}(y,z,t)\frac{\delta(x-x_2)}{u^2(x)[v(x)]^{2a}} -$$

$$-g_{1x}(y,z,t)\frac{\delta(x-x_1)}{u^2(x)[v(x)]^{2a}} + g_{2y}(x,z,t)\frac{\delta(y-y_2)}{u^2(y)[v(y)]^{2a}} -$$

$$-g_{1y}(x,z,t)\frac{\delta(y-y_1)}{u^2(y)[v(y)]^{2a}} + g_{2z}(x,y,t)\frac{\delta(z-z_2)}{u^2(z)[v(z)]^{2a}} -$$

$$-g_{1z}(x,y,t)\frac{\delta(z-z_1)}{u(z)[v(z)]^{2a}} + Q_o(x,y,z)a\delta'(t) + Q_1(x,y,z)a\delta(t) ,$$

$$G(x,y,z,\xi,\eta,\zeta,t) =$$

$$= \sum_\lambda \frac{\varphi_x(\lambda_{nx},x)\varphi_x(\lambda_{nx},\xi)\varphi_y(\lambda_{my},y)\varphi_y(\lambda_{my},\eta)\varphi_z(\lambda_{\ell z},z)\varphi_z(\lambda_{\ell z},\zeta)r(\xi)r(\eta)r(\zeta)}{\|\varphi_{xn}\|^2 \|\varphi_{ym}\|^2 \|\varphi_{z\ell}\|^2} \times$$

$$\times \frac{1}{\sqrt{a(\lambda_{nx}^2+\lambda_{my}^2+\lambda_{\ell z}^2)}}\sin\sqrt{\frac{\lambda_{nx}^2+\lambda_{my}^2+\lambda_{\ell z}^2}{a}}t ,$$

$$W(x,y,z,\xi,\eta,\zeta,p) =$$

$$= \sum_\lambda \frac{\varphi_x(\lambda_{nx},x)\varphi_x(\lambda_{nx},\xi)\varphi_y(\lambda_{my},y)\varphi_y(\lambda_{my},\eta)\varphi_z(\lambda_{\ell z},z)\varphi_z(\lambda_{\ell z},\zeta)r(\xi)r(\eta)r(\zeta)}{(ap^2+\lambda_{nx}^2+\lambda_{my}^2+\lambda_{\ell z}^2)\|\varphi_{xn}\|^2 \|\varphi_{ym}\|^2 \|\varphi_{z\ell}\|^2} ,$$

$$\varphi_s(\lambda_{ks},X) = e^{cX}\left[\cos\lambda_{ks}P(X) + \frac{B_{1s}}{\lambda_{ks}}\sin\lambda_{ks}P(X)\right], \qquad k=1,2,...,$$

$$P(X) = \int_{s_1}^{X} u(\tau)[v(\tau)]^a d\tau ,$$

$$\|\varphi_{sk}\|^2 = \frac{1}{2\lambda_{ks}^2} \left\{ B_{1s} + (\lambda_{ks}^2 + B_{1s}^2) \left[P(s_2) + \frac{B_{2s}}{\lambda_{ks}^2 + B_{2s}^2} \right] \right\}, \qquad k=1,2,\ldots,$$

$$B_{is} = \frac{b_{is} + (-1)^i c}{u(s_i) [v(s_i)]^a}, \qquad i=1,2,$$

λ_{ks} are the positive roots of the equation

$$\frac{\operatorname{tg}[\lambda P(s_2)]}{\lambda} = \frac{B_{1s} + B_{2s}}{\lambda^2 - B_{1s} B_{2s}},$$

$$\varphi_s(\lambda_{ks}, X) \sim e^{cX} \cos \frac{\pi k P(X)}{P(s_2)} \quad \text{and} \quad \lambda_{ks}^2 \sim \frac{\pi^2 k^2}{P^2(s_2)} \quad \text{for} \quad k \gg 1,$$

[124, p. 280],

$$\Lambda = (\lambda_{nx}, \lambda_{my}, \lambda_{lz}).$$

§ 13. Group (r.0.2)

$$-\sum_{i=1}^{r} \frac{\partial^2 Q(x_1, x_2, ..., x_r)}{\partial r_i^2} = f(x_1, x_2, ..., x_r),$$

$$-\infty < x_i < \infty, \quad i = 1, 2, ..., r.$$

$$w(x_1, x_2, ..., x_2) = f(x_1, x_2, ..., x_r),$$

$$G(x_1, x_2, ..., x_r, \xi_1, \xi_2, ..., \xi_r) =$$

$$= \frac{1}{(r-2)\sigma_r} [(x_1 - \xi_1)^2 + (x_2 - \xi_2)^2 + ... + (x_r - \xi_r)^2]^{\frac{2-r}{2}},$$

σ_r is the surface area of the unit sphere in $\mathbb{R}^r$:

$$\sigma_r = \frac{2\pi^{\frac{r}{2}}}{\Gamma(\frac{r}{2})},$$

$\Gamma(z) = \int_0^{\infty} e^{-t} t^{z-1} dt$ is the Gamma function   [175, p.163].

§ 14. Differential-difference equations[1]

$$\frac{dQ}{dt}(t) - aQ(t) - bQ(t-h) = f(t), \quad t \geq 0,$$

$$Q(0) = Q_o, \quad Q(t) = \varphi(t) \text{ for } t \in [-h, 0), \quad h > 0.$$

$$w(t) = f(t) + b\varphi(t-h)\mathbf{1}(h-t) + Q_o\delta(t),$$

$$G(t) = \begin{cases} G_1(t), & t \in [0, h], \\ \vdots & \vdots \\ G_i(t), & t \in [(i-1)h, ih], \\ \vdots & \vdots \end{cases}$$

$$G_i(t) = b \int_{(i-1)h}^{t} G_1(t-\tau) G_{i-1}(\tau-h) d\tau + G_1[t-(i-1)h] G_{i-1}[(i-1)h],$$

$$i=2,3,...,$$

$$G_1(t) = e^{at},$$

$$W(p) = \frac{1}{p - a - be^{-ph}}$$

[77, p.70].

---

1. This paragraph was written by O.V. Shalyapina at request of the authors

$$\frac{dQ}{dt}(t) - AQ(t) - BQ(t-h) = f(t), \quad t \geq 0,$$

$$Q(0) = Q_o, \quad Q(t) = \varphi(t) \text{ for } t \in [-h, 0), \quad h > 0,$$

A and B are square matrices of order n,

$Q(t)$, $f(t)$ and $\varphi(t)$ are column vectors of length n.

$$w(t) = f(t) + B\varphi(t-h)\mathbf{1}(h-t) + Q_o\delta(t),$$

$$G(t) = \begin{cases} G_1(t), & t \in [0, h], \\ \vdots & \vdots \\ G_i(t), & t \in [(i-1)h, ih], \\ \vdots & \vdots \end{cases}$$

$$G_i(t) = \int_{(i-1)h}^{t} G_{i-1}(\tau-h)Be^{A(t-\tau)}\,d\tau + G_{i-1}[(i-1)h]e^{A[t-(i-1)h]},$$

$$i = 2, 3, \ldots,$$

$$G_1(t) = e^{At},$$

$$W(p) = (pE - A - e^{-ph}B)^{-1} = \frac{\hat{S}(p,h)}{\Delta(p,h)},$$

$\hat{S}(p, h)$ is the adjugate matrix, made up of the cofactors of the matrix

$$S(p, h) = pE - A - e^{-ph} B,$$

$$\Delta(p, h) = \det S(p, h) \quad [148 \text{ p.34}].$$

$$\frac{dQ}{dt}(t) - \sum_{i=1}^{k} B_i Q(t - h_i) = f(t), \quad t \geq 0,$$

$$Q(0) = Q_o, \quad Q(t) = \varphi(t) \text{ for } t \in [-h_k, 0),$$

$$0 = h_1 < h_2 < \ldots < h_k,$$

B_i ($i = 1, 2, \ldots, k$) are square matrices of order n,

$Q(t)$, $f(t)$ and $\varphi(t)$ are column vectors of length n.

$$w(t) = f(t) + \sum_{i=2}^{k} B_i \varphi(t - h_i) 1(h_i - t) + Q_o \delta(t),$$

$$W(p) = \left(pE - \sum_{i=1}^{k} e^{-ph_i} B_i \right)^{-1} = \frac{\hat{S}(p, h_2, \ldots, h_k)}{\Delta(p, h_2, \ldots, h_k)},$$

$\hat{S}(p, h_2, \ldots, h_k)$ is the adjugate matrix of the matrix

$$S(p, h_2, \ldots, h_k) = pE - \sum_{i=1}^{k} e^{-ph_i} B_i,$$

$$\Delta(p, h_2, \ldots, h_k) = \det S(p, h_2, \ldots, h_k) \quad [148 \text{ p.34}].$$

$$\frac{dQ}{dt}(t) - aQ(t) - b\frac{dQ}{dt}(t-h) - cQ(t-h) = f(t), \quad t \geq 0,$$

$$Q(0) = Q_o, \quad Q(t) = \varphi_o(t) \quad \text{with} \quad t \in [-h, 0),$$

$$\frac{dQ}{dt}(t) = \varphi_1(t) \quad \text{with} \quad t \in [-h, 0], \quad h > 0.$$

$$w(t) = f(t) + c\varphi_o(t-h)\mathbf{1}(h-t) + b\varphi_1(t-h)\mathbf{1}(h-t) + [\delta(t) - b\delta(t-h)]Q_o,$$

$$G(t) = \begin{cases} G_1(t), & t \in [0, h], \\ \vdots & \vdots \\ G_i(t), & t \in [(i-1)h, ih], \\ \vdots & \vdots \end{cases}$$

$$G_i(t) = \int_{(i-1)h}^{t} \left[cG_{i-1}(\tau-h) + b\frac{dG_{i-1}(\tau-h)}{d\tau} \right] G_1(t-\tau) d\tau +$$

$$+ G_{i-1}[(i-1)h] G_1[t-(i-1)h], \quad i=2,3,...,$$

$$G_1(t) = e^{at},$$

$$W(p) = \frac{1}{p - a - (bp + c)e^{-ph}} \quad [147, p.120].$$

§ 14. DIFFERENTIAL-DIFFERENCE EQUATIONS

$$\frac{dQ}{dt}(t) - \sum_{i=1}^{k} B_i Q(t-r_i) - \sum_{i=1}^{m} C_i \frac{dQ}{dt}(t-s_i) = f(t), \quad t \geq 0,$$

$$Q(0) = Q_o, \quad Q(t) = \varphi_o(t) \text{ with } t \in [-r_k, 0),$$

$$\frac{dQ}{dt}(t) = \varphi_1(t) \text{ with } t \in [-s_m, 0],$$

$$0 = r_1 < r_2 < \ldots < r_k, \quad 0 < s_1 < s_2 < \ldots < s_m,$$

B_i ($i = 1, 2, \ldots, k$) and C_i ($i = 1, 2, \ldots, m$) are square matrices of order n,

$Q(t)$, $f(t)$, $\varphi_o(t)$ and $\varphi_1(t)$ are column vectors of length n.

$$w(t) = f(t) + \sum_{k=2}^{k} B_i \varphi_o(t-r_i) \mathbf{1}(r_i - t) + \sum_{i=1}^{m} C_i \varphi_1(t-s_i) \mathbf{1}(s_i - t) +$$

$$+ \left[\delta(t) E - \sum_{i=1}^{m} \delta(t-s_i) C_i \right] Q_o,$$

$$W(p) = \left(pE - \sum_{i=1}^{k} e^{-pr_i} B_i - \sum_{i=1}^{m} pe^{-ps_i} C_i \right)^{-1} =$$

$$= \frac{\hat{S}(p, r_2, \ldots, r_k, s_1, \ldots, s_m)}{\det S(p, r_2, \ldots, r_k, s_1, \ldots, s_m)},$$

$\hat{S}(p, r_2, \ldots, r_k, s_1, \ldots, s_m)$ is the adjugate matrix of the matrix

$$S(p, r_2, \ldots, r_k, s_1, \ldots, s_m) = pE - \sum_{i=1}^{k} e^{-pr_i} B_i - \sum_{i=1}^{m} pe^{-ps_i} C_i \quad [147 \text{ p.}120].$$

§ 15. Integral equations

Hankel Transform

$$\int_0^\infty \sqrt{x\xi}\, J_\nu(x\xi)\, Q(\xi)\, d\xi = f(x), \qquad 0 \le x < \infty,$$

$J_\nu(z)$ is Bessel function of first kind of order ν.

$$G(x, \xi) = \sqrt{x\xi}\, J_\nu(x\xi) \qquad [184, p.27].$$

Hilbert Transform

$$\int_{-\infty}^\infty \frac{1}{\pi(\xi - x)} Q(\xi)\, d\xi = f(x), \qquad -\infty < x < \infty.$$

$$Q(x) = \int_{-\infty}^\infty \frac{1}{\pi(\xi - x)} f(\xi)\, d\xi, \qquad [55, p.91].$$

The above integral is understood to indicate the Cauchy principal value integral, that is,

$$\int_{-\infty}^\infty \frac{Q(\xi)}{\xi - x}\, d\xi = \lim_{\varepsilon \to 0} \int_\varepsilon^\infty \frac{Q(x+\xi) - Q(x-\xi)}{\xi}\, d\xi.$$

Mehler – Fock Transform

$$\int_1^\infty P_{-\frac{1}{2}+jx}(\xi) Q(\xi) d\xi = f(x), \qquad 0 \le x < \infty,$$

$P_\nu(z)$ are spherical Legendre functions of the first kind.

$$Q(x) = \int_0^\infty \xi \operatorname{th}\pi\xi \; P_{-\frac{1}{2}+j\xi}(x) f(\xi) d\xi \qquad [55, \text{p.87}].$$

$$\int_0^\infty \frac{2x}{\pi(x^2-\xi^2)} Q(\xi) d\xi = f(x), \qquad 0 \le x < \infty.$$

$$Q(x) = \int_0^\infty \frac{2\xi}{\pi(\xi^2-x^2)} f(\xi) d\xi \qquad [91, \text{p.67}].$$

The above integral is understood to indicate the Cauchy principal value integral.

Stieltjes Transform

$$\int_0^\infty \frac{1}{x+\xi} Q(\xi) d\xi = f(x), \qquad 0 < x < \infty.$$

$$Q(x) = \lim_{n \to \infty} \frac{1}{\pi \sqrt{x}} \sum_{k=0}^{n} (-1)^k \frac{(\pi x \frac{d}{dx})^{2k}}{(2k)!} (\sqrt{x} f(x)) \qquad [91, p.111]$$

where $\lim_{n \to \infty} g_n(x) = g(x)$ is the limit in the mean square of the functions $g_n(x)$ $(n=1,2,...)$ when $n \to \infty$, that is, the function $g(x)$ for which

$$\lim_{n \to \infty} \int_0^\infty [g(x) - g_n(x)]^2 \, dx = 0.$$

$$\int_0^\infty \frac{\Gamma(1+\alpha) \xi^\alpha}{(x+\xi)^{1+\alpha}} Q(\xi) \, d\xi = f(x), \qquad \alpha > 0, \qquad 0 < x < \infty.$$

$$Q(x) = \frac{x^{-\alpha}}{\pi \Gamma(\alpha)} \int_0^x (x-\xi)^{\alpha-1} \sin\pi(-\xi \frac{d}{d\xi}) f(\xi) \, d\xi,$$

$$\sin\pi(-\xi \frac{d}{d\xi}) f(\xi) = \lim_{n \to \infty} \frac{1}{\sqrt{\xi}} \sum_{k=0}^{n} (-1)^k \frac{(\pi \xi \frac{d}{d\xi})^{2k}}{(2k)!} (\sqrt{\xi} f(\xi))$$

[91, p.112]. The symbol $\lim_{n \to \infty} g_n(x)$ has the same meaning as in the previous formula.

$$\int_0^\infty \frac{\sqrt{\xi}}{\pi(\xi+\theta^2)} (\cos\sqrt{\xi}x + \frac{\theta}{\sqrt{\xi}} \sin\sqrt{\xi}x) Q(\xi) \, d\xi = f(x),$$

$$\theta \geq 0, \qquad 0 < x < \infty.$$

$$G(x, \xi) = \cos\sqrt{x\xi} + \frac{\theta}{\sqrt{x}} \sin\sqrt{x\xi} \qquad [16, p.243].$$

Laplace Transform

$$\int_0^\infty e^{-x\xi} Q(\xi) d\xi = f(x), \qquad 0 < x < \infty.$$

$$Q(x) = \left[\Gamma(1+x\frac{d}{dx})\right]^{-1} \left\{\frac{1}{x}f(\frac{1}{x})\right\},$$

$$Q(x) = \frac{2}{\pi} \frac{d}{dx} \int_0^\infty \frac{1-\cos x\xi}{\xi} \sin\frac{\pi}{2}(-\xi\frac{d}{d\xi}) f(\xi) d\xi \qquad [91, p.116].$$

The operator

$$\Phi(-x\frac{d}{dx}) f(x) \equiv \underset{n\to\infty}{\text{l.i.m}} P_n(-x\frac{d}{dx}) f(x) = \underset{n\to\infty}{\text{l.i.m}} \frac{1}{\sqrt{x}} Q_n(jx\frac{d}{dx}) \sqrt{x}\, f(x),$$

where

$$Q_n(s) \equiv P_n(\frac{1}{2}+js), \quad n=1,2,...,$$

$$P_n(s) = \sum_{k=0}^n d_k s^k \quad (n=1,2,...) \text{ is a sequence of polynomials } [91, p.94].$$

The symbol $\underset{n\to\infty}{\text{l.i.m}} g_n(x)$ is the limit in the mean square.

$$\frac{d}{dx}\int_0^\infty \frac{1}{\pi\xi}\ln\left|\frac{1+x\xi}{1-x\xi}\right| Q(\xi)\,d\xi = f(x), \qquad 0 < x < \infty.$$

$$Q(x) = \frac{d}{dx}\int_0^\infty \frac{1}{\pi\xi}\ln\left|\frac{1+x\xi}{1-x\xi}\right| f(\xi)\,d\xi \qquad [91, p.67].$$

Kontorovich – Lebedev Transform

$$\int_0^\infty \frac{\xi}{2} e^{\frac{\pi\xi}{2}} \operatorname{sh}\pi\xi\, H_{j\xi}^{(2)}(kx)\, Q(\xi)\,d\xi = f(x) \qquad 0 \leq x < \infty,$$

$H_\nu^{(2)}(z)$ is the Hankel function of the second kind of purely imaginary order ν.

$$G(x,\xi) = \frac{1}{\xi} e^{\frac{\pi x}{2}} H_{jx}^{(2)}(k\xi) \qquad [184, p.23].$$

$$\int_0^\infty \frac{1}{2x\xi}\ln\left|\frac{x+\xi}{x-\xi}\right| \cdot Q(\xi)\,d\xi = f(x), \qquad 0 \leq x < \infty.$$

$$Q(x) = \frac{x}{\pi^2}\frac{d}{dx}\int_0^\infty \ln\left|1-\frac{x^2}{\xi^2}\right| \cdot \frac{d}{d\xi}[2\xi f(\xi)]\,d\xi \qquad [184, p.34].$$

$$\int_0^a \ln\left|\frac{x+\xi}{x-\xi}\right| Q(\xi)\, d\xi = f(x), \qquad 0 \le x \le a \qquad 0 < a < \infty.$$

$$Q(x) = -\frac{2}{\pi^2} \frac{d}{dx} \int_x^a \frac{d\xi}{\sqrt{\xi^2 - x^2}} \frac{d}{d\xi} \int_0^\xi \frac{s}{\sqrt{\xi^2 - s^2}} f(s)\, ds \qquad [184, \text{p.}34].$$

$$\int_0^a |x^2 - \xi^2|^{-p} Q(\xi)\, d\xi = f(x), \qquad 0 < p < 1, \qquad 0 \le x \le a.$$

$$Q(x) = -\frac{2x^{p-1} \Gamma(p) \cos\frac{\pi p}{2}}{\pi \left[\Gamma(\frac{1+p}{2})\right]^2} \times$$

$$\times \frac{d}{dx} \int_x^a \frac{\xi^{2(1-p)}}{(\xi^2 - x^2)^{\frac{1-p}{2}}} \left[\int_0^\xi \frac{s^p}{(\xi^2 - s^2)^{\frac{1-p}{2}}} f(s)\, ds\right] d\xi \qquad [184, \text{p.}34],$$

$\Gamma(z)$ is the Gamma function.

$$\int_0^a \frac{2}{\pi(x+\xi)} K\left(\frac{2\sqrt{x\xi}}{x+\xi}\right) Q(\xi)\, d\xi = f(x), \qquad 0 \leq x \leq a,$$

$K(z)$ is the complete elliptic integral of the first kind :

$$K(z) = \int_0^1 \frac{ds}{\sqrt{(1-s^2)(1-z^2 s^2)}}.$$

$$Q(x) = -\frac{2}{\pi} \frac{d}{dx} \int_x^a \frac{\xi\, d\xi}{\sqrt{\xi^2 - x^2}} \frac{d}{d\xi} \int_0^\xi \frac{s}{\sqrt{\xi^2 - s^2}} f(s)\, ds \qquad [184, \text{p.35}].$$

$$\int_0^a K(x, \xi)\, Q(\xi)\, d\xi = f(x), \qquad 0 \leq x \leq a, \qquad 0 < a < \infty,$$

$$K(x, \xi) = (x^2 + \xi^2)^{-p} F\left(\frac{p}{2}, \frac{p+1}{2}, \frac{q}{2}; \frac{4x^2\xi^2}{(x^2+\xi^2)^2}\right),$$

F is the hypergeometrical function; $\quad 0 < 2p < q < 2p + 2.$

$$Q(x) = \frac{x^{q-2}}{\Gamma(1+p-\frac{q}{2})} \frac{d}{dx} \int_x^a \frac{\xi}{(\xi^2 - x^2)^{\frac{q}{2}-p}} g(\xi)\, d\xi,$$

$$g(\xi) = \frac{2\Gamma(p)\sin(p-\frac{q}{2})\pi}{\pi\Gamma(\frac{q}{2})} \xi^{1-2p} \frac{d}{d\xi} \int_0^\xi \frac{s^{q-1}}{(\xi^2 - s^2)^{\frac{q}{2}-p}} f(s)\, ds$$

[184,p. 33] , $\Gamma(z)$ is the Gamma function.

$$\int_0^{2\pi} \frac{\vartheta_1'(\frac{\xi-x}{2\pi})}{2\pi^2 \, \vartheta_1(\frac{\xi-x}{2})} Q(\xi) \, d\xi = f(x) , \qquad 0 \le x \le 2\pi ,$$

$\vartheta_1(z)$ is the Jacobi theta function.

$$G(x,\xi) = -\frac{1}{2\pi^2} \frac{\vartheta_1'(\frac{\xi-x}{2\pi})}{\vartheta_1(\frac{\xi-x}{2})} \qquad [78,\text{p.}625] .$$

Shlomikh equations

$$\int_0^{\pi/2} \frac{2}{\pi} Q(x \sin\xi) \, d\xi = f(x) , \qquad -\pi \le x \le \pi .$$

$$Q(x) = f(0) + x \int_0^{\pi/2} f'(x \sin\xi) \, d\xi \qquad [182] .$$

$$\int_{x_1}^{x_2} K(x,\xi) Q(\xi) d\xi = f(x),$$

$$K(x,\xi) = \sum_{n=1}^{\infty} a_n \varphi_n(x) \varphi_n(\xi) r(\xi),$$

$$\int_{x_1}^{x_2} \varphi_n(x) \varphi_m(x) r(x) dx = \delta_{nm}, \quad \{a_n\}_{n=1}^{\infty} \text{ is a square-summable sequence}$$

$$\text{of real numbers,} \quad \sum_{n=1}^{\infty} a_n^2 < \infty,$$

$$r(x) > 0, \quad x_1 \leq x \leq x_2.$$

$$G(x,\xi) = \sum_{n=1}^{\infty} \frac{\varphi_n(x) \varphi_n(\xi) r(\xi)}{a_n}.$$

If for some n=m the value $a_m = 0$, then a necessary and sufficient condition for existence of a solution to this problem is

$$\int_{x_1}^{x_2} f(x) \varphi_m(x) r(x) dx = 0.$$

When the above condition holds, there exists an infinite number of solutions of the form

$$Q(x) = \sum_{\substack{n=1 \\ (n \neq m)}}^{\infty} \frac{\varphi_n(x)}{a_n} \int_{x_1}^{x_2} f(\xi) \varphi_n(\xi) r(\xi) d\xi + c_m \varphi_m(x),$$

where c_m is an arbitrary constant [124, p. 54].

§ 15. INTEGRAL EQUATIONS

$$\int_{x_1}^{x_2} K_\Lambda(x,\xi) Q(\xi) d\xi = f(x),$$

$$K_\Lambda(x,\xi) = \sum_{n \in \Lambda} a_n \varphi_n(x) \varphi_n(\xi) r(\xi),$$

$$\int_{x_1}^{x_2} \varphi_n(x) \varphi_m(x) r(x) dx = \delta_{nm}, \qquad n, m = 1, 2, \ldots,$$

$\{a_n\}_{n=1}^{\infty}$ is a square-summable sequence of real numbers,

$$\sum_{n=1}^{\infty} a_n^2 < \infty, \qquad \Lambda \text{ is a finite subset of natural numbers;}$$

$$r(x) > 0, \qquad x_1 \leq x \leq x_2.$$

If $\bar{f}(n) \neq 0$ for at least one $n \in C\Lambda$ (where $C\Lambda$ is the complement of Λ with respect to the set of natural numbers), then no solution exists.

When $\bar{f}(n) = 0$ and $a_n \neq 0$ for all $n \in C\Lambda$, then

$$Q(x) = \sum_{n \in \Lambda} \frac{1}{a_n} \bar{f}(n) \varphi_n(x) + \sum_{n \in C\Lambda} c_n \varphi_n(x),$$

where $\{c_n\}_{n \in C\Lambda}$ is a set of arbitrary constants, and

$$\bar{f}(n) = \int_{x_1}^{x_2} f(x) \varphi_n(x) r(x) dx, \quad n=1,2,\ldots, \qquad [124, \text{p.56}].$$

Under these conditions, the problem is equivalent to the finite-dimensional problem of moments:

$$\frac{1}{a_n} \bar{f}(n) = \int_{x_1}^{x_2} Q(\xi) \varphi_n(\xi) r(\xi) d\xi, \quad n \in \Lambda \quad [33, p.101].$$

$$Q(t) + \lambda \int_0^t K(t-\tau) Q(\tau) d\tau = f(t), \quad t \geq 0.$$

$$W(p) = \frac{1}{1 + \lambda \tilde{K}(p)},$$

$$Q(t) = f(t) - \lambda \int_0^t R(t-\tau, \lambda) f(\tau) d\tau,$$

$$\tilde{R}(p, \lambda) = \frac{\tilde{K}(p)}{1 + \lambda \tilde{K}(p)} = \frac{1}{\lambda}[1 - W(p)] \quad [52].$$

$$Q(t) - \lambda \int_0^t K(t, \tau) Q(\tau) d\tau = f(t), \quad t \geq 0.$$

$$G(t, \tau) = \delta(t - \tau) + \begin{cases} \lambda R(t, \tau, \lambda), & \tau \in [0, t], \\ 0, & \tau \notin [0, t], \end{cases}$$

$$R(t, \tau, \lambda) = \sum_{n=1}^{\infty} \lambda^{n-1} K_n(t, \tau),$$

$$K_n(t, \tau) = \int_\tau^t K(t, s) K_{n-1}(s, \tau) \, ds, \qquad K_1(t, \tau) \equiv K(t, \tau),$$

$$Q(t) = f(t) + \lambda \int_0^t R(t, \tau, \lambda) f(\tau) \, d\tau, \qquad [102, \text{p.110}].$$

$$Q(t) - \lambda \int_0^t (t-\tau)^{n-1} Q(\tau) \, d\tau = f(t), \qquad n \in \mathbb{N} \qquad t \geq 0.$$

$$W(p) = \frac{p^n}{p^n - \lambda (n-1)!},$$

1. $\lambda < 0$.
$$Q(t) = f(t) - \alpha \int_0^t s[\alpha(t-\tau); 1, n] f(\tau) \, d\tau, \qquad \alpha = \sqrt[n]{-\lambda(n-1)!}$$

2. $\lambda > 0$.
$$Q(t) = f(t) + \beta \int_0^t c[\beta(t-\tau); 1, n] f(\tau) \, d\tau, \qquad \beta = \sqrt[n]{\lambda(n-1)!}$$

[149, p. 50].

$$Q(t) - \lambda \int_0^t e^{a(t-\tau)} (t-\tau)^{n-1} Q(\tau) \, d\tau = f(t), \qquad n \in \mathbb{N}, \qquad t \geq 0.$$

$$W(p) = \frac{(p-a)^n}{(p-a)^n - \lambda(n-1)!},$$

1. $\lambda < 0$.

$$Q(t) = f(t) - \alpha \int_0^t e^{a(t-\tau)} s[\alpha(t-\tau);1,n] f(\tau) d\tau, \qquad \alpha = \sqrt[n]{-\lambda(n-1)!}$$

2. $\lambda > 0$.

$$Q(t) = f(t) + \beta \int_0^t e^{a(t-\tau)} c[\beta(t-\tau);1,n] f(\tau) d\tau, \qquad \beta = \sqrt[n]{\lambda(n-1)!}$$

[149, p. 50].

$$Q(t) - \lambda \int_0^t e^{a(t-\tau)} \sin b(t-\tau) Q(\tau) d\tau = f(t), \qquad b > 0, \qquad t \geq 0.$$

$$W(p) = \frac{(p-a)^2 + b^2}{(p-a)^2 + q},$$

1. $\lambda = b$.

$$Q(t) = f(t) + b^2 \int_0^t (t-\tau) e^{a(t-\tau)} f(\tau) d\tau;$$

2. $\lambda < b$.

$$Q(t) = f(t) + \frac{\lambda b}{\sqrt{q}} \int_0^t e^{a(t-\tau)} \sin \sqrt{q}(t-\tau) f(\tau) d\tau;$$

3. $\lambda > b$.

$$Q(t) = f(t) + \frac{\lambda b}{\sqrt{-q}} \int_0^t e^{a(t-\tau)} \sh\sqrt{-q}\,(t-\tau) f(\tau)\,d\tau,$$

$$q = b^2 - \lambda b \qquad [149, p.50].$$

$$Q(t) - 2\lambda \int_0^t e^{a(t-\tau)} \cos b\,(t-\tau) Q(\tau)\,d\tau = f(t), \qquad t \geq 0.$$

$$W(p) = \frac{(p-a)^2 + b^2}{(p-a-\lambda)^2 + q}, \qquad q = b^2 - \lambda^2,$$

1. $\lambda = b$.

$$Q(t) = f(t) + 2\lambda \int_0^t e^{(a+\lambda)(t-\tau)} [1 + \lambda(t-\tau)] f(\tau)\,d\tau;$$

2. $|\lambda| < |b|$.

$$Q(t) = f(t) + 2\lambda \int_0^t e^{(a+\lambda)(t-\tau)} \left[\cos\sqrt{q}\,(t-\tau) + \frac{\lambda}{\sqrt{q}} \sin\sqrt{q}\,(t-\tau)\right] f(\tau)\,d\tau;$$

3. $|\lambda| > |b|$.

$$Q(t) = f(t) + 2\lambda \int_0^t e^{(a+\lambda)(t-\tau)} \left[\ch\sqrt{-q}\,(t-\tau) + \frac{\lambda}{\sqrt{-q}} \sh\sqrt{-q}\,(t-\tau)\right] f(\tau)\,d\tau$$

[149, p. 50].

$$Q(t) - \lambda \int_0^t s(t-\tau; 1, n) Q(\tau) d\tau = f(t), \qquad t \geq 0.$$

$$W(p) = \frac{p^n + 1}{p^n + 1 - \lambda},$$

1. $\lambda = 1$.

$$Q(t) = f(t) + \frac{1}{(n-1)!} \int_0^t (t-\tau)^{n-1} f(\tau) d\tau;$$

2. $\lambda > 1$.

$$Q(t) = f(t) + \frac{\lambda}{(\lambda-1)^{\frac{n-1}{n}}} \int_0^t c\left[(\lambda-1)^{\frac{1}{n}}(t-\tau); 1, n\right] f(\tau) d\tau;$$

3. $\lambda < 1$.

$$Q(t) = f(t) + \frac{\lambda}{(1-\lambda)^{\frac{n-1}{n}}} \int_0^t s\left[(1-\lambda)^{\frac{1}{n}}(t-\tau); 1, n\right] f(\tau) d\tau$$

[149, p. 51].

$$Q(t) - \lambda \int_0^t c(t-\tau; 1, n) Q(\tau) d\tau = f(t), \qquad t \geq 0.$$

$$W(p) = \frac{p^n - 1}{p^n - 1 - \lambda},$$

1. $\lambda = -1$.

$$Q(t) = f(t) - \frac{1}{(n-1)!} \int_0^t (t-\tau)^{n-1} f(\tau) d\tau;$$

2. $\lambda > -1$.

$$Q(t) = f(t) + \frac{\lambda}{(1+\lambda)^{\frac{n-1}{n}}} \int_0^t c\left[(1+\lambda)^{\frac{1}{n}}(t-\tau); 1, n\right] f(\tau) d\tau;$$

3. $\lambda < -1$.

$$Q(t) = f(t) + \frac{\lambda}{(-1-\lambda)^{\frac{n-1}{n}}} \int_0^t s\left[(-1-\lambda)^{\frac{1}{n}}(t-\tau); 1, n\right] f(\tau) d\tau$$

[149, p. 51].

$$Q(t) + \mu \int_0^t A_\alpha(\lambda, t-\tau) Q(\tau) d\tau = f(t), \qquad t \geq 0,$$

$$A_\alpha(\lambda, t) = t^{\alpha-1} \sum_{n=0}^\infty \frac{\lambda^n t^{\alpha n}}{\Gamma[\alpha(n+1)]}, \qquad 0 < \alpha < 1.$$

$$W(p) = [1 + \mu \tilde{A}_\alpha(\lambda, p)]^{-1} = 1 - \mu \tilde{A}_\alpha(\lambda + \mu, p),$$

$$Q(t) = f(t) - \mu \int_0^t A_\alpha(\lambda + \mu, t - \tau) f(\tau) d\tau \qquad [5, p.142],$$

$A_\alpha(\lambda, t)$ is the Rabotnov function [141, p. 50].

$$Q(t) - \lambda \int_0^t J_0(t-\tau) Q(\tau) d\tau = f(t), \qquad 0 \leq t < \infty.$$

$$W(p) = \frac{\sqrt{1+p^2}}{\sqrt{1+p^2} - \lambda},$$

$$Q(t) = f(t) + \int_0^t R(t-\tau) f(\tau) d\tau,$$

$$R(t) = \frac{\lambda}{\mu} \int_0^t \sin\mu(t-\tau) \cdot \frac{J_1(\tau)}{\tau} d\tau + \lambda \cos\mu t + \frac{\lambda^2}{\mu} \sin\mu t,$$

$$\mu = \sqrt{1-\lambda^2} \qquad [152, \text{vol.IV}, p.166],$$

$J_n(z)$ is the Bessel function of the first kind of order n.

$$Q(t) - \lambda \int_0^t \frac{1}{(t-\tau)^\alpha} Q(\tau) d\tau = f(t), \qquad 0 < \alpha < 1, \qquad 0 \leq t < \infty.$$

$$W(p) = \frac{1}{1 - \lambda \Gamma(1-\alpha) p^{\alpha-1}},$$

$$Q(t) = f(t) + \int_0^t R(t-\tau) f(\tau) d\tau,$$

$$R(t) = \sum_{n=1}^{\infty} \frac{[\lambda \Gamma(1-\alpha) t^{1-\alpha}]^n}{t \Gamma[n(1-\alpha)]} \qquad [152, \text{vol.IV}, \text{p.168}] ,$$

$\Gamma(z)$ is the Gamma function.

$$Q(t) + \lambda \int_t^T Q(\tau) d\tau = f(t) , \qquad t \geq 0 .$$

$$G(t, \tau) = \delta(t-\tau) + \begin{cases} -\lambda e^{\lambda(t-\tau)} , & \tau \in [t, T] , \\ 0 , & \tau \notin [t, T] , \end{cases}$$

$$Q(t) = f(t) - \lambda \int_t^T e^{\lambda(t-\tau)} f(\tau) d\tau .$$

$$Q(t) - \int_t^\infty K(t-\tau) Q(\tau) d\tau = f(t) , \qquad t \geq 0 .$$

$$W(p) = \frac{1}{1 - \tilde{K}_*(-p)} ,$$

$$\tilde{K}_*(-p) = \int_0^\infty K(-t) e^{pt} dt,$$

$$Q(t) = Q_0(t) + \frac{1}{2\pi j} \int_{\delta - j\infty}^{\delta + j\infty} \tilde{f}(p) W(p) e^{pt} dp \qquad [102, \text{p.157}] ,$$

$Q_0(t)$ is a solution of the homogeneous equation

$$Q(t) = \int_t^\infty K(t-\tau) Q(\tau) \, d\tau.$$

It is assumed that the domain of analyticity of $\tilde{K}_*(-p)$ and $\tilde{f}(p)$ overlap.

$$Q(x) - \lambda \int_0^x \frac{(x-\xi)^{\frac{1}{\rho}-1}}{\Gamma(\frac{1}{\rho})} Q(\xi) \, d\xi = f(x), \qquad \rho > 0, \qquad 0 < x < \ell.$$

$$Q(x) = f(x) + \lambda \int_0^x (x-\xi)^{\frac{1}{\rho}-1} E_\rho\left[\lambda(x-\xi)^{\frac{1}{\rho}}; \frac{1}{\rho}\right] f(\xi) \, d\xi, \qquad 0 < x < \ell,$$

[91, p. 123].

$$E_\rho(z; \mu) = \sum_{k=0}^\infty \frac{z^k}{\Gamma(\mu + k\frac{1}{\rho})}$$

is the Mittag-Leffler function ($\rho > 0$), $\Gamma(\nu)$ is the Gamma function.

$$Q(x) - \lambda \int_1^\infty (x+\xi)^{-1} Q(\xi) \, d\xi = f(x), \qquad -\infty < \lambda < \frac{1}{\pi},$$

$$1 \leq x < \infty.$$

$$G(x,\xi) = \delta(x-\xi) + \lambda \int_0^\infty \frac{\pi z \, \text{th}\pi z}{\text{ch}\pi z - \lambda\pi} P_{-\frac{1}{2}+jz}(x) P_{-\frac{1}{2}+jz}(\xi) dz$$

$$Q(x) = f(x) + \lambda \int_1^\infty f(\xi) \left[\int_0^\infty \frac{\pi z \, \text{th}\pi z}{\text{ch}\pi z - \lambda\pi} P_{-\frac{1}{2}+jz}(x) P_{-\frac{1}{2}+jz}(\xi) dz \right] d\xi$$

[56, p.89], $P_\nu(x)$ is the spherical Legendre function of the first kind.

$$Q(x) - \int_{-\infty}^\infty K(x-\xi) Q(\xi) d\xi = f(x), \qquad -\infty < x < \infty.$$

$$G(x-\xi) = \delta(x-\xi) + R(x-\xi),$$

$$\tilde{R}_F(u) = \frac{\tilde{K}_F(u)}{1 - \sqrt{2\pi}\, \tilde{K}_F(u)},$$

$$\tilde{K}_F(u) = \frac{1}{\sqrt{2\pi}} \int_{-\infty}^\infty K(\xi) e^{ju\xi} d\xi,$$

$$Q(x) = f(x) + \int_{-\infty}^\infty R(x-\xi) f(\xi) d\xi \qquad [56, p.25].$$

$$Q(x) + \lambda \int_{-\infty}^\infty \frac{\sin(x-\xi)}{x-\xi} Q(\xi) d\xi = f(x), \qquad \lambda \neq -\sqrt{\frac{2}{\pi}},$$

$$-\infty < x < \infty.$$

$$G(x-\xi) = \delta(x-\xi) - \frac{\lambda}{\lambda\pi + \sqrt{2\pi}} \frac{\sin(x-\xi)}{x-\xi} \qquad [79, p.87].$$

$$Q(x) + \lambda \int_{-\infty}^{\infty} e^{-|x-\xi|} Q(\xi) d\xi = f(x), \qquad \lambda > -\frac{1}{2},$$

$$-\infty < x < \infty.$$

$$G(x-\xi) = \delta(x-\xi) - \frac{\lambda}{\sqrt{1+2\lambda}} e^{-|x-\xi|\sqrt{1+2\lambda}} \qquad [79, p.48].$$

$$Q(x) + \lambda \int_{0}^{\infty} e^{-|x-\xi|} Q(\xi) d\xi = f(x), \qquad \lambda > -\frac{1}{2},$$

$$0 \leq x < \infty.$$

$$G(x-\xi) = \delta(x-\xi) - \frac{\lambda}{\sqrt{1+2\lambda}} e^{-|x-\xi|\sqrt{1+2\lambda}} -$$
$$- \frac{\lambda + 1 - \sqrt{1+2\lambda}}{\sqrt{1+2\lambda}} e^{-(x+\xi)\sqrt{1+2\lambda}} \qquad [79, p.88].$$

$$Q(x) - \lambda \int_{0}^{\infty} \cos(2x\xi) Q(\xi) d\xi = f(x), \qquad 0 \leq x < \infty.$$

$$G(x,\xi) = \frac{1}{1-\frac{1}{4}\pi\lambda^2}\delta(x-\xi) + \frac{\lambda}{1-\frac{1}{4}\pi\lambda^2}\cos(2x\xi) \qquad [182].$$

$$Q(x) - \lambda\int_0^\infty \frac{\sin 2\sqrt{x\xi}}{\sqrt{\pi\xi}} Q(\xi)\,d\xi = f(x), \qquad 0 \le x < \infty.$$

$$G(x,\xi) = \frac{1}{1-\lambda^2}\delta(x-\xi) + \frac{\lambda}{1-\lambda^2}\frac{\sin 2\sqrt{x\xi}}{\sqrt{\pi\xi}} \qquad [149, \text{p.53}].$$

$$Q(x) - \lambda\int_0^\infty \frac{\cos 2\sqrt{x\xi}}{\sqrt{\pi\xi}} Q(\xi)\,d\xi = f(x), \qquad 0 \le x < \infty.$$

$$G(x,\xi) = \frac{1}{1-\lambda^2}\delta(x-\xi) + \frac{\lambda}{1-\lambda^2}\frac{\cos 2\sqrt{x\xi}}{\sqrt{\pi x}} \qquad [149, \text{p.54}].$$

$$Q(x) - \lambda\int_0^\infty J_0(2\sqrt{x\xi})\, Q(\xi)\,d\xi = f(x), \qquad 0 \le x < \infty.$$

$$G(x, \xi) = \frac{1}{1-\lambda^2} \delta(x-\xi) + \frac{\lambda}{1-\lambda^2} J_0(2\sqrt{x\xi}) \qquad [149, p.54].$$

$J_0(z)$ is the Bessel function of the first kind of order 0.

$$Q(x) - \lambda \int_0^\infty \left(\frac{x}{\xi}\right)^{\frac{n}{2}} J_n(2\sqrt{x\xi}) Q(\xi) d\xi = f(x), \qquad 0 \le x < \infty.$$

$$G(x, \xi) = \frac{1}{1-\lambda^2} \delta(x-\xi) + \frac{\lambda}{1-\lambda^2} \left(\frac{x}{\xi}\right)^{\frac{n}{2}} J_n(2\sqrt{x\xi}) \qquad [149, p.55],$$

$J_n(z)$ is the Bessel function of the first kind of order n.

$$Q(x) + \frac{b^2 - a^2}{2a} \int_0^\infty \frac{1}{\xi} \exp\left(-a \left|\ln \frac{x}{\xi}\right|\right) Q(\xi) d\xi = f(x),$$

$$a > 0, \qquad b > 0, \qquad 0 \le x < \infty.$$

$$G(x, \xi) = \delta(x-\xi) + \frac{a^2 - b^2}{2b} \frac{1}{\xi} \exp\left(-b \left|\ln \frac{x}{\xi}\right|\right) \qquad [79, p.91].$$

$$Q(x) + \lambda \int_{-\infty}^{x} e^{-b(x-\xi)} Q(\xi) d\xi = f(x), \quad \text{Re } b > 0, \quad -\infty < x < \infty.$$

1. $\text{Re}(b+\lambda) > 0$.

$$G(x-\xi) = \delta(x-\xi) - \lambda \begin{cases} e^{-(b+\lambda)(x-\xi)}, & -\infty < \xi < x, \\ 0, & x < \xi < \infty, \end{cases}$$

2. $\text{Re}(b+\lambda) < 0$.

$$G(x-\xi) = \delta(x-\xi) - \lambda \begin{cases} 0, & -\infty < \xi < x, \\ e^{-(b+\lambda)(x-\xi)}, & x < \xi < \infty, \end{cases}$$

[79, p. 87].

$$Q(x) - \lambda \int_a^b K(x,\xi) Q(\xi) d\xi = f(x), \quad a \leq x \leq b,$$

$$|\lambda| < B_K^{-1}, \quad B_K = \left\{ \int_a^b \int_a^b |K(x,\xi)|^2 dx\, d\xi \right\}^{1/2}.$$

$$G(x,\xi) = \delta(x-\xi) + \lambda R(x,\xi,\lambda),$$

$$R(x,\xi,\lambda) = \sum_{n=1}^{\infty} \lambda^{n-1} K_n(x,\xi) \quad \text{(Neumann series)},$$

$$K_n(x,\xi) = \int_a^b K(x,s) K_{n-1}(s,\xi) ds, \quad n = 2, 3, \ldots,$$

$K_1(x, \xi) = K(x, \xi)$ [98].

$$Q(x) - \lambda \int_a^b K(x, \xi) Q(\xi) d\xi = f(x), \quad a \leq x \leq b,$$

$$\int_a^b K(x, s) K(s, \xi) ds = 0, \quad a \leq x, \xi \leq b.$$

$G(x, \xi) = \delta(x - \xi) + \lambda K(x, \xi)$ [102, p.102].

$$Q(x) + \lambda^2 \int_{x_1}^{x_2} K(x, \xi) Q(\xi) d\xi = f(x),$$

$$K(x, \xi) = \sum_{n=1}^{\infty} a_n \varphi_n(x) \varphi_n(\xi) r(\xi),$$

$$\int_{x_1}^{x_2} \varphi_n(x) \varphi_m(x) r(x) dx = \delta_{nm},$$

$\{a_n\}_{n=1}^{\infty}$ is a square-summable sequence of real numbers,

$$\sum_{n=1}^{\infty} a_n^2 < \infty,$$

$$r(x) > 0, \quad x_1 \leq x \leq x_2.$$

$$G(x, \xi) = \delta(x - \xi) - \lambda^2 R(x, \xi, \lambda),$$

$$R(x, \xi, \lambda) = \sum_{n=1}^{\infty} \frac{a_n \varphi_n(x) \varphi_n(\xi) r(\xi)}{1 + \lambda^2 a_n} \quad [124, \text{p.53}].$$

If for some n=m the parameter $\lambda^2 = -a_m^{-1}$, then a necessary and sufficient condition for existence of a solution of the equation is

$$\int_{x_1}^{x_2} f(x) \varphi_m(x) r(x) dx = 0.$$

When this condition holds, there exists an infinite number of solutions of the form

$$Q(x) = \sum_{\substack{n=1 \\ (n \neq m)}}^{\infty} \frac{\varphi_n(x)}{1 + \lambda^2 a_n} \int_{x_1}^{x_2} f(\xi) \varphi_n(\xi) r(\xi) d\xi + c_m \varphi_m(x),$$

where c_m is an arbitrary constant.

$$Q(x) + \lambda^2 \int_{x_1}^{x_2} K_\Lambda(x, \xi) Q(\xi) d\xi = f(x),$$

$$K_\Lambda(x, \xi) = \sum_{n \in \Lambda} a_n \varphi_n(x) \varphi_n(\xi) r(\xi),$$

$$\int_{x_1}^{x_2} \varphi_n(x) \varphi_m(x) r(x) dx = \delta_{nm}, \quad n, m = 1, 2, ...,$$

$\{a_n\}_{n=1}^{\infty}$ is a square-summable sequence of real numbers,

$$\sum_{n=1}^{\infty} a_n^2 < \infty,$$

Λ is a finite subset of natural numbers.

$$r(x) > 0, \qquad x_1 \leq x \leq x_2.$$

$$G(x, \xi) = \sum_{n \in \Lambda} \frac{\varphi_n(x) \varphi_n(\xi) r(\xi)}{1 + \lambda^2 a_n} + \sum_{n \in C\Lambda} \varphi_n(x) \varphi_n(\xi) r(\xi),$$

$C\Lambda$ is the complement of the set Λ with respect to the set of natural numbers. If for some n=m the parameter $\lambda^2 = -a_m^{-1}$, then a necessary and sufficient condition for existence of a solution of the equation is

$$\int_{x_1}^{x_2} f(x) \varphi_m(x) r(x) dx = 0.$$

When this condition holds, there exists an infinite number of solutions of the form

$$Q(x) = \sum_{\substack{n \in \Lambda \\ (n \neq m)}} \frac{\varphi_n(x)}{1 + \lambda^2 a_n} \int_{x_1}^{x_2} f(\xi) \varphi_n(\xi) r(\xi) d\xi + c_m \varphi_m(x) +$$

$$+ \sum_{n \in C\Lambda} \varphi_n(x) \int_{x_1}^{x_2} f(\xi) \varphi_n(\xi) r(\xi) d\xi,$$

where c_m is an arbitrary constant

[124, p. 55].

$$Q(x) + \lambda^2 \int_{x_1}^{x_2} K(x,\xi) Q(\xi) d\xi = f(x), \qquad x_1 \le x \le x_2,$$

$K(x,\xi) \equiv G_0(x,\xi)$, where $G_0(x,\xi)$ is the Green's function of the boundary-value problem:

$$\frac{1}{r(x)} L Q^*(x) = w(x),$$

$$\ell_1 Q^* \equiv \alpha_1 \frac{dQ^*}{dx}(x_1) + \beta_1 Q^*(x_1) = 0,$$

$$\ell_2 Q^* \equiv \alpha_2 \frac{dQ^*}{dx}(x_2) + \beta_2 Q^*(x_2) = 0,$$

$$L = \frac{d}{dx}\left[p(x)\frac{d}{dx}\right] + q(x), \qquad p(x) \in \mathbb{C}_1[x_1, x_2],$$

$$q(x), r(x) \in \mathbb{C}[x_1, x_2], \qquad p(x)q(x) \le 0, \qquad r(x) > 0.$$

$$G(x,\xi) = \delta(x-\xi) - \lambda^2 \Gamma(x,\xi,\lambda),$$

$\Gamma(x,\xi,\lambda)$ is the resolvent Green's function of the Green's function boundary value problem:

$$\frac{1}{r(x)} LQ(x) + \lambda^2 Q(x) = w(x), \qquad \ell_1 Q = 0, \qquad \ell_2 Q = 0, \qquad (*)$$

$$\Gamma(x,\xi,\lambda) = \sum_{\lambda_n} \frac{\varphi(\lambda_n, x)\,\varphi(\lambda_n, \xi)\,r(\xi)}{(\lambda^2 - \lambda_n^2)\,\|\varphi_n\|_{L_r^2}^2},$$

$\varphi_n = \varphi(\lambda_n, x)$ and λ_n^2 (n=1,2,...) are the eigenfunctions and eigenvalues of problem (*), under the condition $\lambda^2 = 0$ [124, p.30] (see also the closed form of function $\Gamma(x,\xi,\lambda)$ given in [124].

§ 16. Integro-differential equations

$$b\frac{dQ}{dt}(t) + cQ(t) + \lambda \int_0^t K(t-\tau) Q(\tau) d\tau = f(t),$$

$$Q(0) = Q_0, \quad t \geq 0.$$

$w(t) = f(t) + Q_0 \, b\delta(t),$

$W(p) = \dfrac{1}{bp + c + \lambda \tilde{K}(p)}$ [102, p.155] .

$$a\frac{d^2Q}{dt^2}(t) + b\frac{dQ}{dt}(t) + cQ(t) + \lambda \int_0^t K(t-\tau) Q(\tau) d\tau = f(t),$$

$$Q(0) = Q_0, \quad \frac{dQ}{dt}(0) = Q_1, \quad t \geq 0.$$

$w(t) = f(t) + Q_0 [a\delta'(t) + b\delta(t)] + Q_1 a\delta(t),$

$W(p) = \dfrac{1}{ap^2 + bp + c + \lambda \tilde{K}(p)}$ [102, p.155] .

$$b\frac{dQ}{dt}(t) + cQ(t) + \int_0^t \{K_\beta(t-\tau)\frac{dQ}{d\tau}(\tau) + K_\gamma(t-\tau) Q(\tau)\} d\tau = f(t),$$

$$Q(0) = Q_0, \quad t \geq 0.$$

$$w(t) = f(t) + Q_0 [b\delta(t) + K_\beta(t)] \, ,$$

$$W(p) = \frac{1}{bp + c + p\tilde{K}_\beta(p) + \tilde{K}_\gamma(p)} \qquad [102, p.155] \, .$$

$$a\frac{d^2Q}{dt^2}(t) + b\frac{dQ}{dt}(t) + cQ(t) + \int_0^t \{K_\alpha(t-\tau)\frac{d^2Q}{d\tau^2}(\tau) +$$

$$+ K_\beta(t-\tau)\frac{dQ}{d\tau}(\tau) + K_\gamma(t-\tau)Q(\tau)\} d\tau = f(t) \, ,$$

$$Q(0) = Q_0, \qquad \frac{dQ}{dt}(0) = Q_1, \qquad t \geq 0 \, .$$

$$w(t) = f(t) + Q_0 \{a\delta'(t) + [b + K_\alpha(+0)]\delta(t) + \frac{dK_\alpha(t)}{dt} + K_\beta(t)\}$$

$$+ Q_1 [a\delta(t) + K_\alpha(t)] \, ,$$

$$W(p) = \frac{1}{ap^2 + bp + c + p^2 \tilde{K}_\alpha(p) + p\tilde{K}_\beta(p) + \tilde{K}_\gamma(p)} \qquad [102, p.155] \, .$$

$$-\frac{d^2Q}{dx^2}(x) + cQ(x) + \lambda \int_0^l K(x, \xi) Q(\xi) d\xi = f(x) \, ,$$

$$K(x, \xi) = \frac{2}{l} \sum_{n=1}^\infty \kappa_n \sin\frac{\pi n}{l} x \sin\frac{\pi n}{l} \xi \, ,$$

$$\{\kappa_n\}_{n=1}^\infty \text{ is a real sequence} \, ,$$

$$Q(0) = g_1, \qquad Q(l) = g_2, \qquad 0 \leq x \leq l \, .$$

$$w(x) = f(x) + g_2 \, \delta'(x-l) - g_1 \, \delta'(x) , \qquad [124, p.53,98] .$$

If the parameters c and λ are such that for all $n=1,2,...$ the values

$$\tilde{g}_n^{-1} = \frac{\pi^2 n^2}{l^2} + c + \lambda \kappa_n \neq 0 ,$$

then

$$G(x,\xi) = \frac{2}{l} \sum_{n=1}^{\infty} \tilde{g}_n \sin \frac{\pi n}{l} x \sin \frac{\pi n}{l} \xi .$$

$$-\frac{d^2 Q}{dx^2}(x) + cQ(x) + \lambda \int_0^l K(x,\xi) Q(\xi) d\xi = f(x) ,$$

$$K(x,\xi) = \frac{1}{l} \kappa_1 + \frac{2}{l} \sum_{n=2}^{\infty} \kappa_n \cos \frac{\pi(n-1)}{l} x \cdot \cos \frac{\pi(n-1)}{l} \xi ,$$

$\{\kappa_n\}_{n=1}^{\infty}$ is a real sequence,

$$\frac{dQ}{dx}(0) = g_1 , \qquad \frac{dQ}{dx}(l) = g_2 , \qquad 0 \leq x \leq l .$$

$$w(x) = f(x) + g_2 \, \delta(x-l) - g_1 \, \delta(x) \qquad [124, p.53,99] .$$

If the parameters c and λ are such that for all $n=1,2,...$ the values

$$\tilde{g}_n^{-1} = \frac{\pi^2 (n-1)^2}{l^2} + c + \lambda \kappa_n \neq 0$$

then

$$G(x,\xi) = \frac{1}{l} \tilde{g}_1 + \frac{2}{l} \sum_{n=1}^{\infty} \tilde{g}_n \cos \frac{\pi(n-1)}{l} \cos \frac{\pi(n-1)}{l} \xi .$$

$$-\frac{1}{r(x)} LQ(x) + cQ(x) + \lambda \int_{x_1}^{x_2} K(x,\xi) Q(\xi) d\xi = f(x),$$

$$L = \frac{d}{dx}\left[p(x)\frac{d}{dx}\right] + q(x), \qquad x_1 \le x \le x_2,$$

$$\ell_1 Q \equiv \alpha_1 \frac{dQ}{dx}(x_1) + \beta_1 Q(x_1) = g_1, \qquad \ell_2 Q \equiv \alpha_2 \frac{dQ}{dx}(x_2) + \beta_2 Q(x_2) = g_2,$$

$$K(x,\xi) = \sum_{\lambda_n} \kappa_n \frac{\varphi(\lambda_n, x)\varphi(\lambda_n, \xi) r(\xi)}{\|\varphi_n\|_{L_r^2}^2}, \qquad p(x) \in \mathbb{C}_1[x_1, x_2],$$

$$q(x), r(x) \in \mathbb{C}[x_1, x_2], \qquad p(x)q(x) \le 0, \qquad r(x) > 0, \qquad \alpha_1^2 + \beta_1^2 > 0,$$

$$\alpha_2^2 + \beta_2^2 > 0, \qquad \{\kappa_n\}_{n=1}^{\infty} \text{ is a real sequence;}$$

$\varphi_n = \varphi(\lambda_n, x)$ and λ_n^2 $(n = 1, 2, \ldots)$ are the eigenfunctions and eigenvalues of the problem $L\varphi = -\lambda^2 r(x) \varphi$, $\ell_1 \varphi = 0$, $\ell_2 \varphi = 0$.

$$w(x) = f(x) + w_2(x) - w_1(x),$$

$$w_i(x) = g_i \frac{1}{\alpha_i} \frac{p(x)}{r(x)} \delta(x - x_i) = g_i \frac{1}{\beta_i r(x)} [p(x)\delta(x - x_i)]'_x$$

for $\alpha_i \ne 0$ and $\beta_i \ne 0$,

$$w_i(x) = g_i \frac{1}{\alpha_i} \frac{p(x)}{r(x)} \delta(x - x_i),$$

for $\alpha_i \ne 0$, $\beta_i = 0$, and

$$w_i(x) = g_i \frac{1}{\beta_i r(x)} [p(x)\delta(x - x_i)]'_x$$

for $\alpha_i = 0$, $\beta_i \neq 0$, $i = 1, 2$ [124, p.16,55].

In the case $\tilde{g}_n^{-1} = \lambda_n^2 + c + \lambda \kappa_n \neq 0$ for all $n = 1, 2, ...$, the solution is

$$G(x, \xi) = \sum_{\lambda_n} \tilde{g}_n \frac{\varphi(\lambda_n, x) \varphi(\lambda_n, \xi) r(\xi)}{\|\varphi_n\|_{L_r^2}^2}.$$

In the case where, for some n=m, the value $\tilde{g}_m^{-1} = 0$, the Green's function does not exist. The homogeneous problem has a nontrivial solution $Q(x) = \varphi(\lambda_m, x)$. A necessary and sufficient condition for the existence of a solution to the problem is

$$\int_{x_1}^{x_2} w(\xi) \varphi(\lambda_m, \xi) r(\xi) d\xi = 0.$$

Chapter 2

Characteristics of interconnected distributed systems

§ 1. Systems of group (0.1.0)

$$b_{11}\frac{dQ_1}{dt}(t) + b_{12}\frac{dQ_2}{dt}(t) + c_{11}Q_1(t) + c_{12}Q_2(t) = b_{11}f_1(t) + b_{12}f_2(t),$$

$$b_{21}\frac{dQ_1}{dt}(t) + b_{22}\frac{dQ_2}{dt}(t) + c_{21}Q_1(t) + c_{22}Q_2(t) = b_{21}f_1(t) + b_{22}f_2(t),$$

$$Q_1(0) = Q_{10}, \qquad Q_2(0) = Q_{20},$$

$$c_{11}c_{22} - c_{12}c_{21} \neq 0, \qquad t \geq 0.$$

$$w_1(t) = f_1(t) + Q_{10}\delta(t), \qquad w_2(t) = f_2(t) + Q_{20}\delta(t).$$

Case 1. $\Delta = b_{11}b_{22} - b_{12}b_{21} \neq 0$. This is a normal system [52].

$$G_{11}(t) = \frac{(p_1 + a_{22})e^{p_1 t} - (p_2 + a_{22})e^{p_2 t}}{p_1 - p_2},$$

$$G_{12}(t) = -a_{12}\frac{e^{p_1 t} - e^{p_2 t}}{p_1 - p_2}, \qquad G_{21}(t) = -a_{21}\frac{e^{p_1 t} - e^{p_2 t}}{p_1 - p_2},$$

$$G_{22}(t) = \frac{(p_1 + a_{11})e^{p_1 t} - (p_2 + a_{11})e^{p_2 t}}{p_1 - p_2},$$

p_1 and p_2 are the roots of the equation

$$\Delta_1(p) \equiv p^2 + (a_{11} + a_{22})p + a_{11}a_{22} - a_{12}a_{21} = 0,$$

$$a_{ij} = \frac{1}{b_{11}b_{22} - b_{12}b_{21}} a_{ij}^0, \quad i,j = 1,2,$$

$$a_{11}^0 = c_{11}b_{22} - c_{21}b_{12}, \quad a_{12}^0 = c_{12}b_{22} - c_{22}b_{12},$$

$$a_{21}^0 = b_{11}c_{21} - b_{21}c_{11}, \quad a_{22}^0 = b_{11}c_{22} - b_{21}c_{12},$$

$$W_{11}(p) = \frac{p + a_{22}}{\Delta_1(p)}, \quad W_{12}(p) = -\frac{a_{12}}{\Delta_1(p)},$$

$$W_{21}(p) = -\frac{a_{21}}{\Delta_1(p)}, \quad W_{22}(p) = \frac{p + a_{11}}{\Delta_1(p)}.$$

Case 2. $\Delta = b_{11}b_{22} - b_{12}b_{21} = 0$, $b_{11} \neq 0$. This is an anormal system [52] [Chapter 3, §9]. In the case when the system is consistent, it degenerates into the system:

$$\begin{cases} b_{11}\dfrac{dQ_1(t)}{dt} + b_{12}\dfrac{dQ_2(t)}{dt} + c_{11}Q_1(t) + c_{12}Q_2(t) = b_{11}f_1(t) + b_{12}f_2(t), \\ a_{21}^0 Q_1(t) + a_{22}^0 Q_2(t) = 0, \\ Q_1(0) = Q_{10}, \quad Q_2(0) = Q_{20}, \quad t \geq 0. \end{cases}$$

Also

$$G_{11}(t) = \frac{a_{22}^0}{a}e^{-\frac{b}{a}t}, \quad G_{12}(t) = \frac{b_{12}a_{22}^0}{b_{11}a}e^{-\frac{b}{a}t},$$

$$G_{21}(t) = -\frac{a_{21}^0}{a}e^{-\frac{b}{a}t}, \quad G_{22}(t) = -\frac{b_{12}a_{21}^0}{b_{11}a}e^{-\frac{b}{a}t},$$

$$a = a_{11}^0 + a_{22}^0, \quad b = c_{11}c_{22} - c_{12}c_{21},$$

$$W_{11}(p) = \frac{b_{11}a_{22}^0}{\Delta_2(p)}, \quad W_{12}(p) = \frac{b_{12}a_{22}^0}{\Delta_2(p)},$$

$$W_{21}(p) = -\frac{b_{11}a_{21}^0}{\Delta_2(p)}, \quad W_{22}(p) = -\frac{b_{12}a_{21}^0}{\Delta_2(p)},$$

$$\Delta_2(p) \equiv (a_{22}^0 b_{11} - a_{21}^0 b_{12})p + a_{22}^0 c_{11} - a_{21}^0 c_{12} \equiv$$
$$\equiv b_{11}(a_{11}^0 + a_{22}^0) + b_{11}(c_{11}c_{22} - c_{21}c_{12}).$$

The jumps of the functions $Q_1(t)$ and $Q_2(t)$ at the initial moment of time are:

$$Q_1(+0) - Q_{10} = b_{12}\frac{a_{21}^0 Q_{10} + a_{22}^0 Q_{20}}{a_{22}^0 b_{11} - a_{21}^0 b_{12}}, \quad Q_2(+0) - Q_{20} = -b_{11}\frac{a_{21}^0 Q_{10} + a_{22}^0 Q_{20}}{a_{22}^0 b_{11} - a_{21}^0 b_{12}}.$$

$$\boxed{\begin{aligned}b_{11}\frac{dQ_1}{dt}(t) + b_{12}\frac{dQ_2}{dt}(t) + c_{11}Q_1(t) + c_{12}Q_2(t) &= f_1(t), \\ b_{21}\frac{dQ_1}{dt}(t) + b_{22}\frac{dQ_2}{dt}(t) + c_{21}Q_1(t) + c_{22}Q_2(t) &= f_2(t), \\ Q_1(0) = Q_{10}, \quad Q_2(0) &= Q_{20}, \\ c_{11}c_{22} - c_{12}c_{21} \neq 0, \quad t &\geq 0.\end{aligned}}$$

Case 1. $b_{11}b_{22} - b_{12}b_{21} \neq 0$. This is a normal system [52].

The change of variables

$$f_1(t) = b_{11}f_1^*(t) + b_{12}f_2^*(t), \quad f_2(t) = b_{21}f_1^*(t) + b_{22}f_2^*(t),$$

leads to the system considered on p. 200, case 1.

Case 2. $b_{11}b_{22} - b_{12}b_{21} = 0$, $b_{11} \neq 0$. This is an anormal system [52] [Chapter 3, §9]. In the case when the system is consistent, it degenerates into the system:

$$\begin{cases} b_{11}\dfrac{dQ_1(t)}{dt} + b_{12}\dfrac{dQ_2(t)}{dt} + c_{11}Q_1(t) + c_{12}Q_2(t) = f_1(t), \\ a_{21}^0 Q_1(t) + a_{22}^0 Q_2(t) = b_{11}f_2(t) - b_{21}f_1(t), \\ Q_1(0) = Q_{10}, \qquad Q_2(0) = Q_{20}, \qquad t \geq 0. \end{cases}$$

$$a_{21}^0 = b_{11}c_{21} - b_{21}c_{11}, \qquad a_{22}^0 = b_{11}c_{22} - b_{21}c_{12}.$$

Also

$$Q_1(t) = \dfrac{b_{22}}{a}f_1(t) + \dfrac{c_{22}a - b_{22}b}{a^2} e^{-\frac{b}{a}t} * f_1(t) - \dfrac{b_{12}}{a}f_2(t) -$$

$$- \dfrac{c_{12}a - b_{12}b}{a^2} e^{-\frac{b}{a}t} * f_2(t) + \dfrac{a_{22}^0}{a} e^{-\frac{b}{a}t} Q_{10} + \dfrac{b_{12}a_{22}^0}{b_{11}a} e^{-\frac{b}{a}t} Q_{20},$$

$$Q_2(t) = -\dfrac{b_{21}}{a}f_1(t) - \dfrac{c_{21}a - b_{21}b}{a^2} e^{-\frac{b}{a}t} * f_1(t) + \dfrac{b_{11}}{a}f_2(t) +$$

$$+ \dfrac{c_{11}a - b_{11}b}{a^2} e^{-\frac{b}{a}t} * f_2(t) - \dfrac{a_{21}^0}{a} e^{-\frac{b}{a}t} Q_{10} - \dfrac{b_{12}a_{21}^0}{b_{11}a} e^{-\frac{b}{a}t} Q_{20},$$

$$a = \dfrac{a_{22}^0 b_{11} - a_{21}^0 b_{12}}{b_{11}}, \qquad b = c_{11}c_{22} - c_{12}c_{21},$$

$$\tilde{Q}_1(p) = \dfrac{b_{22}p + c_{22}}{\Delta(p)} \tilde{f}_1(p) - \dfrac{b_{12}p + c_{12}}{\Delta(p)} \tilde{f}_2(p) + \dfrac{a_{22}^0}{\Delta(p)} Q_{10} + \dfrac{b_{12}a_{21}^0}{b_{11}\Delta(p)} Q_{20},$$

$$\tilde{Q}_2(p) = -\dfrac{b_{21}p + c_{21}}{\Delta(p)} \tilde{f}_1(p) + \dfrac{b_{11}p + c_{11}}{\Delta(p)} \tilde{f}_2(p) - \dfrac{a_{21}^0}{\Delta(p)} Q_{10} - \dfrac{b_{12}a_{21}^0}{b_{11}\Delta(p)} Q_{20},$$

$$\Delta(p) = ap + b.$$

The jumps of the functions $Q_1(t)$ and $Q_2(t)$ at the initial moment of time are:

$$Q_1(+0) - Q_{10} = -\frac{b_{12}}{a_{22}^0 b_{11} - a_{21}^0 b_{12}} \times$$

$$\times [b_{11} f_2(+0) - b_{21} f_1(+0) - a_{21}^0 Q_{10} - a_{22}^0 Q_{20}],$$

$$Q_2(+0) - Q_{20} = \frac{b_{11}}{a_{22}^0 b_{11} - a_{21}^0 b_{12}} \times$$

$$\times [b_{11} f_2(+0) - b_{21} f_1(+0) - a_{21}^0 Q_{10} - a_{22}^0 Q_{20}].$$

$$\boxed{\begin{aligned} & b_{11}\frac{dQ_1}{dt}(t) + b_{12}\frac{dQ_2}{dt}(t) + c_{11} Q_1(t) + c_{12} Q_2(t) = f_1(t), \\ & c_{21} Q_1(t) + c_{22} Q_2(t) = f_2(t), \\ & Q_1(0) = Q_{10}, \qquad Q_2(0) = Q_{20}, \\ & c_{11} c_{22} - c_{12} c_{21} \neq 0, \qquad b_{11} \neq 0, \qquad t \geq 0. \end{aligned}}$$

The change of variables

$$c_{11}^* = c_{11}, \qquad c_{12}^* = c_{12}, \qquad c_{21}^* = \frac{c_{21} + b_{21} c_{11}}{b_{11}}, \qquad c_{22}^* = \frac{c_{22} + b_{21} c_{12}}{b_{11}},$$

$$f_1^*(t) = f_1(t), \qquad f_2^*(t) = \frac{f_2(t) + b_{21} f_1(t)}{b_{11}}$$

leads to the system considered on p. 202, case 2.

§ 2. Systems of group (1.0.2)

$$-\frac{d^2Q_1}{dx^2}(x) + c_{21}[k_1Q_1(x) - k_2Q_2(x)] = f_1(x),$$

$$-\frac{d^2Q_2}{dx^2}(x) + c_{12}[k_1Q_1(x) - k_2Q_2(x)] = f_2(x),$$

$$Q_1(0) = g_{11}, \quad Q_1(\ell) = g_{12}, \quad Q_2(0) = g_{21}, \quad Q_2(\ell) = g_{22},$$

$$0 \leq x \leq \ell.$$

$$w_1(x) = f_1(x) + g_{12}\delta'(x-\ell) - g_{11}\delta'(x),$$

$$w_2(x) = f_2(x) + g_{22}\delta'(x-\ell) - g_{21}\delta'(x),$$

$$G_{ij}(x,\xi) = \frac{2}{\ell} \sum_{n=1}^{\infty} \sin\frac{n\pi}{\ell}x \sin\frac{\pi n}{\ell}\xi \cdot g_{ij}^0(\lambda_n), \quad i,j=1,2,$$

$$g_{11}^0(\lambda_n) = \frac{\pi^2 n^2 - c_{12}k_2\ell^2}{\ell^2 \Delta(\lambda_n)}, \quad g_{12}^0(\lambda_n) = \frac{c_{21}k_2}{\Delta(\lambda_n)},$$

$$g_{21}^0(\lambda_n) = -\frac{c_{12}k_1}{\Delta(\lambda_n)}, \quad g_{22}^0(\lambda_n) = \frac{\pi^2 n^2 + c_{21}k_1\ell^2}{\ell^2 \Delta(\lambda_n)},$$

$$\Delta(\lambda_n) = c_{21}k_1\frac{\pi^2 n^2}{\ell^2} - c_{12}k_2\frac{\pi^2 n^2}{\ell^2} + \frac{\pi^4 n^4}{\ell^4}, \quad n=1,2,\ldots.$$

Also:

$$G_{11}(x,\xi) = \frac{1}{s}[c_{12}k_2\Gamma(x,\xi,0) - c_{21}k_1\Gamma(x,\xi,\sqrt{-s})],$$

$$G_{12}(x,\xi) = \frac{c_{21}k_2}{s}[\Gamma(x,\xi,\sqrt{-s}) - \Gamma(x,\xi,0)],$$

$$G_{21}(x,\xi) = \frac{c_{12}k_1}{s}[\Gamma(x,\xi,0) - \Gamma(x,\xi,\sqrt{-s})],$$

$$G_{22}(x,\xi) = \frac{1}{s}[c_{12}k_2\Gamma(x,\xi,\sqrt{-s}) - c_{21}k_1\Gamma(x,\xi,0)],$$

where $s = c_{21}k_1 - c_{12}k_2$ and

$$\Gamma(x,\xi,\lambda) = \begin{cases} -\dfrac{\sin(\lambda\xi)\sin[\lambda(\ell-x)]}{\lambda\sin(\lambda\ell)}, & 0 \leq \xi \leq x, \\[2ex] -\dfrac{\sin(\lambda x)\sin[\lambda(\ell-\xi)]}{\lambda\sin(\lambda\ell)}, & x \leq \xi \leq \ell. \end{cases}$$

[124, p. 99]

If for some $n=m$ the value $s = -\dfrac{\pi^2 m^2}{\ell^2}$, then a necessary and sufficient condition for existence of a solution to this problem is

$$\int_0^\ell [k_1 w_1(x) - k_2 w_2(x)] \sin\frac{\pi m}{\ell} x \, dx = 0.$$

When the above condition holds, there exists an infinite number of solutions of the form

$$Q_i(x) = \sum_{j=1}^{2} \int_0^\ell w_j(\xi) G_{ij}^{(-m)}(x,\xi) d\xi + c_i^{(m)} \sin\frac{\pi m}{\ell} x, \quad i = 1, 2,$$

where $G_{ij}^{(-m)}(x,\xi)$ is obtained by omitting the m-th term in the series for $G_{ij}(x,\xi)$, and the constants $c_1^{(m)}$ and $c_2^{(m)}$ are connected by the relation:

$$c_{12}c_1^{(m)} - c_{21}c_2^{(m)} = \frac{2}{k_2\ell} \int_0^\ell w_1(x) \sin\frac{\pi m}{\ell} x \, dx$$

see [Chapter 3, §7].

CHARACTERISTICS OF INTERCONNECTED... SYSTEMS

$$-\frac{d^2Q_1}{dx^2}(x) + c_{21}[k_1Q_1(x) - k_2Q_2(x)] = f_1(x),$$

$$-\frac{d^2Q_2}{dx^2}(x) + c_{12}[k_1Q_1(x) - k_2Q_2(x)] = f_2(x),$$

$$\frac{dQ_1}{dx}(0) = g_{11}, \quad \frac{dQ_1}{dx}(\ell) = g_{12}, \quad \frac{dQ_2}{dx}(0) = g_{21}, \quad \frac{dQ_2}{dx}(\ell) = g_{22},$$

$$0 \le x \le \ell.$$

$$w_1(x) = f_1(x) + g_{12}\delta(x-\ell) - g_{11}\delta(x),$$

$$w_2(x) = f_2(x) + g_{22}\delta(x-\ell) - g_{21}\delta(x).$$

The impulse response matrix (matrix Green's function) $[G_{ij}(x,\xi)]$, $i,j=1,2$ does not exist. However, the generalized (modified) matrix Green's function $[G^*_{ij}(x,\xi)]$, $i,j=1,2$ exists, and its elements are:

$$G^*_{ij}(x,\xi) = \frac{2}{\ell} \sum_{n=2}^{\infty} \cos\frac{\pi(n-1)}{\ell}x \cos\frac{\pi(n-1)}{\ell}\xi \, g^0_{ij}(\lambda_n), \quad i,j=1,2,$$

$$g^0_{11}(\lambda_n) = \frac{\pi^2(n-1)^2 - c_{12}k_2\ell^2}{\ell^2\Delta(\lambda_n)}, \quad g^0_{12}(\lambda_n) = \frac{c_{21}k_2}{\Delta(\lambda_n)},$$

$$g^0_{21}(\lambda_n) = -\frac{c_{12}k_1}{\Delta(\lambda_n)}, \quad g^0_{22}(\lambda_n) = \frac{\pi^2(n-1)^2 + c_{21}k_1\ell^2}{\ell^2\Delta(\lambda_n)},$$

$$\Delta(\lambda_n) = \frac{\pi^2(n-1)^2}{\ell^2}\left[\frac{\pi^2(n-1)^2}{\ell^2} + s\right], \quad n=2,3,...,$$

$$s = c_{21}k_1 - c_{12}k_2, \quad s \ne -\frac{\pi^2(n-1)^2}{\ell^2}, \quad n=2,3,....$$

The solution of the problem has the form:

$$Q_i(x) = \sum_{j=1}^{2} \int_0^\ell w_j(\xi) G_{ij}^*(x,\xi) d\xi + C_i, \quad i=1,2,$$

where the constants C_1 and C_2 are any solution of the linear algebraic equation

$$k_1 C_1 - k_2 C_2 = \frac{1}{c_{21}\ell} \int_0^\ell w_1(x) dx .$$

A necessary and sufficient condition for the existence of a solution $Q_i(x)$, $i=1,2$, which can be presented in the above form is:

$$\int_0^\ell [c_{12} w_1(x) - c_{21} w_2(x)] dx = 0$$

[124, p. 99], see [Chapter 3, §7].

$$-\frac{d^2 Q_1}{dx^2}(x) + c_{21}[k_1 Q_1(x) - k_2 Q_2(x)] = f_1(x),$$

$$-\frac{d^2 Q_2}{dx^2}(x) + c_{12}[k_1 Q_1(x) - k_2 Q_2(x)] = f_2(x),$$

$$\frac{dQ_1}{dx}(0) - b_1 Q_1(0) = g_{11}, \quad \frac{dQ_1}{dx}(\ell) + b_2 Q_1(\ell) = g_{12},$$

$$\frac{dQ_2}{dx}(0) - b_1 Q_2(0) = g_{21}, \quad \frac{dQ_2}{dx}(\ell) + b_2 Q_2(\ell) = g_{22},$$

$$0 \leq x \leq \ell, \quad b_1^2 + b_2^2 > 0 .$$

$$w_1(x) = f_1(x) + g_{12} \delta(x-\ell) - g_{11} \delta(x),$$

$$w_2(x) = f_2(x) + g_{22} \delta(x-\ell) - g_{21} \delta(x) .$$

$$G_{ij}(x,\xi) = \sum_{\lambda_n} \frac{\left(\cos\lambda_n x + \frac{b_1}{\lambda_n}\sin\lambda_n x\right)\left(\cos\lambda_n \xi + \frac{b_1}{\lambda_n}\sin\lambda_n \xi\right)}{\frac{\ell}{2}\left(1+\frac{b_1^2}{\lambda_n^2}\right) + \frac{b_1}{2\lambda_n^2} + \frac{b_2}{2\lambda_n^2}\cdot\frac{\lambda_n^2 + b_1^2}{\lambda_n^2 + b_2^2}} g_{ij}^0(\lambda_n), \quad i,j=1,2,$$

$$g_{11}^0(\lambda_n) = \frac{\lambda_n^2 - c_{12}k_2}{\Delta(\lambda_n)}, \qquad g_{12}^0(\lambda_n) = \frac{c_{21}k_2}{\Delta(\lambda_n)},$$

$$g_{21}^0(\lambda_n) = -\frac{c_{12}k_1}{\Delta(\lambda_n)}, \qquad g_{22}^0(\lambda_n) = \frac{\lambda_n^2 + c_{21}k_1}{\Delta(\lambda_n)},$$

$$\Delta(\lambda_n) = c_{21}k_1\lambda_n^2 - c_{12}k_2\lambda_n^2 + \lambda_n^4, \quad n=1,2,\ldots,$$

where λ_n are the positive roots of the equation

$$\frac{tg\lambda\ell}{\lambda} = \frac{b_1 + b_2}{\lambda^2 - b_1 b_2}.$$

Also

$$G_{11}(x,\xi) = \frac{1}{s}[c_{12}k_2\Gamma(x,\xi,0) - c_{21}k_1\Gamma(x,\xi,\sqrt{-s})],$$

$$G_{12}(x,\xi) = \frac{c_{21}k_2}{s}[\Gamma(x,\xi,\sqrt{-s}) - \Gamma(x,\xi,0)],$$

$$G_{21}(x,\xi) = \frac{c_{12}k_1}{s}[\Gamma(x,\xi,0) - \Gamma(x,\xi,\sqrt{-s})],$$

$$G_{22}(x,\xi) = \frac{1}{s}[c_{12}k_2\Gamma(x,\xi,\sqrt{-s}) - c_{21}k_1\Gamma(x,\xi,0)],$$

where $s = c_{21}k_1 - c_{12}k_2$ and

$$\Gamma(x,\xi,\lambda) =$$

$$= \begin{cases} \dfrac{(\cos\lambda\xi + \dfrac{b_1}{\lambda}\sin\lambda\xi)\left[\cos\lambda(\ell-x) + \dfrac{b_2}{\lambda}\sin\lambda(\ell-x)\right]}{\dfrac{\lambda^2 - b_1 b_2}{\lambda}\sin\lambda\ell - (b_1+b_2)\cos\lambda\ell}, & 0 \le \xi \le x, \\[2em] \dfrac{(\cos\lambda x + \dfrac{b_1}{\lambda}\sin\lambda x)\left[\cos\lambda(\ell-\xi) + \dfrac{b_2}{\lambda}\sin\lambda(\ell-\xi)\right]}{\dfrac{\lambda^2 - b_1 b_2}{\lambda}\sin\lambda\ell - (b_1+b_2)\cos\lambda\ell}, & x \le \xi \le \ell, \end{cases}$$

[124, p. 101].

If for some n=m the value $s = -\lambda_m^2$, then a necessary and sufficient condition for existence of solution of this problem is

$$\int_0^\ell [k_1 w_1(x) - k_2 w_2(x)]\left(\cos\lambda_m x + \frac{b_1}{\lambda_m}\sin\lambda_m x\right)dx = 0.$$

When the above condition holds, there exists an infinite number of solutions of the form

$$Q_i(x) = \sum_{j=1}^{2}\int_0^\ell w_j(\xi) G_{ij}^{(-m)}(x,\xi)d\xi + c_i^{(m)}\left(\cos\lambda_m x + \frac{b_1}{\lambda_m}\sin\lambda_m x\right), \quad i=1,2,$$

where $G_{ij}^{(-m)}(x,\xi)$ is obtained by omitting the m-th term in the series for $G_{ij}(x,\xi)$, and the constants $c_1^{(m)}$ and $c_2^{(m)}$ are connected by the relation:

$$c_{12} c_1^{(m)} - c_{21} c_2^{(m)} = \frac{\int_0^\ell w_1(x)\left(\cos\lambda_m x + \dfrac{b_1}{\lambda_m}\sin\lambda_m x\right)dx}{\left[\dfrac{\ell}{2}\left(1 + \dfrac{b_1^2}{\lambda_m^2}\right) + \dfrac{b_1}{2\lambda_m^2} + \dfrac{b_2}{2\lambda_m^2} \cdot \dfrac{\lambda_m^2 + b_1^2}{\lambda_m^2 + b_2^2}\right]k_2}$$

[124, p. 36].

$$-\frac{d^2Q_1}{dx^2}(x) + v\frac{dQ_1}{dx}(x) + c_{11}Q_1(x) + c_{12}Q_2(x) = f_1(x),$$

$$-\frac{d^2Q_2}{dx^2}(x) + v\frac{dQ_2}{dx}(x) + c_{21}Q_1(x) + c_{22}Q_2(x) = f_2(x),$$

$$Q_1(0) = g_{11}, \quad Q_1(\ell) = g_{12}, \quad Q_2(0) = g_{21}, \quad Q_2(\ell) = g_{22},$$

$$0 \leq x \leq \ell.$$

$$w_1(x) = f_1(x) + g_{12}[\delta'(x-\ell) - v\delta(x-\ell)] - g_{11}[\delta'(x) - v\delta(x)],$$

$$w_2(x) = f_2(x) + g_{22}[\delta'(x-\ell) - v\delta(x-\ell)] - g_{21}[\delta'(x) - v\delta(x)],$$

$$G_{ij}(x,\xi) = \frac{2}{\ell}e^{\frac{v}{2}(x-\xi)} \sum_{n=1}^{\infty} \sin\frac{\pi n}{\ell}x \sin\frac{\pi n}{\ell}\xi \cdot g_{ij}^0(\lambda_n), \quad i,j=1,2,$$

$$g_{11}^0(\lambda_n) = \frac{\lambda_n^2 + c_{22}}{\Delta(\lambda_n)}, \quad g_{12}^0(\lambda_n) = -\frac{c_{12}}{\Delta(\lambda_n)},$$

$$g_{21}^0(\lambda_n) = -\frac{c_{21}}{\Delta(\lambda_n)}, \quad g_{22}^0(\lambda_n) = \frac{\lambda_n^2 + c_{11}}{\Delta(\lambda_n)},$$

$$\Delta(\lambda_n) = \lambda_n^4 + (c_{11}+c_{22})\lambda_n^2 + c_{11}c_{22} - c_{12}c_{21}, \quad \lambda_n^2 = \frac{v^2}{4} + \frac{\pi^2 n^2}{\ell^2},$$

$$n=1,2,\ldots.$$

Also

$$G_{11}(x,\xi) = \frac{c_{22}+Y_2}{Y_1-Y_2}\Gamma(x,\xi,\sqrt{Y_2}) - \frac{c_{22}+Y_1}{Y_1-Y_2}\Gamma(x,\xi,\sqrt{Y_1}),$$

$$G_{12}(x,\xi) = \frac{c_{12}}{Y_1-Y_2}[\Gamma(x,\xi,\sqrt{Y_1}) - \Gamma(x,\xi,\sqrt{Y_2})],$$

$$G_{21}(x, \xi) = \frac{c_{21}}{Y_1 - Y_2} [\Gamma(x, \xi, \sqrt{Y_1}) - \Gamma(x, \xi, \sqrt{Y_2})],$$

$$G_{22}(x, \xi) = \frac{c_{11} + Y_2}{Y_1 - Y_2} \Gamma(x, \xi, \sqrt{Y_2}) - \frac{c_{11} + Y_1}{Y_1 - Y_2} \Gamma(x, \xi, \sqrt{Y_1}),$$

where Y_1 and Y_2 are the roots of the equation

$$Y^2 + (c_{11} + c_{22}) Y + c_{11} c_{22} - c_{12} c_{21} = 0$$

and

$$\Gamma(x, \xi, \lambda) = \begin{cases} -\dfrac{e^{\frac{v}{2}(x-\xi)} \operatorname{sh}\gamma\xi \, \operatorname{sh}\gamma(\ell - x)}{\gamma \operatorname{sh}\gamma\ell}, & 0 \leq \xi \leq \ell, \\[2ex] -\dfrac{e^{\frac{v}{2}(x-\xi)} \operatorname{sh}\gamma x \, \operatorname{sh}\gamma(\ell - \xi)}{\gamma \operatorname{sh}\gamma\ell}, & x \leq \xi \leq \ell. \end{cases} \qquad \text{[124, p. 108]}$$

$$\gamma = \sqrt{\frac{v^2}{4} - \lambda^2}.$$

If for some n=m the values $Y_1 = \lambda_m^2$ and $Y_2 \neq \lambda_n^2$, n=1,2,..., then a necessary and sufficient condition for existence of a solution to this problem is

$$(\lambda_m^2 + c_{22}) \int_0^\ell w_1(\xi) e^{-\frac{v}{2}(\zeta)} \sin\frac{\pi m}{\ell}\xi d\xi - c_{12} \int_0^\ell w_2(\xi) e^{-\frac{v}{2}(\zeta)} \sin\frac{\pi m}{\ell}\xi d\xi = 0.$$

When the above condition holds, there exists an infinite number of solutions of the form

$$Q_i(x) = c_i^{(m)} e^{\frac{v}{2}x} \sin\frac{\pi m}{\ell}x + \sum_{j=1}^{2} \int_0^\ell w_j(\xi) G_{ij}^{(-m)}(x, \xi) d\xi, \qquad i=1,2,$$

where $G_{ij}^{(-m)}(x, \xi)$ is obtained by omitting the m-th term in the series for $G_{ij}(x, \xi)$, and the constants $c_1^{(m)}$ and $c_2^{(m)}$ are connected by the relation:

$$(\lambda_m^2 + c_{11}) c_1^{(m)} + c_{12} c_2^{(m)} = \frac{2}{l} \int_0^l w_1(\xi) e^{-\frac{v}{2}\xi} \sin\frac{\pi m}{l}\xi \, d\xi.$$

If for some n=r and n=s the values $Y_1 = \lambda_r^2$ and $Y_2 = \lambda_s^2$ ($r \neq s$), n=1,2,..., then a necessary and sufficient condition for existence of a solution to this problem is

$$(\lambda_r^2 + c_{22}) \int_0^l w_1(\xi) e^{-\frac{v}{2}\xi} \sin\frac{\pi r}{l}\xi \, d\xi - c_{12} \int_0^l w_2(\xi) e^{-\frac{v}{2}\xi} \sin\frac{\pi r}{l}\xi \, d\xi = 0$$

and

$$(\lambda_s^2 + c_{22}) \int_0^l w_1(\xi) e^{-\frac{v}{2}\xi} \sin\frac{\pi s}{l}\xi \, d\xi - c_{12} \int_0^l w_2(\xi) e^{-\frac{v}{2}\xi} \sin\frac{\pi s}{l}\xi \, d\xi = 0.$$

When the above condition holds, there exists an infinite number of solutions of the form

$$Q_i(x) = c_i^{(r)} e^{\frac{v}{2}x} \sin\frac{\pi r}{l}x + c_i^{(s)} e^{\frac{v}{2}x} \sin\frac{\pi s}{l}x +$$

$$+ \sum_{j=1}^{2} \int_0^l w_j(\xi) G_{ij}^{(-r,-s)}(x, \xi) \, d\xi, \quad i=1,2,$$

where $G_{ij}^{(-r,-s)}(x, \xi)$ is obtained by omitting the r-th and s-th terms in the series for $G_{ij}(x, \xi)$, and the constants appearing in the solution satisfy the equations:

$$(\lambda_r^2 + c_{11}) c_1^{(r)} + c_{12} c_2^{(r)} = \frac{2}{l} \int_0^l w_1(\xi) e^{-\frac{v}{2}\xi} \sin\frac{\pi r}{l}\xi \, d\xi$$

and

$$(\lambda_s^2 + c_{11}) c_1^{(s)} + c_{12} c_2^{(s)} = \frac{2}{l} \int_0^l w_1(\xi) e^{-\frac{v}{2}\xi} \sin\frac{\pi s}{l}\xi \, d\xi.$$

$$-\frac{d^2Q_1}{dx^2}(x) + v\frac{dQ_1}{dx}(x) + c_{11}Q_1(x) + c_{12}Q_2(x) = f_1(x),$$

$$-\frac{d^2Q_2}{dx^2}(x) + v\frac{dQ_2}{dx}(x) + c_{21}Q_1(x) + c_{22}Q_2(x) = f_2(x),$$

$$\frac{dQ_1}{dx}(0) = g_{11}, \quad \frac{dQ_1}{dx}(\ell) = g_{12}, \quad \frac{dQ_2}{dx}(0) = g_{21}, \quad \frac{dQ_2}{dx}(\ell) = g_{22}$$

$$0 \leq x \leq \ell.$$

$$w_1(x) = f_1(x) + g_{12}\delta(x-\ell) - g_{11}\delta(x),$$

$$w_2(x) = f_2(x) + g_{22}\delta(x-\ell) - g_{21}\delta(x).$$

Case 1. $c_{11}c_{22} - c_{12}c_{21} \neq 0$,

$$\Delta(\lambda_n) \equiv \lambda_n^4 + (c_{11}+c_{22})\lambda_n^2 + (c_{11}c_{22}-c_{12}c_{21}) \neq 0, \quad n=2,3,\dots.$$

$$G_{ij}(x,\xi) = \frac{ve^{-v\xi}}{1-e^{-v\ell}}g_{ij}(\lambda_1) + \frac{2}{\ell}e^{\frac{v}{2}(x-\xi)}\sum_{n=2}^{\infty}\frac{\psi(\lambda_n,x)\psi(\lambda_n,\xi)}{1+\frac{v^2}{4}\frac{\ell^2}{\pi^2(n-1)^2}}g_{ij}(\lambda_n),$$

$$i,j=1,2,$$

$$g_{11}(\lambda_n) = \frac{\lambda_n^2+c_{22}}{\Delta(\lambda_n)}, \qquad g_{12}(\lambda_n) = -\frac{c_{12}}{\Delta(\lambda_n)},$$

$$g_{21}(\lambda_n) = -\frac{c_{21}}{\Delta(\lambda_n)}, \qquad g_{22}(\lambda_n) = \frac{\lambda_n^2+c_{11}}{\Delta(\lambda_n)}, \qquad n=1,2,\dots,$$

$$\lambda_n^2 = \begin{cases} 0, & n = 1, \\ \dfrac{v^2}{4} + \dfrac{\pi^2 (n-1)^2}{l^2}, & n=2,3,..., \end{cases}$$

$$\psi(\lambda_n, z) = \cos\frac{\pi(n-1)}{l}z - \frac{vl}{2\pi(n-1)}\sin\frac{\pi(n-1)}{l}z, \qquad n=2,3,....$$

Also

$$G_{11}(x, \xi) = \frac{c_{22} + Y_2}{Y_1 - Y_2}\Gamma(x, \xi, \sqrt{Y_2}) - \frac{c_{22} + Y_1}{Y_1 - Y_2}\Gamma(x, \xi, \sqrt{Y_1}),$$

$$G_{12}(x, \xi) = \frac{c_{12}}{Y_1 - Y_2}[\Gamma(x, \xi, \sqrt{Y_1}) - \Gamma(x, \xi, \sqrt{Y_2})],$$

$$G_{21}(x, \xi) = \frac{c_{21}}{Y_1 - Y_2}[\Gamma(x, \xi, \sqrt{Y_1}) - \Gamma(x, \xi, \sqrt{Y_2})],$$

$$G_{22}(x, \xi) = \frac{c_{11} + Y_2}{Y_1 - Y_2}\Gamma(x, \xi, \sqrt{Y_2}) - \frac{c_{11} + Y_1}{Y_1 - Y_2}\Gamma(x, \xi, \sqrt{Y_1}),$$

where

$$\Gamma(x, \xi, \lambda) = \begin{cases} ke^{\frac{v}{2}(x-\xi)}(\cos k\xi - \dfrac{v}{2k}\sin k\xi) \times \\ \quad \times \left[\cos k(l-x) - \dfrac{v}{2k}\sin k(l-x)\right](\lambda^2 \sin kl)^{-1}, & 0 \leq \xi \leq x, \\[2mm] ke^{\frac{v}{2}(x-\xi)}(\cos kx - \dfrac{v}{2k}\sin kx) \times \\ \quad \times \left[\cos k(l-\xi) - \dfrac{v}{2k}\sin k(l-\xi)\right](\lambda^2 \sin kl)^{-1}, & x \leq \xi \leq l, \end{cases}$$

[124, p. 110],

$$k = \sqrt{\lambda^2 - \frac{v^2}{4}},$$

Y_1 and Y_2 are the roots of the equation

$$Y^2 + (c_{11} + c_{22})Y + c_{11}c_{22} - c_{12}c_{21} = 0.$$

Case 2. $c_{11}c_{22} - c_{12}c_{21} = 0$, $\quad c_{11} + c_{22} \neq -\lambda_n^2$, $\quad n = 1, 2, \ldots$.

The impulse response matrix (matrix Green's function) $[G_{ij}(x, \xi)]$, i,j=1,2 does not exist. However, the generalized (modified) matrix Green's function $[G_{ij}^*(x, \xi)]$, i,j=1,2 exists, and its elements are

$$G_{ij}^*(x, \xi) = \frac{2}{l} e^{\frac{v}{2}(x-\xi)} \sum_{n=2}^{\infty} \frac{\psi(\lambda_n, x)\psi(\lambda_n, \xi)}{1 + \frac{v^2}{4} \frac{l^2}{\pi^2(n-1)^2}} g_{ij}(\lambda_n), \quad i,j = 1, 2.$$

The solution of the problem has the form

$$Q_i(x) = c_i^* + \sum_{j=1}^{2} \int_0^l w_j(\xi) G_{ij}^*(x, \xi) d\xi, \quad i, j = 1, 2,$$

where the constants c_1^* and c_2^* are any solution of the linear algebraic equation

$$c_{11}c_1^* + c_{12}c_2^* = \frac{v}{1 - e^{-vl}} \int_0^l w_1(\xi) e^{-v\xi} d\xi.$$

A necessary and sufficient condition for the existence of a solution $Q_i(x)$, i=1,2 which can be presented in the above form is

$$\int_0^l [c_{22}w_1(\xi) - c_{12}w_2(\xi)] e^{-v\xi} d\xi = 0.$$

$$-\frac{d^2Q_1}{dx^2}(x) + v\frac{dQ_1}{dx}(x) + c_{11}Q_1(x) + c_{12}Q_2(x) = f_1(x),$$

$$-\frac{d^2Q_2}{dx^2}(x) + v\frac{dQ_2}{dx}(x) + c_{21}Q_1(x) + c_{22}Q_2(x) = f_2(x),$$

$$\frac{dQ_1}{dx}(0) - b_1 Q_1(0) = g_{11}, \qquad \frac{dQ_2}{dx}(0) - b_1 Q_2(0) = g_{21},$$

$$\frac{dQ_1}{dx}(\ell) + b_2 Q_1(\ell) = g_{12}, \qquad \frac{dQ_2}{dx}(\ell) + b_2 Q_2(\ell) = g_{22},$$

$$b_1^2 + b_2^2 \neq 0, \qquad 0 \leq x \leq \ell.$$

$$w_1(x) = f_1(x) + g_{12}\delta(x-\ell) - g_{11}\delta(x),$$

$$w_2(x) = f_2(x) + g_{22}\delta(x-\ell) - g_{21}\delta(x).$$

$$G_{ij}(x,\xi) = e^{\frac{v}{2}(x-\xi)} \sum_{\lambda_n} \frac{\psi(\lambda_n, x)\psi(\lambda_n, \xi)}{\|\varphi_n\|^2} g_{ij}^0(\lambda_n), \qquad i,j=1,2,$$

$$\psi(\lambda_n, z) = \cos(\mu_n z) + (b_1 - \frac{v}{2})\frac{\sin(\mu_n z)}{\mu_n}, \qquad \mu_n = \sqrt{\lambda_n^2 - \frac{v^2}{4}},$$

$$\|\varphi_n\|^2 = \frac{b_2 + \frac{v}{2}}{2\mu_n^2}\frac{\lambda_n^2 + b_1^2 - b_1 v}{\lambda_n^2 + b_2^2 + b_2 v} + \frac{b_1 - \frac{v}{2}}{2\mu_n^2} + \frac{\ell(\lambda_n^2 + b_1^2 - b_1 v)}{2\mu_n^2}, \qquad n=1,2,\ldots,$$

λ_n are the positive roots of the equation

$$\frac{\tg(\mu\ell)}{\mu} = \frac{(b_1 - \frac{v}{2}) + (b_2 + \frac{v}{2})}{\mu^2 - (b_1 - \frac{v}{2})(b_2 + \frac{v}{2})}, \qquad \mu = \sqrt{\lambda^2 - \frac{v^2}{4}}.$$

(for the case $-2b_2 < v < 2b_1$ see Appendix, Table 1),

$$g_{11}^0(\lambda_n) = \frac{\lambda_n^2 + c_{22}}{\Delta(\lambda_n)}, \quad g_{12}^0(\lambda_n) = -\frac{c_{12}}{\Delta(\lambda_n)},$$

$$g_{21}^0(\lambda_n) = -\frac{c_{21}}{\Delta(\lambda_n)}, \quad g_{22}^0(\lambda_n) = \frac{\lambda_n^2 + c_{11}}{\Delta(\lambda_n)}, \quad n=1,2,\ldots,$$

$$\Delta(\lambda_n) = \lambda_n^4 + c_{11}\lambda_n^2 + c_{22}\lambda_n^2 + c_{11}c_{22} - c_{12}c_{21}, \quad n=1,2,\ldots.$$

Also

$$G_{11}(x,\xi) = \frac{c_{22} + Y_2}{Y_1 - Y_2}\Gamma(x,\xi,\sqrt{Y_2}) - \frac{c_{22} + Y_1}{Y_1 - Y_2}\Gamma(x,\xi,\sqrt{Y_1}),$$

$$G_{12}(x,\xi) = \frac{c_{12}}{Y_1 - Y_2}[\Gamma(x,\xi,\sqrt{Y_1}) - \Gamma(x,\xi,\sqrt{Y_2})],$$

$$G_{21}(x,\xi) = \frac{c_{21}}{Y_1 - Y_2}[\Gamma(x,\xi,\sqrt{Y_1}) - \Gamma(x,\xi,\sqrt{Y_2})],$$

$$G_{22}(x,\xi) = \frac{c_{11} + Y_2}{Y_1 - Y_2}\Gamma(x,\xi,\sqrt{Y_2}) - \frac{c_{11} + Y_1}{Y_1 - Y_2}\Gamma(x,\xi,\sqrt{Y_1}),$$

where Y_1 and Y_2 are the roots of the equation

$$Y^2 + (c_{11} + c_{22})Y + c_{11}c_{22} - c_{12}c_{21} = 0$$

and

$$\Gamma(x,\xi,\lambda) =$$

$$= \begin{cases} e^{\frac{v}{2}(x-\xi)}\left[2\cos(\mu\xi) - \frac{v-2b_1}{\mu}\sin(\mu\xi)\right]\left[2\cos\mu(\ell-x) + \frac{v+2b_2}{\mu}\sin\mu(\ell-x)\right] \times \\ \quad \times \frac{1}{2}\left[\frac{2\lambda^2 - v(b_1-b_2) - 2b_1 b_2}{2\mu}\sin\mu\ell - 2(b_1+b_2)\cos\mu\ell\right]^{-1}, \quad 0 \le \xi \le x, \\ \\ e^{\frac{v}{2}(x-\xi)}\left[2\cos(\mu x) - \frac{v-2b_1}{\mu}\sin(\mu x)\right]\left[2\cos\mu(\ell-\xi) + \frac{v+2b_2}{\mu}\sin\mu(\ell-\xi)\right] \times \\ \quad \times \frac{1}{2}\left[\frac{2\lambda^2 - v(b_1-b_2) - 2b_1 b_2}{2\mu}\sin\mu\ell - 2(b_1+b_2)\cos\mu\ell\right]^{-1}, \quad x \le \xi \le \ell, \end{cases}$$

[124, p.112].

If for some n=m the values $Y_1 = \lambda_m^2$ and $Y_2 \ne \lambda_n^2$, n=1,2,..., then a necessary and sufficient condition for existence of a solution to this problem is

$$(\lambda_m^2 + c_{22})\int_0^\ell w_1(\xi)\, e^{-\frac{v}{2}\xi}\psi(\lambda_m,\xi)\,d\xi - c_{12}\int_0^\ell w_2(\xi)\, e^{-\frac{v}{2}\xi}\psi(\lambda_m,\xi)\,d\xi = 0.$$

When the above condition holds, there exists an infinite number of solutions of the form

$$Q_i(x) = c_i^{(m)} e^{\frac{v}{2}x}\psi(\lambda_m, x) + \sum_{j=1}^2 \int_0^\ell w_j(\xi) G_{ij}^{(-m)}(x,\xi)\,d\xi, \quad i=1,2,$$

where $G_{ij}^{(-m)}(x,\xi)$ is obtained by omitting the m-th term in the series for $G_{ij}(x,\xi)$, and the constants $c_1^{(m)}$ and $c_2^{(m)}$ are connected by the relation

$$(\lambda_m^2 + c_{11})c_1^{(m)} + c_{12} c_2^{(m)} = \frac{1}{\|\varphi_m\|^2}\int_0^\ell w_1(\xi)\, e^{-\frac{v}{2}\xi}\psi(\lambda_m,\xi)\,d\xi.$$

If for some $n=r$ and $n=s$ the values $Y_1 = \lambda_r^2$ and $Y_2 = \lambda_s^2$ $(r \neq s)$, then a necessary and sufficient condition for existence of solution of this problem is

$$(\lambda_r^2 + c_{22}) \int_0^\ell w_1(\xi) e^{-\frac{v}{2}\xi} \psi(\lambda_r, \xi) d\xi - c_{12} \int_0^\ell w_2(\xi) e^{-\frac{v}{2}\xi} \psi(\lambda_r, \xi) d\xi = 0$$

and

$$(\lambda_s^2 + c_{22}) \int_0^\ell w_1(\xi) e^{-\frac{v}{2}\xi} \psi(\lambda_s, \xi) d\xi - c_{12} \int_0^\ell w_2(\xi) e^{-\frac{v}{2}\xi} \psi(\lambda_s, \xi) d\xi = 0.$$

When the above condition holds, there exists an infinite number of solutions of the form

$$Q_i(x) = c_i^{(r)} e^{\frac{v}{2}x} \psi(\lambda_r, x) + c_i^{(s)} e^{\frac{v}{2}x} \psi(\lambda_s, x) +$$

$$+ \sum_{j=1}^2 \int_0^\ell w_j(\xi) G_{ij}^{(-r,-s)}(x, \xi) d\xi, \quad i=1,2,$$

where $G_{ij}^{(-r,-s)}(x, \xi)$ is obtained by omitting the r-th and s-th terms in the series for $G_{ij}(x, \xi)$, and the constants appearing in the solution satisfy the equations:

$$(\lambda_r^2 + c_{11}) c_1^{(r)} + c_{12} c_2^{(r)} = \frac{1}{\|\varphi_r\|^2} \int_0^\ell w_1(\xi) e^{-\frac{v}{2}\xi} \psi(\lambda_r, \xi) d\xi$$

and

$$(\lambda_s^2 + c_{11}) c_1^{(s)} + c_{12} c_2^{(s)} = \frac{1}{\|\varphi_s\|^2} \int_0^\ell w_1(\xi) e^{-\frac{v}{2}\xi} \psi(\lambda_s, \xi) d\xi.$$

$$-L_0 Q_1(x) + c_{11} Q_1(x) + c_{12} Q_2(x) = f_1(x),$$

$$-L_0 Q_2(x) + c_{21} Q_1(x) + c_{22} Q_2(x) = f_2(x),$$

$$Q_1(x_1) = g_{11}, \quad Q_1(x_2) = g_{12}, \quad Q_2(x_1) = g_{21}, \quad Q_2(x_2) = g_{22},$$

$$L_0 = \frac{1}{r(x)} \left\{ \frac{d}{dx}\left[p(x)\frac{d}{dx}\right] + q(x) \right\},$$

$$p(x) = \frac{1}{P^2(x)\psi'(x)}, \quad q(x) = -\frac{1}{P(x)}\left(\frac{P'(x)}{P^2(x)\psi'(x)}\right)' + s\frac{\psi'(x)}{P^2(x)},$$

$$r(x) = \frac{\psi'(x)}{P^2(x)} > 0, \quad P(x), \psi(x) \in \mathbb{C}_2[x_1,x_2], \quad s \in \mathbb{R}$$

$$x_1 \le x \le x_2.$$

$$w_i(x) = f_i(x) + g_{i2}\frac{P^2(x)}{\psi'(x)}\left(\frac{\delta(x-x_2)}{P^2(x)\psi'(x)}\right)' - g_{i1}\frac{P^2(x)}{\psi'(x)}\left(\frac{\delta(x-x_1)}{P^2(x)\psi'(x)}\right)',$$
$$i=1,2,$$

$$G_{ij}(x,\xi) = \frac{2}{L}\sum_{\lambda_n}\varphi(\lambda_n,x)\varphi(\lambda_n,\xi)r(\xi)g_{ij}^0(\lambda_n), \quad i,j=1,2,$$

$$g_{11}^0(\lambda_n) = \frac{\lambda_n^2 + c_{22}}{\Delta(\lambda_n)}, \quad g_{12}^0(\lambda_n) = -\frac{c_{12}}{\Delta(\lambda_n)},$$

$$g_{21}^0(\lambda_n) = -\frac{c_{21}}{\Delta(\lambda_n)}, \quad g_{22}^0(\lambda_n) = \frac{\lambda_n^2 + c_{11}}{\Delta(\lambda_n)}, \quad n=1,2,\ldots,$$

$$\Delta(\lambda_n) = \lambda_n^4 + c_{11}\lambda_n^2 + c_{22}\lambda_n^2 + c_{11}c_{22} - c_{12}c_{21},$$

$$\varphi(\lambda_n,x) = P(x)\sin\frac{\pi n}{L}(\psi(x)-\psi(x_1)), \quad \lambda_n^2 = \left(\frac{\pi n}{L}\right)^2 - s, \quad n=1,2,\ldots,$$

$$L = \psi(x_2) - \psi(x_1) .$$

Also

$$G_{ij}(x,\xi) = -\frac{v_{ij} + Y_1 \delta_{ij}}{Y_1 - Y_2} \Gamma(x,\xi,\sqrt{Y_1}) + \frac{v_{ij} + Y_2 \delta_{ij}}{Y_1 - Y_2} \Gamma(x,\xi,\sqrt{Y_2}) \quad i,j=1,2,$$

where

$$v_{11} = c_{22}, \quad v_{12} = -c_{12}, \quad v_{21} = -c_{21}, \quad v_{22} = c_{11},$$

Y_1 and Y_2 are the roots of the equation

$$Y^2 + (c_{11} + c_{22}) Y + (c_{11} c_{22} - c_{12} c_{21}) = 0$$

and

$$\Gamma(x,\xi,\lambda) =$$

$$= \begin{cases} -\dfrac{P(x) \sin\mu[\psi(\xi) - \psi(x_1)] \sin\mu[\psi(x_2) - \psi(x)] \psi'(\xi)}{P(\xi) \mu \sin\mu[\psi(x_2) - \psi(x_1)]}, & x_1 \leq \xi \leq x, \\[2ex] -\dfrac{P(x) \sin\mu[\psi(x) - \psi(x_1)] \sin\mu[\psi(x_2) - \psi(\xi)] \psi'(\xi)}{P(\xi) \mu \sin\mu[\psi(x_2) - \psi(x_1)]}, & x \leq \xi \leq x_2, \end{cases}$$

$$\mu = \sqrt{\lambda^2 + s} \quad [124, p.236] .$$

If for some n=m there holds $Y_1 = \lambda_m^2$ and $Y_2 \neq \lambda_n^2$, n=1,2,..., then a necessary and sufficient condition for existence of a solution to this problem is

$$(\lambda_m^2 + c_{22}) \int_{x_1}^{x_2} w_1(\xi) \Phi_m(\xi) d\xi - c_{12} \int_{x_1}^{x_2} w_2(\xi) \Phi_m(\xi) d\xi = 0 .$$

When the above condition holds, there exists an infinite number of solutions of the form

$$Q_i(x) = c_i^{(m)} \varphi(\lambda_m, x) + \sum_{j=1}^{2} \int_{x_1}^{x_2} w_j(\xi) G_{ij}^{(-m)}(x,\xi) d\xi, \quad i=1,2,$$

where $G_{ij}^{(-m)}(x, \xi)$ is obtained by omitting the m-th terms in the series for $G_{ij}(x, \xi)$, and the constants $c_1^{(m)}$ and $c_2^{(m)}$, appearing in the solution satisfy the equations:

$$(\lambda_m^2 + c_{11}) c_1^{(m)} + c_{12} c_2^{(m)} = \frac{2}{L} \int_{x_1}^{x_2} w_1(\xi) \Phi_m(\xi) d\xi .$$

where

$$\Phi_m(\xi) = \frac{\psi'(\xi)}{P(\xi)} \sin \frac{\pi m}{L} (\psi(\xi) - \psi(x_1)) .$$

If for some $n = r$ and $n = k$ there holds $Y_1 = \lambda_r^2$ and $Y_2 = \lambda_k^2$, $(r \neq k)$, then a necessary and sufficient condition for existence of a solution to this problem is

$$(\lambda_r^2 + c_{22}) \int_{x_1}^{x_2} w_1(\xi) \Phi_r(\xi) d\xi - c_{12} \int_{x_1}^{x_2} w_2(\xi) \Phi_r(\xi) d\xi = 0$$

and

$$(\lambda_k^2 + c_{22}) \int_{x_1}^{x_2} w_1(\xi) \Phi_k(\xi) d\xi - c_{12} \int_{x_1}^{x_2} w_2(\xi) \Phi(\xi) \Phi_k d\xi = 0 .$$

When the above condition holds, there exists an infinite number of solutions of the form

$$Q_i(x) = c_i^{(r)} \varphi(\lambda_r, x) + c_i^{(k)} \varphi(\lambda_k, x) \sum_{j=1}^{2} \int_{x_1}^{x_2} w_j(\xi) G_{ij}^{(-r,-k)}(x, \xi) d\xi, \quad i=1,2,$$

where $G_{ij}^{(-r,-k)}(x, \xi)$ is obtained by omitting the r-th and k-th terms in the series for $G_{ij}(x, \xi)$, and the constants appearing in the solution satisfy the equations:

$$(\lambda_r^2 + c_{11}) c_1^{(r)} + c_{12} c_2^{(r)} = \frac{2}{L} \int_{x_1}^{x_2} w_1(\xi) \Phi_r(\xi) d\xi$$

and

$$(\lambda_k^2 + c_{11}) c_1^{(k)} + c_{12} c_2^{(k)} = \frac{2}{L} \int_{x_1}^{x_2} w_1(\xi) \Phi_k(\xi) d\xi$$

(see also § 7, Chapter 3).

$$-L_0 Q_1(x) + c_{11} Q_1(x) + c_{12} Q_2(x) = f_1(x),$$

$$-L_0 Q_2(x) + c_{21} Q_1(x) + c_{22} Q_2(x) = f_2(x),$$

$$\frac{dQ_1}{dx}(x_1) - b_1 Q_1(x_1) = g_{11}, \qquad \frac{dQ_2}{dx}(x_1) - b_1 Q_2(x_1) = g_{21},$$

$$\frac{dQ_1}{dx}(x_2) + b_2 Q_1(x_2) = g_{12}, \qquad \frac{dQ_2}{dx}(x_2) + b_2 Q_2(x_2) = g_{22},$$

$$L_0 = \frac{1}{r(x)} \left\{ \frac{d}{dx}\left[p(x) \frac{d}{dx} \right] + q(x) \right\},$$

$$p(x) = \frac{1}{P^2(x)\psi'(x)}, \qquad q(x) = -\frac{1}{P(x)}\left(\frac{P'(x)}{P^2(x)\psi'(x)}\right)' + s\frac{\psi'(x)}{P^2(x)},$$

$$r(x) = \frac{\psi'(x)}{P^2(x)} > 0, \qquad P(x), \ \psi(x) \in \mathbb{C}_2[x_1, x_2], \qquad s \in \mathbb{R},$$

$$b_1^2 + b_2^2 \neq 0, \qquad x_1 \leq x \leq x_2.$$

$$w_i(x) = f_i(x) + \frac{1}{\psi'^2(x)}[g_{i2}\delta(x - x_2) - g_{i1}\delta(x - x_1)], \qquad i = 1, 2$$

$$G_{ij}(x, \xi) = \sum_{\lambda_n} \frac{\varphi(\lambda_n, x)\varphi(\lambda_n, \xi) r(\xi)}{\|\varphi_n\|^2} g_{ij}^0(\lambda_n), \qquad i,j = 1,2,$$

$$g_{11}^0(\lambda_n) = \frac{\lambda_n^2 + c_{22}}{\Delta(\lambda_n)}, \qquad g_{12}^0(\lambda_n) = -\frac{c_{12}}{\Delta(\lambda_n)},$$

$$g_{21}^0(\lambda_n) = -\frac{c_{21}}{\Delta(\lambda_n)}, \qquad g_{22}^0(\lambda_n) = \frac{\lambda_n^2 + c_{11}}{\Delta(\lambda_n)},$$

$$\Delta(\lambda_n) = \lambda_n^4 + c_{11}\lambda_n^2 + c_{22}\lambda_n^2 + c_{11}c_{22} - c_{12}c_{21}, \qquad n = 1, 2, \ldots,$$

$$\varphi(\lambda_n, x) = P(x) \left\{ \cos\left[\sqrt{\lambda_n^2 + s}\,(\psi(x) - \psi(x_1))\right] + \right.$$

$$\left. + \frac{B_1}{\sqrt{\lambda_n^2 + s}} \sin\left[\sqrt{\lambda_n^2 + s}\,(\psi(x) - \psi(x_1))\right] \right\}, \quad n = 1, 2, \ldots,$$

λ_n are the positive roots of the equation

$$\frac{\tg(\sqrt{\lambda^2 + s}\,L)}{\sqrt{\lambda^2 + s}} = \frac{B_1 + B_2}{\lambda^2 + s - B_1 B_2}, \quad \text{where} \quad L = \psi(x_2) - \psi(x_1),$$

$$B_1 = \frac{b_1}{\psi'(x_1)} - \frac{P'(x_1)}{P(x_1)\,\psi'(x_1)}, \quad B_2 = \frac{b_2}{\psi'(x_2)} + \frac{P'(x_2)}{P(x_2)\,\psi'(x_2)}$$

(for the case of $\psi(x)$ monotonic on $[x_1, x_2]$ see Appendix, Table 1),

$$\|\varphi_n\|^2 = \frac{1}{2(\lambda_n^2 + s)}\left[B_1 + (\lambda_n^2 + s + B_1^2)\left(L + \frac{B_2}{\lambda_n^2 + s + B_2^2}\right)\right], \quad n = 1, 2, \ldots.$$

Also

$$G_{ij}(x, \xi) = -\frac{v_{ij} + Y_1 \delta_{ij}}{Y_1 - Y_2} \Gamma(x, \xi, \sqrt{Y_1}) + \frac{v_{ij} + Y_2 \delta_{ij}}{Y_1 - Y_2} \Gamma(x, \xi, \sqrt{Y_2}), \quad i,j=1,2,$$

where

$$v_{11} = c_{22}, \quad v_{12} = -c_{12}, \quad v_{21} = -c_{21}, \quad v_{22} = c_{11},$$

Y_1 and Y_2 are the roots of the equation

$$Y^2 + (c_{11} + c_{22})Y + (c_{11}c_{22} - c_{12}c_{21}) = 0$$

and

$$\Gamma(x, \xi, \lambda) =$$

$$= \begin{cases} -\dfrac{P(x)\left(\cos\alpha(\xi) + \dfrac{B_1}{\mu}\sin\alpha(\xi)\right)\left(\cos\beta(x) + \dfrac{B_2}{\mu}\sin\beta(x)\right)\psi'(\xi)}{P(\xi)\Delta_*(\lambda^2)}, & x_1 \leq \xi \leq x, \\[2ex] -\dfrac{P(x)\left(\cos\alpha(x) + \dfrac{B_1}{\mu}\sin\alpha(x)\right)\left(\cos\beta(\xi) + \dfrac{B_2}{\mu}\sin\beta(\xi)\right)\psi'(\xi)}{P(\xi)\Delta_*(\lambda^2)}, & x \leq \xi \leq x_2, \end{cases}$$

where

$$\alpha(x) = \mu(\psi(x) - \psi(x_1)), \qquad \beta(x) = \mu(\psi(x_2) - \psi(x)),$$

$$\Delta_*(\lambda^2) = (B_1 + B_2)\cos\mu L - \frac{\mu^2 - B_1 B_2}{\mu}\sin\mu L, \qquad \mu = \sqrt{\lambda^2 + s}$$

[124, p. 239].

If for some n=m there holds $Y_1 = \lambda_m^2$ and $Y_2 \neq \lambda_n^2$, n=1,2,..., then a necessary and sufficient condition for existence of a solution to this problem is

$$(\lambda_m^2 + c_{22})\int_{x_1}^{x_2} w_1(\xi)\Phi_m(\xi)\,d\xi - c_{12}\int_{x_1}^{x_2} w_2(\xi)\Phi_m(\xi)\,d\xi = 0.$$

When the above condition holds, there exists an infinite number of solutions of the form

$$Q_i(x) = c_i^{(m)}\varphi(\lambda_m, x) + \sum_{j=1}^{2}\int_{x_1}^{x_2} w_j(\xi) G_{ij}^{(-m)}(x, \xi)\,d\xi, \quad i=1,2,$$

where $G_{ij}^{(-m)}(x, \xi)$ is obtained by omitting the m-th term in the series for $G_{ij}(x, \xi)$, and the constants $c_1^{(m)}$ and $c_2^{(m)}$ appearing in the solution satisfy the equations

$$(\lambda_m^2 + c_{11})c_1^{(m)} + c_{12}c_2^{(m)} = \frac{1}{\|\varphi_m\|^2}\int_{x_1}^{x_2} w_1(\xi)\Phi_m(\xi)\,d\xi.$$

Here

$$\Phi_m(\xi) = \frac{\psi'(\xi)}{P(\xi)}\left[\cos\alpha_m(\xi) + \frac{B_1}{\mu_m}\sin\alpha_m(\xi)\right],$$

$$\alpha_m(\xi) = \frac{\mu_m}{\mu}\alpha(\xi), \quad \mu_m = \sqrt{\lambda_m^2 + s}.$$

If for some $n = r$ and $n = k$ there holds $Y_1 = \lambda_r^2$ and $Y_2 = \lambda_k^2$, $(r \neq k)$, then a necessary and sufficient condition for existence of a solution to this problem is

$$(\lambda_r^2 + c_{22})\int_{x_1}^{x_2} w_1(\xi)\Phi_r(\xi)d\xi - c_{12}\int_{x_1}^{x_2} w_2(\xi)\Phi_r(\xi)d\xi = 0$$

and

$$(\lambda_k^2 + c_{22})\int_{x_1}^{x_2} w_1(\xi)\Phi_k(\xi)d\xi - c_{12}\int_{x_1}^{x_2} w_2(\xi)\Phi_k(\xi)d\xi = 0.$$

When the above condition holds, there exists an infinite number of solutions of the form

$$Q_i(x) = c_i^{(r)}\varphi(\lambda_r, x) + c_i^{(k)}\varphi(\lambda_k, x) + \sum_{j=1}^{2}\int_{x_1}^{x_2} w_j(\xi)G_{ij}^{(-r,-k)}(x,\xi)d\xi, \quad i=1,2,$$

where $G_{ij}^{(-r,-k)}(x,\xi)$ is obtained by omitting the r-th and k-th terms in the series for $G_{ij}(x,\xi)$, and the constants appearing in the solution satisfy the equations:

$$(\lambda_r^2 + c_{11})c_1^{(r)} + c_{12}c_2^{(r)} = \frac{1}{\|\varphi_r\|^2}\int_{x_1}^{x_2} w_1(\xi)\Phi_r(\xi)d\xi$$

and

$$(\lambda_k^2 + c_{11})c_1^{(k)} + c_{12}c_2^{(k)} = \frac{1}{\|\varphi_k\|^2}\int_{x_1}^{x_2} w_1(\xi)\Phi_k(\xi)d\xi.$$

§ 3. Systems of group (1.1.2)

$$b_1 \frac{\partial Q_1}{\partial t}(x,t) - \frac{\partial^2 Q_1}{\partial x^2}(x,t) + c_{21}[k_1 Q_1(x,t) - k_2 Q_2(x,t)] = f_1(x,t),$$

$$b_2 \frac{\partial Q_2}{\partial t}(x,t) - \frac{\partial^2 Q_2}{\partial x^2}(x,t) + c_{12}[k_1 Q_1(x,t) - k_2 Q_2(x,t)] = f_2(x,t),$$

$$Q_1(x,0) = Q_{10}(x), \quad Q_2(x,0) = Q_{20}(x),$$

$$Q_1(0,t) = g_{11}(t), \quad Q_1(\ell,t) = g_{12}(t),$$

$$Q_2(0,t) = g_{21}(t), \quad Q_2(\ell,t) = g_{22}(t),$$

$$b_1 \geq 0, \quad b_2 \geq 0, \quad 0 \leq x \leq \ell, \quad t \geq 0.$$

$$w_1(x,t) = f_1(x,t) + g_{12}(t)\delta'(x-\ell) - g_{11}(t)\delta'(x) + Q_{10}(x)b_1\delta(t),$$

$$w_2(x,t) = f_2(x,t) + g_{22}(t)\delta'(x-\ell) - g_{21}(t)\delta'(x) + Q_{20}(x)b_2\delta(t),$$

$$G_{ij}(x,\xi,t) = \frac{2}{\ell} \sum_{n=1}^{\infty} \sin\frac{\pi n}{\ell}x \cdot \sin\frac{\pi n}{\ell}\xi \cdot g_{ij}^0(\lambda_n,t), \quad i,j=1,2,$$

$$g_{11}^0(\lambda_n,t) = b_2 \, \dot{g}(\lambda_n,t) + \left(\frac{\pi^2 n^2}{\ell^2} - c_{12}k_2\right) g(\lambda_n,t) + g(\lambda_n,+0)b_2\delta(t),$$

$$g_{12}^0(\lambda_n,t) = c_{21}k_2 g(\lambda_n,t), \quad g_{21}^0(\lambda_n,t) = -c_{12}k_1 g(\lambda_n,t),$$

$$g_{22}^0(\lambda_n,t) = b_1 \, \dot{g}(\lambda_n,t) + \left(\frac{\pi^2 n^2}{\ell^2} + c_{21}k_1\right) g(\lambda_n,t) + g(\lambda_n,+0)b_1\delta(t),$$

$$g(\lambda_n,t) = \frac{e^{p_{n1}t} - e^{p_{n2}t}}{b_1 b_2 (p_{n1} - p_{n2})}, \quad n=1,2,\ldots,$$

where p_{n1} and p_{n2} are the roots of the equation

$$\Delta(\lambda_n, p) = b_1 b_2 p^2 + \left(c_{21} k_1 b_2 - c_{12} k_2 b_1 + b_1 \frac{\pi^2 n^2}{l^2} + b_2 \frac{\pi^2 n^2}{l^2} \right) p +$$

$$+ c_{21} k_1 \frac{\pi^2 n^2}{l^2} - c_{12} k_2 \frac{\pi^2 n^2}{l^2} + \frac{\pi^4 n^4}{l^4} = 0, \qquad n = 1, 2, \ldots,$$

$$W_{ij}(x, \xi, p) = \frac{2}{l} \sum_{n=1}^{\infty} \sin \frac{\pi n}{l} x \sin \frac{\pi n}{l} \xi \, W_{ij}(\lambda_n, p), \quad i,j = 1,2,$$

$$W_{11}(\lambda_n, p) = \frac{b_2 p l^2 - c_{12} k_2 l^2 + \pi^2 n^2}{l^2 \Delta(\lambda_n, p)}, \qquad W_{12}(\lambda_n, p) = \frac{c_{21} k_2}{\Delta(\lambda_n, p)},$$

$$W_{21}(\lambda_n, p) = -\frac{c_{12} k_1}{\Delta(\lambda_n, p)}, \qquad W_{22}(\lambda_n, p) = \frac{b_1 l^2 p + c_{21} k_1 l^2 + \pi^2 n^2}{l^2 \Delta(\lambda_n, p)},$$

$$n = 1, 2, \ldots .$$

When $b_1 = b_2 = b$, the following expressions also hold:

$$W_{11}(x, \xi, p) = \frac{1}{s} [c_{12} k_2 \, \Gamma(x, \xi, \mu_0) - c_{21} k_1 \, \Gamma(x, \xi, \mu_1)],$$

$$W_{12}(x, \xi, p) = \frac{c_{21} k_2}{s} [\Gamma(x, \xi, \mu_1) - \Gamma(x, \xi, \mu_0)],$$

$$W_{21}(x, \xi, p) = \frac{c_{12} k_1}{s} [\Gamma(x, \xi, \mu_0) - \Gamma(x, \xi, \mu_1)],$$

$$W_{22}(x, \xi, p) = \frac{1}{s} [c_{12} k_2 \, \Gamma(x, \xi, \mu_1) - c_{21} k_1 \, \Gamma(x, \xi, \mu_0)],$$

where

$$\Gamma(x, \xi, \lambda) = \begin{cases} -\dfrac{\sin(\lambda \xi) \sin[\lambda(l - x)]}{\lambda \sin(\lambda l)}, & 0 \leq \xi \leq x, \\[2ex] -\dfrac{\sin(\lambda x) \sin[\lambda(l - \xi)]}{\lambda \sin(\lambda l)}, & x \leq \xi \leq l, \end{cases}$$

[124, p. 98]

$$\mu_0^2 = -bp, \quad \mu_1^2 = -bp - s, \quad s = c_{21}k_1 - c_{12}k_2.$$

$Q_1(x, t)$ and $Q_2(x, t)$ are concentrations of reagents in a nonstationary one-dimensional reversible chemical reaction of first order [10, p. 69].

$$b_1 \frac{\partial Q_1}{\partial t}(x, t) - \frac{\partial^2 Q_1}{\partial x^2}(x, t) + c_{21}[k_1 Q_1(x, t) - k_2 Q_2(x, t)] = f_1(x, t),$$

$$b_2 \frac{\partial Q_2}{\partial t}(x, t) - \frac{\partial^2 Q_2}{\partial x^2}(x, t) + c_{12}[k_1 Q_1(x, t) - k_2 Q_2(x, t)] = f_2(x, t),$$

$$Q_1(x, 0) = Q_{10}(x), \quad Q_2(x, 0) = Q_{20}(x),$$

$$\frac{\partial Q_1}{\partial x}(0, t) = g_{11}(t), \quad \frac{\partial Q_1}{\partial x}(\ell, t) = g_{12}(t),$$

$$\frac{\partial Q_2}{\partial x}(0, t) = g_{21}(t), \quad \frac{\partial Q_2}{\partial x}(\ell, t) = g_{22}(t),$$

$$b_1 \geq 0, \quad b_2 \geq 0, \quad b_1^2 + b_2^2 \neq 0, \quad 0 \leq x \leq \ell, \quad t \geq 0.$$

$$w_1(x, t) = f_1(x, t) + g_{12}(t)\delta(x - \ell) - g_{11}(t)\delta(x) + Q_{10}(x)b_1\delta(t),$$

$$w_2(x, t) = f_2(x, t) + g_{22}(t)\delta(x - \ell) - g_{21}(t)\delta(x) + Q_{20}(x)b_2\delta(t),$$

$$G_{ij}(x, \xi, t) = \frac{1}{\ell} g_{ij}^0(\lambda_1, t) + \frac{2}{\ell} \sum_{n=2}^{\infty} \cos\frac{\pi(n-1)}{\ell} x \cos\frac{\pi(n-1)}{\ell} \xi \, g_{ij}^0(\lambda_n, t),$$

$$i, j = 1, 2,$$

$$g_{11}^0(\lambda_n, t) = b_2 \dot{g}(\lambda_n, t) + \left[\frac{\pi^2(n-1)^2}{\ell^2} - c_{12}k_2\right] g(\lambda_n, t) + g(\lambda_n, +0) b_2 \delta(t),$$

$$g_{12}^0(\lambda_n, t) = c_{21}k_2 g(\lambda_n, t), \quad g_{21}^0(\lambda_n, t) = -c_{12}k_1 g(\lambda_n, t),$$

$$g_{22}^0(\lambda_n, t) = b_1 \dot{g}(\lambda_n, t) + \left[\frac{\pi^2(n-1)^2}{l^2} + c_{21}k_1\right] g(\lambda_n, t) + g(\lambda_n, +0) b_1 \delta(t) ,$$

$$g(\lambda_n, t) = \frac{e^{p_{n1}t} - e^{p_{n2}t}}{b_1 b_2 (p_{n1} - p_{n2})}, \quad n=1,2,\ldots,$$

where p_{n1} and p_{n2} are the roots of the equation

$$\Delta(\lambda_n, p) \equiv b_1 b_2 p^2 + \left(c_{21}k_1 b_2 - c_{12}k_2 b_1 + b_1 \frac{\pi^2(n-1)^2}{l^2} + b_2 \frac{\pi^2(n-1)^2}{l^2}\right) p +$$

$$+ c_{21}k_1 \frac{\pi^2(n-1)^2}{l^2} - c_{12}k_2 \frac{\pi^2(n-1)^2}{l^2} + \frac{\pi^4(n-1)^4}{l^4} = 0, \quad n=1,2,\ldots,$$

$$W_{ij}(x, \xi, p) = \frac{1}{l} W_{ij}(\lambda_1, p) + \frac{2}{l} \sum_{n=2}^{\infty} \cos\frac{\pi(n-1)}{l} x \cos\frac{\pi(n-1)}{l} \xi \; W_{ij}(\lambda_n, p) ,$$

$$W_{11}(\lambda_n, p) = \frac{b_2 l^2 p - c_{12}k_2 l^2 + \pi^2(n-1)^2}{l^2 \Delta(\lambda_n, p)}, \quad W_{12}(\lambda_n, p) = \frac{c_{21}k_2}{\Delta(\lambda_n, p)},$$

$$W_{21}(\lambda_n, p) = -\frac{c_{12}k_1}{\Delta(\lambda_n, p)}, \quad W_{22}(\lambda_n, p) = \frac{b_1 l^2 p + c_{21}k_1 l^2 + \pi^2(n-1)^2}{l^2 \Delta(\lambda_n, p)},$$

$$n=1,2,\ldots.$$

When $b_1 = b_2 = b$, the following expressions also hold:

$$W_{11}(x, \xi, p) = \frac{1}{s} [c_{12}k_2 \, \Gamma(x, \xi, \mu_0) - c_{21}k_1 \, \Gamma(x, \xi, \mu_1)] ,$$

$$W_{12}(x, \xi, p) = \frac{c_{21}k_2}{s} [\Gamma(x, \xi, \mu_1) - \Gamma(x, \xi, \mu_0)] ,$$

$$W_{21}(x, \xi, p) = \frac{c_{12}k_1}{s} [\Gamma(x, \xi, \mu_0) - \Gamma(x, \xi, \mu_1)] ,$$

$$W_{22}(x, \xi, p) = \frac{1}{s} [c_{12}k_2 \, \Gamma(x, \xi, \mu_1) - c_{21}k_1 \, \Gamma(x, \xi, \mu_0)] ,$$

where

$$\Gamma(x, \xi, \lambda) = \begin{cases} \dfrac{\cos\lambda\xi \cos\lambda(\ell - x)}{\lambda\sin\lambda\ell}, & 0 \leq \xi \leq x, \\[2mm] \dfrac{\cos\lambda x \cos\lambda(\ell - \xi)}{\lambda\sin\lambda\ell}, & x \leq \xi \leq \ell, \end{cases}$$

[124, p. 100]

$$\mu_0^2 = -bp, \qquad \mu_1^2 = -bp - s, \qquad s = c_{21}k_1 - c_{12}k_2.$$

$$b_1 \frac{\partial Q_1}{\partial t}(x, t) - \frac{\partial^2 Q_1}{\partial x^2}(x, t) + c_{21}[k_1 Q_1(x, t) - k_2 Q_2(x, t)] = f_1(x, t),$$

$$b_2 \frac{\partial Q_2}{\partial t}(x, t) - \frac{\partial^2 Q_2}{\partial x^2}(x, t) + c_{12}[k_1 Q_1(x, t) - k_2 Q_2(x, t)] = f_2(x, t),$$

$$Q_1(x, 0) = Q_{10}(x), \qquad Q_2(x, 0) = Q_{20}(x),$$

$$\frac{\partial Q_1}{\partial x}(0, t) - b_1^* Q_1(0, t) = g_{11}(t), \qquad \frac{\partial Q_2}{\partial x}(0, t) - b_1^* Q_2(0, t) = g_{21}(t),$$

$$\frac{\partial Q_1}{\partial x}(\ell, t) + b_2^* Q_1(\ell, t) = g_{12}(t), \qquad \frac{\partial Q_2}{\partial x}(\ell, t) + b_2^* Q_2(\ell, t) = g_{22}(t),$$

$$b_1 \geq 0, \qquad b_2 \geq 0, \qquad 0 \leq x \leq \ell, \qquad t \geq 0.$$

$$w_1(x, t) = f_1(x, t) + g_{12}(t)\delta(x - \ell) - g_{11}(t)\delta(x) + Q_{10}(x) b_1 \delta(t),$$

$$w_2(x, t) = f_2(x, t) + g_{22}(t)\delta(x - \ell) - g_{21}(t)\delta(x) + Q_{20}(x) b_2 \delta(t),$$

$$G_{ij}(x, \xi, t) = \sum_{\lambda_n} \frac{\varphi(\lambda_n, x)\varphi(\lambda_n, \xi)}{\|\varphi_n\|^2} g_{ij}^0(\lambda_n, t), \qquad i,j = 1, 2;$$

$$g_{11}^0(\lambda_n, t) = b_2 \dot{g}(\lambda_n, t) + (\lambda_n^2 - c_{12}k_2) g(\lambda_n, t) + g(\lambda_n, +0) b_2 \delta(t),$$

$$g_{12}^0(\lambda_n, t) = c_{21}k_2 g(\lambda_n, t), \qquad g_{21}^0(\lambda_n, t) = -c_{12}k_1 g(\lambda_n, t),$$

$$g_{22}^0(\lambda_n, t) = b_1 \dot{g}(\lambda_n, t) + (\lambda_n^2 + c_{21}k_1) g(\lambda_n, t) + g(\lambda_n, +0) b_1 \delta(t),$$

$$g(\lambda_n, t) = \frac{e^{p_{n1}t} - e^{p_{n2}t}}{b_1 b_2 (p_{n1} - p_{n2})}, \quad n=1,2,\ldots,$$

where p_{n1} and p_{n2} are the roots of the equation

$$\Delta(\lambda_n, p) = b_1 b_2 p^2 + (c_{21}k_1 b_2 - c_{12}k_2 b_1 + b_1 \lambda_n^2 + b_2 \lambda_n^2) p +$$

$$+ c_{21}k_1 \lambda_n^2 - c_{12}k_2 \lambda_n^2 + \lambda_n^4 = 0, \quad n=1,2,\ldots,$$

$$\varphi(\lambda_n, x) = \cos\lambda_n x + \frac{b_1}{\lambda_n} \sin\lambda_n x,$$

λ_n are the positive roots of the equation

$$\frac{\text{tg } \lambda \ell}{\lambda} = \frac{b_1^* + b_2^*}{\lambda^2 - b_1^* b_2^*},$$

$$\|\varphi_n\|^2 = \frac{\ell}{2}\left(1 + \frac{b_1^{*2}}{\lambda_n^2}\right) + \frac{b_1^*}{2\lambda_n^2} + \frac{b_2^*}{2\lambda_n^2}\left(\frac{\lambda_n^2 + b_1^{*2}}{\lambda_n^2 + b_2^{*2}}\right), \qquad n=1,2,\ldots;$$

$$W_{ij}(x, \xi, p) = \sum_{\lambda_n} \frac{\varphi(\lambda_n, x) \varphi(\lambda_n, \xi)}{\|\varphi_n\|^2} W_{ij}(\lambda_n, p), \quad i,j=1,2,$$

$$W_{11}(\lambda_n, p) = \frac{b_2 p - c_{12}k_2 + \lambda_n^2}{\Delta(\lambda_n, p)}, \qquad W_{12}(\lambda_n, p) = \frac{c_{21}k_2}{\Delta(\lambda_n, p)},$$

$$W_{21}(\lambda_n, p) = -\frac{c_{12}k_1}{\Delta(\lambda_n, p)}, \quad W_{22}(\lambda_n, p) = \frac{b_1 p + c_{21}k_1 + \lambda_n^2}{\Delta(\lambda_n, p)}, \quad n=1,2,\ldots;$$

When $b_1 = b_2 = b$, the following expressions also hold:

$$W_{11}(x, \xi, p) = \frac{1}{s}[c_{12}k_2 \Gamma(x, \xi, \mu_0) - c_{21}k_1 \Gamma(x, \xi, \mu_1)],$$

$$W_{12}(x, \xi, p) = \frac{c_{21}k_2}{s}[\Gamma(x, \xi, \mu_1) - \Gamma(x, \xi, \mu_0)],$$

$$W_{21}(x, \xi, p) = \frac{c_{12}k_1}{s}[\Gamma(x, \xi, \mu_0) - \Gamma(x, \xi, \mu_1)],$$

$$W_{22}(x, \xi, p) = \frac{1}{s}[c_{12}k_2 \Gamma(x, \xi, \mu_1) - c_{21}k_1 \Gamma(x, \xi, \mu_0)],$$

where

$$\Gamma(x, \xi, \lambda) =$$

$$= \begin{cases} \dfrac{\left(\cos\lambda\xi + \dfrac{b_1^*}{\lambda}\sin\lambda\xi\right)\left[\cos\lambda(\ell - x) + \dfrac{b_2^*}{\lambda}\sin\lambda(\ell - x)\right]}{\dfrac{\lambda^2 - b_1^* b_2^*}{\lambda}\sin\lambda\ell - (b_1^* + b_2^*)\cos\lambda\ell}, & 0 \leq \xi \leq x, \\[2em] \dfrac{\left(\cos\lambda x + \dfrac{b_1^*}{\lambda}\sin\lambda x\right)\left[\cos\lambda(\ell - \xi) + \dfrac{b_2^*}{\lambda}\sin\lambda(\ell - \xi)\right]}{\dfrac{\lambda^2 - b_1^* b_2^*}{\lambda}\sin\lambda\ell - (b_1^* + b_2^*)\cos\lambda\ell}, & x \leq \xi \leq \ell, \end{cases}$$

[124, p. 101],

$$\mu_0^2 = -bp, \quad \mu_1^2 = -bp - s, \quad s = c_{21}k_1 - c_{12}k_2.$$

$$b_1 \frac{\partial Q_1}{\partial t}(x,t) - \frac{\partial^2 Q_1}{\partial x^2}(x,t) + v\frac{\partial Q_1}{\partial t}(x,t) + c_{11}Q_1(x,t) + c_{12}Q_2(x,t) = f_1(x,t),$$

$$b_2 \frac{\partial Q_2}{\partial t}(x,t) - \frac{\partial^2 Q_2}{\partial x^2}(x,t) + v\frac{\partial Q_2}{\partial t}(x,t) + c_{21}Q_1(x,t) + c_{22}Q_2(x,t) = f_2(x,t),$$

$$Q_1(x,0) = Q_{10}(x), \quad Q_2(x,0) = Q_{20}(x),$$

$$Q_1(0,t) = g_{11}(t), \quad Q_2(0,t) = g_{21}(t),$$

$$Q_1(\ell,t) = g_{12}(t), \quad Q_2(\ell,t) = g_{22}(t),$$

$$b_1 \geq 0, \quad b_2 \geq 0, \quad 0 \leq x \leq \ell, \quad t \geq 0.$$

$$w_1(x,t) = f_1(x,t) + g_{12}(t)[\delta'(x-\ell) - v\delta(x-\ell)] -$$
$$- g_{11}(t)[\delta'(x) - v\delta(x)] + Q_{10}(x)b_1\delta(t),$$

$$w_2(x,t) = f_2(x,t) + g_{22}(t)[\delta'(x-\ell) - v\delta(x-\ell)] -$$
$$- g_{21}(t)[\delta'(x) - v\delta(x)] + Q_{20}(x)b_2\delta(t),$$

$$G_{ij}(x,\xi,t) = \frac{2}{\ell} e^{\frac{v}{2}(x-\xi)} \sum_{n=1}^{\infty} \sin\frac{\pi n}{\ell}x \sin\frac{\pi n}{\ell}\xi \, g_{ij}^0(\lambda_n,t), \quad i,j=1,2,$$

$$g_{11}^0(\lambda_n,t) = b_2 \dot{g}(\lambda_n,t) + (\lambda_n^2 + c_{22}) g(\lambda_n,t) + g(\lambda_n,+0) b_2 \delta(t),$$

$$g_{12}^0(\lambda_n,t) = -c_{12} g(\lambda_n,t), \quad g_{21}^0(\lambda_n,t) = -c_{21} g(\lambda_n,t),$$

$$g_{22}^0(\lambda_n,t) = b_1 \dot{g}(\lambda_n,t) + (\lambda_n^2 + c_{11}) g(\lambda_n,t) + g(\lambda_n,+0) b_1 \delta(t),$$

$$g(\lambda_n,t) = \frac{e^{p_{n1}t} - e^{p_{n2}t}}{b_1 b_2 (p_{n1} - p_{n2})}, \quad n=1,2,\ldots,$$

where p_{n1} and p_{n2} are the roots of the equation

$$\Delta(\lambda_n, p) = b_1 b_2 p^2 + (b_1 \lambda_n^2 + b_2 \lambda_n^2 + c_{11} b_2 + c_{22} b_1) p +$$
$$+ \lambda_n^4 + c_{11} \lambda_n^2 + c_{22} \lambda_n^2 + c_{11} c_{22} - c_{12} c_{21} = 0, \quad n=1,2,\ldots,$$

$$W_{ij}(x, \xi, p) = \frac{2}{l} e^{\frac{v}{2}(x-\xi)} \sum_{n=1}^{\infty} \sin \frac{\pi n}{l} x \sin \frac{\pi n}{l} \xi \, W_{ij}(\lambda_n, p), \quad i,j=1,2,$$

$$W_{11}(\lambda_n, p) = \frac{b_2 p + \lambda_n^2 + c_{22}}{\Delta(\lambda_n, p)}, \qquad W_{12}(\lambda_n, p) = -\frac{c_{12}}{\Delta(\lambda_n, p)},$$

$$W_{21}(\lambda_n, p) = -\frac{c_{21}}{\Delta(\lambda_n, p)}, \qquad W_{22}(\lambda_n, p) = \frac{b_1 p + \lambda_n^2 + c_{11}}{\Delta(\lambda_n, p)},$$

$$\lambda_n^2 = \frac{v^2}{4} + \frac{\pi^2 n^2}{l^2}, \qquad n=1,2,\ldots.$$

When $b_1 = b_2 = b$, the following relations also hold:

$$W_{11}(x, \xi, p) = \frac{c_{22} + Y_2}{Y_1 - Y_2} \Gamma(x, \xi, \sqrt{Y_2 - z}) - \frac{c_{22} + Y_1}{Y_1 - Y_2} \Gamma(x, \xi, \sqrt{Y_1 - z}),$$

$$W_{12}(x, \xi, p) = \frac{c_{12}}{Y_1 - Y_2} [\Gamma(x, \xi, \sqrt{Y_1 - z}) - \Gamma(x, \xi, \sqrt{Y_2 - z})],$$

$$W_{21}(x, \xi, p) = \frac{c_{21}}{Y_1 - Y_2} [\Gamma(x, \xi, \sqrt{Y_1 - z}) - \Gamma(x, \xi, \sqrt{Y_2 - z})],$$

$$W_{22}(x, \xi, p) = \frac{c_{11} + Y_2}{Y_1 - Y_2} \Gamma(x, \xi, \sqrt{Y_2 - z}) - \frac{c_{11} + Y_1}{Y_1 - Y_2} \Gamma(x, \xi, \sqrt{Y_1 - z}),$$

where

$$\Gamma(x, \xi, \lambda) = \begin{cases} -\dfrac{e^{\frac{v}{2}(x-\xi)} \operatorname{sh}\gamma\xi \operatorname{sh}\gamma(l-x)}{\gamma \operatorname{sh}\gamma l}, & 0 \le \xi \le x, \\[2ex] -\dfrac{e^{\frac{v}{2}(x-\xi)} \operatorname{sh}\gamma x \operatorname{sh}\gamma(l-\xi)}{\gamma \operatorname{sh}\gamma l}, & x \le \xi \le l, \end{cases}$$

[124, p. 108]

$$\gamma = \sqrt{\frac{v^2}{4} - \lambda^2},$$

Y_1 and Y_2 are the roots of the equation

$$Y^2 + (c_{11} + c_{22})Y + c_{11}c_{22} - c_{12}c_{21} = 0 \quad \text{and} \quad z = bp.$$

$$b_1 \frac{\partial Q_1}{\partial t}(x,t) - \frac{\partial^2 Q_1}{\partial x^2}(x,t) + v\frac{\partial Q_1}{\partial t}(x,t) + c_{11}Q_1(x,t) + c_{12}Q_2(x,t) = f_1(x,t),$$

$$b_2 \frac{\partial Q_2}{\partial t}(x,t) - \frac{\partial^2 Q_2}{\partial x}(x,t) + v\frac{\partial Q_2}{\partial t}(x,t) + c_{21}Q_1(x,t) + c_{22}Q_2(x,t) = f_2(x,t),$$

$$Q_1(x,0) = Q_{10}(x), \qquad Q_2(x,0) = Q_{20}(x),$$

$$\frac{\partial Q_1}{\partial x}(0,t) = g_{11}(t), \qquad \frac{\partial Q_2}{\partial x}(0,t) = g_{21}(t),$$

$$\frac{\partial Q_1}{\partial x}(\ell,t) = g_{12}(t), \qquad \frac{\partial Q_2}{\partial x}(\ell,t) = g_{22}(t),$$

$$b_1 \geq 0, \quad b_2 \geq 0, \quad b_1^2 + b_2^2 \neq 0, \quad 0 \leq x \leq \ell, \quad t \geq 0.$$

$$w_1(x,t) = f_1(x,t) + g_{12}(t)\delta(x-\ell) - g_{11}(t)\delta(x) + Q_{10}(x)b_1\delta(t),$$

$$w_2(x,t) = f_2(x,t) + g_{22}(t)\delta(x-\ell) - g_{21}(t)\delta(x) + Q_{20}(x)b_2\delta(t),$$

$$G_{ij}(x,\xi,t) = \frac{ve^{-v\xi}}{1-e^{-v\ell}} g_{ij}^0(\lambda_1,t) +$$

$$+ \frac{2}{\ell} e^{\frac{v}{2}(x-\xi)} \sum_{n=2}^{\infty} \frac{\psi(\lambda_n,x)\psi(\lambda_n,\xi)}{1 + \frac{v^2}{4} \frac{\ell^2}{\pi^2(n-1)^2}} g_{ij}^0(\lambda_n,t), \quad i,j=1,2,$$

$$g_{11}^0(\lambda_n,t) = b_2 \dot{g}(\lambda_n,t) + (\lambda_n^2 + c_{22})g(\lambda_n,t) + g(\lambda_n,+0)b_2\delta(t),$$

$$g_{12}^0(\lambda_n, t) = -c_{12} g(\lambda_n, t), \qquad g_{21}^0(\lambda_n, t) = -c_{21} g(\lambda_n, t),$$

$$g_{22}^0(\lambda_n, t) = b_1 \, g(\lambda_n, t) + (\lambda_n^2 + c_{11}) g(\lambda_n, t) + g(\lambda_n, +0) b_1 \delta(t),$$

$$g(\lambda_n, t) = \frac{e^{p_{n1} t} - e^{p_{n2} t}}{b_1 b_2 (p_{n1} - p_{n2})}, \qquad n = 1, 2, \ldots,$$

where p_{n1} and p_{n2} are the roots of the equation

$$\Delta(\lambda_n, p) = b_1 b_2 p^2 + (b_1 \lambda_n^2 + b_2 \lambda_n^2 + c_{11} b_2 + c_{22} b_1) p +$$

$$+ \lambda_n^4 + c_{11} \lambda_n^2 + c_{22} \lambda_n^2 + c_{11} c_{22} - c_{12} c_{21} = 0, \qquad n = 1, 2, \ldots,$$

$$\lambda_n^2 = \begin{cases} 0, & n = 1, \\ \dfrac{v^2}{4} + \dfrac{\pi^2 (n-1)^2}{\ell^2}, & n = 2, 3, \ldots, \end{cases}$$

$$\psi(\lambda_n, z) = \cos \frac{\pi(n-1)}{\ell} z - \frac{v \ell}{2\pi(n-1)} \sin \frac{\pi(n-1)}{\ell} z, \qquad n = 2, 3, \ldots,$$

$$W_{ij}(x, \xi, p) = \frac{v e^{-v \xi}}{1 - e^{-v \ell}} W_{ij}(\lambda_1, p) +$$

$$+ \frac{2}{\ell} e^{\frac{v}{2}(x - \xi)} \sum_{n=2}^{\infty} \frac{\psi(\lambda_n, x) \psi(\lambda_n, \xi)}{1 + \dfrac{v^2}{4} \dfrac{\ell^2}{\pi^2 (n-1)^2}} W_{ij}(\lambda_n, p), \qquad i,j = 1,2,$$

$$W_{11}(\lambda_n, p) = \frac{b_2 p + \lambda_n^2 + c_{22}}{\Delta(\lambda_n, p)}, \qquad W_{12}(\lambda_n, p) = -\frac{c_{12}}{\Delta(\lambda_n, p)},$$

$$W_{21}(\lambda_n, p) = -\frac{c_{21}}{\Delta(\lambda_n, p)}, \qquad W_{22}(\lambda_n, p) = \frac{b_1 p + \lambda_n^2 + c_{11}}{\Delta(\lambda_n, p)}, \qquad n = 1, 2, \ldots.$$

When $b_1 = b_2 = b$, the following relations also hold:

$$W_{11}(x, \xi, p) = \frac{c_{22} + Y_2}{Y_1 - Y_2} \Gamma(x, \xi, \sqrt{Y_2 - z}) - \frac{c_{22} + Y_1}{Y_1 - Y_2} \Gamma(x, \xi, \sqrt{Y_1 - z}),$$

$$W_{12}(x, \xi, p) = \frac{c_{12}}{Y_1 - Y_2} [\Gamma(x, \xi, \sqrt{Y_1 - z}) - \Gamma(x, \xi, \sqrt{Y_2 - z})],$$

$$W_{21}(x, \xi, p) = \frac{c_{21}}{Y_1 - Y_2} [\Gamma(x, \xi, \sqrt{Y_1 - z}) - \Gamma(x, \xi, \sqrt{Y_2 - z})],$$

$$W_{22}(x, \xi, p) = \frac{c_{11} + Y_2}{Y_1 - Y_2} \Gamma(x, \xi, \sqrt{Y_2 - z}) - \frac{c_{11} + Y_1}{Y_1 - Y_2} \Gamma(x, \xi, \sqrt{Y_1 - z}),$$

where Y_1 and Y_2 are the roots of the equation

$$Y^2 + (c_{11} + c_{22}) Y + c_{11} c_{22} - c_{12} c_{21} = 0,$$

$z = bp$,

and

$\Gamma(x, \xi, \lambda) =$

$$= \begin{cases} ke^{\frac{v}{2}(x-\xi)} (\cos k\xi - \frac{v}{2k} \sin k\xi) \times \\ \quad \times \left[\cos k(l-x) - \frac{v}{2k} \sin k(l-x) \right] (\lambda^2 \sin kl)^{-1}, & 0 \leq \xi \leq x, \\ \\ ke^{\frac{v}{2}(x-\xi)} (\cos kx - \frac{v}{2k} \sin kx) \times \\ \quad \times \left[\cos k(l-\xi) - \frac{v}{2k} \sin k(l-\xi) \right] (\lambda^2 \sin kl)^{-1}, & x \leq \xi \leq l, \end{cases}$$

$$k = \sqrt{\lambda^2 - \frac{v^2}{4}}. \quad [124, p. 110].$$

§ 3. SYSTEMS OF GROUP (1.1.2)

$$b_1 \frac{\partial Q_1}{\partial t}(x,t) - \frac{\partial^2 Q_1}{\partial x^2}(x,t) + v\frac{\partial Q_1}{\partial t}(x,t) + c_{11}Q_1(x,t) + c_{12}Q_2(x,t) = f_1(x,t),$$

$$b_2 \frac{\partial Q_2}{\partial t}(x,t) - \frac{\partial^2 Q_2}{\partial x^2}(x,t) + v\frac{\partial Q_2}{\partial t}(x,t) + c_{21}Q_1(x,t) + c_{22}Q_2(x,t) = f_2(x,t),$$

$$Q_1(x,0) = Q_{10}(x), \qquad Q_2(x,0) = Q_{20}(x),$$

$$\frac{\partial Q_1}{\partial x}(0,t) - \beta_1 Q_1(0,t) = g_{11}(t), \qquad \frac{\partial Q_2}{\partial x}(0,t) - \beta_1 Q_2(0,t) = g_{21}(t),$$

$$\frac{\partial Q_1}{\partial x}(\ell,t) + \beta_2 Q_1(\ell,t) = g_{12}(t), \qquad \frac{\partial Q_2}{\partial x}(\ell,t) + \beta_2 Q_2(\ell,t) = g_{22}(t),$$

$$b_1 \geq 0, \quad b_2 \geq 0, \quad 0 \leq x \leq \ell, \quad t \geq 0.$$

$$w_1(x,t) = f_1(x,t) + g_{12}(t)\delta(x-\ell) - g_{11}(t)\delta(x) + Q_{10}(x)b_1\delta(t),$$

$$w_2(x,t) = f_2(x,t) + g_{22}(t)\delta(x-\ell) - g_{21}(t)\delta(x) + Q_{20}(x)b_2\delta(t),$$

$$G_{ij}(x,\xi,t) = e^{\frac{v}{2}(x-\xi)} \sum_{\lambda_n} \frac{\psi(\lambda_n, x)\psi(\lambda_n, \xi)}{\|\varphi_n\|^2} g_{ij}^0(\lambda_n, t), \quad i,j=1,2,$$

$$\psi(\lambda_n, z) = \cos\mu_n z + \left(\beta_1 - \frac{v}{2}\right)\frac{\sin\mu_n z}{\mu_n}, \qquad \mu_n = \sqrt{\lambda_n^2 - \frac{v^2}{4}},$$

$$\|\varphi_n\|^2 = \frac{\beta_2 + \frac{v}{2}}{2\left(\lambda_n^2 - \frac{v^2}{4}\right)} \frac{\lambda_n^2 + \beta_1^2 - \beta_1 v}{\lambda_n^2 + \beta_2^2 + \beta_2 v} + \frac{\beta_1 - \frac{v}{2}}{2\left(\lambda_n^2 - \frac{v^2}{4}\right)} + \frac{\ell(\lambda_n^2 + \beta_1^2 - \beta_1 v)}{2\left(\lambda_n^2 - \frac{v^2}{4}\right)},$$

$$n=1,2,\ldots,$$

λ_n are the positive roots of the equation

$$\frac{\operatorname{tg}\mu\ell}{\mu} = \frac{\left(\beta_1 - \frac{v}{2}\right) + \left(\beta_2 + \frac{v}{2}\right)}{\mu^2 - \left(\beta_1 - \frac{v}{2}\right)\left(\beta_2 + \frac{v}{2}\right)}, \qquad \mu = \sqrt{\lambda^2 - \frac{v^2}{4}}$$

(for the case $-2\beta_2 < v < 2\beta_1$ see Appendix, Table 1),

$$g_{11}^0(\lambda_n, t) = b_2 \dot{g}(\lambda_n, t) + (\lambda_n^2 + c_{22}) g(\lambda_n, t) + g(\lambda_n, +0) b_2 \delta(t),$$

$$g_{12}^0(\lambda_n, t) = -c_{12} g(\lambda_n, t), \qquad g_{21}^0(\lambda_n, t) = -c_{21} g(\lambda_n, t),$$

$$g_{22}^0(\lambda_n, t) = b_1 \dot{g}(\lambda_n, t) + (\lambda_n^2 + c_{11}) g(\lambda_n, t) + g(\lambda_n, +0) b_1 \delta(t),$$

$$g(\lambda_n, t) = \frac{e^{p_{n1} t} - e^{p_{n2} t}}{b_1 b_2 (p_{n1} - p_{n2})}, \quad n=1,2,\ldots,$$

where p_{n1} and p_{n2} are the roots of the equation

$$\Delta(\lambda_n, p) = b_1 b_2 p^2 + (b_1 \lambda_n^2 + b_2 \lambda_n^2 + c_{11} b_2 + c_{22} b_1) p +$$

$$+ \lambda_n^4 + c_{11} \lambda_n^2 + c_{22} \lambda_n^2 + c_{11} c_{22} - c_{12} c_{21} = 0, \quad n=1,2,\ldots,$$

$$W_{ij}(x, \xi, p) = e^{\frac{v}{2}(x-\xi)} \sum_{\lambda_n} \frac{\psi(\lambda_n, x) \psi(\lambda_n, \xi)}{\|\varphi_n\|^2} W_{ij}(\lambda_n, p), \quad i,j=1,2,$$

$$W_{11}(\lambda_n, p) = \frac{b_2 p + \lambda_n^2 + c_{22}}{\Delta(\lambda_n, p)}, \qquad W_{12}(\lambda_n, p) = -\frac{c_{12}}{\Delta(\lambda_n, p)},$$

$$W_{21}(\lambda_n, p) = -\frac{c_{21}}{\Delta(\lambda_n, p)}, \qquad W_{22}(\lambda_n, p) = \frac{b_1 p + \lambda_n^2 + c_{11}}{\Delta(\lambda_n, p)}, \quad n=1,2,\ldots.$$

When $b_1 = b_2 = b$, the following relations also hold:

$$W_{11}(x, \xi, p) = \frac{c_{22} + Y_2}{Y_1 - Y_2} \Gamma(x, \xi, \sqrt{Y_2 - z}) - \frac{c_{22} + Y_1}{Y_1 - Y_2} \Gamma(x, \xi, \sqrt{Y_1 - z}),$$

$$W_{12}(x, \xi, p) = \frac{c_{12}}{Y_1 - Y_2} [\Gamma(x, \xi, \sqrt{Y_1 - z}) - \Gamma(x, \xi, \sqrt{Y_2 - z})],$$

$$W_{21}(x,\xi,p) = \frac{c_{21}}{Y_1 - Y_2}[\Gamma(x,\xi,\sqrt{Y_1-z}) - \Gamma(x,\xi,\sqrt{Y_2-z})],$$

$$W_{22}(x,\xi,p) = \frac{c_{11}+Y_2}{Y_1-Y_2}\Gamma(x,\xi,\sqrt{Y_2-z}) - \frac{c_{11}+Y_1}{Y_1-Y_2}\Gamma(x,\xi,\sqrt{Y_1-z}),$$

where Y_1 and Y_2 are the roots of the equation

$$Y^2 + (c_{11}+c_{22})Y + c_{11}c_{22} - c_{12}c_{21} = 0,$$

$$z = bp,$$

and

$\Gamma(x,\xi,\lambda) =$

$$= \begin{cases} \frac{1}{2}e^{\frac{v}{2}(x-\xi)}\left[2\cos(\mu\xi) - \frac{v-2\beta_1}{\mu}\sin(\mu\xi)\right]\left[2\cos\mu(\ell-x) + \right. \\ \left. + \frac{v+2\beta_2}{\mu}\sin\mu(\ell-x)\right]\left[\frac{2\lambda^2 - v(\beta_1-\beta_2) - 2\beta_1\beta_2}{2\mu}\sin\mu\ell - 2(\beta_1+\beta_2)\cos\mu\ell\right]^{-1}, \\ \hspace{9cm} 0 \le \xi \le x, \\ \\ \frac{1}{2}e^{\frac{v}{2}(x-\xi)}\left[2\cos(\mu x) - \frac{v-2\beta_1}{\mu}\sin(\mu x)\right]\left[2\cos\mu(\ell-\xi) + \right. \\ \left. + \frac{v+2\beta_2}{\mu}\sin\mu(\ell-\xi)\right]\left[\frac{2\lambda^2 - v(\beta_1-\beta_2) - 2\beta_1\beta_2}{2\mu}\sin\mu\ell - 2(\beta_1+\beta_2)\cos\mu\ell\right]^{-1}, \\ \hspace{9cm} x \le \xi \le \ell, \end{cases}$$

[124, p. 112]

$$b_1 \frac{\partial Q_1}{\partial t}(x,t) - L_0 Q_1(x,t) + c_{11} Q_1(x,t) + c_{12} Q_2(x,t) = f_1(x,t),$$

$$b_2 \frac{\partial Q_2}{\partial t}(x,t) - L_0 Q_2(x,t) + c_{21} Q_1(x,t) + c_{22} Q_2(x,t) = f_2(x,t),$$

$$Q_1(x,0) = Q_{10}(x), \qquad Q_2(x,t) = Q_{20}(x),$$

$$Q_1(x_1,t) = g_{11}(t), \qquad Q_1(x_2,t) = g_{12}(t),$$

$$Q_2(x_1,t) = g_{21}(t), \qquad Q_2(x_2,t) = g_{22}(t),$$

$$L_0 = \frac{1}{r(x)} \left\{ \frac{\partial}{\partial x} \left[p(x) \frac{\partial}{\partial x} \right] + q(x) \right\},$$

$$p(x) = \frac{1}{P^2(x)\psi'(x)}, \qquad q(x) = -\frac{1}{P(x)} \left(\frac{P'(x)}{P^2(x)\psi'(x)} \right)' + s \frac{\psi'(x)}{P^2(x)},$$

$$r(x) = \frac{\psi'(x)}{P^2(x)} > 0, \qquad P(x), \psi(x) \in \mathbb{C}_2[x_1, x_2], \qquad s \in \mathbb{R},$$

$$b_1 \geq 0, \qquad b_2 \geq 0, \qquad x_1 \leq x \leq x_2, \qquad t \geq 0.$$

$$w_i(x,t) = f_i(x,t) + g_{i2}(t) \frac{P^2(x)}{\psi'(x)} \left(\frac{\delta(x-x_2)}{P^2(x)\psi'(x)} \right)' - g_{i1}(t) \frac{P^2(x)}{\psi'(x)} \left(\frac{\delta(x-x_1)}{P^2(x)\psi'(x)} \right)' +$$

$$+ Q_{i0}(x) b_i \delta(t), \qquad i = 1, 2,$$

$$G_{ij}(x,\xi,t) = \frac{2}{L} \sum_{\lambda_n} \varphi(\lambda_n, x) \varphi(\lambda_n, \xi) r(\xi) g_{ij}^0(\lambda_n, t), \qquad i,j=1,2,$$

$$g_{11}^0(\lambda_n, t) = b_2 \dot{g}(\lambda_n, t) + (\lambda_n^2 + c_{22}) g(\lambda_n, t) + g(\lambda_n, +0) b_2 \delta(t),$$

$$g_{12}^0(\lambda_n, t) = -c_{12} g(\lambda_n, t), \qquad g_{21}^0(\lambda_n, t) = -c_{21} g(\lambda_n, t),$$

$$g_{22}^0(\lambda_n, t) = b_1 \dot{g}(\lambda_n, t) + (\lambda_n^2 + c_{11}) g(\lambda_n, t) + g(\lambda_n, +0) b_1 \delta(t) ,$$

$$g(\lambda_n, t) = \frac{e^{p_{n1}t} - e^{p_{n2}t}}{b_1 b_2 (p_{n1} - p_{n2})} , \quad n=1,2,\ldots,$$

where p_{n1} and p_{n2} are the roots of the equation

$$\Delta(\lambda_n, p) = b_1 b_2 p^2 + (b_1 \lambda_n^2 + b_2 \lambda_n^2 + c_{11} b_2 + c_{22} b_1) p +$$
$$+ \lambda_n^4 + c_{11} \lambda_n^2 + c_{22} \lambda_n^2 + c_{11} c_{22} - c_{12} c_{21} = 0, \quad n = 1, 2, \ldots ,$$

$$\varphi(\lambda_n, x) = P(x) \sin \frac{\pi n}{L} (\psi(x) - \psi(x_1)) , \quad L = \psi(x_2) - \psi(x_1) ,$$

$$\lambda_n^2 = \left(\frac{\pi n}{L}\right)^2 - s, \quad n = 1, 2, \ldots \qquad [124, \text{p. } 236] .$$

$$W_{ij}(x, \xi, p) = \frac{2}{L} \sum_{\lambda_n} \varphi(\lambda_n, x) \varphi(\lambda_n, \xi) r(\xi) W_{ij}(\lambda_n, p) , \quad i,j=1,2,$$

$$W_{11}(\lambda_n, p) = \frac{b_2 p + \lambda_n^2 + c_{22}}{\Delta(\lambda_n, p)} , \quad W_{12}(\lambda_n, p) = -\frac{c_{12}}{\Delta(\lambda_n, p)} ,$$

$$W_{21}(\lambda_n, p) = -\frac{c_{21}}{\Delta(\lambda_n, p)} , \quad W_{22}(\lambda_n, p) = \frac{b_1 p + \lambda_n^2 + c_{11}}{\Delta(\lambda_n, p)} , \quad n=1,2,\ldots .$$

When $b_1 = b_2 = b$, the following relations also hold:

$$W_{ij}(x, \xi, p) = -\frac{v_{ij} + Y_1 \delta_{ij}}{Y_1 - Y_2} \Gamma(x, \xi, \sqrt{Y_1 - z}) + \frac{v_{ij} + Y_2 \delta_{ij}}{Y_1 - Y_2} \Gamma(x, \xi, \sqrt{Y_2 - z}) ,$$
$$i,j=1,2,$$

$$v_{11} = c_{22}, \quad v_{12} = -c_{12}, \quad v_{21} = -c_{21}, \quad v_{22} = c_{11},$$

$$\Gamma(x, \xi, \lambda) =$$

$$= \begin{cases} -\dfrac{P(x) \sin \mu [\psi(\xi) - \psi(x_1)] \sin \mu [\psi(x_2) - \psi(x)] \psi'(\xi)}{P(\xi) \mu \sin \mu L} , & x_1 \leq \xi \leq x, \\[2ex] -\dfrac{P(x) \sin \mu [\psi(x) - \psi(x_1)] \sin \mu [\psi(x_2) - \psi(\xi)] \psi'(\xi)}{P(\xi) \mu \sin \mu L} , & x \leq \xi \leq x_2, \end{cases}$$

$\mu = \sqrt{\lambda^2 + s}$,

Y_1 and Y_2 are the roots of the equation

$$Y^2 + (c_{11} + c_{22})Y + (c_{11}c_{22} - c_{12}c_{21}) = 0$$

and $z = bp$.

$$b_1 \frac{\partial Q_1}{\partial t}(x,t) - L_0 Q_1(x,t) + c_{11} Q_1(x,t) + c_{12} Q_2(x,t) = f_1(x,t),$$

$$b_2 \frac{\partial Q_2}{\partial t}(x,t) - L_0 Q_2(x,t) + c_{21} Q_1(x,t) + c_{22} Q_2(x,t) = f_2(x,t),$$

$$Q_1(x,0) = Q_{10}(x), \quad Q_2(x,t) = Q_{20}(x),$$

$$\frac{\partial Q_1}{\partial x}(x_1,t) - \beta_1 Q_1(x_1,t) = g_{11}(t), \quad \frac{\partial Q_2}{\partial x}(x_1,t) - \beta_1 Q_2(x_1,t) = g_{21}(t),$$

$$\frac{\partial Q_1}{\partial x}(x_2,t) + \beta_2 Q_1(x_2,t) = g_{12}(t), \quad \frac{\partial Q_2}{\partial x}(x_2,t) + \beta_2 Q_2(x_2,t) = g_{22}(t),$$

$$L_0 = \frac{1}{r(x)} \left\{ \frac{\partial}{\partial x}\left[p(x)\frac{\partial}{\partial x}\right] + q(x) \right\},$$

$$p(x) = \frac{1}{P^2(x)\psi'(x)}, \quad q(x) = -\frac{1}{P(x)}\left(\frac{P'(x)}{P^2(x)\psi'(x)}\right)' + s\frac{\psi'(x)}{P^2(x)},$$

$$r(x) = \frac{\psi'(x)}{P^2(x)} > 0, \quad P(x), \psi(x) \in \mathbb{C}_2[x_1, x_2], \quad s \in \mathbb{R}$$

$$b_1 \geq 0, \quad b_2 \geq 0, \quad x_1 \leq x \leq x_2, \quad t \geq 0.$$

$$w_i(x,t) = f_i(x,t) + \frac{1}{\psi'^2(x)}[g_{i2}(t)\delta(x-x_2) - g_{i1}(t)\delta(x-x_1)] +$$

$$+ Q_{i0}(x) b_i \delta(t), \quad i = 1, 2,$$

$$G_{ij}(x, \xi, t) = \sum_{\lambda_n} \frac{\varphi(\lambda_n, x)\varphi(\lambda_n, \xi)r(\xi)}{\|\varphi_n\|^2} g_{ij}^0(\lambda_n, t), \quad i,j=1,2,$$

$$g_{11}^0(\lambda_n, t) = b_2 g(\lambda_n, t) + (\lambda_n^2 + c_{22}) g(\lambda_n, t) + g(\lambda_n, +0) b_2 \delta(t),$$

$$g_{12}^0(\lambda_n, t) = -c_{12} g(\lambda_n, t), \qquad g_{21}^0(\lambda_n, t) = -c_{21} g(\lambda_n, t),$$

$$g_{22}^0(\lambda_n, t) = b_1 g(\lambda_n, t) + (\lambda_n^2 + c_{11}) g(\lambda_n, t) + g(\lambda_n, +0) b_1 \delta(t),$$

$$g(\lambda_n, t) = \frac{e^{p_{n1} t} - e^{p_{n2} t}}{b_1 b_2 (p_{n1} - p_{n2})}, \quad n=1,2,\ldots,$$

where p_{n1} and p_{n2} are the roots of the equation

$$\Delta(\lambda_n, p) \equiv b_1 b_2 p^2 + (b_1 \lambda_n^2 + b_2 \lambda_n^2 + c_{11} b_2 + c_{22} b_1) p +$$
$$+ \lambda_n^4 + c_{11} \lambda_n^2 + c_{22} \lambda_n^2 + c_{11} c_{22} - c_{12} c_{21} = 0, \quad n = 1, 2, \ldots,$$

$$\varphi(\lambda_n, x) = P(x) \{ \cos[\sqrt{\lambda_n^2 + s}(\psi(x) - \psi(x_1))] +$$

$$+ \frac{B_1}{\sqrt{\lambda_n^2 + s}} \sin[\sqrt{\lambda_n^2 + s}(\psi(x) - \psi(x_1))] \}, \quad n=1,2,\ldots,$$

λ_n are the positive roots of the equation

$$\frac{\mathrm{tg}(\sqrt{\lambda^2 + s}\, L)}{\sqrt{\lambda^2 + s}} = \frac{B_1 + B_2}{\lambda^2 + s - B_1 B_2}, \quad \text{where} \quad L = \psi(x_2) - \psi(x_1),$$

$$B_1 = \frac{\beta_1}{\psi'(x_1)} - \frac{P'(x_1)}{P(x_1)\psi'(x_1)}, \qquad B_2 = \frac{\beta_2}{\psi'(x_2)} + \frac{P'(x_2)}{P(x_2)\psi'(x_2)},$$

(for $\psi(x)$ monotonic on $[x_1, x_2]$ see Appendix, Table 1),

$$\|\varphi_n\|^2 = \frac{1}{2(\lambda_n^2 + s)} \left[B_1 + (\lambda_n^2 + s + B_1^2) \left(L + \frac{B_2}{\lambda_n^2 + s + B_2^2} \right) \right], \quad n=1,2,\ldots,$$

[124, p. 238].

$$W_{ij}(x,\xi,p) = \sum_{\lambda_n} \frac{\varphi(\lambda_n,x)\varphi(\lambda_n,\xi)r(\xi)}{\|\varphi_n\|^2} W_{ij}(\lambda_n,p), \quad i,j=1,2,$$

$$W_{11}(\lambda_n,p) = \frac{b_2 p + \lambda_n^2 + c_{22}}{\Delta(\lambda_n,p)}, \quad W_{12}(\lambda_n,p) = -\frac{c_{12}}{\Delta(\lambda_n,p)},$$

$$W_{21}(\lambda_n,p) = -\frac{c_{21}}{\Delta(\lambda_n,p)}, \quad W_{22}(\lambda_n,p) = \frac{b_1 p + \lambda_n^2 + c_{11}}{\Delta(\lambda_n,p)}, \quad n=1,2,\dots.$$

When $b_1 = b_2 = b$ the following relations also hold:

$$W_{ij}(x,\xi,p) = -\frac{v_{ij} + Y_1 \delta_{ij}}{Y_1 - Y_2}\Gamma(x,\xi,\sqrt{Y_1-z}) + \frac{v_{ij}+Y_2\delta_{ij}}{Y_1-Y_2}\Gamma(x,\xi,\sqrt{Y_2-z}),$$

$$i,j=1,2,$$

where

$$v_{11} = c_{22}, \quad v_{12} = -c_{12}, \quad v_{21} = -c_{21}, \quad v_{22} = c_{11},$$

Y_1 and Y_2 are the roots of the equation

$$Y^2 + (c_{11}+c_{22})Y + c_{11}c_{22} - c_{12}c_{21} = 0$$

$$\Gamma(x,\xi,\lambda) = \begin{cases} -\dfrac{P(x)\left(\cos\alpha(\xi) + \dfrac{B_1}{\mu}\sin\alpha(\xi)\right)\left(\cos\beta(x) + \dfrac{B_2}{\mu}\sin\beta(x)\right)\psi'(\xi)}{P(\xi)\Delta_*(\lambda^2)}, & x_1 \le \xi \le x, \\[2ex] -\dfrac{P(x)\left(\cos\alpha(x) + \dfrac{B_1}{\mu}\sin\alpha(x)\right)\left(\cos\beta(\xi) + \dfrac{B_2}{\mu}\sin\beta(\xi)\right)\psi'(\xi)}{P(\xi)\Delta_*(\lambda^2)}, & x \le \xi \le x_2, \end{cases}$$

where

$$\alpha(x) = \mu(\psi(x)-\psi(x_1)), \quad \beta(x) = \mu(\psi(x_2)-\psi(x)),$$

$$\Delta_*(\lambda^2) = (B_1+B_2)\cos\mu L - \frac{\mu^2-B_1 B_2}{\mu}\sin\mu L,$$

$$\mu = \sqrt{\lambda^2 + s}, \qquad z = bp.$$

$$B \frac{\partial Q}{\partial t}(x, t) - \frac{1}{r(x)} LQ(x, t) + CQ(x, t) = f(x, t),$$

$$Q(x, 0) = Q_0(x),$$

$$\ell_1 Q \equiv \alpha_1 \frac{\partial Q}{\partial x}(x_1, t) + \beta_1 Q(x_1, t) = g_1(t),$$

$$\ell_2 Q \equiv \alpha_2 \frac{\partial Q}{\partial x}(x_2, t) + \beta_2 Q(x_2, t) = g_2(t),$$

B is a positive diagonal matrix of order m,

$$L = \frac{\partial}{\partial x}\left[p(x)\frac{\partial}{\partial x}\right] + q(x),$$

$p(x) \in \mathbb{C}_1[x_1, x_2], \quad q(x), r(x) \in \mathbb{C}[x_1, x_2], \quad r(x) > 0,$

C is a square matrix of order m,

$Q(x, t), f(x, t), g_1(t), g_2(t)$ are column vectors of length m,

$$\alpha_1, \alpha_2, \beta_1, \beta_2 \in \mathbb{R}, \qquad x_1 \le x \le x_2, \qquad t \ge 0.$$

$$w(x, t) = f(x, t) + w_{x_2}(x, t) - w_{x_1}(x, t) + \delta(t) B Q_0(x),$$

$$w_{x_i}(x, t) = \frac{1}{\alpha_i}\frac{p(x)}{r(x)}\delta(x - x_i)g_i(t) - \frac{1}{\beta_i}\frac{1}{r(x)}[p(x)\delta(x - x_i)]' g_i(t),$$

if $\alpha_i \ne 0, \beta_i \ne 0,$

$$w_{x_i}(x, t) = \frac{1}{\alpha_i}\frac{p(x)}{r(x)}\delta(x - x_i)g_i(t), \qquad \text{if } \alpha_i \ne 0, \beta_i = 0,$$

$$w_{x_i}(x,t) = \frac{1}{\beta_i} \frac{1}{r(x)} [p(x)\delta(x-x_i)]'g_i(t), \quad \text{if} \quad \alpha_i = 0, \beta_i \neq 0, \quad i=1,2$$

[124, p.62],

$$G(x,\xi,t) = \sum_{\lambda_n} \frac{\varphi(\lambda_n,x)\varphi(\lambda_n,\xi)r(\xi)}{\|\varphi_n\|^2} g(\lambda_n,t),$$

$$W(x,\xi,p) = \sum_{\lambda_n} \frac{\varphi(\lambda_n,x)\varphi(\lambda_n,\xi)r(\xi)}{\|\varphi_n\|^2} W(\lambda_n,p),$$

$$W(\lambda_n,p) = (pB + \lambda_n^2 E + C)^{-1} = \frac{\hat{S}(\lambda_n,p)}{\Delta(\lambda_n,p)},$$

$\hat{S}(\lambda_n,p)$ is the adjoint matrix of matrix $S(\lambda_n,p) = pB + \lambda_n^2 E + C$, $n=1,2,...,$

$\Delta(\lambda_n,p) = |S(\lambda_n,p)| = \det S(\lambda_n,p)$,

$g(\lambda_n,t) = \mathcal{L}_p^{-1}\{S^{-1}(\lambda_n,p)\}$, $n=1,2,...,$

$\varphi = \varphi(\lambda_n,x)$ and λ_n^2 $(n=1,2,...)$ are the eigenfunctions and eigenvectors of the problem

$$L\varphi = -\lambda^2 r(x)\varphi, \quad (*)$$

$$\ell_1\varphi = 0, \quad \ell_2\varphi = 0,$$

λ_n are the positive roots of the equation $\Delta(\lambda^2) = 0$, where

$$\Delta(\lambda^2) = \begin{vmatrix} \ell_1 M & \ell_1 N \\ \ell_2 M & \ell_2 N \end{vmatrix}$$

is the characteristic determinant of the operator $\frac{1}{r(x)}L$, and $M = M(\lambda,x), N = N(\lambda,x)$ are the fundamental solutions of equation (*),

$$\varphi(\lambda_n,x) = [(\ell_1 N)M(\lambda,x) - (\ell_1 M)N(\lambda,x)]_{\lambda=\lambda_n}, \quad n=1,2,...,$$

$$\|\varphi_n\|^2 = \int_{x_1}^{x_2} \varphi^2(\lambda_n,x)r(x)dx, \quad n=1,2,... \quad [124, p.16].$$

$$\frac{\partial Q_1}{\partial t}(x,t) - \frac{\partial^2 Q_1}{\partial x^2}(x,t) + v\frac{\partial Q_1}{\partial x}(x,t) + b\frac{\partial Q_2}{\partial t}(x,t) +$$

$$+ c_{11} Q_1(x,t) + c_{12} Q_2(x,t) = f_1(x,t) + b f_2(x,t),$$

$$\frac{\partial Q_2}{\partial t}(x,t) + c_{21} Q_1(x,t) + c_{22} Q_2(x,t) = f_2(x,t),$$

$$Q_1(x,0) = Q_{10}(x), \qquad Q_2(x,0) = Q_{20}(x),$$

$$Q_1(0,t) = g_1(t), \qquad Q_1(l,t) = g_2(t),$$

$$0 \leq x \leq l, \qquad t \geq 0.$$

$$w_1(x,t) = f_1(x,t) + g_2(t)[\delta'(x-l) - v\delta(x-l)] -$$

$$- g_1(t)[\delta'(x) - v\delta(x)] + Q_{10}(x)\delta(t),$$

$$w_2(x,t) = f_2(x,t) + Q_{20}(x)\delta(t),$$

$$G_{ij}(x,\xi,t) = \frac{2}{l} e^{\frac{v}{2}(x-\xi)} \sum_{n=1}^{\infty} \sin\frac{\pi n}{l}x \, \sin\frac{\pi n}{l}\xi \, g_{ij}^0(\lambda_n, t), \qquad i,j=1,2,$$

$$g_{11}^0(\lambda_n, t) = \frac{(p_{n1} + c_{22}) e^{p_{n1}t} - (p_{n2} + c_{22}) e^{p_{n2}t}}{p_{n1} - p_{n2}},$$

$$g_{12}^0(\lambda_n, t) = -a_{12}\frac{e^{p_{n1}t} - e^{p_{n2}t}}{p_{n1} - p_{n2}}, \qquad g_{21}^0(\lambda_n, t) = -c_{21}\frac{e^{p_{n1}t} - e^{p_{n2}t}}{p_{n1} - p_{n2}},$$

$$g_{22}^0(\lambda_n, t) = \frac{(p_{n1} + \lambda_n^2 + a_{11}) e^{p_{n1}t} - (p_{n2} + \lambda_n^2 + a_{11}) e^{p_{n2}t}}{p_{n1} - p_{n2}}, \qquad n=1,2,\ldots,$$

p_{n1} and p_{n2} are the roots of the equation

$$\Delta(\lambda_n, p) = p^2 + (\lambda_n^2 + a_{11} + c_{22})p + c_{22}\lambda_n^2 + c_{11}c_{22} - c_{12}c_{21} = 0,$$

$$\lambda_n^2 = \frac{v^2}{4} + \frac{\pi^2 n^2}{l^2}, \quad n=1,2,\ldots \quad [124, p.107],$$

$$a_{11} = c_{11} - c_{21}b, \quad a_{12} = c_{12} - c_{22}b,$$

$$W_{ij}(x, \xi, p) = \frac{2}{l} e^{\frac{v}{2}(x-\xi)} \sum_{n=1}^{\infty} \sin\frac{\pi n}{l}x \, \sin\frac{\pi n}{l}\xi \, W_{ij}(\lambda_n, p),$$

$$W_{11}(\lambda_n, p) = \frac{p + c_{22}}{\Delta(\lambda_n, p)}, \quad W_{12}(\lambda_n, p) = -\frac{a_{12}}{\Delta(\lambda_n, p)},$$

$$W_{21}(\lambda_n, p) = -\frac{c_{21}}{\Delta(\lambda_n, p)}, \quad W_{22}(\lambda_n, p) = \frac{p + \lambda_n^2 + a_{11}}{\Delta(\lambda_n, p)}, \quad n=1,2\ldots.$$

$Q_1(x,t)$ and $Q_2(x,t)$ are concentrations of solutions in mobile and immobile phases of chromatographic processes.

$$\frac{\partial Q_1}{\partial t}(x,t) - \frac{\partial^2 Q_1}{\partial x^2}(x,t) + v\frac{\partial Q_1}{\partial x}(x,t) + b\frac{\partial Q_2}{\partial t}(x,t) +$$

$$+ c_{11}Q_1(x,t) + c_{12}Q_2(x,t) = f_1(x,t) + bf_2(x,t),$$

$$\frac{\partial Q_2}{\partial t}(x,t) + c_{21}Q_1(x,t) + c_{22}Q_2(x,t) = f_2(x,t),$$

$$Q_1(x,0) = Q_{10}(x), \quad Q_2(x,0) = Q_{20}(x),$$

$$\frac{\partial Q_1}{\partial x}(0,t) = g_1(t), \quad \frac{\partial Q_1}{\partial x}(l,t) = g_2(t),$$

$$0 \leq x \leq l, \quad t \geq 0.$$

$$w_1(x, t) = f_1(x, t) + g_2(t) \delta(x - \ell) - g_1(t) \delta(x) + Q_{10}(x) \delta(t),$$

$$w_2(x, t) = f_2(x, t) + Q_{20}(x) \delta(t),$$

$$G_{ij}(x, \xi, t) = \frac{v e^{-v\xi}}{1 - e^{-v\ell}} g_{ij}^0(\lambda_1, t) +$$

$$+ \frac{2}{\ell} e^{\frac{v}{2}(x-\xi)} \sum_{n=2}^{\infty} \frac{\psi(\lambda_n, x) \psi(\lambda_n, \xi)}{1 + \frac{v^2}{4} \frac{\ell^2}{\pi^2(n-1)^2}} g_{ij}^0(\lambda_n, t), \quad i,j=1,2,$$

$$g_{11}^0(\lambda_n, t) = \frac{(p_{n1} + c_{22}) e^{p_{n1}t} - (p_{n2} + c_{22}) e^{p_{n2}t}}{p_{n1} - p_{n2}},$$

$$g_{12}^0(\lambda_n, t) = -a_{12} \frac{e^{p_{n1}t} - e^{p_{n2}t}}{p_{n1} - p_{n2}}, \quad g_{21}^0(\lambda_n, t) = -c_{21} \frac{e^{p_{n1}t} - e^{p_{n2}t}}{p_{n1} - p_{n2}},$$

$$g_{22}^0(\lambda_n, t) = \frac{(p_{n1} + \lambda_n^2 + a_{11}) e^{p_{n1}t} - (p_{n2} + \lambda_n^2 + a_{11}) e^{p_{n2}t}}{p_{n1} - p_{n2}}, \quad n=1,2,\dots,$$

p_{n1} and p_{n2} are the roots of the equation

$$\Delta(\lambda_n, p) \equiv p^2 + (\lambda_n^2 + a_{11} + c_{22}) p + c_{22} \lambda_n^2 + c_{11} c_{22} - c_{12} c_{21} = 0, \quad n=1,2,\dots,$$

$$a_{11} = c_{11} - c_{21} b, \quad a_{12} = c_{12} - c_{22} b,$$

$$\lambda_n^2 = \begin{cases} 0, & n=1, \\ \dfrac{v^2}{4} + \dfrac{\pi^2 (n-1)^2}{\ell^2}, & n=2,3,\dots, \end{cases}$$

$$\psi(\lambda_n, x) = \cos \frac{\pi(n-1)}{\ell} x - \frac{v \ell}{2\pi(n-1)} \sin \frac{\pi(n-1)}{\ell} x, \quad n=2,3\dots$$

[124, p. 109].

$$W_{ij}(x, \xi, p) = \frac{v e^{-v\xi}}{1 - e^{-v\ell}} W_{ij}(\lambda_1, p) +$$

$$+ \frac{2}{l} e^{\frac{v}{2}(x-\xi)} \sum_{n=2}^{\infty} \frac{\psi(\lambda_n, x)\psi(\lambda_n, \xi)}{1 + \frac{v^2}{4} \frac{l^2}{\pi^2(n-1)^2}} W_{ij}(\lambda_n, p), \quad i,j=1,2,$$

$$W_{11}(\lambda_n, p) = \frac{p + c_{22}}{\Delta(\lambda_n, p)}, \qquad W_{12}(\lambda_n, p) = -\frac{a_{12}}{\Delta(\lambda_n, p)},$$

$$W_{21}(\lambda_n, p) = -\frac{c_{21}}{\Delta(\lambda_n, p)}, \qquad W_{22}(\lambda_n, p) = \frac{p + \lambda_n^2 + a_{11}}{\Delta(\lambda_n, p)}, \quad n=1,2,\ldots$$

$$\frac{\partial Q_1}{\partial t}(x,t) - \frac{\partial^2 Q_1}{\partial x^2}(x,t) + v \frac{\partial Q_1}{\partial x}(x,t) + b \frac{\partial Q_2}{\partial t}(x,t) +$$

$$+ c_{11} Q_1(x,t) + c_{12} Q_2(x,t) = f_1(x,t) + b f_2(x,t),$$

$$\frac{\partial Q_2}{\partial t}(x,t) + c_{21} Q_1(x,t) + c_{22} Q_2(x,t) = f_2(x,t),$$

$$Q_1(x,0) = Q_{10}(x), \qquad Q_2(x,0) = Q_{20}(x),$$

$$\frac{\partial Q_1}{\partial x}(0,t) - b_1 Q_1(0,t) = g_1(t),$$

$$\frac{\partial Q_1}{\partial x}(l,t) + b_2 Q_1(l,t) = g_2(t),$$

$$0 \leq x \leq l, \qquad t \geq 0$$

$$w_1(x,t) = f_1(x,t) + g_2(t)\delta(x-l) - g_1(t)\delta(x) + Q_{10}(x)\delta(t),$$

$$w_2(x,t) = f_2(x,t) + Q_{20}(x)\delta(t),$$

$$G_{ij}(x,\xi,t) = e^{\frac{v}{2}(x-\xi)} \sum_{\lambda_n} \frac{\psi(\lambda_n, x)\psi(\lambda_n, \xi)}{\|\varphi_n\|^2} g_{ij}^0(\lambda_n, t), \quad i,j=1,2$$

$$\psi(\lambda_n, z) = \cos\mu_n z + \left(b_1 - \frac{v}{2}\right)\frac{\sin\mu_n z}{\mu_n}, \qquad \mu_n = \sqrt{\lambda_n^2 - \frac{v^2}{4}}, \qquad n=1,2,\dots,$$

$$\|\varphi_n\|^2 = \frac{b_2 + \frac{v}{2}}{2\mu_n^2} \frac{\lambda_n^2 + b_1^2 - b_1 v}{\lambda_n^2 + b_2^2 + b_2 v} + \frac{b_1 - \frac{v}{2}}{2\mu_n^2} + \frac{\ell\,(\lambda_n^2 + b_1^2 - b_1 v)}{2\mu_n^2}, \qquad n=1,2,\dots,$$

λ_n are the positive roots of the equation

$$\frac{\operatorname{tg}\mu\ell}{\mu} = \frac{\left(b_1 - \frac{v}{2}\right) + \left(b_2 + \frac{v}{2}\right)}{\mu^2 - \left(b_1 - \frac{v}{2}\right)\left(b_2 + \frac{v}{2}\right)}, \qquad \mu = \sqrt{\lambda^2 - \frac{v^2}{4}} \qquad [124,\ p.\ 111]$$

(For the case $-2b_2 < v < 2b_1$ see Appendix, Table 1)

$$g_{11}^0(\lambda_n, t) = \frac{(p_{n1} + c_{22})\,e^{p_{n1} t} - (p_{n2} + c_{22})\,e^{p_{n2} t}}{p_{n1} - p_{n2}},$$

$$g_{12}^0(\lambda_n, t) = -a_{12}\,\frac{e^{p_{n1} t} - e^{p_{n2} t}}{p_{n1} - p_{n2}}, \qquad g_{21}^0(\lambda_n, t) = -c_{21}\,\frac{e^{p_{n1} t} - e^{p_{n2} t}}{p_{n1} - p_{n2}},$$

$$g_{22}^0(\lambda_n, t) = \frac{(p_{n1} + \lambda_n^2 + a_{11})\,e^{p_{n1} t} - (p_{n2} + \lambda_n^2 + a_{11})\,e^{p_{n2} t}}{p_{n1} - p_{n2}}, \qquad n=1,2,\dots,$$

p_{n1} and p_{n2} are the roots of equation

$$\Delta(\lambda_n, p) = p^2 + (\lambda_n^2 + a_{11} + c_{22})p + c_{22}\lambda_n^2 + c_{11}c_{22} - c_{12}c_{21} = 0, \qquad n=1,2,\dots,$$

$$a_{11} = c_{11} - c_{21}b, \qquad a_{12} = c_{12} - c_{22}b,$$

$$W_{ij}(x, \xi, p) = e^{\frac{v}{2}(x-\xi)} \sum_n \frac{\psi(\lambda_n, x)\,\psi(\lambda_n, \xi)}{\|\varphi_n\|^2} W_{ij}(\lambda_n, p), \qquad i,j=1,2,$$

$$W_{11}(\lambda_n, p) = \frac{p + c_{22}}{\Delta(\lambda_n, p)}, \qquad W_{12}(\lambda_n, p) = -\frac{a_{12}}{\Delta(\lambda_n, p)},$$

$$W_{21}(\lambda_n, p) = -\frac{c_{21}}{\Delta(\lambda_n, p)}, \qquad W_{22}(\lambda_n, p) = \frac{p + \lambda_n^2 + a_{11}}{\Delta(\lambda_n, p)}, \qquad n=1,2,\dots\,.$$

$$b_{11}\left[\frac{\partial Q_1}{\partial t}(x,t) - \kappa_1 L_0 Q_1(x,t)\right] + b_{12}\left[\frac{\partial Q_2}{\partial t}(x,t) - \kappa_2 L_0 Q_2(x,t)\right] +$$

$$+ c_{11}Q_1(x,t) + c_{12}Q_2(x,t) = b_{11}f_1(x,t) + b_{12}f_2(x,t),$$

$$b_{21}\left[\frac{\partial Q_1}{\partial x}(x,t) - \kappa_1 L_0 Q_1(x,t)\right] + b_{22}\left[\frac{\partial Q_2}{\partial x}(x,t) - \kappa_2 L_0 Q_2(x,t)\right] +$$

$$+ c_{21}Q_1(x,t) + c_{22}Q_2(x,t) = b_{21}f_1(x,t) + b_{22}f_2(x,t),$$

$$Q_1(x,0) = Q_{10}(x), \qquad Q_2(x,0) = Q_{20}(x),$$

$$\ell_1 Q_1(x,t) = \alpha_1 \frac{\partial Q_1}{\partial x}(x_1,t) + \beta_1 Q_1(x_1,t) = g_{11}(t),$$

$$\ell_2 Q_1(x,t) = \alpha_2 \frac{\partial Q_1}{\partial x}(x_2,t) + \beta_2 Q_1(x_2,t) = g_{12}(t),$$

$$\ell_1 Q_2(x,t) = \alpha_1 \frac{\partial Q_2}{\partial x}(x_1,t) + \beta_1 Q_2(x_1,t) = g_{21}(t),$$

$$\ell_2 Q_2(x,t) = \alpha_2 \frac{\partial Q_2}{\partial x}(x_2,t) + \beta_2 Q_2(x_2,t) = g_{22}(t),$$

$$L_0 = \frac{1}{r(x)}\left\{\frac{\partial}{\partial x}\left[p(x)\frac{\partial}{\partial x}\right] + q(x)\right\},$$

$$p(x) \in \mathbb{C}_1[x_1, x_2], \qquad q(x), r(x) \in \mathbb{C}[x_1, x_2],$$

$$r(x) > 0, \qquad \kappa_1 \geq 0, \qquad \kappa_2 \geq 0, \qquad x_1 \leq x \leq x_2, \qquad t \geq 0.$$

$$w_i(x,t) = f_i(x,t) + \kappa_i[w_{ix_2}(x,t) - w_{ix_1}(x,t)] + Q_{i0}(x)\delta(t), \qquad i=1,2,$$

$$w_{ix_j}(x,t) = \frac{1}{\alpha_j}\frac{p(x)}{r(x)}\delta(x-x_j)g_{ij}(t) - \frac{1}{\beta_j}\frac{1}{r(x)}[p(x)\delta(x-x_j)]'g_{ij}(t),$$

if $\alpha_j \neq 0$, $\beta_j \neq 0$,

$$w_{ix_j}(x,t) = \frac{1}{\alpha_j}\frac{p(x)}{r(x)}\delta(x-x_j)g_{ij}(t),$$

if $\alpha_j \neq 0$, $\beta_j \neq 0$,

$$w_{ix_j}(x,t) = \frac{1}{\beta_j}\frac{1}{r(x)}[p(x)\delta(x-x_j)]'g_{ij}(t),$$

if $\alpha_j \neq 0$, $\beta_j \neq 0$, i,j=1,2, [124, p. 62],

$$G_{ij}(x,\xi,t) = \sum_{\lambda_n}\frac{\varphi(\lambda_n,x)\varphi(\lambda_n,\xi)r(\xi)}{\|\varphi_n\|^2}g_{ij}^0(\lambda_n,t), \quad i,j=1,2$$

$\varphi = \varphi(\lambda_n, x)$ and λ_n^2, (n=1,2,...) are the eigenfunctions and eigenvalues of the problem

$$L\varphi = -\lambda^2 r(x)\varphi, \qquad (*)$$

$$\ell_1\varphi = 0, \qquad \ell_2\varphi = 0,$$

λ_n (n=1,2...) are the positive roots of the equation $\Delta(\lambda^2) = 0$, where

$$\Delta(\lambda^2) = \begin{vmatrix} \ell_1 M & \ell_1 N \\ \ell_2 M & \ell_2 N \end{vmatrix}$$ is the characteristic determinant of the operator L_0,

$M = M(\lambda, x)$ and $N = N(\lambda, x)$ are the fundamental solutions of the equation (*),

$$\varphi(\lambda_n, x) = [(\ell_1 N)M(\lambda,x) - (\ell_1 M)N(\lambda,x)]_{\lambda=\lambda_n}, \qquad n=1,2,...,$$

$$\|\varphi_n\|^2 = \int_{x_1}^{x_2}\varphi^2(\lambda_n, x)r(x)dx, \qquad n=1,2,... \qquad [124, p. 26],$$

$$W_{ij}(x,\xi,p) = \sum_{\lambda_n} \frac{\varphi(\lambda_n,x)\,\varphi(\lambda_n,\xi)\,r(\xi)}{\|\varphi_n\|^2} W_{ij}(\lambda_n,p), \quad i,j=1,2.$$

Case 1. $b_{11}b_{22} - b_{12}b_{21} \neq 0$ This is a normal system [52].

$$g_{11}^0(\lambda_n,t) = \frac{(p_{n1}+\kappa_2\lambda_n^2+a_{22})e^{p_{n1}t} - (p_{n2}+\kappa_2\lambda_n^2+a_{22})e^{p_{n2}t}}{p_{n1}-p_{n2}},$$

$$g_{11}^0(\lambda_n,t) = -a_{12}\frac{e^{p_{n1}t}-e^{p_{n2}t}}{p_{n1}-p_{n2}}, \quad g_{21}^0(\lambda_n,t) = -a_{21}\frac{e^{p_{n1}t}-e^{p_{n2}t}}{p_{n1}-p_{n2}},$$

$$g_{22}^0(\lambda_n,t) = \frac{(p_{n1}+\kappa_1\lambda_n^2+a_{11})e^{p_{n1}t} - (p_{n2}+\kappa_1\lambda_n^2+a_{11})e^{p_{n2}t}}{p_{n1}-p_{n2}}, \quad n=1,2,\ldots,$$

p_{n1} and p_{n2} are the roots of the equation

$$\Delta_1(\lambda_n,p) \equiv p^2 + (\kappa_1\lambda_n^2+\kappa_2\lambda_n^2+a_{11}+a_{22})p +$$
$$+ \kappa_1\kappa_2\lambda_n^4 + \kappa_1 a_{22}\lambda_n^2 + \kappa_2 a_{11}\lambda_n^2 + a_{11}a_{22} - a_{12}a_{21} = 0, \quad n=1,2\ldots,$$

$$a_{ij} = \frac{1}{b_{11}b_{22}-b_{12}b_{21}} a_{ij}^0, \quad i,j=1,2,$$

$$a_{11}^0 = c_{11}b_{22} - c_{21}b_{12}, \quad a_{12}^0 = c_{12}b_{22} - c_{22}b_{12},$$

$$a_{21}^0 = b_{11}c_{21} - b_{21}c_{11}, \quad a_{22}^0 = b_{11}c_{22} - b_{21}c_{12},$$

$$W_{11}(\lambda_n,p) = \frac{p+\kappa_2\lambda_n^2+a_{22}}{\Delta_1(\lambda_n,p)}, \quad W_{12}(\lambda_n,p) = -\frac{a_{12}}{\Delta_1(\lambda_n,p)},$$

$$W_{21}(\lambda_n,p) = -\frac{a_{21}}{\Delta_1(\lambda_n,p)}, \quad W_{22}(\lambda_n,p) = \frac{p+\kappa_1\lambda_n^2+a_{11}}{\Delta_1(\lambda_n,p)}, \quad n=1,2,\ldots,$$

Case 2. $b_{11}b_{22} - b_{12}b_{21} = 0, \quad b_{11} \neq 0, \quad c_{11}c_{22} - c_{12}c_{21} \neq 0.$

(see remarks on page 201).

This is a normal system [52]. In the case when the system is consistent, it degenerates into the system

$$\begin{cases} b_{11}\left[\dfrac{\partial Q_1}{\partial t}(x,t) - \kappa_1 L_0 Q_1(x,t)\right] + b_{12}\left[\dfrac{\partial Q_2}{\partial t}(x,t) - \kappa_2 L_0 Q_2(x,t)\right] + \\ \qquad + c_{11} Q_1(x,t) + c_{12} Q_2(x,t) = b_{11} f_1(x,t) + b_{12} f_2(x,t), \\ \qquad\qquad a_{21}^0 Q_1(x,t) + a_{22}^0 Q_2(x,t) = 0 \\ Q_1(x,0) = Q_{10}(x), \qquad Q_2(x,0) = Q_{20}(x), \\ \mathit{l}_1 Q_1(x,t) = g_{11}(t), \qquad \mathit{l}_2 Q_1(x,t) = g_{12}(t), \\ \mathit{l}_1 Q_2(x,t) = g_{21}(t), \qquad \mathit{l}_2 Q_2(x,t) = g_{22}(t), \\ \kappa_1 \geq 0, \qquad \kappa_2 \geq 0, \qquad x_1 \leq x \leq x_2, \qquad t \geq 0 \end{cases}$$

Also

$$g_{11}^0(\lambda_n, t) = \frac{a_{22}^0}{a} e^{-\frac{b}{a}t}, \qquad g_{12}^0(\lambda_n, t) = \frac{b_{12} a_{22}^0}{b_{11} a} e^{-\frac{b}{a}t},$$

$$g_{21}^0(\lambda_n, t) = -\frac{a_{21}^0}{a} e^{-\frac{b}{a}t}, \qquad g_{22}^0(\lambda_n, t) = -\frac{b_{12} a_{21}^0}{b_{11} a} e^{-\frac{b}{a}t},$$

$$a = a_{11}^0 + a_{22}^0, \quad b = (a_{11}^0 \kappa_2 + a_{22}^0 \kappa_1)\lambda_n^2 + c_{11} c_{22} - c_{12} c_{21}, \quad n=1,2,...,$$

$$W_{11}(\lambda_n, p) = \frac{b_{11} a_{22}^0}{\Delta_2(\lambda_n, p)}, \qquad W_{12}(\lambda_n, p) = \frac{b_{12} a_{22}^0}{\Delta_2(\lambda_n, p)},$$

$$W_{21}(\lambda_n, p) = -\frac{b_{11} a_{21}^0}{\Delta_2(\lambda_n, p)}, \qquad W_{22}(\lambda_n, p) = -\frac{b_{12} a_{21}^0}{\Delta_2(\lambda_n, p)}, \quad n=1,2,...,$$

$$\Delta_2(\lambda_n, p) = (b_{11} a_{22}^0 - b_{12} a_{21}^0) p + (b_{11} a_{22}^0 \kappa_1 - b_{12} a_{21}^0 \kappa_2)\lambda_n^2 +$$

$$+ a_{22}^0 c_{11} - a_{21}^0 c_{12} \equiv b_{11}(a_{11}^0 + a_{22}^0) p + b_{11}(a_{11}^0 \kappa_2 + a_{22}^0 \kappa_1)\lambda_n^2 +$$

$$+ b_{11}(c_{11} c_{22} - c_{12} c_{21}), \quad n=1,2,... \,.$$

When $b_{11} a_{22}^0 \kappa_1 - b_{12} a_{21}^0 \kappa_2 = 0$ the given distributed parameter system degenerates into the lumped-parameter system considered on page 200. (See also Chapter 3, §9)

§ 4. Systems of group (1.2.2)

$$a_1 \frac{\partial^2 Q_1}{\partial t^2}(x,t) - \frac{\partial^2 Q_1}{\partial x^2}(x,t) + c_{21}[k_1 Q_1(x,t) - k_2 Q_2(x,t)] = f_1(x,t),$$

$$a_2 \frac{\partial^2 Q_2}{\partial t^2}(x,t) - \frac{\partial^2 Q_2}{\partial x^2}(x,t) + c_{12}[k_1 Q_1(x,t) - k_2 Q_2(x,t)] = f_2(x,t),$$

$$Q_1(x,0) = Q_{10}(x), \qquad Q_2(x,0) = Q_{20}(x),$$

$$\frac{\partial Q_1}{\partial t}(x,0) = Q_{11}(x), \qquad \frac{\partial Q_2}{\partial t}(x,0) = Q_{21}(x),$$

$$Q_1(0,t) = g_{11}(t), \qquad Q_1(l,t) = g_{12}(t),$$

$$Q_2(0,t) = g_{21}(t), \qquad Q_2(l,t) = g_{22}(t)$$

$$a_1 \geq 0, \quad a_2 \geq 0, \qquad 0 \leq x \leq l, \qquad t \geq 0.$$

$$w_1(x,t) = f_1(x,t) + g_{12}(t)\delta'(x-l) - g_{11}(t)\delta'(x) + Q_{10}(x)a_1\delta'(t) +$$
$$+ Q_{11}(x)a_1\delta(t),$$

$$w_2(x,t) = f_2(x,t) + g_{22}(t)\delta'(x-l) - g_{21}(t)\delta'(x) + Q_{20}(x)a_2\delta'(t) +$$
$$+ Q_{21}(x)a_2\delta(t),$$

$$G_{ij}(x,\xi,t) = \frac{2}{l}\sum_{n=1}^{\infty}\sin\frac{\pi n}{l}x \sin\frac{\pi n}{l}\xi \, g_{ij}^0(\lambda_n,t), \quad i,j=1,2,$$

$$g_{11}^0(\lambda_n,t) = a_2 \ddot{g}(\lambda_n,t) + \left(\frac{\pi^2 n^2}{l^2} - c_{12}k_2\right)g(\lambda_n,t) +$$
$$+ g(\lambda_n,+0)a_2\delta'(t) + \dot{g}(\lambda_n,+0)a_2\delta(t),$$

$$g_{12}^0(\lambda_n, t) = c_{21}k_2 g(\lambda_n, t), \qquad g_{21}^0(\lambda_n, t) = -c_{12}k_1 g(\lambda_n, t),$$

$$g_{22}^0(\lambda_n, t) = a_1 \ddot{g}(\lambda_n, t) + \left(\frac{\pi^2 n^2}{\ell^2} + c_{21}k_1\right) g(\lambda_n, t) +$$
$$+ g(\lambda_n, +0) a_1 \delta'(t) + \dot{g}(\lambda_n, +0) a_1 \delta(t),$$

$$g(\lambda_n, t) = \frac{1}{a_1 a_2 (Z_{n1} - Z_{n2})} \left[\frac{\text{sh}(\sqrt{Z_{n1}}t)}{\sqrt{Z_{n1}}} - \frac{\text{sh}(\sqrt{Z_{n2}}t)}{\sqrt{Z_{n2}}}\right], \quad n=1,2...,$$

Where Z_{n1} and Z_{n2} are roots of equation

$$\Delta(\lambda_n, \sqrt{Z}) \equiv a_1 a_2 Z^2 + \left(c_{21}k_1 a_2 - c_{12}k_2 a_1 + a_1 \frac{\pi^2 n^2}{\ell^2} + a_2 \frac{\pi^2 n^2}{\ell^2}\right) Z +$$
$$+ c_{21}k_1 \frac{\pi^2 n^2}{\ell^2} - c_{12}k_2 \frac{\pi^2 n^2}{\ell^2} + \frac{\pi^4 n^4}{\ell^4} = 0, \quad n=1,2,...,$$

$$W_{ij}(x, \xi, p) = \frac{2}{\ell} \sum_{n=1}^{\infty} \sin\frac{\pi n}{\ell} x \sin\frac{\pi n}{\ell} \xi \, W_{ij}(\lambda_n, p), \quad i,j=1,2,$$

$$W_{11}(\lambda_n, p) = \frac{a_2 \ell^2 p^2 - c_{12}k_2 \ell^2 + \pi^2 n^2}{\ell^2 \Delta(\lambda_n, p)}, \qquad W_{12}(\lambda_n, p) = \frac{c_{21}k_2}{\Delta(\lambda_n, p)},$$

$$W_{21}(\lambda_n, p) = -\frac{c_{12}k_1}{\Delta(\lambda_n, p)}, \qquad W_{22}(\lambda_n, p) = \frac{a_1 \ell^2 p + c_{21}k_1 \ell^2 + \pi^2 n^2}{\ell^2 \Delta(\lambda_n, p)},$$
$$n=1,2...;$$

When $a_1 = a_2 = a$ the following relations also hold:

$$W_{11}(x, \xi, p) = \frac{1}{s} [c_{12}k_2 \Gamma(x, \xi, \mu_0) - c_{21}k_1 \Gamma(x, \xi, \mu_1)],$$

$$W_{12}(x, \xi, p) = \frac{c_{21}k_2}{s} [\Gamma(x, \xi, \mu_1) - \Gamma(x, \xi, \mu_0)],$$

$$W_{21}(x, \xi, p) = \frac{c_{12}k_1}{s} [\Gamma(x, \xi, \mu_0) - \Gamma(x, \xi, \mu_1)],$$

$$W_{22}(x,\xi,p) = \frac{1}{s}[c_{12}k_2\Gamma(x,\xi,\mu_1) - c_{21}k_1\Gamma(x,\xi,\mu_0)],$$

Where

$$\Gamma(x,\xi,\lambda) = \begin{cases} -\dfrac{\sin(\lambda\xi)\sin[\lambda(\ell-x)]}{\lambda\sin(\lambda\ell)}, & 0 \leq \xi \leq x, \\[2mm] -\dfrac{\sin(\lambda x)\sin[\lambda(\ell-\xi)]}{\lambda\sin(\lambda\ell)}, & x \leq \xi \leq \ell, \end{cases}$$

[124, p, 98]

$$\mu_0^2 = -ap^2, \quad \mu_1^2 = -ap^2 - s, \quad s = c_{21}k_1 - c_{12}k_2.$$

$$a_1\frac{\partial^2 Q_1}{\partial t^2}(x,t) + b_1\frac{\partial Q_1}{\partial t}(x,t) - \frac{\partial^2 Q_1}{\partial x^2}(x,t) + c_{21}[k_1Q_1(x,t) - k_2Q_2(x,t)] =$$

$$= f_1(x,t),$$

$$a_2\frac{\partial^2 Q_2}{\partial t^2}(x,t) + b_2\frac{\partial Q_2}{\partial t}(x,t) - \frac{\partial^2 Q_2}{\partial x^2}(x,t) + c_{12}[k_1Q_1(x,t) - k_2Q_2(x,t)] =$$

$$= f_2(x,t),$$

$$Q_1(x,0) = Q_{10}(x), \quad Q_2(x,0) = Q_{20}(x),$$

$$\frac{\partial Q_1}{\partial t}(x,0) = Q_{11}(x), \quad \frac{\partial Q_2}{\partial t}(x,0) = Q_{21}(x),$$

$$Q_1(0,t) = g_{11}(t), \quad Q_1(\ell,t) = g_{12}(t),$$

$$Q_2(0,t) = g_{21}(t), \quad Q_2(\ell,t) = g_{22}(t),$$

$$a_1 \geq 0, \quad a_2 \geq 0, \quad b_1 \geq 0, \quad b_2 \geq 0, \quad 0 \leq x \leq \ell, \quad t \geq 0.$$

$$w_1(x,t) = f_1(x,t) + g_{12}(t)\delta'(x-\ell) - g_{11}(t)\delta'(x) +$$
$$+ Q_{10}(x)[a_1\delta'(t) + b_1\delta(t)] + Q_{11}(x)a_1\delta(t),$$

$$w_2(x,t) = f_2(x,t) + g_{22}(t)\delta'(x-\ell) - g_{21}(t)\delta'(x) +$$
$$+ Q_{20}(x)[a_2\delta'(t) + b_2\delta(t)] + Q_{21}(x)a_2\delta(t),$$

$$G_{ij}(x,\xi,t) = \frac{2}{\ell}\sum_{n=1}^{\infty}\sin\frac{\pi n}{\ell}x\sin\frac{\pi n}{\ell}\xi\, g_{ij}^0(\lambda_n,t), \quad i,j=1,2,$$

$$g_{11}^0(\lambda_n,t) = a_2\ddot{g}(\lambda_n,t) + b_2\dot{g}(\lambda_n,t) + \left(\frac{\pi^2 n^2}{\ell^2} - c_{12}k_2\right)g(\lambda_n,t) +$$
$$+ g(\lambda_n,+0)[a_2\delta'(t) + b_2\delta(t)] + \dot{g}(\lambda_n,+0)a_2\delta(t),$$

$$g_{12}^0(\lambda_n,t) = c_{21}k_2 g(\lambda_n,t), \qquad g_{21}^0(\lambda_n,t) = -c_{12}k_1 g(\lambda_n,t),$$

$$g_{22}^0(\lambda_n,t) = a_1\ddot{g}(\lambda_n,t) + b_1\dot{g}(\lambda_n,t) + \left(\frac{\pi^2 n^2}{\ell^2} + c_{21}k_1\right)g(\lambda_n,t) +$$
$$+ g(\lambda_n,+0)[a_1\delta'(t) + b_1\delta(t)] + \dot{g}(\lambda_n,+0)a_1\delta(t),$$

$$g(\lambda_n,t) = = \mathcal{L}_p^{-1}\left\{\frac{1}{\Delta(\lambda_n,p)}\right\}, \quad n=1,2,\ldots,$$

$$\Delta(\lambda_n,p) = (a_1p^2 + b_1p + c_{21}k_1 + \lambda_n^2)(a_2p^2 + b_2p - c_{12}k_2 + \lambda_n^2) +$$
$$+ c_{21}c_{12}k_1k_2,$$

$$\lambda_n = \frac{\pi n}{\ell}, \quad n=1,2\ldots,$$

$$W_{ij}(x,\xi,p) = \frac{2}{\ell}\sum_{n=1}^{\infty}\sin\frac{\pi n}{\ell}x\sin\frac{\pi n}{\ell}\xi\, W_{ij}(\lambda_n,p), \quad i,j=1,2,$$

$$W_{11}(\lambda_n,p) = \frac{a_2\ell^2 p^2 + b_2\ell^2 p - c_{12}k_2 + \pi^2 n^2}{\Delta(\lambda_n,p)\ell^2}, \qquad W_{12}(\lambda_n,p) = \frac{c_{21}k_2}{\Delta(\lambda_n,p)},$$

$$W_{21}(\lambda_n, p) = -\frac{c_{12}k_1}{\Delta(\lambda_n, p)}, \quad W_{22}(\lambda_n, p) = \frac{a_1 \ell^2 p^2 + b_1 \ell^2 p + c_{21}k_1 + \pi^2 n^2}{\Delta(\lambda_n, p)\ell^2},$$

$$n=1,2,\ldots.$$

When $a_1 = a_2 = a$ and $b_1 = b_2 = b$, the following expressions also hold

$$W_{11}(x, \xi, p) = \frac{1}{s}[c_{12}k_2\Gamma(x, \xi, \mu_0) - c_{21}k_1\Gamma(x, \xi, \mu_1)],$$

$$W_{12}(x, \xi, p) = \frac{c_{21}k_2}{s}[\Gamma(x, \xi, \mu_1) - \Gamma(x, \xi, \mu_0)],$$

$$W_{21}(x, \xi, p) = \frac{c_{12}k_1}{s}[\Gamma(x, \xi, \mu_0) - \Gamma(x, \xi, \mu_1)],$$

$$W_{22}(x, \xi, p) = \frac{1}{s}[c_{12}k_2\Gamma(x, \xi, \mu_1) - c_{21}k_1\Gamma(x, \xi, \mu_0)],$$

Where

$$\Gamma(x, \xi, \lambda) = \begin{cases} -\dfrac{\sin(\lambda\xi)\sin[\lambda(\ell-x)]}{\lambda\sin(\lambda\ell)}, & 0 \le \xi \le x, \\ \\ -\dfrac{\sin(\lambda x)\sin[\lambda(\ell-\xi)]}{\lambda\sin(\lambda\ell)}, & x \le \xi \le \ell, \end{cases}$$

[124, p.98]

$$\mu_0^2 = -ap^2 - bp, \quad \mu_1^2 = -ap^2 - bp - s, \quad s = c_{21}k_1 - c_{12}k_2$$

$Q_1(x, t)$ and $Q_2(x, t)$ are concentrations of reagents diffusing in a capillary-porous continuous medium while undergoing a reversible chemical reaction of first order [33, p.230].

§ 4. SYSTEMS OF GROUP (1.2.2)

$$a_1 \frac{\partial^2 Q_1}{\partial t^2}(x,t) - \frac{\partial^2 Q_1}{\partial x^2}(x,t) + c_{21}[k_1 Q_1(x,t) - k_2 Q_2(x,t)] = f_1(x,t),$$

$$a_2 \frac{\partial^2 Q_2}{\partial t^2}(x,t) - \frac{\partial^2 Q_2}{\partial x^2}(x,t) + c_{12}[k_1 Q_1(x,t) - k_2 Q_2(x,t)] = f_2(x,t),$$

$$Q_1(x,0) = Q_{10}(x), \qquad Q_2(x,0) = Q_{20}(x),$$

$$\frac{\partial Q_1}{\partial t}(x,0) = Q_{11}(x), \qquad \frac{\partial Q_2}{\partial t}(x,0) = Q_{21}(x),$$

$$\frac{\partial Q_1}{\partial x}(0,t) = g_{11}(t), \qquad \frac{\partial Q_1}{\partial x}(\ell,t) = g_{12}(t),$$

$$\frac{\partial Q_2}{\partial x}(0,t) = g_{21}(t), \qquad \frac{\partial Q_2}{\partial x}(\ell,t) = g_{22}(t),$$

$$a_1 \geq 0, \quad a_2 \geq 0, \quad a_1^2 + a_2^2 \neq 0 \quad 0 \leq x \leq \ell, \quad t \geq 0$$

$$w_1(x,t) = f_1(x,t) + g_{12}(t)\delta(x-\ell) - g_{11}(t)\delta(x) + Q_{10}(x)a_1\delta'(t) +$$
$$+ Q_{11}(x)a_1\delta(t),$$

$$w_2(x,t) = f_2(x,t) + g_{22}(t)\delta(x-\ell) - g_{21}(t)\delta(x) + Q_{20}(x)a_2\delta'(t) +$$
$$+ Q_{21}(x)a_2\delta(t),$$

$$G_{ij}(x,\xi,t) = \frac{1}{\ell}g_{ij}^0(\lambda_1,t) + \frac{2}{\ell}\sum_{n=2}^{\infty}\cos\frac{\pi(n-1)}{\ell}x \cos\frac{\pi(n-1)}{\ell}\xi \; g_{ij}^0(\lambda_n,t),$$
$$i,j = 1,2,$$

$$g_{11}^0(\lambda_n,t) = a_2\ddot{g}(\lambda_n,t) + \left[\frac{\pi^2(n-1)^2}{\ell^2} - c_{12}k_2\right]g(\lambda_n,t) +$$
$$+ g(\lambda_n,+0)a_2\delta'(t) + \dot{g}(\lambda_n,+0)a_2\delta(t),$$

$$g_{12}^0(\lambda_n,t) = c_{21}k_2 g(\lambda_n,t), \qquad g_{21}(\lambda_n,t) = -c_{12}k_1 g(\lambda_n,t),$$

$$g_{22}^0(\lambda_n, t) = a_1\ddot{g}(\lambda_n, t) + \left[\frac{\pi^2(n-1)^2}{l^2} + c_{21}k_1\right]g(\lambda_n, t) +$$
$$+ g(\lambda_n, +0)a_1\delta'(t) + \dot{g}(\lambda_n, +0)a_1\delta(t),$$

$$g(\lambda_n, t) = \frac{1}{a_1 a_2 (Z_{n1} - Z_{n2})}\left[\frac{\operatorname{sh}(\sqrt{Z_{n1}}\,t)}{\sqrt{Z_{n1}}} - \frac{\operatorname{sh}(\sqrt{Z_{n2}}\,t)}{\sqrt{Z_{n2}}}\right],$$

where Z_{n1} and Z_{n2} are the roots of the equation

$$\Delta(\lambda_n, \sqrt{Z}) \equiv a_1 a_2 Z^2 + \left[c_{21}k_1 a_2 - c_{12}k_2 a_1 + \frac{\pi^2(n-1)^2}{l^2}(a_1 + a_2)\right]Z +$$
$$+ \frac{\pi^2(n-1)^2}{l^2}(c_{21}k_1 - c_{12}k_2) + \frac{\pi^4(n-1)^4}{l^4} = 0, \quad n=1,2...,$$

$$W_{ij}(x, \xi, p) = \frac{1}{l}W_{ij}(\lambda_1, p) + \frac{2}{l}\sum_{n=2}^{\infty}\cos\frac{\pi(n-1)}{l}x \cos\frac{\pi(n-1)}{l}\xi\, W_{ij}(\lambda_n, p),$$

$$i,j=1,2,$$

$$W_{11}(\lambda_n, p) = \frac{a_2 l^2 p^2 - c_{12}k_2 l^2 + \pi^2(n-1)^2}{l^2 \Delta(\lambda_n, p)}, \quad W_{12}(\lambda_n, p) = \frac{c_{21}k_2}{\Delta(\lambda_n, p)},$$

$$W_{21}(\lambda_n, p) = -\frac{c_{12}k_1}{\Delta(\lambda_n, p)}, \quad W_{22}(\lambda_n, p) = \frac{a_1 l^2 p^2 + c_{21}k_1 l^2 + \pi^2(n-1)^2}{l^2 \Delta(\lambda_n, p)},$$

$$n=1,2,...;$$

When $a_1 = a_2 = a$, the following expressions for $W_{ij}(x, \xi, p)$ also hold:

$$W_{11}(x, \xi, p) = \frac{1}{s}[c_{12}k_2\Gamma(x, \xi, \mu_0) - c_{21}k_1\Gamma(x, \xi, \mu_1)],$$

$$W_{12}(x, \xi, p) = \frac{c_{21}k_2}{s}[\Gamma(x, \xi, \mu_1) - \Gamma(x, \xi, \mu_0)],$$

$$W_{21}(x, \xi, p) = \frac{c_{12}k_1}{s}[\Gamma(x, \xi, \mu_0) - \Gamma(x, \xi, \mu_1)],$$

$$W_{22}(x, \xi, p) = \frac{1}{s}[c_{12}k_2\Gamma(x, \xi, \mu_1) - c_{21}k_1\Gamma(x, \xi, \mu_0)],$$

Where

$$\Gamma(x, \xi, \lambda) = \begin{cases} \dfrac{\cos\lambda\xi \cos\lambda(\ell - x)}{\lambda \sin(\lambda\ell)}, & 0 \leq \xi \leq x, \\ \dfrac{\cos\lambda x \cos\lambda(\ell - \xi)}{\lambda \sin(\lambda\ell)}, & x \leq \xi \leq \ell, \end{cases}$$

[124, p. 100]

$$\mu_0^2 = -ap^2, \quad \mu_1^2 = -ap^2 - s \quad s = c_{21}k_1 - c_{12}k_2.$$

$$a_1 \frac{\partial^2 Q_1}{\partial t^2}(x, t) + b_1 \frac{\partial Q_1}{\partial t}(x, t) - \frac{\partial^2 Q_1}{\partial x^2}(x, t) + c_{21}[k_1 Q_1(x, t) - k_2 Q_2(x, t)] =$$
$$= f_1(x, t),$$

$$a_2 \frac{\partial^2 Q_2}{\partial t^2}(x, t) + b_2 \frac{\partial Q_2}{\partial t}(x, t) - \frac{\partial^2 Q_2}{\partial x^2}(x, t) + c_{12}[k_1 Q_1(x, t) - k_2 Q_2(x, t)] =$$
$$= f_2(x, t),$$

$$Q_1(x, 0) = Q_{10}(x), \qquad Q_2(x, 0) = Q_{20}(x),$$

$$\frac{\partial Q_1}{\partial t}(x, 0) = Q_{11}(x), \qquad \frac{\partial Q_2}{\partial t}(x, 0) = Q_{21}(x),$$

$$\frac{\partial Q_1}{\partial x}(0, t) = g_{11}(t), \qquad \frac{\partial Q_1}{\partial x}(\ell, t) = g_{12}(t),$$

$$\frac{\partial Q_2}{\partial x}(0, t) = g_{21}(t), \qquad \frac{\partial Q_2}{\partial x}(\ell, t) = g_{22}(t),$$

$$a_1 \geq 0, \quad a_2 \geq 0, \quad b_1 \geq 0, \quad b_2 \geq 0, \quad a_1^2 + a_2^2 + b_1^2 + b_2^2 \neq 0,$$

$$0 \leq x \leq \ell, \quad t \geq 0.$$

$$w_1(x, t) = f_1(x, t) + g_{12}(t)\delta(x - \ell) - g_{11}(t)\delta(x) +$$

$$+ Q_{10}(x) [a_1 \delta'(t) + b_1 \delta(t)] + Q_{11}(x) a_1 \delta(t),$$

$$w_2(x, t) = f_2(x, t) + g_{22}(t) \delta(x - \ell) - g_{21}(t) \delta(x) +$$

$$+ Q_{20}(x) [a_2 \delta'(t) + b_2 \delta(t)] + Q_{21}(x) a_2 \delta(t),$$

$$G_{ij}(x, \xi, t) = \frac{1}{\ell} g_{ij}^0(\lambda_1, t) + \frac{2}{\ell} \sum_{n=2}^{\infty} \cos \frac{\pi(n-1)}{\ell} x \cos \frac{\pi(n-1)}{\ell} \xi \, g_{ij}^0(\lambda_n, t),$$

$$i,j=1,2,$$

$$g_{11}^0(\lambda_n, t) = a_2 \ddot{g}(\lambda_n, t) + b_2 \dot{g}(\lambda_n, t) + \left[\frac{\pi^2 (n-1)^2}{\ell^2} - c_{12} k_2 \right] g(\lambda_n, t) +$$

$$+ g(\lambda_n, +0) [a_2 \delta'(t) + b_2 \delta(t)] + \dot{g}(\lambda_n, +0) a_2 \delta(t),$$

$$g_{12}^0(\lambda_n, t) = c_{21} k_2 g(\lambda_n, t), \qquad g_{21}^0(\lambda_n, t) = -c_{12} k_1 g(\lambda_n, t),$$

$$g_{22}^0(\lambda_n, t) = a_1 \ddot{g}(\lambda_n, t) + b_1 \dot{g}(\lambda_n, t) + \left[\frac{\pi^2 (n-1)^2}{\ell^2} + c_{21} k_1 \right] g(\lambda_n, t) +$$

$$+ g(\lambda_n, +0) [a_1 \delta'(t) + b_1 \delta(t)] + \dot{g}(\lambda_n, +0) a_1 \delta(t),$$

$$g(\lambda_n, t) = \mathcal{L}_p^{-1} \left\{ \frac{1}{\Delta(\lambda_n, p)} \right\}, \quad n=1,2,$$

$$\Delta(\lambda_n, p) = (a_1 p^2 + b_1 p + c_{21} k_1 + \lambda_n^2)(a_2 p^2 + b_2 p - c_{12} k_2 + \lambda_n^2) + c_{21} c_{12} k_1 k_2,$$

$$\lambda_n = \frac{\pi(n-1)}{\ell}, \quad n=1,2...,$$

$$W_{ij}(x, \xi, p) = \frac{1}{\ell} W_{ij}(\lambda_1, p) + \frac{2}{\ell} \sum_{n=2}^{\infty} \cos \frac{\pi(n-1)}{\ell} x \cos \frac{\pi(n-1)}{\ell} \xi \, W_{ij}(\lambda_n, p),$$

$$W_{11}(\lambda_n, p) = \frac{a_2 \ell^2 p^2 + b_2 \ell^2 p - c_{12} k_2 \ell^2 + \pi^2 (n-1)^2}{\ell^2 \Delta(\lambda_n, p)},$$

$$W_{12}(\lambda_n, p) = \frac{c_{21}k_2}{\Delta(\lambda_n, p)}$$

$$W_{21}(\lambda_n, p) = -\frac{c_{12}k_1}{\Delta(\lambda_n, p)},$$

$$W_{22}(\lambda_n, p) = \frac{a_1 l^2 p^2 + b_1 l^2 p + c_{21}k_1 + \pi^2 (n-1)^2}{l^2 \Delta(\lambda_n, p)},$$

When $a_1 = a_2 = a$ and $b_1 = b_2 = b$ the following relations also hold

$$W_{11}(x, \xi, p) = \frac{1}{s}[c_{12}k_2 \Gamma(x, \xi, \mu_0) - c_{21}k_1 \Gamma(x, \xi, \mu_1)],$$

$$W_{12}(x, \xi, p) = \frac{c_{21}k_2}{s}[\Gamma(x, \xi, \mu_1) - \Gamma(x, \xi, \mu_0)],$$

$$W_{21}(x, \xi, p) = \frac{c_{12}k_1}{s}[\Gamma(x, \xi, \mu_0) - \Gamma(x, \xi, \mu_1)],$$

$$W_{22}(x, \xi, p) = \frac{1}{s}[c_{12}k_2 \Gamma(x, \xi, \mu_1) - c_{21}k_1 \Gamma(x, \xi, \mu_0)],$$

Where

$$\Gamma(x, \xi, \lambda) = \begin{cases} \dfrac{\cos \lambda \xi \, \cos \lambda (l-x)}{\lambda \sin (\lambda l)}, & 0 \leq \xi \leq x, \\[2ex] \dfrac{\cos \lambda x \, \cos \lambda (l-\xi)}{\lambda \sin (\lambda l)}, & x \leq \xi \leq l, \end{cases}$$

[124, p.100]

$$\mu_0^2 = -ap^2 - bp, \qquad \mu_1^2 = -ap^2 - bp - s, \qquad s = c_{21}k_1 - c_{12}k_2.$$

$$a_1 \frac{\partial^2 Q_1}{\partial t^2}(x,t) - \frac{\partial^2 Q_1}{\partial x^2}(x,t) + c_{21}[k_1 Q_1(x,t) - k_2 Q_2(x,t)] =$$
$$= f_1(x,t),$$

$$a_2 \frac{\partial^2 Q_2}{\partial t^2}(x,t) - \frac{\partial^2 Q_2}{\partial x^2}(x,t) + c_{12}[k_1 Q_1(x,t) - k_2 Q_2(x,t)] =$$
$$= f_2(x,t),$$

$$Q_1(x,0) = Q_{10}(x), \quad Q_2(x,0) = Q_{20}(x),$$

$$\frac{\partial Q_1}{\partial t}(x,0) = Q_{11}(x), \quad \frac{\partial Q_2}{\partial t}(x,0) = Q_{21}(x),$$

$$\frac{\partial Q_1}{\partial x}(0,t) - b_1 Q_1(0,t) = g_{11}(t), \quad \frac{\partial Q_2}{\partial x}(0,t) - b_1 Q_2(0,t) = g_{21}(t),$$

$$\frac{\partial Q_1}{\partial x}(\ell,t) + b_2 Q_1(\ell,t) = g_{12}(t), \quad \frac{\partial Q_2}{\partial x}(\ell,t) + b_2 Q_2(\ell,t) = g_{22}(t),$$

$$a_1 \geq 0, \quad a_2 \geq 0, \quad 0 \leq x \leq \ell, \quad t \geq 0$$

$$w_1(x,t) = f_1(x,t) + g_{12}(t)\delta(x-\ell) - g_{11}(t)\delta(x) + Q_{10}(x) a_1 \delta'(t) + Q_{11}(x) a_1 \delta(t),$$

$$w_2(x,t) = f_2(x,t) + g_{22}(t)\delta(x-\ell) - g_{21}(t)\delta(x) + Q_{20}(x) a_2 \delta'(t) + Q_{21}(x) a_2 \delta(t),$$

$$G_{ij}(x,\xi,t) = \sum_{\lambda_n} \frac{\varphi(\lambda_n,x)\varphi(\lambda_n,\xi)}{\|\varphi_n\|^2} g_{ij}^0(\lambda_n,t), \quad i,j=1,2;$$

$$g_{11}^0(\lambda_n,t) = a_2 \ddot{g}(\lambda_n,t) + (\lambda_n^2 - c_{12} k_2) g(\lambda_n,t) + g(\lambda_n,+0) a_2 \delta'(t) +$$
$$+ \dot{g}(\lambda_n,+0) a_2 \delta(t),$$

$$g_{12}^0(\lambda_n, t) = c_{21}k_2 g(\lambda_n, t), \qquad g_{21}^0(\lambda_n, t) = -c_{12}k_1 g(\lambda_n, t),$$

$$g_{22}^0(\lambda_n, t) = a_1 \ddot{g}(\lambda_n, t) + (\lambda_n^2 + c_{21}k_1) g(\lambda_n, t) + g(\lambda_n, +0) a_1 \delta'(t) +$$
$$+ \dot{g}(\lambda_n, +0) a_1 \delta(t),$$

$$g(\lambda_n, t) = \frac{1}{a_1 a_2 (Z_{n1} - Z_{n2})} \left[\frac{\text{sh}(\sqrt{Z_{n1}}\, t)}{\sqrt{Z_{n1}}} - \frac{\text{sh}(\sqrt{Z_{n2}}\, t)}{\sqrt{Z_{n2}}} \right], \quad n=1,2,...,$$

Where Z_{n1} and Z_{n2} are the roots of the equation

$$\Delta(\lambda_n, \sqrt{Z}) \equiv a_1 a_2 Z^2 + (c_{21}k_1 a_2 - c_{12}k_2 a_1 + a_1 \lambda_n^2 + a_2 \lambda_n^2) Z +$$
$$+ c_{21}k_1 \lambda_n^2 - c_{12}k_2 \lambda_n^2 + \lambda_n^4 = 0, \quad n=1,2...;$$

$$\varphi(\lambda_n, x) = \cos \lambda_n x + \frac{b_1}{\lambda_n} \sin \lambda_n x,$$

λ_n are the positive roots of equation

$$\frac{\text{tg}\lambda \ell}{\lambda} = \frac{b_1 + b_2}{\lambda^2 - b_1 b_2},$$

$$\|\varphi_n\|^2 = \frac{\ell}{2}\left(1 + \frac{b_1^2}{\lambda_n^2}\right) + \frac{b_1}{2\lambda_n^2} + \frac{b_2}{2\lambda_n^2} \frac{\lambda_n^2 + b_1^2}{\lambda_n^2 + b_2^2}, \quad n=1,2,...,$$

$$W_{ij}(x, \xi, p) = \sum_{\lambda_n} \frac{\varphi(\lambda_n, x)\, \varphi(\lambda_n, \xi)}{\|\varphi_n\|^2} W_{ij}(\lambda_n, p), \quad i,j=1,2,$$

$$W_{11}(\lambda_n, p) = \frac{a_2 p^2 - c_{12} k_2 + \lambda_n^2}{\Delta(\lambda_n, p)}, \qquad W_{12}(\lambda_n, p) = \frac{c_{21} k_2}{\Delta(\lambda_n, p)},$$

$$W_{21}(\lambda_n, p) = -\frac{c_{12} k_1}{\Delta(\lambda_n, p)}, \qquad W_{22}(\lambda_n, p) = \frac{a_1 p^2 + c_{21} k_1 + \lambda_n^2}{\Delta(\lambda_n, p)}, \quad n=1,2,....$$

When $a_1 = a_2 = a$ the following relations also hold

$$W_{11}(x, \xi, p) = \frac{1}{s}[c_{12}k_2\Gamma(x, \xi, \mu_0) - c_{21}k_1\Gamma(x, \xi, \mu_1)],$$

$$W_{12}(x, \xi, p) = \frac{c_{21}k_2}{s}[\Gamma(x, \xi, \mu_1) - \Gamma(x, \xi, \mu_0)],$$

$$W_{21}(x, \xi, p) = \frac{c_{12}k_1}{s}[\Gamma(x, \xi, \mu_0) - \Gamma(x, \xi, \mu_1)],$$

$$W_{22}(x, \xi, p) = \frac{1}{s}[c_{12}k_2\Gamma(x, \xi, \mu_1) - c_{21}k_1\Gamma(x, \xi, \mu_0)],$$

Where

$\Gamma(x, \xi, \lambda) =$

$$= \begin{cases} \dfrac{(\cos\lambda\xi + \frac{b_1}{\lambda}\sin\lambda\xi)\left[\cos\lambda(\ell - x) + \frac{b_2}{\lambda}\sin\lambda(\ell - x)\right]}{\frac{\lambda^2 - b_1 b_2}{\lambda}\sin\lambda\ell - (b_1 + b_2)\cos\lambda\ell}, & 0 \leq \xi \leq x, \\[2ex] \dfrac{(\cos\lambda x + \frac{b_1}{\lambda}\sin\lambda x)\left[\cos\lambda(\ell - \xi) + \frac{b_2}{\lambda}\sin\lambda(\ell - \xi)\right]}{\frac{\lambda^2 - b_1 b_2}{\lambda}\sin\lambda\ell - (b_1 + b_2)\cos\lambda\ell}, & x \leq \xi \leq \ell \end{cases}$$

[124, p.101],

$$\mu_0^2 = -ap^2 \quad \mu_1^2 = -ap^2 - s, \quad s = c_{21}k_1 - c_{12}k_2.$$

§ 4. SYSTEMS OF GROUP (1.2.2)

$$a_1 \frac{\partial^2 Q_1}{\partial t^2}(x,t) + b_1 \frac{\partial Q_1}{\partial t}(x,t) - \frac{\partial^2 Q_1}{\partial x^2}(x,t) + c_{21}[k_1 Q_1(x,t) - k_2 Q_2(x,t)] =$$
$$= f_1(x,t),$$

$$a_2 \frac{\partial^2 Q_2}{\partial t^2}(x,t) + b_2 \frac{\partial Q_2}{\partial t}(x,t) - \frac{\partial^2 Q_2}{\partial x^2}(x,t) + c_{12}[k_1 Q_1(x,t) - k_2 Q_2(x,t)] =$$
$$= f_2(x,t),$$

$$Q_1(x,0) = Q_{10}(x), \qquad Q_2(x,0) = Q_{20}(x),$$

$$\frac{\partial Q_1}{\partial t}(x,0) = Q_{11}(x), \qquad \frac{\partial Q_2}{\partial t}(x,0) = Q_{21}(x),$$

$$\frac{\partial Q_1}{\partial x}(0,t) - \beta_1 Q_1(0,t) = g_{11}(t), \qquad \frac{\partial Q_2}{\partial x}(0,t) - \beta_1 Q_2(0,t) = g_{21}(t),$$

$$\frac{\partial Q_1}{\partial x}(\ell,t) + \beta_2 Q_1(\ell,t) = g_{12}(t), \qquad \frac{\partial Q_2}{\partial x}(\ell,t) + \beta_2 Q_2(\ell,t) = g_{22}(t),$$

$$a_1 \geq 0, \quad a_2 \geq 0, \quad b_1 \geq 0, \quad b_2 \geq 0, \quad 0 \leq x \leq \ell, \quad t \geq 0.$$

$$w_1(x,t) = f_1(x,t) + g_{12}(t)\delta(x-\ell) - g_{11}(t)\delta(x) + Q_{10}(x) \times$$
$$\times [a_1 \delta'(t) + b_1 \delta(t)] + Q_{11}(x) a_1 \delta(t),$$

$$w_2(x,t) = f_2(x,t) + g_{22}(t)\delta(x-\ell) - g_{21}(t)\delta(x) +$$
$$+ Q_{20}(x)[a_2 \delta'(t) + b_2 \delta(t)] + Q_{21}(x) a_2 \delta(t),$$

$$G_{ij}(x,\xi,t) = \sum_{\lambda_n} \frac{\varphi(\lambda_n,x)\varphi(\lambda_n,\xi)}{\|\varphi_n\|^2} g_{ij}^0(\lambda_n,t), \quad i,j=1,2;$$

$$g_{11}^0(\lambda_n,t) = a_2 \ddot{g}(\lambda_n,t) + b_2 \dot{g}(\lambda_n,t) + (\lambda_n^2 - c_{12}k_2)g(\lambda_n,t) +$$

$$+ g(\lambda_n, +0)[a_2\delta'(t) + b_2\delta(t)] + \dot{g}(\lambda_n, +0) a_2\delta(t),$$

$$g_{12}^0(\lambda_n, t) = c_{21}k_2 g(\lambda_n, t), \qquad g_{21}^0(\lambda_n, t) = -c_{12}k_1 g(\lambda_n, t),$$

$$g_{22}^0(\lambda_n, t) = a_1 \ddot{g}(\lambda_n, t) + b_1 \dot{g}(\lambda_n, t) + (\lambda_n^2 + c_{21}k_1) g(\lambda_n, t) +$$

$$+ g(\lambda_n, +0)[a_1 \delta'(t) + b_1\delta(t)] + \dot{g}(\lambda_n, +0) a_1\delta(t),$$

$$g(\lambda_n, t) = \mathcal{L}_p^{-1}\{\frac{1}{\Delta(\lambda_n, p)}\}, \quad n=1,2\ldots,$$

$$\Delta(\lambda_n, p) = (a_1 p^2 + b_1 p + c_{21}k_1 + \lambda_n^2)(a_2 p^2 + b_2 p - c_{12}k_2 + \lambda_n^2) + c_{21}c_{12}k_1 k_2,$$

$$n=1,2,\ldots,$$

$$\varphi(\lambda_n, x) = \cos\lambda_n x + \frac{\beta_1}{\lambda_n}\sin\lambda_n x,$$

λ_n are the positive roots of the equation

$$\frac{tg\lambda\ell}{\lambda} = \frac{\beta_1 + \beta_2}{\lambda^2 - \beta_1\beta_2},$$

$$\|\varphi_n\|^2 = \frac{\ell}{2}\left(1 + \frac{b_1^2}{\lambda_n^2}\right) + \frac{b_1}{2\lambda_n^2} + \frac{b_2}{2\lambda_n^2}\frac{\lambda_n^2 + b_1^2}{\lambda_n^2 + b_2^2}, \quad n=1,2,\ldots,$$

$$W_{ij}(x, \xi, p) = \sum_{\lambda_n} \frac{\varphi(\lambda_n, x)\varphi(\lambda_n, \xi)}{\|\varphi_n\|^2} W_{ij}(\lambda_n, p), \quad i,j=1,2;$$

$$W_{11}(\lambda_n, p) = \frac{a_2 p^2 + b_2 p - c_{12}k_2 + \lambda_n^2}{\Delta(\lambda_n, p)}, \qquad W_{12}(\lambda_n, p) = \frac{c_{21}k_2}{\Delta(\lambda_n, p)},$$

$$W_{21}(\lambda_n, p) = -\frac{c_{12}k_1}{\Delta(\lambda_n, p)}, \quad W_{22}(\lambda_n, p) = \frac{a_1 p^2 + b_1 p + c_{21}k_1 + \lambda_n^2}{\Delta(\lambda_n, p)}$$

When $a_1 = a_2 = a$ and $b_1 = b_2 = b$ the following relations also hold

$$W_{11}(x, \xi, p) = \frac{1}{s}[c_{12}k_2 \Gamma(x, \xi, \mu_0) - c_{21}k_1 \Gamma(x, \xi, \mu_1)],$$

$$W_{12}(x, \xi, p) = \frac{c_{21}k_2}{s}[\Gamma(x, \xi, \mu_1) - \Gamma(x, \xi, \mu_0)],$$

$$W_{21}(x, \xi, p) = \frac{c_{12}k_1}{s}[\Gamma(x, \xi, \mu_0) - \Gamma(x, \xi, \mu_1)],$$

$$W_{22}(x, \xi, p) = \frac{1}{s}[c_{12}k_2 \Gamma(x, \xi, \mu_1) - c_{21}k_1 \Gamma(x, \xi, \mu_0)],$$

$$\Gamma(x, \xi, \lambda) = \begin{cases} \Omega^{-1}(\lambda) \left(\cos\lambda\xi + \frac{\beta_1}{\lambda}\sin\lambda\xi\right)\left[\cos\lambda(\ell - x) + \frac{\beta_2}{\lambda}\sin\lambda(\ell - x)\right], \\ \qquad\qquad\qquad\qquad\qquad\qquad\qquad 0 \leq \xi \leq x \\ \Omega^{-1}(\lambda) \left(\cos\lambda x + \frac{\beta_1}{\lambda}\sin\lambda x\right)\left[\cos\lambda(\ell - \xi) + \frac{\beta_2}{\lambda}\sin\lambda(\ell - \xi)\right], \\ \qquad\qquad\qquad\qquad\qquad\qquad\qquad x \leq \xi \leq \ell \end{cases}$$

$$\Omega(\lambda) = \frac{\lambda^2 - \beta_1 \beta_2}{\lambda} \sin\lambda\ell - (\beta_1 + \beta_2)\cos\lambda\ell,$$

[124, p. 101],

$$\mu_0^2 = -ap^2 - bp, \quad \mu_1^2 = -ap^2 - bp - s, \quad s = c_{21}k_1 - c_{12}k_2.$$

$$a_1 \frac{\partial^2 Q_1(x,t)}{\partial t^2} - \frac{\partial^2 Q_1(x,t)}{\partial x^2} + v \frac{\partial Q_1(x,t)}{\partial x} + c_{11} Q_1(x,t) + c_{12} Q_2(x,t) = f_1(x,t),$$

$$a_2 \frac{\partial^2 Q_2(x,t)}{\partial t^2} - \frac{\partial^2 Q_2(x,t)}{\partial x^2} + v \frac{\partial Q_2(x,t)}{\partial x} + c_{21} Q_1(x,t) + c_{22} Q_2(x,t) = f_2(x,t),$$

$$Q_1(x,0) = Q_{10}(x), \qquad Q_2(x,0) = Q_{20}(x),$$

$$\frac{\partial Q_1}{\partial t}(x,0) = Q_{11}(x), \qquad \frac{\partial Q_2}{\partial t}(x,0) = Q_{21}(x),$$

$$Q_1(0,t) = g_{11}(t), \qquad Q_2(0,t) = g_{21}(t),$$

$$Q_1(\ell,t) = g_{12}(t), \qquad Q_2(\ell,t) = g_{22}(t),$$

$$a_1 \geq 0, \qquad a_2 \geq 0, \qquad 0 \leq x \leq \ell, \qquad t \geq 0.$$

$$w_1(x,t) = f_1(x,t) + g_{12}(t)[\delta'(x-\ell) - v\delta(x-\ell)] -$$
$$- g_{11}(t)[\delta'(x) - v\delta(x)] + Q_{10}(x) a_1 \delta'(t) + Q_{11}(x) a_1 \delta(t),$$

$$w_2(x,t) = f_2(x,t) + g_{22}(t)[\delta'(x-\ell) - v\delta(x-\ell)] -$$
$$- g_{21}(t)[\delta'(x) - v\delta(x)] + Q_{20}(x) a_2 \delta'(t) + Q_{21}(x) a_2 \delta(t),$$

$$G_{ij}(x,\xi,t) = \frac{2}{\ell} e^{\frac{v}{2}(x-\xi)} \sum_{n=1}^{\infty} \sin \frac{\pi n}{\ell} x \sin \frac{\pi n}{\ell} \xi \, g_{ij}^0(\lambda_n, t), \quad i,j=1,2,$$

$$g_{11}^0(\lambda_n, t) = a_2 \ddot{g}(\lambda_n, t) + (\lambda_n^2 + c_{22}) g(\lambda_n, t) + g(\lambda_n, +0) a_2 \delta'(t) +$$
$$+ \dot{g}(\lambda_n, +0) a_2 \delta(t),$$

$$g_{12}^0(\lambda_n, t) = -c_{12} g(\lambda_n, t), \qquad g_{21}^0(\lambda_n, t) = -c_{21} g(\lambda_n, t),$$

$$g_{22}^0(\lambda_n, t) = a_1 \ddot{g}(\lambda_n, t) + (\lambda_n^2 + c_{11}) g(\lambda_n, t) + g(\lambda_n, +0) a_1 \delta'(t) +$$
$$+ \dot{g}(\lambda_n, +0) a_1 \delta(t),$$

$$\lambda_n^2 = \frac{v^2}{4} + \frac{\pi^2 n^2}{l^2}, \quad n = 1, 2, ...,$$

$$g(\lambda_n, t) = \frac{1}{a_1 a_2 (Z_{n1} - Z_{n2})} \left[\frac{\text{sh}(\sqrt{Z_{n1}} t)}{\sqrt{Z_{n1}}} - \frac{\text{sh}(\sqrt{Z_{n2}} t)}{\sqrt{Z_{n2}}} \right],$$

Where Z_{n1} and Z_{n2} are the roots of the equation

$$\Delta(\lambda_n, \sqrt{Z}) \equiv a_1 a_2 Z^2 + (a_1 \lambda_n^2 + a_2 \lambda_n^2 + c_{11} a_2 + c_{22} a_1) Z +$$

$$+ \lambda_n^4 + c_{11} \lambda_n^2 + c_{22} \lambda_n^2 + c_{11} c_{22} - c_{12} c_{21} = 0, \quad n=1,2,...,$$

$$W_{ij}(x, \xi, p) = \frac{2}{l} e^{\frac{v}{2}(x-\xi)} \sum_{n=1}^{\infty} \sin \frac{\pi n}{l} x \, \sin \frac{\pi n}{l} \xi \, W_{ij}(\lambda_n, p), \quad i,j=1,2,$$

$$W_{11}(\lambda_n, p) = \frac{a_2 p^2 + \lambda_n^2 + c_{22}}{\Delta(\lambda_n, p)}, \quad W_{12}(\lambda_n, p) = -\frac{c_{12}}{\Delta(\lambda_n, p)},$$

$$W_{21}(\lambda_n, p) = -\frac{c_{21}}{\Delta(\lambda_n, p)}, \quad W_{22}(\lambda_n, p) = \frac{a_1 p^2 + \lambda_n^2 + c_{11}}{\Delta(\lambda_n, p)},$$

When $a_1 = a_2 = a$ the following relations also hold:

$$W_{11}(x, \xi, p) = \frac{c_{22} + Y_2}{Y_1 - Y_2} \Gamma(x, \xi, \sqrt{Y_2 - Z}) - \frac{c_{22} + Y_1}{Y_1 - Y_2} \Gamma(x, \xi, \sqrt{Y_1 - Z}),$$

$$W_{12}(x, \xi, p) = \frac{c_{12}}{Y_1 - Y_2} [\Gamma(x, \xi, \sqrt{Y_1 - Z}) - \Gamma(x, \xi, \sqrt{Y_2 - Z})],$$

$$W_{21}(x, \xi, p) = \frac{c_{21}}{Y_1 - Y_2} [\Gamma(x, \xi, \sqrt{Y_1 - Z}) - \Gamma(x, \xi, \sqrt{Y_2 - Z})],$$

$$W_{22}(x, \xi, p) = \frac{c_{11} + Y_2}{Y_1 - Y_2} \Gamma(x, \xi, \sqrt{Y_2 - Z}) - \frac{c_{11} + Y_1}{Y_1 - Y_2} \Gamma(x, \xi, \sqrt{Y_1 - Z}),$$

Where

$$\Gamma(x, \xi, \lambda) = \begin{cases} -\dfrac{e^{\frac{v}{2}(x-\xi)} \operatorname{sh}\gamma\xi \, \operatorname{sh}\gamma(\ell-x)}{\gamma \operatorname{sh}\gamma\ell}, & 0 \leq \xi \leq x, \\ \\ -\dfrac{e^{\frac{v}{2}(x-\xi)} \operatorname{sh}\gamma x \, \operatorname{sh}\gamma(\ell-\xi)}{\gamma \operatorname{sh}\gamma\ell}, & x \leq \xi \leq \ell, \end{cases}$$

[124, p.107]

$\gamma = \sqrt{\dfrac{v^2}{4} - \lambda^2},$ Y_1 and Y_2 are the roots of the equation

$$Y^2 + (c_{11} + c_{22})Y + c_{11}c_{22} - c_{12}c_{21} = 0, \qquad Z = ap^2.$$

$$a_1 \frac{\partial^2 Q_1}{\partial t^2}(x,t) + b_1 \frac{\partial Q_1}{\partial t}(x,t) - \frac{\partial^2 Q_1}{\partial x^2}(x,t) + v \frac{\partial Q_1}{\partial x}(x,t) +$$

$$+ c_{11}Q_1(x,t) + c_{12}Q_2(x,t) = f_1(x,t),$$

$$a_2 \frac{\partial^2 Q_2}{\partial t^2}(x,t) + b_2 \frac{\partial Q_2}{\partial t}(x,t) - \frac{\partial^2 Q_2}{\partial x^2}(x,t) + v \frac{\partial Q_2}{\partial x}(x,t) +$$

$$+ c_{21}Q_1(x,t) + c_{22}Q_2(x,t) = f_2(x,t),$$

$$Q_1(x,0) = Q_{10}(x), \qquad Q_2(x,0) = Q_{20}(x),$$

$$\frac{\partial Q_1}{\partial t}(x,0) = Q_{11}(x), \qquad \frac{\partial Q_2}{\partial t}(x,0) = Q_{21}(x),$$

$$Q_1(0,t) = g_{11}(t), \qquad Q_2(0,t) = g_{21}(t),$$

$$Q_1(\ell,t) = g_{12}(t), \qquad Q_2(\ell,t) = g_{22}(t),$$

$a_1 \geq 0, \quad a_2 \geq 0, \quad b_1 \geq 0, \quad b_2 \geq 0, \quad 0 \leq x \leq \ell, \quad t \geq 0.$

§ 4. SYSTEMS OF GROUP (1.2.2)

$$w_1(x,t) = f_1(x,t) + g_{12}(t) [\delta'(x-l) - v\delta(x-l)] -$$
$$- g_{11}(t) [\delta'(x) - v\delta(x)] + Q_{10}(x) [a_1\delta'(t) + b_1\delta(t)] +$$
$$+ Q_{11}(x) a_1\delta(t),$$

$$w_2(x,t) = f_2(x,t) + g_{22}(t) [\delta'(x-l) - v\delta(x-l)] -$$
$$- g_{21}(t) [\delta'(x) - v\delta(x)] + Q_{20}(x) [a_2\delta'(t) + b_2\delta(t)] +$$
$$+ Q_{21}(x) a_2\delta(t),$$

$$G_{ij}(x,\xi,t) = \frac{2}{l} e^{\frac{v}{2}(x-\xi)} \sum_{n=1}^{\infty} \sin\frac{\pi n}{l}x \sin\frac{\pi n}{l}\xi \; g_{ij}^0(\lambda_n, t), \quad i,j=1,2,$$

$$g_{11}^0(\lambda_n, t) = a_2\ddot{g}(\lambda_n, t) + b_2\dot{g}(\lambda_n, t) + (\lambda_n^2 + c_{22}) g(\lambda_n, t) +$$
$$+ g(\lambda_n, +0)(a_2\delta'(t) + b_2\delta(t)) + \dot{g}(\lambda_n, +0) a_2\delta(t),$$

$$g_{12}^0(\lambda_n, t) = -c_{12} g(\lambda_n, t), \qquad g_{21}^0(\lambda_n, t) = -c_{21} g(\lambda_n, t),$$

$$g_{21}^0(\lambda_n, t) = a_1\ddot{g}(\lambda_n, t) + b_1\dot{g}(\lambda_n, t) + (\lambda_n^2 + c_{11}) g(\lambda_n, t) +$$
$$+ g(\lambda_n, +0)(a_1\delta'(t) + b_1\delta(t) + \dot{g}(\lambda_n, +0) a_1\delta(t), \quad n=1,2,...,$$

$$g(\lambda_n, t) = \mathcal{L}_p^{-1}\left\{\frac{1}{\Delta(\lambda_n, p)}\right\}$$

$$\Delta(\lambda_n, p) = (a_1 p^2 + b_1 p + \lambda_n^2 + c_{11})(a_2 p^2 + b_2 p + \lambda_n^2 + c_{22}) - c_{12} c_{21},$$

$$\lambda_n^2 = \frac{v^2}{4} + \frac{\pi^2 n^2}{l^2}, \quad n=1,2,...,$$

$$W_{ij}(x,\xi,p) = \frac{2}{l} e^{\frac{v}{2}(x-\xi)} \sum_{n=1}^{\infty} \sin\frac{\pi n}{l}x \sin\frac{\pi n}{l}\xi \; W_{ij}(\lambda_n, p), \quad i,j=1,2,$$

$$W_{11}(\lambda_n, p) = \frac{a_2 p^2 + b_2 p + \lambda_n^2 + c_{22}}{\Delta(\lambda_n, p)}, \qquad W_{12}(\lambda_n, p) = -\frac{c_{12}}{\Delta(\lambda_n, p)},$$

$$W_{21}(\lambda_n, p) = -\frac{c_{21}}{\Delta(\lambda_n, p)}, \qquad W_{22}(\lambda_n, p) = \frac{a_1 p^2 + b_1 p + \lambda_n^2 + c_{11}}{\Delta(\lambda_n, p)},$$

$$n = 1, 2, \ldots .$$

When $a_1 = a_2 = a$ and $b_1 = b_2 = b$ the following relations also hold:

$$W_{11}(x, \xi, p) = \frac{c_{22} + Y_2}{Y_1 - Y_2} \Gamma(x, \xi, \sqrt{Y_2 - Z}) - \frac{c_{22} + Y_1}{Y_1 - Y_2} \Gamma(x, \xi, \sqrt{Y_1 - Z}),$$

$$W_{12}(x, \xi, p) = \frac{c_{12}}{Y_1 - Y_2} [\Gamma(x, \xi, \sqrt{Y_1 - Z}) - \Gamma(x, \xi, \sqrt{Y_2 - Z})],$$

$$W_{21}(x, \xi, p) = \frac{c_{21}}{Y_1 - Y_2} [\Gamma(x, \xi, \sqrt{Y_1 - Z}) - \Gamma(x, \xi, \sqrt{Y_2 - Z})],$$

$$W_{22}(x, \xi, p) = \frac{c_{11} + Y_2}{Y_1 - Y_2} \Gamma(x, \xi, \sqrt{Y_2 - Z}) - \frac{c_{11} + Y_1}{Y_1 - Y_2} \Gamma(x, \xi, \sqrt{Y_1 - Z}),$$

where

$$\Gamma(x, \xi, \lambda) = \begin{cases} -\dfrac{e^{\frac{v}{2}(x - \xi)} \, sh\gamma\xi \, sh\gamma(\ell - x)}{\gamma sh\gamma\ell}, & 0 \leq \xi \leq x, \\[2mm] -\dfrac{e^{\frac{v}{2}(x - \xi)} \, sh\gamma x \, sh\gamma(\ell - \xi)}{\gamma sh\gamma\ell}, & x \leq \xi \leq \ell, \end{cases}$$

[124, p.107]

$$\gamma = \sqrt{\frac{v^2}{4} - \lambda^2}, \qquad Y_1 \text{ and } Y_2 \text{ are the roots of the equation}$$

$$Y^2 + (c_{11} + c_{22}) Y + c_{11} c_{22} - c_{12} c_{21} = 0, \qquad Z = ap^2 + bp.$$

$$a_1 \frac{\partial^2 Q_1}{\partial t^2}(x,t) - \frac{\partial^2 Q_1}{\partial x^2}(x,t) + v\frac{\partial Q_1}{\partial x}(x,t) + c_{11}Q_1(x,t) + c_{12}Q_2(x,t) = f_1(x,t),$$

$$a_2 \frac{\partial^2 Q_2}{\partial t^2}(x,t) - \frac{\partial^2 Q_2}{\partial x^2}(x,t) + v\frac{\partial Q_2}{\partial x}(x,t) + c_{21}Q_1(x,t) + c_{22}Q_2(x,t) = f_2(x,t),$$

$$Q_1(x,0) = Q_{10}(x), \qquad Q_2(x,0) = Q_{20}(x),$$

$$\frac{\partial Q_1}{\partial t}(x,0) = Q_{11}(x), \qquad \frac{\partial Q_2}{\partial t}(x,0) = Q_{21}(x),$$

$$\frac{\partial Q_1}{\partial x}(0,t) = g_{11}(t), \qquad \frac{\partial Q_2}{\partial x}(0,t) = g_{21}(t),$$

$$\frac{\partial Q_1}{\partial x}(\ell,t) = g_{12}(t), \qquad \frac{\partial Q_2}{\partial x}(\ell,t) = g_{22}(t),$$

$$a_1 \geq 0, \quad a_2 \geq 0, \quad a_1^2 + a_2^2 \neq 0 \quad 0 \leq x \leq \ell, \quad t \geq 0.$$

$$w_1(x,t) = f_1(x,t) + g_{12}(t)\delta(x-\ell) - g_{11}(t)\delta(x) + Q_{10}(x)a_1\delta'(t) +$$
$$+ Q_{11}(x)a_1\delta(t),$$

$$w_2(x,t) = f_2(x,t) + g_{22}(t)\delta(x-\ell) - g_{21}(t)\delta(x) + Q_{20}(x)a_2\delta'(t) +$$
$$+ Q_{21}(x)a_2\delta(t),$$

$$G_{ij}(x,\xi,t) = \frac{ve^{-v\xi}}{1-e^{-v\ell}} g_{ij}^0(\lambda_1,t) +$$

$$+ \frac{2}{\ell}e^{\frac{v}{2}(x-\xi)} \sum_{n=2}^{\infty} \frac{\psi(\lambda_n,x)\psi(\lambda_n,\xi)}{1 + \frac{v^2}{4} \frac{\ell^2}{\pi^2(n-1)^2}} g_{ij}^0(\lambda_n,t) \quad i,j=1,2,$$

$$\lambda_n^2 = \begin{cases} 0, & n=1, \\ \dfrac{v^2}{4} + \dfrac{\pi^2(n-1)^2}{l^2}, & n=2,3..., \end{cases}$$

$$\psi(\lambda_n, Z) = \cos\dfrac{\pi(n-1)}{l}Z - \dfrac{vl}{2\pi(n-1)}\sin\dfrac{\pi(n-1)}{l}Z, \quad n=2,3...,$$

$$g_{11}^0(\lambda_n, t) = a_2 \ddot{g}(\lambda_n, t) + (\lambda_n^2 + c_{22})g(\lambda_n, t) + g(\lambda_n, +0)a_2\delta'(t) +$$
$$+ \dot{g}(\lambda_n, +0)a_2\delta(t),$$

$$g_{12}^0(\lambda_n, t) = -c_{12}g(\lambda_n, t), \qquad g_{21}^0(\lambda_n, t) = -c_{21}g(\lambda_n, t),$$

$$g_{22}^0(\lambda_n, t) = a_1 \ddot{g}(\lambda_n, t) + (\lambda_n^2 + c_{11})g(\lambda_n, t) + g(\lambda_n, +0)a_1\delta'(t) +$$
$$+ \dot{g}(\lambda_n, +0)a_1\delta(t),$$

$$g(\lambda_n, t) = \dfrac{1}{a_1 a_2 (Z_{n1} - Z_{n2})}\left[\dfrac{\text{sh}(\sqrt{Z_{n1}}t)}{\sqrt{Z_{n1}}} - \dfrac{\text{sh}(\sqrt{Z_{n2}}t)}{\sqrt{Z_{n2}}}\right], \quad n=1,2,...\ .$$

Where Z_{n1} and Z_{n2} are the roots of the equation

$$\Delta(\lambda_n, \sqrt{Z}) \equiv a_1 a_2 Z^2 + (a_1\lambda_n^2 + a_2\lambda_n^2 + c_{11}a_2 + c_{22}a_1)Z +$$
$$+ \lambda_n^4 + c_{11}\lambda_n^2 + c_{22}\lambda_n^2 + c_{11}c_{22} - c_{12}c_{21} = 0, \quad n=1,2,.....\ .$$

$$W_{ij}(x, \xi, p) = \dfrac{ve^{-v\xi}}{1-e^{-vl}}W_{ij}(\lambda_1, p) +$$

$$+ \dfrac{2}{l}e^{\frac{v}{2}(x-\xi)}\sum_{n=2}^{\infty}\dfrac{\psi(\lambda_n, x)\psi(\lambda_n, \xi)}{1+\dfrac{v^2}{4}\dfrac{l^2}{\pi^2(n-1)^2}}W_{ij}(\lambda_n, p), \quad i,j=1,2,$$

$$W_{11}(\lambda_n, p) = \dfrac{a_2 p^2 + \lambda_n^2 + c_{22}}{\Delta(\lambda_n, p)}, \qquad W_{12}(\lambda_n, p) = -\dfrac{c_{12}}{\Delta(\lambda_n, p)},$$

§ 4. SYSTEMS OF GROUP (1.2.2)

$$W_{21}(\lambda_n, p) = -\frac{c_{21}}{\Delta(\lambda_n, p)}, \quad W_{22}(\lambda_n, p) = \frac{a_1 p^2 + \lambda_n^2 + c_{11}}{\Delta(\lambda_n, p)}, \quad n=1,2,\dots.$$

When $a_1 = a_2 = a$ the following relations also hold:

$$W_{11}(x, \xi, p) = \frac{c_{22} + Y_2}{Y_1 - Y_2} \Gamma(x, \xi, \sqrt{Y_2 - Z}) - \frac{c_{22} + Y_1}{Y_1 - Y_2} \Gamma(x, \xi, \sqrt{Y_1 - Z}),$$

$$W_{12}(x, \xi, p) = \frac{c_{12}}{Y_1 - Y_2} [\Gamma(x, \xi, \sqrt{Y_1 - Z}) - \Gamma(x, \xi, \sqrt{Y_2 - Z})],$$

$$W_{21}(x, \xi, p) = \frac{c_{21}}{Y_1 - Y_2} [\Gamma(x, \xi, \sqrt{Y_1 - Z}) - \Gamma(x, \xi, \sqrt{Y_2 - Z})],$$

$$W_{22}(x, \xi, p) = \frac{c_{11} + Y_2}{Y_1 - Y_2} \Gamma(x, \xi, \sqrt{Y_2 - Z}) - \frac{c_{11} + Y_1}{Y_1 - Y_2} \Gamma(x, \xi, \sqrt{Y_1 - Z}),$$

Where

$$\Gamma(x, \xi, \lambda) = \begin{cases} ke^{\frac{v}{2}(x-\xi)} (\cos k\xi - \frac{v}{2k} \sin k\xi) \times \\ \quad \times \left[\cos k(\ell - x) - \frac{v}{2k} \sin k(\ell - x)\right] (\lambda^2 \sin k\ell)^{-1}, \quad 0 \leq \xi \leq x, \\ ke^{\frac{v}{2}(x-\xi)} (\cos kx - \frac{v}{2k} \sin kx) \times \\ \quad \times \left[\cos k(\ell - \xi) - \frac{v}{2k} \sin k(\ell - \xi)\right] (\lambda^2 \sin k\ell)^{-1}, \quad x \leq \xi \leq \ell, \end{cases}$$

[124, p. 109]

$$k = \sqrt{\lambda^2 - \frac{v^2}{4}}, \quad Z = ap^2, \quad Y_1 \text{ and } Y_2 \text{ are the roots of the equation}$$

$$Y^2 + (c_{11} + c_{22}) Y + c_{11} c_{22} - c_{11} c_{21} = 0.$$

$$a_1 \frac{\partial^2 Q_1}{\partial t^2}(x,t) + b_1 \frac{\partial Q_1}{\partial t}(x,t) - \frac{\partial^2 Q_1}{\partial x^2}(x,t) + v\frac{\partial Q_1}{\partial x}(x,t) +$$

$$+ c_{11} Q_1(x,t) + c_{12} Q_2(x,t) = f_1(x,t),$$

$$a_2 \frac{\partial^2 Q_2}{\partial t^2}(x,t) + b_2 \frac{\partial Q_2}{\partial t}(x,t) - \frac{\partial^2 Q_2}{\partial x^2}(x,t) + v\frac{\partial Q_2}{\partial x}(x,t) +$$

$$+ c_{21} Q_1(x,t) + c_{22} Q_2(x,t) = f_2(x,t),$$

$$Q_1(x,0) = Q_{10}(x), \quad Q_2(x,0) = Q_{20}(x),$$

$$\frac{\partial Q_1}{\partial t}(x,0) = Q_{11}(x), \quad \frac{\partial Q_2}{\partial t}(x,0) = Q_{21}(x),$$

$$\frac{\partial Q_1}{\partial x}(0,t) = g_{11}(t), \quad \frac{\partial Q_2}{\partial x}(0,t) = g_{21}(t),$$

$$\frac{\partial Q_1}{\partial x}(\ell,t) = g_{12}(t), \quad \frac{\partial Q_2}{\partial x}(\ell,t) = g_{22}(t),$$

$$a_1 \geq 0, \quad a_2 \geq 0, \quad b_1 \geq 0, \quad b_2 \geq 0, \quad a_1^2 + a_2^2 + b_1^2 + b_2^2 \neq 0,$$

$$0 \leq x \leq \ell, \quad t \geq 0.$$

$$w_1(x,t) = f_1(x,t) + g_{12}(t)\delta(x-\ell) - g_{11}(t)\delta(x) +$$

$$+ Q_{10}(x)[a_1\delta'(t) + b_1\delta(t)] + Q_{11}(x) a_1\delta(t),$$

$$w_2(x,t) = f_2(x,t) + g_{22}(t)\delta(x-\ell) - g_{21}(t)\delta(x) +$$

$$+ Q_{20}(x)[a_2\delta'(t) + b_2\delta(t)] + Q_{21}(x) a_2\delta(t),$$

$$G_{ij}(x,\xi,t) = \frac{ve^{-v\xi}}{1-e^{-v\ell}} g_{ij}^0(\lambda_1,t) +$$

$$+ \frac{2}{l} e^{\frac{v}{2}(x-\xi)} \sum_{n=2}^{\infty} \frac{\psi(\lambda_n, x)\,\psi(\lambda_n, \xi)}{1 + \frac{v^2}{4} \frac{l^2}{\pi^2 (n-1)^2}} g_{ij}^0(\lambda_n, t), \quad i,j=1,2,$$

$$g_{11}^0(\lambda_n, t) = a_2 \ddot{g}(\lambda_n, t) + b_2 \dot{g}(\lambda_n, t) + (\lambda_n^2 + c_{22}) g(\lambda_n, t) +$$
$$+ g(\lambda_n, +0)\,[a_2 \delta'(t) + b_2 \delta(t)] + \dot{g}(\lambda_n, +) a_2 \delta(t),$$

$$g_{12}^0(\lambda_n, t) = -c_{12} g(\lambda_n, t), \qquad g_{21}^0(\lambda_n, t) = -c_{21} g(\lambda_n, t),$$

$$g_{22}^0(\lambda_n, t) = a_1 \ddot{g}(\lambda_n, t) + b_1 \dot{g}(\lambda_n, t) + (\lambda_n^2 + c_{11}) g(\lambda_n, t) +$$
$$+ g(\lambda_n, +0)\,[a_1 \delta'(t) + b_1 \delta(t)] + \dot{g}(\lambda_n, +0) a_1 \delta(t),$$

$$g(\lambda_n, t) = \mathcal{L}_p^{-1} \left\{ \frac{1}{\Delta(\lambda_n, p)} \right\}, \quad n=1,2\ldots,$$

$$\Delta(\lambda_n, p) = (a_1 p^2 + b_1 p + \lambda_n^2 + c_{11})(a_2 p^2 + b_2 p + \lambda_n^2 + c_{22}) - c_{12} c_{21}, \quad n=1,2,\ldots,$$

$$\psi(\lambda_n, Z) = \cos\frac{\pi(n-1)}{l} Z - \frac{vl}{2\pi(n-1)} \sin\frac{\pi(n-1)}{l} Z, \quad n=2,3\ldots,$$

$$\lambda_n^2 = \begin{cases} 0, & n=1, \\ \dfrac{v^2}{4} + \dfrac{\pi^2(n-1)^2}{l^2}, & n=2,3\ldots, \end{cases}$$

$$W_{ij}(x, \xi, p) = \frac{v e^{-v\xi}}{1 - e^{-vl}} W_{ij}(\lambda_1, p) +$$

$$+ \frac{2}{l} e^{\frac{v}{2}(x-\xi)} \sum_{n=2}^{\infty} \frac{\psi(\lambda_n, x)\,\psi(\lambda_n, \xi)}{1 + \frac{v^2}{4} \frac{l^2}{\pi^2(n-1)^2}} W_{ij}(\lambda_n, p), \quad i,j=1,2,$$

$$W_{11}(\lambda_n, p) = \frac{a_2 p^2 + b_2 p + \lambda_n^2 + c_{22}}{\Delta(\lambda_n, p)}, \quad W_{12}(\lambda_n, p) = -\frac{c_{12}}{\Delta(\lambda_n, p)},$$

$$W_{21}(\lambda_n, p) = -\frac{c_{21}}{\Delta(\lambda_n, p)}, \quad W_{22}(\lambda_n, p) = \frac{a_1 p^2 + b_1 p + \lambda_n^2 + c_{11}}{\Delta(\lambda_n, p)}, \quad n=1,2,\ldots$$

When $a_1 = a_2 = a$ and $b_1 = b_2 = b$ the following relations also hold

$$W_{11}(x, \xi, p) = \frac{c_{22} + Y_2}{Y_1 - Y_2} \Gamma(x, \xi, \sqrt{Y_2 - Z}) - \frac{c_{22} + Y_1}{Y_1 - Y_2} \Gamma(x, \xi, \sqrt{Y_1 - Z}),$$

$$W_{12}(x, \xi, p) = \frac{c_{12}}{Y_1 - Y_2} [\Gamma(x, \xi, \sqrt{Y_1 - Z}) - \Gamma(x, \xi, \sqrt{Y_2 - Z})],$$

$$W_{21}(x, \xi, p) = \frac{c_{21}}{Y_1 - Y_2} [\Gamma(x, \xi, \sqrt{Y_1 - Z}) - \Gamma(x, \xi, \sqrt{Y_2 - Z})],$$

$$W_{22}(x, \xi, p) = \frac{c_{11} + Y_2}{Y_1 - Y_2} \Gamma(x, \xi, \sqrt{Y_2 - Z}) - \frac{c_{11} + Y_1}{Y_1 - Y_2} \Gamma(x, \xi, \sqrt{Y_1 - Z}),$$

where

$$\Gamma(x, \xi, \lambda) = \begin{cases} ke^{\frac{v}{2}(x-\xi)} (\cos k\xi - \frac{v}{2k} \sin k\xi) \times \\ \quad \times \left[\cos k(\ell - x) - \frac{v}{2k} \sin k(\ell - x)\right] (\lambda^2 \sin k\ell)^{-1}, \quad 0 \le \xi \le x \\ \\ ke^{\frac{v}{2}(x-\xi)} (\cos kx - \frac{v}{2k} \sin kx) \times \\ \quad \times \left[\cos k(\ell - \xi) - \frac{v}{2k} \sin k(\ell - \xi)\right] (\lambda^2 \sin k\ell)^{-1}, \quad x \le \xi \le \ell \end{cases}$$

[124, p.109]

$$k = \sqrt{\lambda^2 - \frac{v^2}{4}}, \quad Z = ap^2 + bp, \quad Y_1 \text{ and } Y_2 \text{ are the roots of the equation}$$

$$Y^2 + (c_{11} + c_{22}) Y + c_{11} c_{22} - c_{12} c_{21} = 0.$$

$$a_1 \frac{\partial^2 Q_1}{\partial t^2}(x,t) - \frac{\partial^2 Q_1}{\partial x^2}(x,t) + v\frac{\partial Q_1}{\partial x}(x,t) + c_{11}Q_1(x,t) + c_{12}Q_2(x,t) =$$
$$= f_1(x,t),$$

$$a_2 \frac{\partial^2 Q_2}{\partial t^2}(x,t) - \frac{\partial^2 Q_2}{\partial x^2}(x,t) + v\frac{\partial Q_2}{\partial x}(x,t) + c_{21}Q_1(x,t) + c_{22}Q_2(x,t) =$$
$$= f_2(x,t),$$

$$Q_1(x,0) = Q_{10}(x), \quad Q_2(x,0) = Q_{20}(x),$$

$$\frac{\partial Q_1}{\partial t}(x,0) = Q_{11}(x), \quad \frac{\partial Q_2}{\partial t}(x,0) = Q_{21}(x),$$

$$\frac{\partial Q_1}{\partial x}(0,t) - \beta_1 Q_1(0,t) = g_{11}(t), \quad \frac{\partial Q_2}{\partial x}(0,t) - \beta_1 Q_2(0,t) = g_{21}(t),$$

$$\frac{\partial Q_1}{\partial x}(\ell,t) + \beta_2 Q_1(\ell,t) = g_{12}(t), \quad \frac{\partial Q}{\partial x}(\ell,t) + \beta_2 Q_2(\ell,t) = g_{22}(t),$$

$$a_1 \geq 0, \quad a_2 \geq 0 \quad 0 \leq x \leq \ell, \quad t \geq 0.$$

$$w_1(x,t) = f_1(x,t) + g_{12}(t)\delta(x-\ell) - g_{11}(t)\delta(x) + Q_{10}(x)a_1\delta'(t) +$$
$$+ Q_{11}(x)a_1\delta(t),$$

$$w_2(x,t) = f_2(x,t) + g_{22}(t)\delta(x-\ell) - g_{21}(t)\delta(x) + Q_{20}(x)a_2\delta'(t) +$$
$$+ Q_{21}(x)a_2\delta(t),$$

$$G_{ij}(x,\xi,t) = e^{\frac{v}{2}(x-\xi)} \sum_{\lambda_n} \frac{\psi(\lambda_n,x)\psi(\lambda_n,\xi)}{\|\varphi_n\|^2} g_{ij}^0(\lambda_n,t), \quad i,j=1,2,$$

$$\psi(\lambda_n,Z) = \cos\mu_n Z + (\beta_1 - \frac{v}{2})\frac{\sin\mu_n Z}{\mu_n}, \quad \mu_n = \sqrt{\lambda_n^2 - \frac{v^2}{4}},$$

$$\|\varphi_n\|^2 = \frac{\beta_2 + \frac{v}{2}}{2\mu_n^2} \frac{\lambda_n^2 + \beta_1^2 - \beta_1 v}{\lambda_n^2 + \beta_2^2 + \beta_2 v} + \frac{\beta_1 - \frac{v}{2}}{2\mu_n^2} + \frac{\ell\,(\lambda_n^2 + \beta_1^2 - \beta_1 v)}{2\mu_n^2}, \quad n=1,2,\dots,$$

λ_n are the positive roots of the equation

$$\frac{\operatorname{tg}\mu\ell}{\mu} = \frac{(\beta_1 - \frac{v}{2}) + (\beta_2 + \frac{v}{2})}{\mu^2 - (\beta_1 - \frac{v}{2})(\beta_2 + \frac{v}{2})}, \quad \mu = \sqrt{\lambda^2 - \frac{v^2}{4}}$$

[124, p.111]

(for the case $-2\beta_2 < v < 2\beta_1$ see Appendix, Table 1),

$$g_{11}^0(\lambda_n, t) = a_2 \ddot{g}(\lambda_n, t) + (\lambda_n^2 + c_{22})\,g(\lambda_n, t) + g(\lambda_n, +0)\,a_2 \delta'(t) +$$
$$+ \dot{g}(\lambda_n, +0)\,a_2 \delta(t),$$

$$g_{12}^0(\lambda_n, t) = -c_{12}\,g(\lambda_n, t), \qquad g_{21}^0(\lambda_n, t) = -c_{21}\,g(\lambda_n, t),$$

$$g_{22}^0(\lambda_n, t) = a_1 \ddot{g}(\lambda_n, t) + (\lambda_n^2 + c_{11})\,g(\lambda_n, t) + g(\lambda_n, +0)\,a_1 \delta'(t) +$$
$$+ \dot{g}(\lambda_n, +0)\,a_1 \delta(t),$$

$$g(\lambda_n, t) = \frac{1}{a_1 a_2 (Z_{n1} - Z_{n2})} \left[\frac{\operatorname{sh}(\sqrt{Z_{n1}}\,t)}{\sqrt{Z_{n1}}} - \frac{\operatorname{sh}(\sqrt{Z_{n2}}\,t)}{\sqrt{Z_{n2}}} \right], \quad n=1,2,\dots.$$

Where Z_{n1} and Z_{n2} are the roots of equation

$$\Delta(\lambda_n, \sqrt{Z}) \equiv a_1 a_2 Z^2 + (a_1 \lambda_n^2 + a_2 \lambda_n^2 + c_{11} a_2 + c_{22} a_1) Z +$$
$$+ \lambda_n^4 + c_{11}\lambda_n^2 + c_{22}\lambda_n^2 + c_{11} c_{22} - c_{12} c_{21} = 0, \quad n=1,2,\dots,$$

$$W_{ij}(x, \xi, p) = e^{\frac{v}{2}(x-\xi)} \sum_{\lambda_n} \frac{\psi(\lambda_n, x)\,\psi(\lambda_n, \xi)}{\|\varphi_n\|^2} W_{ij}(\lambda_n, p), \quad i,j=1,2,$$

$$W_{11}(\lambda_n, p) = \frac{a_2 p^2 + \lambda_n^2 + c_{22}}{\Delta(\lambda_n, p)}, \qquad W_{12}(\lambda_n, p) = -\frac{c_{12}}{\Delta(\lambda_n, p)},$$

$$W_{21}(\lambda_n, p) = -\frac{c_{21}}{\Delta(\lambda_n, p)}, \quad W_{22}(\lambda_n, p) = \frac{a_1 p^2 + \lambda_n^2 + c_{11}}{\Delta(\lambda_n, p)},$$

When $a_1 = a_2 = a$ the following relations also hold:

$$W_{11}(x, \xi, p) = \frac{c_{22} + Y_2}{Y_1 - Y_2} \Gamma(x, \xi, \sqrt{Y_2 - Z}) - \frac{c_{22} + Y_1}{Y_1 - Y_2} \Gamma(x, \xi, \sqrt{Y_1 - Z}),$$

$$W_{12}(x, \xi, p) = \frac{c_{12}}{Y_1 - Y_2} [\Gamma(x, \xi, \sqrt{Y_1 - Z}) - \Gamma(x, \xi, \sqrt{Y_2 - Z})],$$

$$W_{21}(x, \xi, p) = \frac{c_{21}}{Y_1 - Y_2} [\Gamma(x, \xi, \sqrt{Y_1 - Z}) - \Gamma(x, \xi, \sqrt{Y_2 - Z})],$$

$$W_{22}(x, \xi, p) = \frac{c_{11} + Y_2}{Y_1 - Y_2} \Gamma(x, \xi, \sqrt{Y_2 - Z}) - \frac{c_{11} + Y_1}{Y_1 - Y_2} \Gamma(x, \xi, \sqrt{Y_1 - Z}),$$

Where

$\Gamma(x, \xi, \lambda) =$

$$= \begin{cases} e^{\frac{v}{2}(x-\xi)} (2\cos\mu\xi - \frac{v - 2\beta_1}{\mu} \sin\mu\xi)(2\cos\mu(\ell - x) + \frac{v + 2\beta_2}{\mu} \sin\mu(\ell - x)) \times \\ \quad \times \frac{1}{2} \left(\frac{2\lambda^2 - v(\beta_1 - \beta_2) - 2\beta_1\beta_2}{2\mu} \sin\mu\ell - 2(\beta_1 + \beta_2)\cos\mu\ell \right)^{-1}, \quad 0 \leq \xi \leq x, \\ \\ e^{\frac{v}{2}(x-\xi)} (2\cos\mu x - \frac{v - 2\beta_1}{\mu} \sin\mu x)(2\cos\mu(\ell - \xi) + \frac{v + 2\beta_2}{\mu} \sin\mu(\ell - \xi)) \times \\ \quad \times \frac{1}{2} \left(\frac{2\lambda^2 - v(\beta_1 - \beta_2) - 2\beta_1\beta_2}{2\mu} \sin\mu\ell - 2(\beta_1 + \beta_2)\cos\mu\ell \right)^{-1}, \quad x \leq \xi \leq \ell, \end{cases}$$

Y_1 and Y_2 are the roots of the equation

$$Y^2 + (c_{11} + c_{22})Y + (c_{11}c_{22} - c_{12}c_{21}) = 0, \text{ and } Z = ap^2.$$

$$a_1 \frac{\partial^2 Q_1}{\partial t^2}(x,t) + b_1 \frac{\partial Q_1}{\partial t}(x,t) - \frac{\partial^2 Q_1}{\partial x^2}(x,t) + v \frac{\partial Q_1}{\partial x}(x,t) +$$

$$+ c_{11} Q_1(x,t) + c_{12} Q_2(x,t) = f_1(x,t) ,$$

$$a_2 \frac{\partial^2 Q_2}{\partial t^2}(x,t) + b_2 \frac{\partial Q_2}{\partial t}(x,t) - \frac{\partial^2 Q_2}{\partial x^2}(x,t) + v \frac{\partial Q_2}{\partial x}(x,t) +$$

$$+ c_{21} Q_1(x,t) + c_{22} Q_2(x,t) = f_2(x,t) ,$$

$$Q_1(x,0) = Q_{10}(x) , \qquad Q_2(x,0) = Q_{20}(x) ,$$

$$\frac{\partial Q_1}{\partial t}(x,0) = Q_{11}(x) , \qquad \frac{\partial Q_2}{\partial t}(x,0) = Q_{21}(x) ,$$

$$\frac{\partial Q_1}{\partial x}(0,t) - \beta_1 Q_1(0,t) = g_{11}(t) , \qquad \frac{\partial Q_2}{\partial x}(0,t) - \beta_1 Q_2(0,t) = g_{21}(t) ,$$

$$\frac{\partial Q_1}{\partial x}(\ell,t) + \beta_2 Q_1(\ell,t) = g_{12}(t) , \qquad \frac{\partial Q_2}{\partial x}(\ell,t) + \beta_2 Q_2(\ell,t) = g_{22}(t) ,$$

$$a_1 \geq 0, \quad a_2 \geq 0, \quad b_1 \geq 0, \quad b_2 \geq 0, \quad 0 \leq x \leq \ell, \quad t \geq 0.$$

$$w_1(x,t) = f_1(x,t) + g_{12}(t)\delta(x-\ell) - g_{11}(t)\delta(x) +$$

$$+ Q_{10}(x)[a_1\delta'(t) + b_1\delta(t)] + Q_{11}(x) a_1\delta(t) ,$$

$$w_2(x,t) = f_2(x,t) + g_{22}(t)\delta(x-\ell) - g_{21}(t)\delta(x) +$$

$$+ Q_{20}(x)[a_2\delta'(t) + b_2\delta(t)] + Q_{21}(x) a_2\delta(t) ,$$

$$G_{ij}(x,\xi,t) = e^{\frac{v}{2}(x-\xi)} \sum_{\lambda_n} \frac{\psi(\lambda_n,x)\psi(\lambda_n,\xi)}{\|\varphi_n\|^2} g_{ij}^0(\lambda_n,t) , \quad i,j=1,2,$$

$$\psi(\lambda_n, Z) = \cos\mu_n Z + \left(\beta_1 - \frac{v}{2}\right)\frac{\sin\mu_n Z}{\mu_n}, \qquad \mu_n = \sqrt{\lambda_n^2 - \frac{v^2}{4}},$$

$$\|\varphi_n\|^2 = \frac{\beta_2 + \frac{v}{2}}{2\mu_n^2} \frac{\lambda_n^2 + \beta_1^2 - \beta_1 v}{\lambda_n^2 + \beta_2^2 + \beta_2 v} + \frac{\beta_1 - \frac{v}{2}}{2\mu_n^2} + \frac{\ell(\lambda_n^2 + \beta_1^2 - \beta_1 v)}{2\mu_n^2}, \quad n=1,2,\ldots,$$

λ_n are the positive roots of the equation

$$\frac{\mathrm{tg}\,\mu\ell}{\mu} = \frac{\left(\beta_1 - \frac{v}{2}\right) + \left(\beta_2 + \frac{v}{2}\right)}{\mu^2 - \left(\beta_1 - \frac{v}{2}\right)\left(\beta_2 + \frac{v}{2}\right)}, \qquad \mu = \sqrt{\lambda^2 - \frac{v^2}{4}} \qquad [124, \text{p}.111]$$

(for the case $-2\beta_2 < v < 2\beta_1$ see Appendix, Table 1),

$$g_{11}^0(\lambda_n, t) = a_2 \ddot{g}(\lambda_n, t) + b_2 \dot{g}(\lambda_n, t) + (\lambda_n^2 + c_{22}) g(\lambda_n, t) +$$
$$+ g(\lambda_n, +0)(a_2 \delta'(t) + b_2 \delta(t)) + \dot{g}(\lambda_n, +0) a_2 \delta(t),$$

$$g_{12}^0(\lambda_n, t) = -c_{12} g(\lambda_n, t), \qquad g_{21}^0(\lambda_n, t) = -c_{21} g(\lambda_n, t),$$

$$g_{22}^0(\lambda_n, t) = a_1 \ddot{g}(\lambda_n, t) + b_1 \dot{g}(\lambda_n, t) + (\lambda_n^2 + c_{11}) g(\lambda_n, t) +$$
$$+ g(\lambda_n, +0)(a_1 \delta'(t) + b_1 \delta(t)) + \dot{g}(\lambda_n, +0) a_1 \delta(t),$$

$$g(\lambda_n, t) = \mathcal{L}_p^{-1}\left\{\frac{1}{\Delta(\lambda_n, p)}\right\}, \quad n=1,2\ldots,$$

$$\Delta(\lambda_n, p) = (a_1 p^2 + b_1 p + \lambda_n^2 + c_{11})(a_2 p^2 + b_2 p + \lambda_n^2 + c_{22}) - c_{12} c_{21}, \quad n=1,2\ldots$$

$$W_{ij}(x, \xi, p) = e^{\frac{v}{2}(x-\xi)} \sum_{\lambda_n} \frac{\psi(\lambda_n, x) \psi(\lambda_n, \xi)}{\|\varphi_n\|^2} W_{ij}(\lambda_n, p), \quad i,j=1,2,$$

$$W_{11}(\lambda_n, p) = \frac{a_2 p^2 + b_2 p + \lambda_n^2 + c_{22}}{\Delta(\lambda_n, p)}, \qquad W_{12}(\lambda_n, p) = -\frac{c_{12}}{\Delta(\lambda_n, p)},$$

$$W_{21}(\lambda_n, p) = -\frac{c_{21}}{\Delta(\lambda_n, p)}, \quad W_{22}(\lambda_n, p) = \frac{a_1 p^2 + b_1 p + \lambda_n^2 + c_{11}}{\Delta(\lambda_n, p)}, \quad n=1,2,...$$

When $a_1 = a_2 = a$ and $b_1 = b_2 = b$, the following relations also hold

$$W_{11}(x, \xi, p) = \frac{c_{22} + Y_2}{Y_1 - Y_2} \Gamma(x, \xi, \sqrt{Y_2 - Z}) - \frac{c_{22} + Y_1}{Y_1 - Y_2} \Gamma(x, \xi, \sqrt{Y_1 - Z}),$$

$$W_{12}(x, \xi, p) = \frac{c_{12}}{Y_1 - Y_2} [\Gamma(x, \xi, \sqrt{Y_1 - Z}) - \Gamma(x, \xi, \sqrt{Y_2 - Z})],$$

$$W_{21}(x, \xi, p) = \frac{c_{21}}{Y_1 - Y_2} [\Gamma(x, \xi, \sqrt{Y_1 - Z}) - \Gamma(x, \xi, \sqrt{Y_2 - Z})],$$

$$W_{22}(x, \xi, p) = \frac{c_{11} + Y_2}{Y_1 - Y_2} \Gamma(x, \xi, \sqrt{Y_2 - Z}) - \frac{c_{11} + Y_1}{Y_1 - Y_2} \Gamma(x, \xi, \sqrt{Y_1 - Z}),$$

Where

$\Gamma(x, \xi, \lambda) =$

$$= \begin{cases} \frac{1}{2} e^{\frac{v}{2}(x-\xi)} (2\cos\mu\xi - \frac{v-2\beta_1}{\mu}\sin\mu\xi)(2\cos\mu(\ell-x) + \frac{v+2\beta_2}{\mu}\sin\mu(\ell-x)) \times \\ \times \left(\frac{2\lambda^2 - v(\beta_1 - \beta_2) - 2\beta_1\beta_2}{2\mu}\sin\mu\ell - 2(\beta_1 + \beta_2)\cos\mu\ell\right)^{-1}, \quad 0 \leq \xi \leq x, \\ \\ \frac{1}{2} e^{\frac{v}{2}(x-\xi)} (2\cos\mu x - \frac{v-2\beta_1}{\mu}\sin\mu x)(2\cos\mu(\ell-\xi) + \frac{v+2\beta_2}{\mu}\sin\mu(\ell-\xi)) \times \\ \times \left(\frac{2\lambda^2 - v(\beta_1 - \beta_2) - 2\beta_1\beta_2}{2\mu}\sin\mu\ell - 2(\beta_2 + \beta_2)\cos\mu\ell\right)^{-1}, \quad x \leq \xi \leq \ell, \end{cases}$$

Y_1 and Y_2 are the roots of the equation

$$Y^2 + (c_{11} + c_{22})Y + (c_{11}c_{22} - c_{12}c_{21}) = 0, \text{ and } Z = ap^2 + bp.$$

$$a_1 \frac{\partial^2 Q_1}{\partial t^2}(x,t) - L_0 Q_1(x,t) + c_{11} Q_1(x,t) + c_{12} Q_2(x,t) = f_1(x,t),$$

$$a_2 \frac{\partial^2 Q_2}{\partial t^2}(x,t) - L_0 Q_2(x,t) + c_{21} Q_1(x,t) + c_{22} Q_2(x,t) = f_2(x,t),$$

$$Q_1(x,0) = Q_{10}(x), \qquad Q_2(x,0) = Q_{20}(x),$$

$$\frac{\partial Q_1}{\partial t}(x,0) = Q_{11}(x), \qquad \frac{\partial Q_2}{\partial t}(x,0) = Q_{21}(x),$$

$$Q_1(x_1,t) = g_{11}(t), \qquad Q_1(x_2,t) = g_{12}(t),$$

$$Q_2(x_1,t) = g_{21}(t), \qquad Q_2(x_2,t) = g_{22}(t),$$

$$L_0 = \frac{1}{r(x)} \left\{ \frac{\partial}{\partial x}\left[p(x) \frac{\partial}{\partial x} \right] + q(x) \right\},$$

$$p(x) = \frac{1}{P^2(x)\psi'(x)}, \qquad q(x) = -\frac{1}{P(x)}\left(\frac{P'(x)}{P^2(x)\psi'(x)} \right)' + s\frac{\psi'(x)}{P^2(x)},$$

$$r(x) = \frac{\psi'(x)}{P^2(x)} > 0, \qquad P(x), \psi(x) \in \mathbb{C}_2[x_1, x_2], \qquad s \in \mathbb{R},$$

$$a_1 \geq 0, \qquad a_2 \geq 0, \qquad x_1 \leq x \leq x_2, \qquad t \geq 0.$$

$$w_i(x,t) = f_i(x,t) + g_{i2}(t)\frac{P^2(x)}{\psi'(x)}\left(\frac{\delta(x-x_2)}{P^2(x)\psi'(x)} \right)' - g_{i1}(t)\frac{P^2(x)}{\psi'(x)}\left(\frac{\delta(x-x_1)}{P^2(x)\psi'(x)} \right)' +$$

$$+ Q_{i0}(x) a_i \delta'(t) + Q_{i1}(x) a_i \delta(t), \quad i=1,2,$$

$$G_{ij}(x,\xi,t) = \frac{2}{L} \sum_{\lambda_n} \varphi(\lambda_n, x) \varphi(\lambda_n, \xi) r(\xi) g_{ij}^0(\lambda_n, t), \quad i,j = 1, 2,$$

$$g_{11}^0(\lambda_n, t) = a_2 \ddot{g}(\lambda_n, t) + (\lambda_n^2 + c_{22})g(\lambda_n, t) + g(\lambda_n, +0)a_2\delta'(t) +$$

$$+ \dot{g}(\lambda_n, +0)a_2\delta(t),$$

$$g_{12}^0(\lambda_n, t) = -c_{12}g(\lambda_n, t), \qquad g_{21}^0(\lambda_n, t) = -c_{21}g(\lambda_n, t),$$

$$g_{22}^0(\lambda_n, t) = a_1 \ddot{g}(\lambda_n, t) + (\lambda_n^2 + c_{11})g(\lambda_n, t) + g(\lambda_n, +0)a_1\delta'(t) +$$

$$+ \dot{g}(\lambda_n, +0)a_1\delta(t),$$

$$g(\lambda_n, t) = \frac{1}{a_1 a_2 (Z_{n1} - Z_{n2})} \left[\frac{\operatorname{sh}(\sqrt{Z_{n1}}t)}{\sqrt{Z_{n1}}} - \frac{\operatorname{sh}(\sqrt{Z_{n2}}t)}{\sqrt{Z_{n2}}} \right], \quad n=1,2,...,$$

Where Z_{n1} and Z_{n2} are the roots of the equation

$$\Delta(\lambda_n, \sqrt{Z}) \equiv a_1 a_2 Z^2 + (a_1\lambda_n^2 + a_2\lambda_n^2 + c_{11}a_2 + c_{22}a_1)Z +$$

$$+ \lambda_n^4 + c_{11}\lambda_n^2 + c_{22}\lambda_n^2 + c_{11}c_{22} - c_{12}c_{21} = 0, \quad n=1,2,...,$$

$$\varphi(\lambda_n, x) = P(x)\sin\frac{\pi n}{L}(\psi(x) - \psi(x_1)), \qquad L = \psi(x_2) - \psi(x_1),$$

$$\lambda_n^2 = \left(\frac{\pi n}{L}\right)^2 - s, \quad n=1,2,...,$$

$$W_{11}(x, \xi, p) = \frac{2}{L}\sum_{\lambda_n} \varphi(\lambda_n, x)\varphi(\lambda_n, \xi) r(\xi) W_{ij}(\lambda_n, p), \quad i,j=1,2,$$

$$W_{11}(\lambda_n, p) = \frac{a_2 p^2 + \lambda_n^2 + c_{22}}{\Delta(\lambda_n, p)}, \qquad W_{12}(\lambda_n, p) = -\frac{c_{12}}{\Delta(\lambda_n, p)},$$

§ 4. SYSTEMS OF GROUP (1.2.2)

$$W_{21}(\lambda_n, p) = -\frac{c_{21}}{\Delta(\lambda_n, p)}, \quad W_{22}(\lambda_n, p) = \frac{a_1 p^2 + \lambda_n^2 + c_{11}}{\Delta(\lambda_n, p)}, \quad n=1,2,\ldots.$$

When $a_1 = a_2 = a$ the following relations also hold for $W_{ij}(x, \xi, p)$

$$W_{ij}(x, \xi, p) = -\frac{v_{ij} + Y_1 \delta_{ij}}{Y_1 - Y_2} \Gamma(x, \xi, \sqrt{Y_1 - Z}) + \frac{v_{ij} + Y_2 \delta_{ij}}{Y_1 - Y_2} \Gamma(x, \xi, \sqrt{Y_2 - Z}),$$

$$i, j = 1, 2, \quad v_{11} = c_{22}, \quad v_{12} = -c_{12}, \quad v_{21} = -c_{21}, \quad v_{22} = c_{11},$$

$$\Gamma(x, \xi, \lambda) =$$

$$= \begin{cases} -\dfrac{P(x) \sin\mu [\psi(\xi) - \psi(x_1)] \sin\mu [\psi(x_2) - \psi(x)] \psi'(\xi)}{P(\xi) \mu \sin\mu L}, & x_1 \leq \xi \leq x, \\[2ex] -\dfrac{P(x) \sin\mu [\psi(x) - \psi(x_1)] \sin\mu [\psi(x_2) - \psi(\xi)] \psi'(\xi)}{P(\xi) \mu \sin\mu L}, & x \leq \xi \leq x_2, \end{cases}$$

$$\mu = \sqrt{\lambda^2 + s}, \quad [124, \text{p .236}],$$

Y_1 and Y_2 are the roots of the equation

$$Y^2 + (c_{11} + c_{22}) Y + c_{11} c_{22} - c_{12} c_{21} = 0$$

and $Z = ap^2$.

$$a_1 \frac{\partial^2 Q_1}{\partial t^2}(x,t) + b_1 \frac{\partial Q_1}{\partial t}(x,t) - L_0 Q_1(x,t) + c_{11} Q_1(x,t) + c_{12} Q_2(x,t) =$$
$$= f_1(x,t),$$
$$a_2 \frac{\partial^2 Q_2}{\partial t^2}(x,t) + b_2 \frac{\partial Q_2}{\partial t}(x,t) - L_0 Q_2(x,t) + c_{21} Q_1(x,t) + c_{22} Q_2(x,t) =$$
$$= f_2(x,t),$$

$$Q_1(x,0) = Q_{10}(x), \qquad Q_2(x,0) = Q_{20}(x),$$
$$\frac{\partial Q_1}{\partial t}(x,0) = Q_{11}(x), \qquad \frac{\partial Q_2}{\partial t}(x,0) = Q_{21}(x),$$
$$Q_1(x_1,t) = g_{11}(t), \qquad Q_1(x_2,t) = g_{12}(t),$$
$$Q_2(x_1,t) = g_{21}(t), \qquad Q_2(x_2,t) = g_{22}(t),$$

$$L_0 = \frac{1}{r(x)} \left\{ \frac{\partial}{\partial x} \left[p(x) \frac{\partial}{\partial x} \right] + q(x) \right\},$$

$$p(x) = \frac{1}{P^2(x)\psi'(x)}, \qquad q(x) = -\frac{1}{P(x)} \left(\frac{P'(x)}{P^2(x)\psi'(x)} \right)' + s \frac{\psi'(x)}{P^2(x)},$$

$$r(x) = \frac{\psi'(x)}{P^2(x)} > 0, \qquad P(x), \psi(x) \in \mathbb{C}_2[x_1,x_2], \qquad s \in \mathbb{R},$$

$$a_1 \geq 0, \quad a_2 \geq 0, \quad b_1 \geq 0, \quad b_2 \geq 0, \quad x_1 \leq x \leq x_2, \quad t \geq 0.$$

$$w_i(x,t) = f_i(x,t) + g_{i2}(t) \frac{P^2(x)}{\psi'(x)} \left(\frac{\delta(x-x_2)}{P^2(x)\psi'(x)} \right)' - g_{i1}(t) \frac{P^2(x)}{\psi'(x)} \left(\frac{\delta(x-x_1)}{P^2(x)\psi'(x)} \right)' +$$

$$+ Q_{i0}(x)(a_i \delta'(t) + b_i \delta(t)) + Q_{i1}(x) a_i \delta(t), \quad i=1,2,$$

$$G_{ij}(x,\xi,t) = \frac{2}{L} \sum_{\lambda_n} \varphi(\lambda_n, x) \varphi(\lambda_n, \xi) r(\xi) g_{ij}^0(\lambda_n, t), \quad i,j = 1,2,$$

$$\varphi(\lambda_n, x) = P(x) \sin \frac{\pi n}{L} (\psi(x) - \psi(x_1)), \qquad L = \psi(x_2) - \psi(x_1),$$

$$\lambda_n^2 = \left(\frac{\pi n}{L}\right)^2 - s, \quad n=1,2,\ldots,$$

$$g_{11}^0(\lambda_n, t) = a_2\ddot{g}(\lambda_n, t) + b_2\dot{g}(\lambda_n, t) + (\lambda_n^2 + c_{22})g(\lambda_n, t) +$$
$$+ g(\lambda_n, +0)(a_2\delta'(t) + b_2\delta(t)) + \dot{g}(\lambda_n, +0)a_2\delta(t),$$

$$g_{12}^0(\lambda_n, t) = -c_{12}g(\lambda_n, t), \qquad g_{21}^0(\lambda_n, t) = -c_{21}g(\lambda_n, t),$$

$$g_{22}^0(\lambda_n, t) = a_1\ddot{g}(\lambda_n, t) + b_1\dot{g}(\lambda_n, t) + (\lambda_n^2 + c_{11})g(\lambda_n, t) +$$
$$+ g(\lambda_n, +0)(a_1\delta'(t) + b_1\delta(t)) + \dot{g}(\lambda_n, +0)a_1\delta(t),$$

$$g(\lambda_n, t) = \mathcal{L}_p^{-1}\left\{\frac{1}{\Delta(\lambda_n, p)}\right\}, \quad n = 1, 2, \ldots,$$

$$\Delta(\lambda_n, p) = (a_1 p^2 + b_1 p + \lambda_n^2 + c_{11})(a_2 p^2 + b_2 p + \lambda_n^2 + c_{22}) - c_{12}c_{21}, \quad n = 1, 2, \ldots,$$

$$W_{ij}(x, \xi, p) = \frac{2}{L}\sum_{\lambda_n}\varphi(\lambda_n, x)\varphi(\lambda_n, \xi)r(\xi)W_{ij}(\lambda_n, p), \quad i, j = 1, 2,$$

$$W_{11}(\lambda_n, p) = \frac{a_2 p^2 + b_2 p + \lambda_n^2 + c_{22}}{\Delta(\lambda_n, p)}, \qquad W_{12}(\lambda_n, p) = -\frac{c_{12}}{\Delta(\lambda_n, p)},$$

$$W_{21}(\lambda_n, p) = -\frac{c_{21}}{\Delta(\lambda_n, p)}, \qquad W_{22}(\lambda_n, p) = \frac{a_1 p^2 + b_1 p + \lambda_n^2 + c_{11}}{\Delta(\lambda_n, p)}, \quad n = 1, 2, \ldots$$

When $a_1 = a_2 = a$ and $b_1 = b_2 = b$ the following relations also hold:

$$W_{ij}(x, \xi, p) = -\frac{v_{ij} + Y_1\delta_{ij}}{Y_1 - Y_2}\Gamma(x, \xi, \sqrt{Y_1 - Z}) + \frac{v_{ij} + Y_2\delta_{ij}}{Y_1 - Y_2}\Gamma(x, \xi, \sqrt{Y_2 - Z}),$$

$$i, j = 1, 2, \qquad v_{11} = c_{22}, \qquad v_{12} = -c_{12}, \qquad v_{21} = -c_{21}, \qquad v_{22} = c_{11},$$

$$\Gamma(x, \xi, \lambda) =$$

$$= \begin{cases} -\dfrac{P(x)\sin\mu[\psi(\xi) - \psi(x_1)]\sin\mu[\psi(x_2) - \psi(x)]\psi'(\xi)}{P(\xi)\mu\sin\mu L}, & x_1 \le \xi \le x, \\[2ex] -\dfrac{P(x)\sin\mu[\psi(x) - \psi(x_1)]\sin\mu[\psi(x_2) - \psi(\xi)]\psi'(\xi)}{P(\xi)\mu\sin\mu L}, & x \le \xi \le x_2, \end{cases}$$

$\mu = \sqrt{\lambda^2 + s}$ [124, p.236], Y_1 and Y_2 are the roots of the equation
$Y^2 + (c_{11} + c_{22}) Y + c_{11}c_{22} - c_{12}c_{21} = 0$, and $Z = ap^2 + bp$.

$$a_1 \frac{\partial^2 Q_1}{\partial t^2}(x,t) - L_0 Q_1(x,t) + c_{11} Q_1(x,t) + c_{12} Q_2(x,t) = f_1(x,t),$$

$$a_2 \frac{\partial^2 Q_2}{\partial t^2}(x,t) - L_0 Q_2(x,t) + c_{21} Q_1(x,t) + c_{22} Q_2(x,t) = f_2(x,t),$$

$$Q_1(x,0) = Q_{10}(x), \quad Q_2(x,0) = Q_{20}(x),$$

$$\frac{\partial Q_1}{\partial t}(x,0) = Q_{11}(x), \quad \frac{\partial Q_2}{\partial t}(x,0) = Q_{21}(x),$$

$$\frac{\partial Q_1}{\partial x}(x_1,t) - \beta_1 Q_1(x_1,t) = g_{11}(t), \quad \frac{\partial Q_2}{\partial x}(x_1,t) - \beta_1 Q_2(x_1,t) = g_{21}(t),$$

$$\frac{\partial Q_1}{\partial x}(x_2,t) + \beta_2 Q_1(x_2,t) = g_{12}(t), \quad \frac{\partial Q_2}{\partial x}(x_2,t) + \beta_2 Q_2(x_2,t) = g_{22}(t),$$

$$L_0 = \frac{1}{r(x)} \left\{ \frac{\partial}{\partial x}\left[p(x)\frac{\partial}{\partial x}\right] + q(x) \right\},$$

$$p(x) = \frac{1}{P^2(x)\psi'(x)}, \quad q(x) = -\frac{1}{P(x)}\left(\frac{P'(x)}{P^2(x)\psi'(x)}\right)' + s\frac{\psi'(x)}{P^2(x)},$$

$$r(x) = \frac{\psi'(x)}{P^2(x)} > 0, \quad P(x), \psi(x) \in \mathbb{C}_2[x_1, x_2], \quad s \in \mathbb{R},$$

$$a_1 \geq 0, \quad a_2 \geq 0, \quad x_1 \leq x \leq x_2, \quad t \geq 0.$$

$$w_i(x,t) = f_i(x,t) + \frac{1}{\psi'(x)^2}[g_{i2}(t)\delta(x - x_2) - g_{i1}(t)\delta(x - x_1)] +$$

$$+ Q_{i0}(x) a_i \delta'(t) + Q_{i1}(x) a_i \delta(t), \quad i = 1, 2,$$

$$G_{ij}(x,\xi,t) = \sum_{\lambda_n} \frac{\varphi(\lambda_n,x)\,\varphi(\lambda_n,\xi)\,r(\xi)}{\|\varphi_n\|^2} g_{ij}^0(\lambda_n,t), \quad i,j=1,2,$$

$$\varphi(\lambda_n,x) = P(x)\{\cos[\sqrt{\lambda_n^2+s}\,(\psi(x)-\psi(x_1))] +$$

$$+ \frac{B_1}{\sqrt{\lambda_n^2+s}} \sin[\sqrt{\lambda_n^2+s}\,(\psi(x)-\psi(x_1))]\}, \quad n=1,2,\ldots,$$

λ_n are the positive roots of the equation

$$\frac{\operatorname{tg}(\sqrt{\lambda^2+s}\,L)}{\sqrt{\lambda^2+s}} = \frac{B_1+B_2}{\lambda^2+s-B_1B_2}, \quad \text{where} \quad L = \psi(x_2)-\psi(x_1),$$

$$B_1 = \frac{\beta_1}{\psi'(x_1)} - \frac{P'(x_1)}{P(x_1)\psi'(x_1)}, \quad B_2 = \frac{\beta_2}{\psi'(x_2)} + \frac{P'(x_2)}{P(x_2)\psi'(x_2)}$$

(for the case of $\psi(x)$ monotonic on $[x_1, x_2]$ see Appendix, Table 1)

$$\|\varphi_n\|^2 = \frac{1}{2(\lambda_n^2+s)}\left[B_1 + (\lambda_n^2+s+B_1^2)\left(L + \frac{B_2}{\lambda_n^2+s+B_2^2}\right)\right], \quad n=1,2,\ldots$$

[124, p.239],

$$g_{11}^0(\lambda_n,t) = a_2 \ddot{g}(\lambda_n,t) + (\lambda_n^2+c_{22})g(\lambda_n,t) + g(\lambda_n,+0)a_2\delta'(t) +$$
$$+ \dot{g}(\lambda_n,+0)a_2\delta(t),$$

$$g_{12}^0(\lambda_n,t) = -c_{12}g(\lambda_n,t), \quad g_{21}^0(\lambda_n,t) = -c_{21}g(\lambda_n,t),$$

$$g_{22}^0(\lambda_n,t) = a_1\ddot{g}(\lambda_n,t) + (\lambda_n^2+c_{11})g(\lambda_n,t) + g(\lambda_n,+0)a_1\delta'(t) +$$
$$+ \dot{g}(\lambda_n,+0)a_1\delta(t),$$

$$g(\lambda_n,t) = \frac{1}{a_1a_2(Z_{n1}-Z_{n2})}\left[\frac{\operatorname{sh}(\sqrt{Z_{n1}}\,t)}{\sqrt{Z_{n1}}} - \frac{\operatorname{sh}(\sqrt{Z_{n2}}\,t)}{\sqrt{Z_{n2}}}\right], \quad n=1,2,\ldots,$$

Where Z_{n1} and Z_{n2} are the roots of the equation

$$\Delta(\lambda_n, \sqrt{Z}) \equiv a_1 a_2 Z^2 + (a_1 \lambda_n^2 + a_2 \lambda_n^2 + c_{11} a_2 + c_{22} a_1) Z +$$

$$+ \lambda_n^4 + c_{11} \lambda_n^2 + c_{22} \lambda_n^2 + c_{11} c_{22} - c_{12} c_{21} = 0, \quad n=1,2,\ldots,$$

$$W_{ij}(x, \xi, p) = \sum_{\lambda_n} \frac{\varphi(\lambda_n, x) \varphi(\lambda_n, \xi) r(\xi)}{\|\varphi_n\|^2} W_{ij}(\lambda_n, p), \quad i,j=1,2,$$

$$W_{11}(\lambda_n, p) = \frac{a_2 p^2 + \lambda_n^2 + c_{22}}{\Delta(\lambda_n, p)}, \quad W_{12}(\lambda_n, p) = -\frac{c_{12}}{\Delta(\lambda_n, p)},$$

$$W_{21}(\lambda_n, p) = -\frac{c_{21}}{\Delta(\lambda_n, p)}, \quad W_{22}(\lambda_n, p) = \frac{a_1 p^2 + \lambda_n^2 + c_{11}}{\Delta(\lambda_n, p)}, \quad n=1,2,\ldots.$$

When $a_1 = a_2 = a$ the following relations also hold:

$$W_{ij}(x, \xi, p) = -\frac{v_{ij} + Y_1 \delta_{ij}}{Y_1 - Y_2} \Gamma(x, \xi, \sqrt{Y_1 - Z}) + \frac{v_{ij} + Y_2 \delta_{ij}}{Y_1 - Y_2} \Gamma(x, \xi, \sqrt{Y_2 - Z}),$$

$$i,j=1,2,$$

$$v_{11} = c_{22}, \quad v_{12} = -c_{12}, \quad v_{21} = -c_{21}, \quad v_{22} = c_{11},$$

Y_1 and Y_2 are the roots of the equation

$$Y^2 + (c_{11} + c_{22}) Y + c_{11} c_{22} - c_{12} c_{21} = 0$$

and

$$\Gamma(x, \xi, \lambda) =$$

$$= \begin{cases} -\dfrac{P(x)\left(\cos\alpha(\xi) + \dfrac{B_1}{\mu}\sin\alpha(\xi)\right)\left(\cos\beta(x) + \dfrac{B_2}{\mu}\sin\beta(x)\right)\psi'(\xi)}{P(\xi)\Delta_*(\lambda^2)}, & x_1 \leq \xi \leq x, \\[2em] -\dfrac{P(x)\left(\cos\alpha(x) + \dfrac{B_1}{\mu}\sin\alpha(x)\right)\left(\cos\beta(\xi) + \dfrac{B_2}{\mu}\sin\beta(\xi)\right)\psi'(\xi)}{P(\xi)\Delta_*(\lambda^2)}, & x \leq \xi \leq x_2, \end{cases}$$

where

$$\alpha(x) = \mu(\psi(x) - \psi(x_1)), \qquad \beta(x) = \mu(\psi(x_2) - \psi(x)),$$

$$\Delta_*(\lambda^2) = (B_1 + B_2)\cos\mu L - \frac{\mu^2 - B_1 B_2}{\mu}\sin\mu L,$$

$$\mu = \sqrt{\lambda^2 + s}, \qquad Z = ap^2.$$

$$a_1 \frac{\partial^2 Q_1}{\partial t^2}(x,t) + b_1 \frac{\partial Q_1}{\partial t}(x,t) - L_0 Q_1(x,t) + c_{11} Q_1(x,t) + c_{12} Q_2(x,t) =$$
$$= f_1(x,t),$$

$$a_2 \frac{\partial^2 Q_2}{\partial t^2}(x,t) + b_2 \frac{\partial Q_2}{\partial t}(x,t) - L_0 Q_2(x,t) + c_{21} Q_1(x,t) + c_{22} Q_2(x,t) =$$
$$= f_2(x,t),$$

$$Q_1(x,0) = Q_{10}(x), \qquad Q_2(x,0) = Q_{20}(x),$$

$$\frac{\partial Q_1}{\partial t}(x,0) = Q_{11}(x), \qquad \frac{\partial Q_2}{\partial t}(x,0) = Q_{21}(x),$$

$$\frac{\partial Q_1}{\partial x}(x_1,t) - \beta_1 Q_1(x_1,t) = g_{11}(t), \qquad \frac{\partial Q_2}{\partial x}(x_1,t) - \beta_1 Q_2(x_1,t) = g_{21}(t),$$

$$\frac{\partial Q_1}{\partial x}(x_2,t) + \beta_2 Q_1(x_2,t) = g_{12}(t), \qquad \frac{\partial Q_2}{\partial x}(x_2,t) + \beta_2 Q_2(x_2,t) = g_{22}(t),$$

$$L_0 = \frac{1}{r(x)}\left\{\frac{\partial}{\partial x}\left[p(x)\frac{\partial}{\partial x}\right] + q(x)\right\},$$

$$p(x) = \frac{1}{P^2(x)\psi'(x)}, \qquad q(x) = -\frac{1}{P(x)}\left(\frac{P'(x)}{P^2(x)\psi'(x)}\right)' + s\frac{\psi'(x)}{P^2(x)},$$

$$r(x) = \frac{\psi'(x)}{P^2(x)} > 0, \qquad P(x), \psi(x) \in \mathbb{C}_2[x_1, x_2], \qquad s \in \mathbb{R}$$

$$a_1 \geq 0, \quad a_2 \geq 0, \quad b_1 \geq 0, \quad b_2 \geq 0, \quad x_1 \leq x \leq x_2, \quad t \geq 0.$$

$$w_i(x,t) = f_i(x,t) + \frac{1}{\psi'(x)^2}[g_{i2}(t)\delta(x-x_2) - g_{i1}(t)\delta(x-x_1)] +$$

$$+ Q_{i0}(x)(a_i\delta'(t) + b_i\delta(t)) + Q_{i1}(x)a_i\delta(t), \quad i = 1,2,$$

$$G_{ij}(x,\xi,t) = \sum_{\lambda_n} \frac{\varphi(\lambda_n,x)\varphi(\lambda_n,\xi)r(\xi)}{\|\varphi_n\|^2} g^0_{ij}(\lambda_n,t), \quad i,j=1,2,$$

$$\varphi(\lambda_n,x) = P(x)\{\cos[\sqrt{\lambda_n^2+s}(\psi(x)-\psi(x_1))] +$$

$$+ \frac{B_1}{\sqrt{\lambda_n^2+s}} \sin[\sqrt{\lambda_n^2+s}(\psi(x)-\psi(x_1))]\} \quad n = 1,2,\ldots.$$

λ_n are the positive roots of the equation

$$\frac{\text{tg}(\sqrt{\lambda^2+s}\,L)}{\sqrt{\lambda^2+s}} = \frac{B_1+B_2}{\lambda^2+s-B_1B_2}, \quad \text{where } L = \psi(x_2)-\psi(x_1),$$

$$B_1 = \frac{\beta_1}{\psi'(x_1)} - \frac{P'(x_1)}{P(x_1)\psi'(x_1)}, \quad B_2 = \frac{\beta_2}{\psi'(x_2)} + \frac{P'(x_2)}{P(x_2)\psi'(x_2)}$$

(for the case of $\psi(x)$ monotonic on $[x_1,x_2]$ see Appendix, Table 1)

$$\|\varphi_n\|^2 = \frac{1}{2(\lambda_n^2+s)}\left[B_1 + (\lambda_n^2+s+B_1^2)\left(L + \frac{B_2}{\lambda_n^2+s+B_2^2}\right)\right], \quad n=1,2,\ldots$$

[124, p.239],

$$g^0_{11}(\lambda_n,t) = a_2\ddot{g}(\lambda_n,t) + b_2\dot{g}(\lambda_n,t) + (\lambda_n^2+c_{22})+g(\lambda_n,t) +$$

$$+ g(\lambda_n,+0)(a_2\delta'(t) + b_2\delta(t)) + \dot{g}(\lambda_n,+0)a_2\delta(t),$$

$$g^0_{12}(\lambda_n,t) = -c_{12}g(\lambda_n,t), \quad g^0_{21}(\lambda_n,t) = -c_{21}g(\lambda_n,t),$$

$$g_{22}^0(\lambda_n, t) = a_1\ddot{g}(\lambda_n, t) + b_1\dot{g}(\lambda_n, t) + (\lambda_n^2 + c_{11})g(\lambda_n, t) +$$
$$+ g(\lambda_n, +0)(a_1\delta'(t) + b_1\delta(t)) + \dot{g}(\lambda_n, +0)a_1\delta(t),$$

$$g(\lambda_n, t) = \mathcal{L}_p^{-1}\left\{\frac{1}{\Delta(\lambda_n, p)}\right\}, \quad n=1,2...,$$

$$\Delta(\lambda_n, p) = (a_1p^2 + b_1p + \lambda_n^2 + c_{11})(a_2p^2 + b_2p + \lambda_n^2 + c_{22}) - c_{12}c_{21}, \quad n=1,2,...$$

$$W_{ij}(x, \xi, p) = \sum_{\lambda_n} \frac{\varphi(\lambda_n, x)\varphi(\lambda_n, \xi)r(\xi)}{\|\varphi_n\|^2} W_{ij}(\lambda_n, p), \quad i,j=1,2,$$

$$W_{11}(\lambda_n, p) = \frac{a_2p^2 + b_2p + \lambda_n^2 + c_{22}}{\Delta(\lambda_n, p)}, \quad W_{12}(\lambda_n, p) = -\frac{c_{12}}{\Delta(\lambda_n, p)},$$

$$W_{21}(\lambda_n, p) = -\frac{c_{21}}{\Delta(\lambda_n, p)}, \quad W_{22}(\lambda_n, p) = \frac{a_1p^2 + b_1p + \lambda_n^2 + c_{11}}{\Delta(\lambda_n, p)}, \quad n=1,2,...$$

When $a_1 = a_2 = a$ and $b_1 = b_2 = b$ the following relations also hold:

$$W_{ij}(x, \xi, p) = -\frac{v_{ij} + Y_1\delta_{ij}}{Y_1 - Y_2}\Gamma(x, \xi, \sqrt{Y_1 - Z}) + \frac{v_{ij} + Y_2\delta_{ij}}{Y_1 - Y_2}\Gamma(x, \xi, \sqrt{Y_2 - Z}),$$

$$i,j=1,2,$$

$$v_{11} = c_{22}, \quad v_{12} = -c_{12}, \quad v_{21} = -c_{21}, \quad v_{22} = c_{11},$$

Y_1 and Y_2 are the roots of equation

$$Y^2 + (c_{11} + c_{22})Y + c_{11}c_{22} - c_{12}c_{21} = 0$$

and

$$\Gamma(x, \xi, \lambda) =$$

$$= \begin{cases} -\dfrac{P(x)\left(\cos\alpha(\xi) + \dfrac{B_1}{\mu}\sin\alpha(\xi)\right)\left(\cos\beta(x) + \dfrac{B_2}{\mu}\sin\beta(x)\right)\psi'(\xi)}{P(\xi)\Delta_*(\lambda^2)}, & x_1 \leq \xi \leq x, \\[2ex] -\dfrac{P(x)\left(\cos\alpha(x) + \dfrac{B_1}{\mu}\sin\alpha(x)\right)\left(\cos\beta(\xi) + \dfrac{B_2}{\mu}\sin\beta(\xi)\right)\psi'(\xi)}{P(\xi)\Delta_*(\lambda^2)}, & x \leq \xi \leq x_2, \end{cases}$$

Where

$$\alpha(x) = \mu(\psi(x) - \psi(x_1)), \quad \beta(x) = \mu(\psi(x_2) - \psi(x)),$$

$$\Delta_*(\lambda^2) = (B_1 + B_2)\cos\mu L - \frac{\mu^2 - B_1 B_2}{\mu}\sin\mu L,$$

$$\mu = \sqrt{\lambda^2 + s},$$

$$Z = ap^2 + bp.$$

$$A\frac{\partial^2 Q}{\partial t^2}(x,t) + B\frac{\partial Q}{\partial t}(x,t) - \frac{1}{r(x)}LQ(x,t) + CQ(x,t) = f(x,t),$$

$$Q(x,0) = Q_0(x), \quad \frac{\partial Q}{\partial t}(x,0) = Q_1(x),$$

$$\ell_1 Q \equiv \alpha_1 \frac{\partial Q}{\partial x}(x_1,t) + \beta_1 Q(x_1,t) = g_1(t),$$

$$\ell_2 Q \equiv \alpha_2 \frac{\partial Q}{\partial x}(x_2,t) + \beta_2 Q(x_2,t) = g_2(t),$$

A, B are positive diagonal matrices of order m,

$$L = \frac{\partial}{\partial x}\left[p(x)\frac{\partial}{\partial x}\right] + q(x),$$

$p(x) \in \mathbb{C}_1[x_1, x_2], \quad q(x), r(x) \in \mathbb{C}[x_1, x_2], \quad r(x) > 0,$

C is a square matrix of order m,

$Q(x,t), f(x,t), g_1(t), g_2(t)$ are column vectors of length m,

$\alpha_1, \alpha_2, \beta_1, \beta_2 \in \mathbb{R}. \quad x_1 \leq x \leq x_2, \quad t \geq 0.$

$$w(x,t) = f(x,t) + w_{x_2}(x,t) - w_{x_1}(x,t) + [\delta'(t)A + \delta(t)B]Q_0(x) +$$

$$+\delta(t) A Q_1(x),$$

$$w_{x_i}(x,t) = \frac{1}{\alpha_i} \frac{p(x)}{r(x)} \delta(x-x_i) g_i(t) = \frac{1}{\beta_i} \frac{1}{r(x)} [p(x) \delta(x-x_i)]' g_i(t),$$

if $\alpha_i \neq 0$ and $\beta_i \neq 0$,

$$w_{x_i}(x,t) = \frac{1}{\alpha_i} \frac{P(x)}{r(x)} \delta(x-x_i) g_i(t),$$

if $\alpha_i \neq 0$, $\beta_i = 0$,

$$w_{x_i}(x,t) = \frac{1}{\beta_i} \frac{1}{r(x)} [p(x) \delta(x-x_i)]' g_i(t),$$

if $\alpha_i = 0$, $\beta_i \neq 0$, $i = 1, 2$, [124, p.62],

$$G(x, \xi, t) = \sum_{\lambda_n} \frac{\varphi(\lambda_n, x) \varphi(\lambda_n, \xi) r(\xi)}{\|\varphi_n\|^2} g(\lambda_n, t),$$

$$W(x, \xi, p) = \sum_{\lambda_n} \frac{\varphi(\lambda_n, x) \varphi(\lambda_n, \xi) r(\xi)}{\|\varphi_n\|^2} W(\lambda_n, p),$$

$$W(\lambda_n, p) = (p^2 A + pB + \lambda_n^2 E + C)^{-1} = \frac{\hat{S}(\lambda_n, p)}{\Delta(\lambda_n, p)},$$

$\hat{S}(\lambda_n, p)$ is the adjugate matrix of the matrix $\hat{S}(\lambda_n, p) = p^2 A + pB + \lambda_n^2 E + C$, n=1,2,...,

$$\Delta(\lambda_n, p) = |S(\lambda_n, p)| = \det S(\lambda_n, p),$$

$$g(\lambda_n, t) = \mathcal{L}_p^{-1} \{S^{-1}(\lambda_n, p)\}, \qquad n = 1, 2, ...,$$

$\varphi = \varphi(\lambda_n, x)$ and λ_n^2 (n = 1, 2, ...) are the eigenfunctions and eigenvalues of the boundary value problem

$$L\varphi = -\lambda^2 r(x) \varphi, \qquad (*)$$

$$\ell_1 \varphi = 0, \qquad \ell_2 \varphi = 0,$$

λ_n are the positive roots of the equation $\Delta(\lambda^2) = 0$, where

$$\Delta(\lambda^2) = \begin{vmatrix} l_1 M & l_1 N \\ l_2 M & l_2 N \end{vmatrix}$$

is characteristic determinant of the operator $\frac{1}{r(x)} L$, and $M = M(\lambda, x)$, $N = N(\lambda, x)$ are the fundamental solutions of the system of equations (*),

$$\varphi(\lambda_n, x) = [(l_1 N) M(\lambda, x) - (l_1 M) N(\lambda, x)]_{\lambda = \lambda_n}, \quad n=1,2,...,$$

$$\|\varphi_n\|^2 = \int_{x_1}^{x_2} \varphi^2(\lambda_n, x) r(x) dx, \quad n = 1, 2,... \quad [124, p.26].$$

$$a_1 \frac{\partial^2 Q_1}{\partial t^2}(x, t) + b_1 \frac{\partial Q_1}{\partial t}(x, t) - \frac{\partial^2 Q_1}{\partial x^2}(x, t) + c_{11} Q_1(x, t) + c_{12} Q_2(x, t) =$$
$$= f_1(x, t),$$

$$a_2 \frac{\partial^2 Q_2}{\partial t^2}(x, t) + b_2 \frac{\partial Q_2}{\partial t}(x, t) + c_{21} Q_1(x, t) + c_{22} Q_2(x, t) = f_2(x, t),$$

$$Q_1(x, 0) = Q_{10}(x), \quad Q_2(x, 0) = Q_{20}(x),$$

$$\frac{\partial Q_1}{\partial t}(x, 0) = Q_{11}(x), \quad \frac{\partial Q_2}{\partial t}(x, 0) = Q_{21}(x),$$

$$Q_1(0, t) = g_1(t), \quad Q_1(l, t) = g_2(t),$$

$$a_1 \geq 0, \quad a_2 \geq 0, \quad b_1 \geq 0, \quad b_2 \geq 0, \quad 0 \leq x \leq l, \quad t \geq 0.$$

$$w_1(x, t) = f_1(x, t) + g_2(t) \delta'(x - l) - g_1(t) \delta'(x) +$$

$$+ Q_{10}(x)(a_1 \delta'(t) + b_1 \delta(t)) + Q_{11}(x) a_1 \delta(t),$$

$$w_2(x,t) = f_2(x,t) + Q_{20}(x)(a_2\delta'(t) + b_2\delta(t)) + Q_{21}(x)a_2\delta(t),$$

$$G_{ij}(x,\xi,t) = \frac{2}{l}\sum_{n=1}^{\infty}\sin\frac{\pi n}{l}x \cdot \sin\frac{\pi n}{l}\xi \cdot g_{ij}^0(\lambda_n,t), \quad i,j = 1,2,$$

[124, p.100]

$$g_{11}^0(\lambda_n,t) = a_2\ddot{g}(\lambda_n,t) + b_2\dot{g}(\lambda_n,t) + c_{22}g(\lambda_n,t) +$$
$$+ g(\lambda_n,+0)(a_2\delta'(t) + b_2\delta(t)) + \dot{g}(\lambda_n,+0)a_2\delta(t),$$

$$g_{12}^0(\lambda_n,t) = -c_{12}g(\lambda_n,t), \qquad g_{21}^0(\lambda_n,t) = -c_{21}g(\lambda_n,t),$$

$$g_{22}^0(\lambda_n,t) = a_1\ddot{g}(\lambda_n,t) + b_1\dot{g}(\lambda_n,t) + (c_{11}+\lambda_n^2)g(\lambda_n,t) +$$
$$+ g(\lambda_n,+0)(a_1\delta'(t) + b_1\delta(t)) + \dot{g}(\lambda_n,+0)a_1\delta(t),$$

$$g(\lambda_n,t) = \mathcal{L}_p^{-1}\{\frac{1}{\Delta(\lambda_n,p)}\}, \quad n=1,2\ldots,$$

$$\Delta(\lambda_n,p) = (a_1p^2 + b_1p + \lambda_n^2 + c_{11})(a_2p^2 + b_2p + c_{22}) - c_{12}c_{21}, \quad n=1,2\ldots,$$

$$W_{ij}(x,\xi,p) = \frac{2}{l}\sum_{n=1}^{\infty}\sin\frac{\pi n}{l}x \sin\frac{\pi n}{l}\xi\, W_{ij}(\lambda_n,p), \quad i,j=1,2,$$

$$W_{11}(\lambda_n,p) = \frac{a_2p^2 + b_2p + c_{22}}{\Delta(\lambda_n,p)}, \quad W_{12}(\lambda_n,p) = -\frac{c_{12}}{\Delta(\lambda_n,p)},$$

$$W_{21}(\lambda_n,p) = -\frac{c_{21}}{\Delta(\lambda_n,p)}, \quad W_{22}(\lambda_n,p) = \frac{a_1p^2 + b_1p + \lambda_n^2 + c_{11}}{\Delta(\lambda_n,p)},$$

$$\lambda_n^2 = \frac{\pi^2 n^2}{l^2}, \quad n=1,2,\ldots,$$

$$a_1 \frac{\partial^2 Q_1}{\partial t^2}(x,t) + b_1 \frac{\partial Q_1}{\partial t}(x,t) - \frac{\partial^2 Q_1}{\partial x^2}(x,t) + c_{11} Q_1(x,t)$$

$$+ c_{12} Q_2(x,t) = f_1(x,t) ,$$

$$a_2 \frac{\partial^2 Q_2}{\partial t^2}(x,t) + b_2 \frac{\partial Q_2}{\partial t}(x,t) + c_{21} Q_1(x,t) + c_{22} Q_2(x,t) = f_2(x,t) ,$$

$$Q_1(x,0) = Q_{10}(x) , \quad Q_2(x,0) = Q_{20}(x) ,$$

$$\frac{\partial Q_1}{\partial t}(x,0) = Q_{11}(x) , \quad \frac{\partial Q_2}{\partial t}(x,0) = Q_{21}(x) ,$$

$$\frac{\partial Q_1}{\partial x}(0,t) = g_1(t) , \quad \frac{\partial Q_1}{\partial x}(\ell,t) = g_2(t) ,$$

$$a_1 \geq 0 , \quad a_2 \geq 0 , \quad b_1 \geq 0 , \quad b_2 \geq 0 , \quad 0 \leq x \leq \ell , \quad t \geq 0 ,$$

$$w_1(x,t) = f_1(x,t) + g_2(t)\delta(x-\ell) - g_1(t)\delta(x)$$
$$+ Q_{10}(x)(a_1 \delta'(t) + b_1 \delta(t)) + Q_{11}(x) a_1 \delta(t) ,$$

$$w_2(x,t) = f_2(x,t) + Q_{20}(x)(a_2 \delta'(t) + b_2 \delta(t)) + Q_{21}(x) a_2 \delta(t) ,$$

$$G_{ij}(x,\xi,t) = \frac{1}{\ell} g_{ij}^0(\lambda_1,t) + \frac{2}{\ell} \sum_{n=2}^{\infty} \cos \frac{\pi(n-1)}{\ell} x \cos \frac{\pi(n-1)}{\ell} \xi \, g_{ij}^0(\lambda_n,t) ,$$

$$i,j = 1,2,$$

$$g_{11}^0(\lambda_n,t) = a_2 \ddot{g}(\lambda_n,t) + b_2 \dot{g}(\lambda_n,t) + c_{22} g(\lambda_n,t) +$$
$$+ g(\lambda_n,+0)(a_2 \delta'(t) + b_2 \delta(t)) + \dot{g}(\lambda_n,+0) a_2 \delta(t) ,$$

$$g_{12}^0(\lambda_n, t) = -c_{12}g(\lambda_n, t), \qquad g_{21}^0(\lambda_n, t) = -c_{21}g(\lambda_n, t),$$

$$g_{22}^0(\lambda_n, t) = a_1\ddot{g}(\lambda_n, t) + b_1\dot{g}(\lambda_n, t) + (c_{11} + \lambda_n^2)g(\lambda_n, t)$$
$$+ g(\lambda_n, +0)(a_1\delta'(t) + b_1\delta(t)) + \dot{g}(\lambda_n, +0)a_1\delta(t),$$

$$g(\lambda_n, t) = \mathcal{L}_p^{-1}\left\{\frac{1}{\Delta(\lambda_n, p)}\right\}, \quad n=1,2...,$$

$$\Delta(\lambda_n, p) = (a_1p^2 + b_1p + \lambda_n^2 + c_{11})(a_2p^2 + b_2p + c_{22}) - c_{12}c_{21}, \quad n=1,2...,$$

[124, p.99]

$$\lambda_n^2 = \frac{\pi^2(n-1)^2}{l^2}, \qquad n = 1, 2, ...,$$

$$W_{ij}(x, \xi, p) = \frac{1}{l}W_{ij}(\lambda_1, p) +$$
$$+ \frac{2}{l}\sum_{n=2}^{\infty}\cos\frac{\pi(n-1)}{l}x \cos\frac{\pi(n-1)}{l}\xi \, W_{ij}(\lambda_n, p), \quad i,j=1,2,$$

$$W_{11}(\lambda_n, p) = \frac{a_2p^2 + b_2p + c_{22}}{\Delta(\lambda_n, p)}, \qquad W_{12}(\lambda_n, p) = -\frac{c_{12}}{\Delta(\lambda_n, p)},$$

$$W_{21}(\lambda_n, p) = -\frac{c_{21}}{\Delta(\lambda_n, p)}, \qquad W_{22}(\lambda_n, p) = \frac{a_1p^2 + b_1p + \lambda_n^2 + c_{11}}{\Delta(\lambda_n, p)} \quad n=1,2,...$$

$$a_1\frac{\partial^2 Q_1}{\partial t^2}(x,t) + b_1\frac{\partial Q_1}{\partial t}(x,t) - \frac{\partial^2 Q_1}{\partial x^2}(x,t) + c_{11}Q_1(x,t) + c_{12}Q_2(x,t)$$
$$= f_1(x,t),$$

$$a_2\frac{\partial^2 Q_2}{\partial t^2}(x,t) + b_2\frac{\partial Q_2}{\partial t}(x,t) + c_{21}Q_1(x,t) + c_{22}Q_2(x,t) = f_2(x,t),$$

$$Q_1(x,0) = Q_{10}(x), \qquad Q_2(x,0) = Q_{20}(x)$$

$$\frac{\partial Q_1}{\partial t}(x,0) = Q_{11}(x), \qquad \frac{\partial Q_2}{\partial t}(x,0) = Q_{21}(x)$$

$$\frac{\partial Q_1}{\partial x}(0,t) - b_1^* Q_1(0,t) = g_1(t), \qquad \frac{\partial Q_1}{\partial x}(l,t) + b_2^* Q_1(l,t) = g_2(t),$$

$$a_1 \geq 0, \quad a_2 \geq 0, \quad b_1 \geq 0, \quad b_2 \geq 0, \quad 0 \leq x \leq l, \quad t \geq 0.$$

$$w_1(x,t) = f_1(x,t) + g_2(t)\delta(x-l) - g_1(t)\delta(x) +$$
$$+ Q_{10}(x)(a_1\delta'(t) + b_1\delta(t)) + Q_{11}(x)a_1\delta(t),$$

$$w_2(x,t) = f_2(x,t) + Q_{20}(x)(a_2\delta'(t) + b_2\delta(t)) + Q_{21}(x)a_2\delta(t),$$

$$G_{ij}(x,\xi,t) = \sum_{\lambda_n} \frac{\varphi(\lambda_n,x)\varphi(\lambda_n,\xi)}{\|\varphi_n\|^2} g_{ij}^0(\lambda_n,t), \qquad i,j = 1,2,$$

$$\varphi(\lambda_n,x) = \cos\lambda_n x + \frac{b_1^*}{\lambda_n}\sin\lambda_n x, \qquad n = 1,2,...,$$

λ_n are the positive roots of the equation

$$\frac{\text{tg}\lambda\ell}{\lambda} = \frac{b_1^* + b_2^*}{\lambda^2 - b_1^* b_2^*},$$

$$\|\varphi_n\|^2 = \frac{\ell}{2}\left(1 + \frac{b_1^{*2}}{\lambda_n^2}\right) + \frac{b_1^*}{2\lambda_n^2} + \frac{b_2^*}{2\lambda_n^2} \cdot \frac{\lambda_n^2 + b_1^{*2}}{\lambda_n^2 + b_2^{*2}}, \quad n=1,2,\ldots \qquad [124, \text{p}.101]$$

$$g_{11}^0(\lambda_n, t) = a_2 \ddot{g}(\lambda_n, t) + b_2 \dot{g}(\lambda_n, t) + c_{22} g(\lambda_n, t)$$
$$+ g(\lambda_n, +0)(a_2 \delta'(t) + b_2 \delta(t)) + \dot{g}(\lambda_n, +0) a_2 \delta(t),$$

$$g_{12}^0(\lambda_n, t) = -c_{12} g(\lambda_n, t), \qquad g_{21}^0(\lambda_n, t) = -c_{21} g(\lambda_n, t),$$

$$g_{22}^0(\lambda_n, t) = a_1 \ddot{g}(\lambda_n, t) + b_1 \dot{g}(\lambda_n, t) + (c_{11} + \lambda_n^2) g(\lambda_n, t)$$
$$+ g(\lambda_n, +0)(a_1 \delta'(t) + b_1 \delta(t)) + \dot{g}(\lambda_n, +0) a_1 \delta(t),$$

$$g(\lambda_n, t) = \mathcal{L}_p^{-1}\left\{\frac{1}{\Delta(\lambda_n, p)}\right\}, \qquad n = 1, 2, \ldots,$$

$$\Delta(\lambda_n, p) = (a_1 p^2 + b_1 p + \lambda_n^2 + c_{11})(a_2 p^2 + b_2 p + c_{22}) - c_{12} c_{21}, \quad n=1,2,\ldots,$$

$$W_{ij}(x, \xi, p) = \sum_{\lambda_n} \frac{\varphi(\lambda_n, x) \varphi(\lambda_n, \xi)}{\|\varphi_n\|^2} W_{ij}(\lambda_n, p), \quad i,j=1,2,$$

$$W_{11}(\lambda_n, p) = \frac{a_2 p^2 + b_2 p + c_{22}}{\Delta(\lambda_n, p)}, \qquad W_{12}(\lambda_n, p) = -\frac{c_{12}}{\Delta(\lambda_n, p)},$$

$$W_{21}(\lambda_n, p) = -\frac{c_{21}}{\Delta(\lambda_n, p)}, \qquad W_{22}(\lambda_n, p) = \frac{a_1 p^2 + b_1 p + \lambda_n^2 + c_{11}}{\Delta(\lambda_n, p)}, \quad n=1,2,\ldots$$

§ 5. Systems of integral equations

$$Q_1(t) - a \int_0^t e^{-a(t-\tau)} Q_2(\tau) d\tau = f_1(t),$$

$$Q_2(t) + 2a \int_0^t e^{a(t-\tau)} Q_1(\tau) d\tau = f_2(t), \qquad t \geq 0$$

$$W_{11}(p) = \frac{p^2 - a^2}{p^2 + a^2}, \qquad W_{12}(p) = \frac{a(p-a)}{p^2 + a^2},$$

$$W_{21}(p) = -\frac{2a(p+a)}{p^2 + a^2}, \qquad W_{22}(p) = \frac{p^2 - a^2}{p^2 + a^2},$$

$$Q_1(t) = f_1(t) - 2a \int_0^t \sin a(t-\tau) f_1(\tau) d\tau,$$

$$+ a \int_0^t [\cos a(t-\tau) - \sin a(t-\tau)] f_2(\tau) d\tau,$$

$$Q_2(t) = -2a \int_0^t [\cos a(t-\tau) + \sin a(t-\tau)] f_1(\tau) d\tau$$

$$+ f_2(t) - 2a \int_0^t \sin a(t-\tau) f_2(\tau) d\tau \qquad [149, p.52].$$

$$Q_1(t) - \int_0^t \sin(t-\tau) Q_2(\tau) d\tau = f_1(t),$$

$$Q_2(t) + \int_0^t \sh(t-\tau) Q_1(\tau) d\tau = f_2(t), \quad t \geq 0.$$

$$W_{11}(p) = \frac{p^4 - 1}{p^4}, \quad W_{12}(p) = \frac{p^2 - 1}{p^4},$$

$$W_{21}(p) = -\frac{p^2 + 1}{p^4}, \quad W_{22}(p) = \frac{p^4 - 1}{p^4},$$

$$Q_1(t) = f_1(t) - \frac{1}{6}\int_0^t (t-\tau)^3 f_1(\tau) d\tau + \int_0^t \left[(t-\tau) - \frac{1}{6}(t-\tau)^3\right] f_2(\tau) d\tau,$$

$$Q_2(t) = -\int_0^t \left[(t-\tau) + \frac{1}{6}(t-\tau)^3\right] f_1(\tau) d\tau + f_2(t) - \frac{1}{6}\int_0^t (t-\tau)^3 f_2(\tau) d\tau$$

[149, p.53].

$$Q_1(t) + \int_0^t [K_{11}(t-\tau) Q_1(\tau) + K_{12}(t-\tau) Q_2(\tau)] d\tau = f_1(t),$$

$$Q_2(t) + \int_0^t [K_{21}(t-\tau) Q_1(\tau) + K_{22}(t-\tau) Q_2(\tau)] d\tau = f_2(t), \quad t \geq 0$$

$$W_{11}(p) = \frac{1 + \tilde{K}_{22}(p)}{\Delta(p)}, \quad W_{12}(p) = -\frac{\tilde{K}_{12}(p)}{\Delta(p)},$$

$$W_{21}(p) = -\frac{\tilde{K}_{21}(p)}{\Delta(p)}, \quad W_{22}(p) = \frac{1+\tilde{K}_{11}(p)}{\Delta(p)},$$

$$\Delta(p) = [1+\tilde{K}_{11}(p)][1+\tilde{K}_{22}(p)] - \tilde{K}_{12}(p)\tilde{K}_{21}(p) \quad [55, p.71].$$

$$AQ(t) + \int_0^t K(t-\tau)Q(\tau)d\tau = f(t),$$

A, K(t) are square matrices of order n,

Q(t), f(t) are column vectors of length n, $t \geq 0$.

$$W(p) = [A + \tilde{K}(p)]^{-1} = \frac{S(p)}{\Delta(p)},$$

Where S(p) is the adjugate matrix of the matrix $[A + \tilde{K}(p)]$; $\Delta(p) = \det[A + \tilde{K}(p)]$. [55, p.71]

$$Q_1(x) + \int_{x_1}^{x_2} [K_{11}(x,\xi)Q_1(\xi) + K_{12}(x,\xi)Q_2(\xi)]d\xi = f_1(x)$$

$$Q_2(x) + \int_{x_1}^{x_2} [K_{21}(x,\xi)Q_1(\xi) + K_{22}(x,\xi)Q_2(\xi)]d\xi = f_2(x),$$

$$K_{ij}(x,\xi) = \sum_{n=1}^{\infty} a_{ij}(n)\varphi_n(x)\varphi_n(\xi)r(\xi), \quad i,j=1,2,$$

$$\int_{x_1}^{x_2} \varphi_n(x)\varphi_m(x)r(x)dx = \delta_{nm}, \quad \{a_{ij}(n)\}_{n=1}^{\infty} \text{ is a real sequence,}$$

$$r(x) > 0, \quad x_1 \leq x \leq x_2.$$

§ 5. SYSTEMS OF INTEGRAL EQUATIONS

If
$$\Delta(n) = [1+a_{11}(n)][1+a_{22}(n)] - a_{12}(n)a_{21}(n) \neq 0,$$
for all $n=1,2,...$, then

$$G_{ij}(x,\xi) = \sum_{n=1}^{\infty} g_{ij}(n)\varphi_n(x)\varphi_n(\xi)r(\xi), \quad i,j = 1,2,$$

$$g_{11}(n) = \frac{1+a_{22}(n)}{\Delta(n)}, \quad g_{12}(n) = -\frac{a_{12}(n)}{\Delta(n)},$$

$$g_{21}(n) = -\frac{a_{21}(n)}{\Delta(n)}, \quad g_{22}(n) = \frac{1+a_{11}(n)}{\Delta(n)}, \quad n=1,2,.... \quad [124, p.53]$$

$$AQ(x) + \int_{x_1}^{x_2} K(x,\xi)Q(\xi)d\xi = f(x), \quad x_1 \leq x \leq x_2,$$

A, $K(x,\xi) = [K_{ij}(x,\xi)]$ are square matrices of order s,

$$K_{ij}(x,\xi) = \sum_{n=1}^{\infty} V_{ij}(n)\varphi_n(x)\varphi_n(\xi)r(\xi),$$

$\{V_{ij}(n)\}_{n=1}^{\infty}$ is a real sequence $i,j = 1,2,...,s$,

$$\int_{x_1}^{x_2} \varphi_n(x)\varphi_m(x)r(x)dx = \delta_{nm}, \quad r(x) > 0,$$

$Q(x)$, $f(x)$ are column vectors of length s.

If the matrix $A+V(n)$, where $V(n) = [V_{ij}(n)]$ $(i,j = 1,2,...,s)$, is nonsingular for all $n=1,2,...$, then

$$G_{ij}(x,\xi) = \sum_{n=1}^{\infty} g_{ij}(n)\varphi_n(x)\varphi_n(\xi)r(\xi), \quad i,j = 1,2,\ldots,s,$$

Where $[g_{ij}(n)] = g(n)$, $g(n) = (A+V(n))^{-1} = \dfrac{T(n)}{\Delta(n)}$, $T(n)$ is the adjugate matrix of the matrix $A+V(n)$,

$\Delta(n) = \det(A+V(n))$, $n=1,2,\ldots$. [124, p.53].

$$EQ(x) + \frac{1}{\sqrt{2\pi}} \int_{-\infty}^{\infty} K(x-\xi)Q(\xi)d\xi = f(x),$$

$K(x)$ is a square matrix of order n,

$Q(x)$, $f(x)$ are column vectors of length n,

$$-\infty < x < \infty.$$

If the matrix $E + \tilde{K}(u)$, where

$$\tilde{K}(u) = \tilde{K}_{\mathcal{F}}(u) = \frac{1}{\sqrt{2\pi}} \int_{-\infty}^{\infty} K(x)e^{jux}dx,$$

is nonsingular for all $u \in (-\infty, \infty)$, then

$$G_{ij}(x) = \frac{1}{\sqrt{2\pi}} \int_{-\infty}^{\infty} \tilde{G}_{ij}(u)e^{-jux}du, \quad i,j=1,2,\ldots,n,$$

$$[\tilde{G}_{ij}(u)] = \tilde{G}(u), \quad \tilde{G}(u) = \frac{1}{\sqrt{2\pi}}(E+\tilde{K}(u))^{-1} = \frac{\tilde{T}(u)}{\sqrt{2\pi}\,\Delta(u)},$$

$\tilde{T}(u)$ is the adjugate matrix of the matrix $E+\tilde{K}(u)$, $\Delta(u) = \det(E+\tilde{K}(u))$

[79, p.48].

Chapter 3

On the practice of finding characteristics of distributed systems

§ 1. Introduction

Real control problems involving plants with distributed parameters, together with developments in the general theory of systems, have led us to creating the *structural theory of distributed parameter systems*. The work [31] is devoted to the formulation of the fundamental concepts of this theory. At the base of the theory is the idea of *distributed blocks* which correspond to specific processes in continuous media. In the general linear case, such a block is described uniquely by its Green's function, and in the stationary linear case by either its Green's function or its transfer function. In [31], parallel and series connections of distributed blocks are introduced and described, as well as multiconnected blocks, closed loop systems, and so on. Further systematic development of this theory, together with applications and other questions, is presented in [34]–[37].

The structural approach makes it possible to analyze and synthesize in principle any complex multiconnected system, the different parts of which include processes of different nature: mechanical, thermal, diffusion, electrical, magnetic, and many others. One of the central tasks in applying the structural approach is finding the operator for each distributed block. This task is the most critical and may be the most time consuming, as the researcher must find the basic solutions and characteristics of the distributed process either by independent derivation or from the literature. But information about such characteristics may be difficult to find, because it is dispersed among very diverse sources published over dozens of years in many different countries and languages. Also, there are many more or less specialized questions which have never been treated in the literature. This is why, together with the collecting of problems and their solutions in a handbook such as this, it is also necessary to provide an exposition of practical methods for finding the operators for classes of systems with distributed parameters, so that the reader may be equipped to deal with special problems not covered in the tables.

An important class of systems arising in theoretical and applied problems of continuous media and equations of mathematical physics is characterised by finite limits for the independent variables; in other words, the area of definition has a finite size. An adequate mathematical tool for such problems is the apparatus of finite integral transforms. Such transforms, like transforms with infinite limits, give a one-to-one correspondence between the original space and the image space. The problems in these two spaces are equivalent, in the sense that the solution of one problem contains all the information necessary for the solution of the other, and vice versa. However, the problem in the second space is, as a rule, easier to solve. As was shown in [124], the set of problems which can be effectively solved by means of finite integral transforms is significantly wider than is indicated by previous literature, where they are only instruments for solving boundary-value problems of mathematical physics. In particular, the formalism of finite integral transforms can be applied with great success to finding characteristics for whole classes of systems with distributed parameters. This therefore offers an opportunity to use new and useful relationships to determine the characteristics of distributed blocks. This approach is particularly effective in certain cases where it is not necessary to transform back to the original space.

To avoid misunderstandings, let us remark that up to now this approach does not, in principle, broaden the set of systems for which analytical representations of characterics exist. Rather, the methods being discussed are, in essence, computational techniques which make it feasible to find such representations for complex systems.

§ 2. Finite Integral Transforms of Greenberg and Sobolev

2.1 Greenberg Transforms

Let us consider the linear differential operator $L_0[\,\cdot\,]$ given by

$$L_0[Q] \equiv A(x)\frac{\partial^2 Q}{\partial x^2} + B(x)\frac{\partial Q}{\partial x} + C(x)Q \tag{2.1}$$

with boundary conditions of first, second, or third kind

$$\left. \begin{array}{l} \ell_1[Q] \equiv \left(\alpha_1 \dfrac{\partial Q}{\partial x} + \beta_1 Q\right)_{x=x_1} = \gamma_1, \\[1em] \ell_2[Q] \equiv \left(\alpha_2 \dfrac{\partial Q}{\partial x} + \beta_2 Q\right)_{x=x_2} = \gamma_2, \end{array} \right\} \tag{2.2}$$

or the conditions of periodicity

$$(Q)_{x=x_1} = (Q)_{x=x_2}, \quad \left(\frac{\partial Q}{\partial x}\right)_{x=x_1} = \left(\frac{\partial Q}{\partial x}\right)_{x=x_2}. \tag{2.3}$$

In (2.1–2.3) all coefficients and functions are real. The independent variable x is defined on the interval $[x_1, x_2]$. The functions $A^{-1}(x)$, $B(x)$, $C(x)$ belong to the class $\mathbb{C}[x_1, x_2]$. In addition, $\alpha_1^2 + \beta_1^2 \neq 0$ and $\alpha_2^2 + \beta_2^2 \neq 0$.

We want to construct a finite integral transform which, when applied to (2.1), (2.2), (2.3), gives us a corresponding expression in the image space which does not contain the differential operator. By means of the substitutions

$$p(x) = r(x)A(x), \qquad q(x) = r(x)C(x), \tag{2.4}$$

$$r(x) = \frac{1}{A(x)} \exp\left(\int \frac{B(x)}{A(x)} dx\right) \tag{2.5}$$

we transform the differential expression $L_0[Q]$ in (2.1) to the selfadjoint expression $L[Q]$ by means of the formula

$$L_0[Q] \equiv \frac{1}{r(x)} \left\{ \frac{\partial}{\partial x}\left[p(x)\frac{\partial Q}{\partial x}\right] + q(x)Q \right\} \equiv \frac{1}{r(x)} L[Q]. \tag{2.6}$$

Here, as a rule, we suppose that $p(x) \in \mathbb{C}_1[x_1, x_2]$, $q(x)$ and $r(x) \in \mathbb{C}[x_1, x_2]$, $p(x) \geq 0$, $q(x) \leq 0$, $r(x) > 0$, and the integral

$$\int_{x_1}^{x_2} p^{-1}(x)\, dx \tag{2.7}$$

converges [99].

The operator L satisfies the Green's formula

$$(u, L[v]) - (L[u], v) = \left[p\left(u\frac{\partial v}{\partial x} - v\frac{\partial u}{\partial x}\right)\right]_{x_1}^{x_2}, \tag{2.8}$$

where $(\cdot, \cdot)$ represents the scalar product on $[x_1, x_2]$ of two functions.

Let $\mathcal{D}$ denote the set of all functions $Q \in \mathbb{C}_2[x_1, x_2]$ which satisfy either condition (2.2) with $\gamma_1 = \gamma_2 = 0$ or condition (2.3) with $p(x_1) = p(x_2)$. The following fact is important for future discussion: if $u, v \in \mathcal{D}$, then (2.8) becomes

$$(u, L[v]) = (L[u], v). \tag{2.9}$$

Note that this property depends not only on the form of the differential operator L or L_0 but depends also on the choice of $\mathcal{D}$, that is, on the concrete form of the boundary conditions [114].

We present the integral transform $L_x[\cdot]$ in the form

$$\bar{Q}(\lambda) = L_x[Q] \equiv \int_{x_1}^{x_2} Q(\xi)\Phi(\lambda, \xi)\, d\xi = (Q, \Phi). \tag{2.10}$$

The problem now is to find the kernel $\Phi(\lambda, x)$. Applying the operator L_x to $\frac{1}{r}L[Q]$ and using the Green's formula (2.8) we obtain

$$L_x\left[\frac{1}{r}LQ\right] \equiv \left(\frac{1}{r}L[Q], \Phi\right) \equiv \left(L[Q], \frac{\Phi}{r}\right) = \left(Q, L\left[\frac{\Phi}{r}\right]\right) + R, \qquad (2.11)$$

where

$$R = R_{x_2} - R_{x_1} = \left[p\left(\frac{\Phi}{r}\right)\frac{\partial Q}{\partial x} - pQ\frac{\partial}{\partial x}\left(\frac{\Phi}{r}\right)\right]_{x_1}^{x_2}. \qquad (2.12)$$

If we want the transformed system to contain no differentiation operators on x, it is sufficient to set

$$\left(Q, L\left[\frac{\Phi}{r}\right]\right) = -\lambda^2(Q, \Phi) \qquad (2.13)$$

and to impose the boundary conditions (2.2) with $\gamma_1 = \gamma_2 = 0$ or the conditions of periodicity (2.3), whichever applied in the original problem.

Denoting $\Phi = \phi r$ and taking into consideration that Q in equation (2.13) is an arbitrary function in $\mathbb{C}_2[x_1, x_2]$, we arrive at the following regular selfadjoint Sturm-Liouville problem for determining the transformation kernel in (2.10):

$$L[\phi] = -\lambda^2 r\phi, \quad \ell_1[\phi] = 0, \quad \ell_2[\phi] = 0. \qquad (2.14)$$

From (2.6) it is clear that the first equation in (2.14) is equivalent to

$$L_0[\phi] = -\lambda^2\phi. \qquad (2.15)$$

Further, using the boundary conditions (2.2) and the boundary conditions in (2.14) we have the following form for R_{x_1} on the left end of the interval $[x_1, x_2]$: for $\alpha_1 \neq 0, \beta_1 \neq 0$ (boundary conditions of the third kind),

$$R_{x_1} = \frac{\gamma_1}{\alpha_1}(p\phi)_{x=x_1} = -\frac{\gamma_1}{\beta_1}\left(p\frac{d\phi}{dx}\right)_{x=x_1}; \qquad (2.16)$$

for $\alpha_1 \neq 0, \beta_1 = 0$ (boundary conditions of the second kind),

$$R_{x_1} = \frac{\gamma_1}{\alpha_1}(p\phi)_{x=x_1}; \qquad (2.17)$$

and for $\alpha_2 = 0, \beta_2 \neq 0$ (boundary conditions of the first kind),

$$R_{x_1} = -\frac{\gamma_1}{\beta_1}\left(p\frac{d\phi}{dx}\right)_{x=x_1}. \qquad (2.18)$$

Analogous formulas apply for R_{x_2}. In the case of conditions of periodicity (2.3) we have

$$R_{x_1} = R_{x_2} \qquad (2.19)$$

and, consequently, $R = 0$.

In the case where the integral (2.7) diverges but, for some $\epsilon > 0$, the integrals

$$\int_{x_1}^{x_1+\epsilon} \frac{x - x_1}{p(x)}\, dx, \quad \int_{x_1+\epsilon}^{x_2-\epsilon} \frac{1}{p(x)}\, dx, \quad \int_{x_2-\epsilon}^{x_2} \frac{x_2 - x}{p(x)}\, dx \qquad (2.20)$$

converge, we may, when $p(x_1) = 0$ and/or $p(x_2) = 0$, impose some other boundary conditions in place of (2.2). Very often the condition that Q should be finite at $x = x_1$ or at $x = x_2$ serve as boundary conditions in such cases. Then the condition (2.14) must be replaced by the condition that the eigenfunctions be finite [31].

We have shown how the problem of determining the kernel for the finite integral transform is reduced to solving the homogeneous boundary-value problem (2.14). This problem, which is sometimes called the *spectral* problem, consists in finding nontrivial solutions for system (2.14) and corresponding values of the parameter λ^2. These values are called *eigenvalues*, and the corresponding nontrivial solutions are called *eigenfunctions*. The set of all eigenvalues is called the *spectrum*. From the general theory of selfadjoint differential operators [101] we know that for the class of problems being considered here, the spectrum is a countable set of real numbers which has no finite point of accumulation. For every eigenvalue λ_n^2, $(n = 1, 2, \ldots)$, we have one and only one eigenfunction $\phi_n = \phi(\lambda_n, x)$, except in the case of periodic boundary conditions (2.3) where there may be two eigenfunctions. The set of eigenfunctions $\{\phi_n, n = 1, 2, \ldots\}$ is orthogonal with weight $r(x)$ on $[x_1, x_2]$, that is,

$$(r\phi_n, \phi_m) = \begin{cases} \|\phi_n\|_{L_r^2}^2 & \text{for } n = m, \\ 0 & \text{for } n \neq m, \end{cases} \qquad (2.21)$$

where

$$\|\phi_n\|_{L_r^2}^2 = \int_{x_1}^{x_2} \phi^2(\lambda_n, \xi) r(\xi)\, d\xi. \qquad (2.22)$$

In addition, the set of eigenfunctions $\{\phi_n, n = 1, 2, \ldots\}$ is a complete set in the space $L_r^2[x_1, x_2]$, that is, there does not exist any function from $L_r^2[x_1, x_2]$ which is orthogonal to all the functions from this set, except the zero function. The necessary and sufficient condition for completeness of the set of eigenfunctions is that Parseval's equality

$$\|f\|_{L_r^2}^2 = \sum_{n=1}^{\infty} \frac{(r\phi_n, f)^2}{\|\phi_n\|_{L_r^2}^2} \qquad (2.23)$$

holds for any $f(x) \in L_r^2[x_1, x_2]$. This is also called the closure condition [152].

Let $M(\lambda, x)$ and $N(\lambda, x)$ be any linearly independent solutions of the first equation in (2.14). Then the linear combination

$$\phi(\lambda, x) = (\ell_1[N])M(\lambda, x) - (\ell_1[M])N(\lambda, x) \qquad (2.24)$$

THE PRACTICE OF FINDING CHARACTERISTICS

is a solution to that equation, and also satisfies the first boundary condition in (2.14). Substituting (2.24) into the second boundary condition in (2.14), we obtain the following *characteristic equations* for determining the eigenvalues:

$$\ell_2[\phi] \equiv \alpha_2 \frac{d\phi(\lambda_n, x_2)}{dx} + \beta_2 \phi(\lambda_n, x) = 0. \quad (2.25)$$

It is conventional to order the roots λ_n, $n = 1, 2 \ldots$ of this equation by increasing absolute value.

The expression $\phi(\lambda, x)r(x)$ at $\lambda = \lambda_n$ is, modulo a multiplicative factor independent of x, the kernel of the integral transform which we are looking for. Consequently, the kernel is a product of the eigenfunction for problem (2.14) and of the weight function, with the value λ_n playing the role of parameter. The finite integral transform (2.10) takes the form

$$\begin{aligned}\bar{Q}(\lambda_n) &= L_x[Q(x)] = (Q, r\phi_n) \\ &= \int_{x_1}^{x_2} Q(\xi)\phi(\lambda_n, \xi)r(\xi)\,d\xi, \quad n = 1, 2, \ldots, \end{aligned} \quad (2.26)$$

where $\phi(\lambda_n, x)$ corresponds to expression (2.24) at $\lambda = \lambda_n$, the weight function r is determined by (2.5), and $\lambda_n^2, n = 1, 2, \ldots$ are the roots of the characteristic equation (2.25).

The inverse transform can be expressed as an orthogonal series expansion of the original Q(x) in terms of the set of eigenfunctions. From

$$Q(x) = \sum_{\lambda_n} c_n \phi(\lambda_n, x) \quad (2.27)$$

and taking into account (2.21) we find

$$Q(x) = L_x^{-1}[\bar{Q}(\lambda_n)] \equiv \sum_{\lambda_n} \frac{\phi(\lambda_n, x)}{\|\phi_n\|_{L_r^2}^2} \bar{Q}(\lambda_n). \quad (2.28)$$

The relationship (2.28) is the inverse transform corresponding to (2.26), and is called the inversion formula. The relations (2.26) and (2.28) are known as the *direct and inverse Greenberg transforms*, respectively.

From (2.11) it follows that the direct Greenberg transform (2.26) applied to the original boundary value problem (2.1–2.3) gives the following expression in the image space:

$$-\lambda_n^2 \bar{Q}(\lambda_n) + R(\lambda_n), \quad (2.29)$$

where, in accordance with (2.12), $R(\lambda_n) = R_{x_2}(\lambda_n) - R_{x_1}(\lambda_n)$, the terms of which are more completely specified by the formulas (2.16–2.18).

2.2 Sobolev transform

The Greenberg transform is not the only finite integral transform which produces an image space in which the differential operators of the original space do not appear. Let us consider the same problem (2.1) with boundary condition (2.2). To arrive at an integral transform distinct from (2.26) let us first consider some facts connected with the Green's function for the problem

$$\frac{1}{r(x)}L[Q] + \lambda^2 Q = f(x), \quad \ell_1[Q] = \gamma_1, \quad \ell_2[Q] = \gamma_2, \qquad (2.30)$$

which is sometimes called the *restricted* problem [152]. The function $G = G(x, \xi, \lambda)$ satisfies the equation

$$\frac{1}{r(x)}L_x[G(x, \xi, \lambda)] + \lambda^2 G(x, \xi, \lambda) = \delta(x - \xi) \qquad (2.31)$$

with boundary conditions

$$(\ell_1[G])_x = 0, \quad (\ell_2[G])_x = 0. \qquad (2.32)$$

Here the subscript x indicates that the partial derivatives in the boundary condition operators are to be taken with respect to x.

The solution to problem (2.31–2.32) can be established in two forms. The first form is found by applying the Greenberg finite integral transform and the inversion formula (2.28) to (2.31–2.32), which gives

$$G(x, \xi, \lambda) = \sum_{\lambda_n} \frac{\phi_1(\lambda_n, x)\phi_1(\lambda_n, \xi)r(\xi)}{(\lambda^2 - \lambda_n^2)\|\phi_n\|_{L_r^2}^2}, \qquad (2.33)$$

where $\phi_1(\lambda_n, x)$ is, modulo a multiplicative factor independent of x, equal to $\phi(\lambda_n, x)$, n = 1, 2, ... As can be seen, the function $G(x, \xi, \lambda)$ as a function of the complex variable λ^2 is a meromorphic function with poles which coincide with the eigenvalues of the spectral problem (2.14).

The second form of the solution is found by solving (2.30) by, for example, the method of variation of parameters, and then substituting $\gamma_1 = \gamma_2 = 0$ and $f(x) = \delta(x - \xi)$, which gives an expression for $G(x, \xi, \lambda)$ in the closed form

$$G(x, \xi, \lambda) = \begin{cases} \dfrac{1}{\sigma\Delta(\lambda^2)}\phi_1(\lambda, \xi)\phi_2(\lambda, x)r(\xi), & \text{for } x_1 \leq \xi \leq x, \\[2mm] \dfrac{1}{\sigma\Delta(\lambda^2)}\phi_1(\lambda, x)\phi_2(\lambda, \xi)r(\xi), & \text{for } x \leq \xi \leq x_2, \end{cases} \qquad (2.34)$$

where, analogously to (2.24), the function ϕ_2 satisfies

$$\phi_2(\lambda, x) = (\ell_2[N])M(\lambda, x) - (\ell_2[M])N(\lambda, x), \qquad (2.35)$$

the value of
$$\sigma = p(MN' - M'N) \tag{2.36}$$
is identically constant, and
$$\Delta(\lambda^2) = \begin{vmatrix} \ell_1[M] & \ell_1[N] \\ \ell_2[M] & \ell_2[N] \end{vmatrix} = -\ell_2[\phi_1(\lambda, x)] = \ell_1[\phi_2(\lambda, x)] \tag{2.37}$$

is the characteristic determinant of the operator generated by the differential expression $L_0[Q]$ and the homogeneous boundary conditions corresponding to (2.2). This determinant is an entire holomorphic function of the variable λ^2 [101], and the characteristic equation (2.25) is established by making any of the expressions in (2.37) equal to zero.

We now have two forms of representation for the function $G(x, \xi, \lambda)$, namely, (2.33) and (2.34). We now assume the existence of the operator $(\frac{1}{r(x)}L + \lambda^2)^{-1}[\cdot]$, that is, we assume the existence of the Green's function. The solution of problem (2.30) with $\gamma_1 = \gamma_2 = 0$ is

$$Q(x) = \left(\frac{1}{r(x)}L + \lambda^2\right)^{-1}[f(x)] = \int_{x_1}^{x_2} G(x, \eta, \lambda)f(\eta)\,d\eta. \tag{2.38}$$

The solution of the same problem with $\lambda^2 = 0$ we denote by $F(x)$. Obviously,

$$F(x) = \left(\frac{1}{r(x)}L\right)^{-1}[f(x)] = \int_{x_1}^{x_2} G(x, \eta, 0)f(\eta)\,d\eta. \tag{2.39}$$

Applying the operator $(\frac{1}{r(x)}L)^{-1}$ to (2.30), we arrive at the Fredholm integral equation

$$Q(x) + \lambda^2 \int_{x_1}^{x_2} G(x, \eta, 0)Q(\eta)\,d\eta = F(x). \tag{2.40}$$

Consequently, the solution of problem (2.30) with $\gamma_1 = \gamma_2 = 0$ is also the solution of (2.40). The kernel of this solution coincides with the Green's function at $\lambda^2 = 0$.

The operator $(\frac{1}{r(x)}L + \lambda^2)^{-1}$ leads either to (2.38), which is the solution of (2.30) with $\gamma_1 = \gamma_2 = 0$, or to the relationship

$$Q(x) = \left(\frac{1}{r(x)}L + \lambda^2\right)^{-1}\left(\frac{1}{r(x)}L + \lambda^2 - \lambda^2\right)\left(\frac{1}{r(x)}L\right)^{-1}[f(x)], \tag{2.41}$$

which, when combined with (2.38) and (2.39), takes the form

$$Q(x) = F(x) - \lambda^2 \int_{x_1}^{x_2} G(x, \eta, \lambda)F(\eta)\,d\eta. \tag{2.42}$$

This represents a form of solution of the integral equation (2.40).

§ 2. GREENBERG AND SOBOLEV TRANSFORMS

In the general theory of integral equations, the solution of (2.40) has the form

$$Q(x) = F(x) - \lambda^2 \int_{x_1}^{x_2} \Gamma(x, \eta, \lambda) F(\eta) \, d\eta, \tag{2.43}$$

where $\Gamma(x, \xi, \lambda)$ is called the adjoint kernel or resolvent of the integral equation. This resolvent is unique [98]. Thus, the resolvent of equation (2.40) identically coincides with the Green's function, that is,

$$G(x, \xi, \lambda) \equiv \Gamma(x, \xi, \lambda). \tag{2.44}$$

As a consequence, the Green's function is also known as the Green's resolvent [98].

This interpretation of the function $G(x, \xi, \lambda)$ permits us to use some results from the theory of integral equations [169]. For instance, for small λ^2 it might be useful to present the Green's resolvent as a Neumann series [102]

$$G(x, \xi, \lambda) \equiv \Gamma(x, \xi, \lambda) = \sum_{m=0}^{\infty} (-1)^m K_m(x, \xi) \lambda^{2m}, \tag{2.45}$$

where $K_m(x, \xi)$ is defined recursively by

$$K_m(x, \xi) = \int_{x_1}^{x_2} K_{m-1}(x, \eta) K_0(\eta, \xi) \, d\eta, \quad m = 1, 2, \ldots, \tag{2.46}$$

and $K_0(x, \xi) = G(x, \xi, 0)$. Other examples are Fredholm's formulas which give expressions for the resolvent in the form of a ratio of entire functions, integral equations for the resolvent [98], and so on. Also, it is not difficult to see that the expansion (2.33) is the expansion of the Green's resolvent in a series of eigenfunctions of the kernel $G(x, \xi, 0)$ of (2.40). Expressed in the form

$$G(x, \xi, \lambda) = G(x, \xi, 0) + \lambda^2 \sum_{\lambda_n} \frac{\phi_1(\lambda_n, x) \phi_1(\lambda_n, \xi) r(\xi)}{\lambda_n^2 (\lambda^2 - \lambda_n^2) \|\phi_1(\lambda_n, x)\|_{L_r^2}^2}, \tag{2.47}$$

this expansion is identified with the Hilbert-Schmidt formula for Green's resolvents.

We have seen that the function $G(x, \xi, \lambda)$ can be considered in two ways: as the Green's function for the restricted boundary value problem (2.30) with $\gamma_1 = \gamma_2 = 0$, and as the Green's resolvent $\Gamma(x, \xi, \lambda)$ for the integral equation (2.40). In the following, we shall use the notation $\Gamma(x, \xi, \lambda)$.

We now introduce the finite integral transform with kernel $\Gamma(x, \xi, \lambda)$, given by

$$\bar{Q}_S(x, \lambda) = \int_{x_1}^{x_2} Q(\xi) \Gamma(x, \xi, \lambda) \, d\xi. \tag{2.48}$$

From (2.38), this finite integral transform can be interpreted as the result of applying the operator $(\frac{1}{r(x)} L + \lambda^2)^{-1}$ to the function $Q(x)$.

It is a simple matter to construct the inverse transform using the expansion (2.33). In fact, from (2.33) and (2.48) we have

$$\bar{Q}_S(x, \lambda) = \sum_{\lambda_k} \frac{\phi_1(\lambda_n, x)}{(\lambda^2 - \lambda_n^2)\|\phi_1(\lambda_n, x)\|_{L_r^2}^2} \bar{Q}(\lambda_n). \qquad (2.49)$$

Formula (2.49) expresses the connection between the Greenberg transform (2.26) and the transform (2.48).

From (2.28) and (2.49) we obviously have

$$\frac{1}{2\pi j} \oint_\Omega \bar{Q}_S(x, \lambda) \, d\lambda^2 = \sum_{\lambda_k} \frac{\phi_1(\lambda_n, x)}{\|\phi_1(\lambda_n, x)\|_{L_r^2}^2} \bar{Q}(\lambda_n) = Q(x), \qquad (2.50)$$

where the contour Ω contains all the poles of the resolvent $\Gamma(x, \xi, \lambda)$. Consequently, we have

$$Q(x) = \frac{1}{2\pi j} \oint_\Omega \bar{Q}_S(x, \lambda) \, d\lambda^2. \qquad (2.51)$$

The relationship (2.51) is the inverse transform corresponding to (2.48), that is, it is the inversion formula. The tranformations (2.48) and (2.51) are known as the *direct and inverse Sobolev transforms* [124], respectively.

As will be shown in the next section, the Sobolev transform applied to the original boundary value problem (2.1–2.2) gives the following expression in the space of images:

$$-\lambda^2 \bar{Q}_S(x, \lambda) + Q(x) + R(x, \lambda), \qquad (2.52)$$

where

$$R(x, \lambda) = R_{x_2}(x, \lambda) - R_{x_1}(x, \lambda). \qquad (2.53)$$

On the left end of the interval $[x_1, x_2]$, we have the following explicit expressions for R_{x_1}: for $\alpha_1 \neq 0$ and $\beta_1 \neq 0$,

$$R_{x_1}(x, \lambda) = \frac{\gamma_1}{\alpha_1} \frac{p(x_1)}{r(x_1)} G(x, x_1, \lambda) = -\frac{\gamma_1}{\beta_1} p(x_1) \frac{\partial}{\partial \xi} \frac{G(x, x_1, \lambda)}{r(x_1)}; \qquad (2.54)$$

for $\alpha_1 \neq 0$ and $\beta_1 = 0$,

$$R_{x_1}(x, \lambda) = \frac{\gamma_1}{\alpha_1} \frac{p(x_1)}{r(x_1)} G(x, x_1, \lambda); \qquad (2.55)$$

and for $\alpha_1 = 0$ and $\beta_1 \neq 0$,

$$R_{x_1}(x, \lambda) = -\frac{\gamma_1}{\beta_1} p(x_1) \frac{\partial}{\partial \xi} \frac{G(x, x_1, \lambda)}{r(x_1)}. \qquad (2.56)$$

Analogous expressions can be written for the right end of the interval $[x_1, x_2]$.

The existence of a second integral transform for the same class of problems opens new opportunities for developing the technique for contructing solutions. In particular, the Sobolev transform permits us to present the solutions in closed form, to discover new characteristics of distributed parameter systems, to find asymptotic formulas [50], and so on. Examples of such transforms can be found in [100, 124, 134, 166]. Tables of Greenberg and Sobolev transforms are given in [124].

§ 3. On a mistake in the application of the Sobolev transform

In a series of publications, beginning with particular examples in the fundamental works [61, 62, 63] and continuing in the authors' own works [33, 124] where a more general version of the Sobolev transform is studied, it is affirmed that the Sobolev transform applied to the differential expression

$$\frac{1}{r(\xi)} L_\xi[Q(\xi)] \tag{3.1}$$

with boundary conditions

$$(\ell_1[Q])_\xi = \gamma_1, \quad (\ell_2[Q])_\xi = \gamma_2 \tag{3.2}$$

in the original space gives the following form in the image space:

$$-\lambda^2 \bar{Q}_S(x, \lambda) + R(x, \lambda), \tag{3.3}$$

where $R(x, \lambda)$ is determined from (2.53–2.56). Indeed, application of (3.3) to some concrete examples [33, 61, 62, 63] leads to solutions which are in full agreement with well-known classical solutions. The results in [63, 124] even appear to prove the validity of expression (3.3). This expression looks quite plausible and is in agreement with our experience with other integral transforms [55, 166] such as the transforms of Laplace, Fourier, Hankel, Greenberg, and so on. A general feature of these transforms is that the expression in the image space does not explicitly contain the original function, except perhaps for some particular values which may appear as constants. This being also true of expression (3.3), it would then appear to be more plausible than the expression (2.52) presented in Section 2, namely,

$$-\lambda^2 \bar{Q}_S(x, \lambda) + Q(x) + R(x, \lambda), \tag{3.4}$$

in which the original function $Q(x)$ appears explicitly. However, the surprising fact is that (3.4) is the correct expression and that (3.3) is incorrect! The clarification of this question is very interesting and useful as a cautionary lesson, and so is presented in some detail in this section[1].

We begin by demonstrating the correctness of expression (3.4). Because this is not a standard result, we shall derive it using different techniques. In fact, we present five independent derivations.

---

[1] This mistake was brought to the authors' attention in a letter from Professor I. Dimovski of the Bulgarian Academy of Sciences. We express our deep gratitude to Professor Dimovski for his letter. As a result of this correspondence, the authors were stimulated to investigate this question more deeply and to make clear the source and nature of such a nontrivial and widespread mistake in the literature.

Derivation 1 In this first approach we expand expressions and functions in series of eigenfunctions. Combining the expansion (2.33) of the kernel of the Sobolev transform with (2.26) and (2.29) leads to

$$\int_{x_1}^{x_2} \frac{1}{r(\xi)} L_\xi[Q(\xi)] \Gamma(x, \xi, \lambda) \, d\xi =$$

$$= \sum_{\lambda_n} \frac{\phi(\lambda_n, x)}{(\lambda^2 - \lambda_n^2) \|\phi_n\|^2} \int_{x_1}^{x_2} \frac{1}{r(\xi)} L_\xi[Q(\xi)] \phi(\lambda_n, \xi) r(\xi) \, d\xi =$$

$$= \sum_{\lambda_n} \frac{\phi(\lambda_n, x)}{(\lambda^2 - \lambda_n^2) \|\phi_n\|^2} \left[(\lambda^2 - \lambda_n^2 - \lambda^2) \bar{Q}(\lambda_n) + R(\lambda_n) \right] =$$

$$= -\lambda^2 \sum_{\lambda_n} \frac{\phi(\lambda_n, x)}{(\lambda^2 - \lambda_n^2) \|\phi_n\|^2} \bar{Q}(\lambda_n) + \sum_{\lambda_n} \frac{\phi(\lambda_n, x)}{\|\phi_n\|^2} \bar{Q}(\lambda_n) +$$

$$+ \sum_{\lambda_n} \frac{\phi(\lambda_n, x)}{(\lambda^2 - \lambda_n^2) \|\phi_n\|^2} R(\lambda_n) \qquad (3.5)$$

Into the above we now substitute (2.49) for the first series, (2.28) for the second, and (2.16), (2.54), and (2.33) for the third, and finally obtain

$$\int_{x_1}^{x_2} \frac{1}{r(\xi)} L_\xi[Q(\xi)] \Gamma(x, \xi, \lambda) \, d\xi = -\lambda^2 \bar{Q}_S(x, \lambda) + Q(x) + R(x, \lambda). \qquad (3.6)$$

This is equivalent to (3.4).

Derivation 2 Here we use the fact that the kernel of the Sobolev transform is a Green's function for problem (2.30). From (2.33) and (2.34) it follows that $G(x, \xi, \lambda)$, or equivalently, $\Gamma(x, \xi, \lambda)$, is continuous at $\xi = x$, and also

$$\frac{G(x, \xi, \lambda)}{r(\xi)} = \frac{G(\xi, x, \lambda)}{r(x)}. \qquad (3.7)$$

Interchanging x and ξ in (2.31) and taking (3.7) and

$$\frac{r(\xi)}{r(x)} \delta(\xi - x) = \delta(\xi - x) \qquad (3.8)$$

into account, the expressions (2.31) and (2.32) become

$$L_\xi \left[\frac{G(x, \xi, \lambda)}{r(\xi)} \right] + \lambda^2 G(x, \xi, \lambda) = \delta(\xi - x), \qquad (3.9)$$

$$\left(\ell_1 \left[\frac{G(x, \xi, \lambda)}{r(\xi)} \right] \right)_\xi = 0, \quad \left(\ell_2 \left[\frac{G(x, \xi, \lambda)}{r(\xi)} \right] \right)_\xi = 0. \qquad (3.10)$$

The expressions (3.9), (3.10), as well as (2.31), (2.32), are often used as the definition of the Green's function. This definition implies that we are working in the space K^1 of generalised functions, and so the integrals used in the remainder of this derivation should be understood as functionals in this space [150].

Applying the Green's formula (2.8) and then (3.9), (3.10), and (3.2), we obtain

$$\int_{x_1}^{x_2} \frac{1}{r(\xi)} L_\xi[Q(\xi)] \Gamma(x,\xi,\lambda) \, d\xi = \int_{x_1}^{x_2} Q(\xi) L_\xi\left[\frac{\Gamma(x,\xi,\lambda)}{r(\xi)}\right] d\xi +$$
$$+ \left\{ p(\xi) \left[\frac{\Gamma(x,\xi,\lambda)}{r(\xi)} \frac{\partial Q(\xi)}{\partial \xi} - Q(\xi) \frac{\partial}{\partial \xi} \frac{\Gamma(x,\xi,\lambda)}{r(\xi)} \right] \right\}_{x_1}^{x_2} =$$
$$= -\lambda^2 \int_{x_1}^{x_2} Q(\xi) \Gamma(x,\xi,\lambda) \, d\xi + \int_{x_1}^{x_2} Q(\xi) \delta(\xi - x) \, d\xi + R(x,\lambda) =$$
$$= -\lambda^2 \bar{Q}_S(x,\lambda) + Q(x) + R(x,\lambda), \qquad (3.11)$$

that is, we again arrive at (3.4).

Derivation 3 We again use the fact that the kernel of the Sobolev transform is a Green's function for problem (2.30). In this case, however, we shall use another, widely used, definition of this function. The Green's function $G(x,\xi,\lambda)$ has the following properties:

- it is a continuous function of both x and ξ in all of its domain of definition;

- it satisfies

$$L_\xi\left[\frac{G(x,\xi,\lambda)}{r(\xi)}\right] + \lambda^2 G(x,\xi,\lambda) = 0 \qquad (3.12)$$

  in each of the regions $x_1 \leq \xi \leq x$ and $x < \xi \leq x_2$;

- it satisfies the boundary conditions (3.10); and

- its derivative possesses the jump discontinuity

$$\frac{\partial}{\partial \xi} \frac{G(x, x+0, \lambda)}{r(x)} - \frac{\partial}{\partial \xi} \frac{G(x, x-0, \lambda)}{r(x)} = \frac{1}{p(x)}, \qquad (3.13)$$

  and a similar jump discontinuity in the x-direction of the same magnitude but of opposite sign.

This definition does not use the notion of generalised functions, and so the following integrals should be considered as standard Riemann integrals.

We divide the interval $[x_1, x_2]$ into the two parts $[x_1, x]$ and $(x, x_2]$ and apply Green's formula (2.8) to each of these subintervals separately. Note that Green's formula is only valid for functions in $\mathbb{C}_2[x_1, x_2]$ and so, because of the jump (3.13), cannot be applied to the whole interval at once. Using (3.12) and (3.13) we obtain

$$\int_{x_1}^{x_2} \frac{1}{r(\xi)} L_\xi[Q(\xi)] \Gamma(x,\xi,\lambda) \, d\xi = \int_{x_1}^{x} Q(\xi) L_\xi\left[\frac{\Gamma(x,\xi,\lambda)}{r(\xi)}\right] d\xi +$$

THE PRACTICE OF FINDING CHARACTERISTICS

$$+ \left\{ p(\xi) \left[\frac{\Gamma(x,\xi,\lambda)}{r(\xi)} \frac{\partial Q(\xi)}{\partial \xi} - Q(\xi) \frac{\partial}{\partial \xi} \frac{\Gamma(x,\xi,\lambda)}{r(\xi)} \right] \right\}_{x_1}^{x-0} +$$

$$+ \int_x^{x_2} Q(\xi) L_\xi \left[\frac{\Gamma(x,\xi,\lambda)}{r(\xi)} \right] d\xi +$$

$$+ \left\{ p(\xi) \left[\frac{\Gamma(x,\xi,\lambda)}{r(\xi)} \frac{\partial Q(\xi)}{\partial \xi} - Q(\xi) \frac{\partial}{\partial \xi} \frac{\Gamma(x,\xi,\lambda)}{r(\xi)} \right] \right\}_{x+0}^{x_2} =$$

$$= -\lambda^2 \int_{x_1}^x Q(\xi) \Gamma(x,\xi,\lambda) d\xi - \lambda^2 \int_x^{x_2} Q(\xi) \Gamma(x,\xi,\lambda) d\xi +$$

$$+ Q(x) p(x) \left[\frac{\partial}{\partial \xi} \frac{\Gamma(x,x+0,\lambda)}{r(x)} - \frac{\partial}{\partial \xi} \frac{\Gamma(x,x-0,\lambda)}{r(x)} \right] +$$

$$+ \left\{ p(\xi) \left[\frac{\Gamma(x,\xi,\lambda)}{r(\xi)} \frac{\partial Q(\xi)}{\partial \xi} - Q(\xi) \frac{\partial}{\partial \xi} \frac{\Gamma(x,\xi,\lambda)}{r(\xi)} \right] \right\}_{x_1}^{x_2} =$$

$$= -\lambda^2 \bar{Q}_S(x,\lambda) + Q(x) + R(x,\lambda). \tag{3.14}$$

Again, we have derived the result (3.4).

Derivation 4 Here we use the explicit expression (2.34) for the kernel. Using (2.8) and (2.14) we have

$$\int_{x_1}^{x_2} \frac{1}{r(\xi)} L_\xi[Q(\xi)] \Gamma(x,\xi,\lambda) d\xi =$$

$$= \frac{\phi_2(\lambda,x)}{\sigma\Delta(\lambda^2)} \int_{x_1}^x L_\xi[Q(\xi)] \phi_1(\lambda,\xi) d\xi +$$

$$+ \frac{\phi_1(\lambda,x)}{\sigma\Delta(\lambda^2)} \int_x^{x_2} L_\xi[Q(\xi)] \phi_2(\lambda,\xi) d\xi =$$

$$= \frac{\phi_2(\lambda,x)}{\sigma\Delta(\lambda^2)} \left\{ \int_{x_1}^x Q(\xi) L_\xi[\phi_1(\lambda,\xi)] d\xi + \right.$$

$$\left. + \left[p(\xi) \left(\phi_1(\lambda,\xi) \frac{\partial Q(\xi)}{\partial \xi} - Q(\xi) \frac{\partial}{\partial \xi} \phi_1(\lambda,\xi) \right) \right]_{x_1}^x \right\} +$$

$$+ \frac{\phi_1(\lambda,x)}{\sigma\Delta(\lambda^2)} \left\{ \int_x^{x_2} Q(\xi) L_\xi[\phi_2(\lambda,\xi)] d\xi + \right.$$

$$\left. + \left[p(\xi) \left(\phi_2(\lambda,\xi) \frac{\partial Q(\xi)}{\partial \xi} - Q(\xi) \frac{\partial}{\partial \xi} \phi_2(\lambda,\xi) \right) \right]_x^{x_2} \right\} =$$

$$= -\lambda^2 \int_{x_1}^x Q(\xi) \frac{\phi_1(\lambda,\xi) \phi_2(\lambda,x) r(\xi)}{\sigma\Delta(\lambda^2)} d\xi -$$

$$- \lambda^2 \int_x^{x_2} Q(\xi) \frac{\phi_1(\lambda,x) \phi_2(\lambda,\xi) r(\xi)}{\sigma\Delta(\lambda^2)} d\xi +$$

$$+ Q(x) p(x) \frac{\phi_1(\lambda,x) \phi_2'(\lambda,x) - \phi_2(\lambda,x) \phi_1'(\lambda,x)}{\sigma\Delta(\lambda^2)} +$$

$$+ \left\{ p(\xi) \left[\frac{\Gamma(x,\xi,\lambda)}{r(\xi)} \frac{\partial Q(\xi)}{\partial \xi} - Q(\xi) \frac{\partial}{\partial \xi} \frac{\Gamma(x,\xi,\lambda)}{r(\xi)} \right] \right\}_{x_1}^{x_2}. \qquad (3.15)$$

But from (2.24), (2.35), (2.36) it follows that

$$\phi_1(\lambda, x)\phi_2'(\lambda, x) - \phi_2(\lambda, x)\phi_1'(\lambda, x) = \frac{\sigma \Delta(\lambda^2)}{p(x)}. \qquad (3.16)$$

Combining (2.34), (3.10), and (3.2) with the last expression in (3.15) leads to

$$-\lambda^2 \bar{Q}_S(x, \lambda) + Q(x) + R(x, \lambda), \qquad (3.17)$$

which is the same as (3.4).

Derivation 5 Finally, we use the operator representation of the Sobolev transform. In this derivation, as in (2.38), (2.39), we use the symbols $\frac{1}{r(x)}L$ and $\frac{1}{r(x)}L + \lambda^2$ to denote the operators generated by the corresponding differential expression together with their boundary conditions with $\gamma_1 = \gamma_2 = 0$. The symbol λ^2 shall represent the product of the number λ^2 and the identity operator I. The Sobolev transform is then represented in operator notation as

$$\bar{Q}_S(x, \lambda) = \left(\frac{1}{r(x)}L + \lambda^2 \right)^{-1} Q(x). \qquad (3.18)$$

The original problem (3.1), (3.2) is equivalent to the standard form

$$\frac{1}{r(x)}L_\xi[Q(\xi)] + w^0(\xi), \qquad (3.19)$$

and

$$(\ell_1[Q])_\xi = 0, \quad (\ell_2[Q])_\xi = 0 \qquad (3.20)$$

The explicit form of the standardising function $w^0(x)$ is given in [124, p.62]. For our purposes, the essential fact is that the function $R(x, \lambda)$ in (3.4) is the Sobolev transform of $w^0(x)$ [124, p.63], that is,

$$R(x, \lambda) = \left(\frac{1}{r(x)}L + \lambda^2 \right)^{-1} w^0(x). \qquad (3.21)$$

Applying the Sobolev transform to the standard form and taking (3.18) and (3.21) into consideration leads to

$$\int_{x_1}^{x_2} \left(\frac{1}{r(\xi)}L_\xi[Q(\xi)] + w^0(\xi) \right) \Gamma(x, \xi, \lambda) \, d\xi =$$

$$= \left(\frac{1}{r(x)}L + \lambda^2 \right)^{-1} \left(\frac{1}{r(x)}L[Q(x)] + w^0(x) \right) =$$

THE PRACTICE OF FINDING CHARACTERISTICS

$$\begin{aligned}
&= \left(\frac{1}{r(x)}L + \lambda^2\right)^{-1}\left[-\lambda^2 + \left(\frac{1}{r(x)}L + \lambda^2\right)\right]Q(x) + \left(\frac{1}{r(x)}L + \lambda^2\right)^{-1} w^0(x) = \\
&= -\lambda^2\left(\frac{1}{r(x)}L + \lambda^2\right)^{-1} Q(x) + Q(x) + R(x, \lambda) = \\
&= -\lambda^2 \bar{Q}_S(x, \lambda) + Q(x) + R(x, \lambda),
\end{aligned} \qquad (3.22)$$

which is in agreement with (3.4), as desired.

Now that we have shown the correctness (3.4) from several points of view, let us consider the source of the error in the "proof" of expression (3.3) presented in [63] and [124]. Our derivations were based on different definitions of the Green's function, namely, the definitions given in derivations 2 and 3, respectively. Each of these definitions, taken separately, is a comprehensive and logically consistent characterization of the Green's function. When working with the Green's function, one may use either one, but *only one at a time*! The flaw in the derivations in [63, 124] is that the two definitions were mixed, and as a result, one of the singularities in the Green's function was accounted for twice.

In spite of the incorrectness of (3.3), its use in some concrete examples leads to correct solutions [50, 63, 124]. We now present two examples of this phenomenon in order to show why, in some cases, the omission of the Q(x) term in (3.4) does not affect the validity of the final results. We then present an example where the Q(x) term does have an effect, that is, the erroneous expression (3.3) leads to incorrect results.

Example 1 We use the Sobolev transform to solve the problem

$$\frac{1}{c^2}\ddot{Q} = \frac{1}{r(x)}L[Q] + f(x, t), \quad \ell_1[Q] = 0, \quad \ell_2[Q] = 0, \qquad (3.23)$$

$$Q(x, 0) = 0, \quad \dot{Q}(x, 0) = 0. \qquad (3.24)$$

Using the expression (3.4), and not (3.3) as in [124, p.50], we get the image-space expression

$$\frac{1}{c^2}\frac{\partial^2 \bar{Q}_S(x, \lambda, t)}{\partial t^2} = -\lambda^2 \bar{Q}_S(x, \lambda, t) + Q(x, t) + \bar{f}_S(x, \lambda, t), \qquad (3.25)$$

$$\bar{Q}_S(x, \lambda, 0) = 0, \quad \frac{\partial \bar{Q}_S(x, \lambda, 0)}{\partial t} = 0. \qquad (3.26)$$

From this we obtain

$$\begin{aligned}
\bar{Q}_S(x, \lambda, t) &= \int_0^t Q(x, \tau)\frac{c}{\lambda} \sin c\lambda(t - \tau)\, d\tau + \\
&\quad + \int_0^t \bar{f}_S(x, \lambda, \tau)\frac{c}{\lambda} \sin c\lambda(t - \tau)\, d\tau.
\end{aligned} \qquad (3.27)$$

Applying the inversion formula (2.51) to (3.27) we get

$$Q(x,t) = \int_0^t Q(x,\tau) \frac{1}{2\pi j} \oint_\Omega \frac{c}{\lambda} \sin c\lambda(t-\tau) \, d\lambda^2 \, d\tau +$$
$$+ \frac{1}{2\pi j} \oint_\Omega \int_0^t \int_{x_1}^{x_2} f(\xi,\tau) \Gamma(x,\xi,\lambda) \frac{c}{\lambda} \sin c\lambda(t-\tau) \, d\xi \, d\tau \, d\lambda^2. \quad (3.28)$$

In the first term in (3.28), the integrand of the contour integral is an analytic function of λ^2. Thus, the first term, which carries the contribution of $Q(x)$, vanishes. The second term in (3.28) is a closed form solution of problem (3.28–3.29) which coincides with the result in [124, p.51].

Taking (2.33) into account we have

$$Q(x,t) = \sum_{\lambda_n} \frac{\phi(\lambda_n,x)}{\|\phi_n\|_{L_r^2}^2} \int_0^t \int_{x_1}^{x_2} f(\xi,\tau) \phi(\lambda_n,\xi) r(\xi) \times$$
$$\times \left\{ \frac{1}{2\pi j} \oint_{\Omega_{\lambda_n}} \frac{1}{\lambda^2 - \lambda_n^2} \frac{c}{\lambda} \sin c\lambda(t-\tau) \, d\lambda^2 \right\} d\xi \, d\tau, \quad (3.29)$$

where Ω_{λ_n} is a contour containing the n-th pole of the kernel $\Gamma(x,\xi,\lambda)$ and no other poles. The expression within braces in (3.29) can be evaluated using the Cauchy integral formula [138], which leads to the solution in the form

$$Q(x,t) = \sum_{\lambda_n} \frac{\phi(\lambda_n,x)}{\|\phi_n\|_{L_r^2}^2} \int_0^t \int_{x_1}^{x_2} f(\xi,\tau) \phi(\lambda_n,\xi) r(\xi) \frac{c}{\lambda} \sin c\lambda(t-\tau) \, d\xi \, d\tau. \quad (3.30)$$

This is the usual form for solutions of boundary-value problems of this type.

Example 2 We use the Sobolev transform to solve the boundary-value problem

$$\frac{1}{r(x)} L[Q] + \mu^2 Q = f(x), \quad \ell_1[Q] = 0, \quad \ell_2[Q] = 0, \quad (3.31)$$

which is similar in form to (2.30). Here we assume that the number $\mu^2 \neq \lambda_n^2$ for any $n = 1, 2, \ldots$. Using the expression (3.4), and not (3.3) as in [33, p.350], we get the image-space expression

$$Q(x) + (\mu^2 - \lambda^2) \bar{Q}_S(x,\lambda) = \bar{f}_S(x,\lambda). \quad (3.32)$$

From this we obtain

$$\bar{Q}_S(x,\lambda) = \frac{Q(x)}{\mu^2 - \lambda^2} + \frac{\bar{f}_S(x,\lambda)}{\mu^2 - \lambda^2}. \quad (3.33)$$

Applying the inversion formula (2.51) to (3.33) we get

$$Q(x) = Q(x) \frac{1}{2\pi j} \oint_\Omega \frac{1}{\mu^2 - \lambda^2} \, d\lambda^2 + \frac{1}{2\pi j} \oint_\Omega \frac{\bar{f}_S(x,\lambda)}{\mu^2 - \lambda^2} \, d\lambda^2. \quad (3.34)$$

THE PRACTICE OF FINDING CHARACTERISTICS 333

In the first term in (3.34), the integrand is an analytic function of λ^2 inside Ω. Thus, the first term, which carries the contribution of $Q(x)$, vanishes. The second term in (3.34) is the form of solution of the problem which coincides with the result in [33, p.351].

Taking (2.33) and (2.44) into account we have

$$Q(x) = \frac{1}{2\pi j} \oint_\Omega \int_{x_1}^{x_2} \frac{f(\xi)\Gamma(x,\xi,\lambda)}{\mu^2 - \lambda^2} d\xi \, d\lambda^2 =$$

$$= \int_{x_1}^{x_2} f(\xi) \sum_{\lambda_n} \frac{\phi(\lambda_n, x)\phi(\lambda_n, \xi)r(\xi)}{\|\phi_n\|_{L^2}^2} \left\{ \frac{1}{2\pi j} \oint_{\Omega_{\lambda_n}} \frac{d\lambda^2}{(\lambda^2 - \lambda_n^2)(\mu^2 - \lambda^2)} \right\} d\xi =$$

$$= \int_{x_1}^{x_2} f(\xi) G(x, \xi, \mu) \, d\xi. \tag{3.35}$$

This is the usual form for solutions of boundary-value problems of this type, see, for example, (2.38).

A similar situation arises in the example considered in [63]: the $Q(x)$ term vanishes, so that the result derived on the basis of the incorrect expression (3.3) leads anyway to a correct solution.

Example 3 We now exhibit an example where the $Q(x)$ term in (3.4) may not be ignored. Consider again the problem in example 2. Integrating (3.33) around the contour Ω_1 in place of Ω, where now the contour Ω_1 contains the pole μ^2 and no other poles, we obtain

$$\frac{1}{2\pi j} \oint_{\Omega_1} \bar{Q}_S(x, \lambda) \, d\lambda^2 = \frac{1}{2\pi j} \oint_{\Omega_1} \frac{Q(x)}{\lambda^2 - \mu^2} d\lambda^2 + \frac{1}{2\pi j} \oint_{\Omega_1} \frac{\bar{f}_S(x, \lambda)}{\mu^2 - \lambda^2} d\lambda^2. \tag{3.36}$$

Within the contour Ω_1, as opposed to Ω, the functions $\bar{Q}_S$ and $\bar{f}_S(x, \lambda)$ are analytic. It follows that the left side of (3.36) is zero and that the right side takes the form

$$Q(x) - \bar{f}_S(x, \mu), \tag{3.37}$$

so that

$$Q(x) = \int_{x_1}^{x_2} f(\xi)\Gamma(x, \xi, \mu) \, d\xi. \tag{3.38}$$

If, for instance, we take $\lambda^2 = \mu^2$ in (3.32), then we directly obtain

$$Q(x) = \bar{f}_S(x, \mu) = \int_{x_1}^{x_2} f(\xi)\Gamma(x, \xi, \mu) \, d\xi. \tag{3.39}$$

If we take $\lambda^2 = 0$ in (3.32), then, taking (2.39) into account, we obtain

$$Q(x) + \mu^2 \int_{x_1}^{x_2} Q(\xi) G(x, \xi, 0) \, d\xi = F(x). \tag{3.40}$$

This is consistent with the previous result that (2.40) is equivalent to (2.30) with $\gamma_1 = \gamma_2 = 0$.

Note, however, that if the term $Q(x)$ in expression (3.4) were neglected, then we would obtain incorrect results in place of (3.38) and (3.40).

§ 4. Greenberg transforms of some functions and expressions

In this section we present some concrete results of application of the Greenberg transform (2.26) to several practical cases. These relationships, in particular, can serve to facilitate the determination of the characteristics of distributed parameter systems. In all the cases listed here, the original $Q(x)$ is first described, then the corresponding image $\bar{Q}(\lambda_n)$ is given [124].

4.1 Delta functions

We have the following transform pairs:

$$Q(x) = \frac{p(x)}{r(x)}\delta(x - x_0), \quad \bar{Q}(\lambda_n) = p(x_0)\phi(\lambda_n, x_0); \quad (4.1)$$

$$Q(x) = \frac{1}{r(x)}[p(x)\delta(x - x_0)]'_x, \quad \bar{Q}(\lambda_n) = -p(x_0)\frac{d\phi(\lambda_n, x_0)}{dx}; \quad (4.2)$$

and generally, for $m = 0, 1, \ldots$,

$$Q(x) = \delta^{(m)}(x - x_0), \quad \bar{Q}(\lambda_n) = (-1)^m[\phi(\lambda_n, x)r(x)]^{(m)}_{x=x_0}. \quad (4.3)$$

4.2 Arbitrary linear combination of eigenfunctions

Let

$$Q(x) = \sum_{m=1}^{M} c_m \phi(\lambda_n, x). \quad (4.4)$$

Then we have

$$\bar{Q}(\lambda_n) = \sum_{m=1}^{M} c_m \|\phi_m\|^2_{L^2_r}\delta_{mn} \equiv \begin{cases} c_n \|\phi_n\|^2_{L^2_r} & \text{if } 1 \leq n \leq M, \\ 0 & \text{if } n > M, \end{cases} \quad (4.5)$$

where δ_{mn} is Kronecker's symbol.

4.3 Special functions

Let $Q(x) = f(x)$ where $f(x) \in \mathbb{C}_2[x_1, x_2]$. Then, as a consequence of (2.8) and the boundary conditions (2.14), we have

$$\begin{aligned}
\bar{f}(\lambda_n) &= \int_{x_1}^{x_2} f(\xi)\phi(\lambda_n, \xi)r(\xi)\,d\xi \\
&= -\frac{1}{\lambda_n^2}\int_{x_1}^{x_2} \phi(\lambda_n, \xi)L[f(\xi)]\,d\xi + \frac{p(x_2)\phi(\lambda_n, x_2)}{\alpha_2 \lambda_n^2}\left(\alpha_2\frac{df(x_2)}{dx} + \beta_2 f(x_2)\right) - \\
&\quad - \frac{p(x_1)\phi(\lambda_n, x_1)}{\alpha_1 \lambda_n^2}\left(\alpha_1\frac{df(x_1)}{dx} + \beta_1 f(x_1)\right),
\end{aligned} \quad (4.6)$$

and the problem of finding the transform leads to the problem of evaluating the integral in (4.6). In particular, if f(x) satisfies the equation

$$L[f(x)] + \gamma r(x)f(x) = 0, \tag{4.7}$$

where γ is some constant, then from (4.6) we find

$$\bar{f}(\lambda_n) = \frac{1}{\lambda_n^2 - \gamma}\left[\frac{p(x_2)\phi(\lambda_n, x_2)}{\alpha_2}\left(\alpha_2\frac{df(x_2)}{dx} + \beta_2 f(x_2)\right) - \frac{p(x_1)\phi(\lambda_n, x_1)}{\alpha_1}\left(\alpha_1\frac{df(x_1)}{dx} + \beta_1 f(x_1)\right)\right] \tag{4.8}$$

For example, if $q(x)/r(x)$ is identically constant, then the constant function $f(x) \equiv 1$ satisfies (4.7) when γ is defined as

$$\gamma \equiv -\frac{q(x)}{r(x)}. \tag{4.9}$$

Consequently, the Greenberg finite integral transform for $Q \equiv 1$ has the form

$$L_x[1] = \frac{1}{\lambda_n^2 - \gamma}\left[\frac{\beta_2}{\alpha_2}p(x_2)\phi(\lambda_n, x_2) - \frac{\beta_1}{\alpha_1}p(x_1)\phi(\lambda_n, x_1)\right], \quad n = 1, 2, \ldots \tag{4.10}$$

More generally, if $f(x)$ satisfies the equation

$$L[f(x)] + \gamma r(x)f(x) = r(x)w(x), \tag{4.11}$$

where $w(x)$ is a given function, then instead of (4.8) we have the expression

$$\bar{f}(\lambda_n) = -\frac{\bar{w}(\lambda_n)}{\lambda_n^2 - \gamma} + \frac{1}{\lambda_n^2 - \gamma}\left[\frac{p(x_2)\phi(\lambda_n, x_2)}{\alpha_2}\left(\alpha_2\frac{df(x_2)}{dx} + \beta_2 f(x_2)\right) - \frac{p(x_1)\phi(\lambda_n, x_1)}{\alpha_1}\left(\alpha_1\frac{df(x_1)}{dx} + \beta_1 f(x_1)\right)\right] \tag{4.12}$$

4.4 Derivatives

In the case where

$$Q(x) = L_0[f(x)] \equiv \frac{1}{r(x)}L[f(x)], \tag{4.13}$$

then from (4.6) is follows immediately that

$$\bar{Q}(\lambda_n) = -\lambda_n^2 \bar{f}(\lambda_n) + \frac{p(x_2)\phi(\lambda_n, x_2)}{\alpha_2}\left(\alpha_2\frac{df(x_2)}{dx} + \beta_2 f(x_2)\right) - \frac{p(x_1)\phi(\lambda_n, x_1)}{\alpha_1}\left(\alpha_1\frac{df(x_1)}{dx} + \beta_1 f(x_1)\right). \tag{4.14}$$

Here the formulas (5.21) and (5.22) are useful.

4.5 Derivatives of higher order

Consider the case where

$$Q(x) = L_0[L_0[f(x)]] \equiv \frac{1}{r(x)}L\left[\frac{1}{r(x)}L[f(x)]\right]. \tag{4.15}$$

Applying formula (4.14) twice, we obtain

$$\bar{Q}(\lambda_n) = -\lambda_n^4 \bar{f}(\lambda_n) + \frac{p(x_2)\phi(\lambda_n, x_2)}{\alpha_2}\left(\alpha_2 \frac{dF_{\lambda_n}[f(x_2)]}{dx} + \beta_2 F_{\lambda_n}[f(x_2)]\right)$$
$$- \frac{p(x_1)\phi(\lambda_n, x_1)}{\alpha_1}\left(\alpha_1 \frac{dF_{\lambda_n}[f(x_1)]}{dx} + \beta_1 F_{\lambda_n}[f(x_1)]\right), \tag{4.16}$$

where

$$F_{\lambda_n}[f(x)] = \frac{1}{r(x)}L[f(x)] - \lambda_n^2 f(x). \tag{4.17}$$

Again, the formulas (5.21) and (5.22) are useful here.

§ 5. Further properties of finite integral transforms

In this section we present some auxiliary data which are useful in dealing with finite integral transforms and in specifying the characteristics of distributed parameter systems.

When working with these data it is useful to remember that it is possible to interpret the mathematical objects in two ways: they can be considered as objects incorporated in boundary-value problems, and they can also be considered as objects of the integral transforms introduced in Section 2. Thus the number λ_n is a parameter in the Greenberg transform (2.26), but, at the same time, λ_n^2 is an eigenvalue for problem (2.14). Similarly, the function $\phi(\lambda_n, x)r(x)$ plays the role of kernel in the Greenberg transform (2.26), and also $\phi(\lambda_n, x)$ is an eigenfunction for problem (2.14). Furthermore, the function $\Gamma(x, \xi, \lambda)$ is the kernel of the Sobolev transform (2.48) and simultaneously $\Gamma(x, \xi, \lambda)$ is the resolvent for the integral equation (2.40) and is also the Green's function for problem (2.30). Of course, the choice of interpretation is determined in every case by the concrete details of the question under consideration.

5.1 Liouville's transformation [101]

Consider the problem

$$\frac{1}{r(x)}L[Q] + \lambda^2 Q \equiv \frac{1}{r(x)}\left(\frac{d}{dx}\left[p(x)\frac{dQ}{dx}\right] + q(x)Q\right) + \lambda^2 Q = 0, \tag{5.1}$$

with boundary conditions

$$\ell_1[Q] \equiv \left(\alpha_1 \frac{dQ}{dx} + \beta_1 Q\right)_{x=x_1} = 0,$$
$$\ell_2[Q] \equiv \left(\alpha_2 \frac{dQ}{dx} + \beta_2 Q\right)_{x=x_2} = 0. \quad (5.2)$$

Here it is assumed that the coefficient functions satisfy $r(x) > 0$, $p(x) > 0$ and have continuous first derivatives, and that the function $r(x)p(x)$ has a continuous second derivative on $[x_1, x_2]$. Introduce the new independent variable

$$z = \frac{1}{c}\int_{x_1}^{x}\left[\frac{r(\xi)}{p(\xi)}\right]^{1/2} d\xi, \quad (5.3)$$

where

$$z = \frac{1}{\pi}\int_{x_1}^{x_2}\left[\frac{r(\xi)}{p(\xi)}\right]^{1/2} d\xi, \quad (5.4)$$

and the new dependent variable

$$u(z) = \theta(z)Q(x), \quad (5.5)$$

where

$$\theta(z) = [r(x)p(x)]^{1/4}. \quad (5.6)$$

The change of variables (5.3–5.6) is called Liouville's transformation. It transforms the problem (5.1–5.2) into the problem

$$\frac{d^2u}{dz^2} + [a(z) + \mu^2]u = 0, \quad (5.7)$$

$$\left(\alpha_1 \frac{du}{dz} + \beta_1^* u\right)_{z=0} = 0, \quad \left(\alpha_2 \frac{du}{dz} + \beta_2^* u\right)_{z=\pi} = 0, \quad (5.8)$$

where

$$a(z) = c^2 \frac{q(x)}{r(x)} - \frac{1}{\theta(z)}\frac{d^2\theta(z)}{dz^2}, \quad \mu = c\lambda, \quad (5.9)$$

$$\beta_1^* = \beta_1 c \frac{p(x_1)}{\theta^2(0)} - \alpha_1 \frac{1}{\theta(0)}\frac{d\theta}{dz}(0), \quad \beta_2^* = \beta_2 c \frac{p(x_2)}{\theta^2(\pi)} - \alpha_2 \frac{1}{\theta(\pi)}\frac{d\theta}{dz}(\pi). \quad (5.10)$$

This transformation can be used for constructing concrete finite integral transformations of the Greenberg and Sobolev type, for simplifications and approximations of some characteristics of distributed parameter systems, and for other problems.

5.2 Asymptotic formulas for eigenvalues [114]

The eigenvalues of problem (5.1–5.2), and also of problem (2.14), can be approximated for large n by the asymptotic formula

$$\lambda_n^2 \sim n^2\pi^2 \left(\int_{x_1}^{x_2} \left[\frac{r(\xi)}{p(\xi)}\right]^{1/2} d\xi\right)^{-2}, \quad (n \gg 1). \tag{5.11}$$

More accurate approximations can be obtained from the roots of equation

$$\frac{\tan(\mu\pi)}{\mu} = \frac{\alpha_1\beta_2^* - \alpha_2\beta_1^*}{\alpha_1\alpha_2\mu^2 - \beta_1^*\beta_2^*}. \tag{5.12}$$

This equation arises from the asymptotic approximation of the characteristic equation (2.25). If the roots of equation (5.12) are denoted μ_n, with $n = 1, 2, \ldots$, then

$$\lambda_n^2 \sim \mu_n^2\pi^2 \left(\int_{x_1}^{x_2} \left[\frac{r(\xi)}{p(\xi)}\right]^{1/2} d\xi\right)^{-2}, \quad (n \gg 1). \tag{5.13}$$

In particular, when $\alpha_1\beta_1^* < 0$ and $\alpha_2\beta_2^* > 0$, equation (5.12) can be written in the form

$$\frac{\tan(\nu)}{\nu} = \frac{\kappa_1 + \kappa_2}{\nu^2 - \kappa_1\kappa_2}, \tag{5.14}$$

where

$$\nu = \mu\pi, \quad \kappa_1 = -\frac{\beta_1^*\pi}{\alpha_1}, \quad \kappa_2 = \frac{\beta_2^*\pi}{\alpha_2}, \tag{5.15}$$

from which it is possible to use table 1 in the appendix to find the roots μ_n, $(n = 1, 2, \ldots)$.

5.3 Asymptotics, boundary values, and oscillatory properties of eigenfunctions [94]

For $n \gg 1$ the following asymptotic representations hold: for $\alpha_1 \neq 0$, $\alpha_2 \neq 0$,

$$\phi(\lambda_n, x) \sim (r(x)p(x))^{-1/4} \cos\left(\frac{n}{c}\int_{x_1}^{x} \left[\frac{r(\xi)}{p(\xi)}\right]^{1/2} d\xi\right); \tag{5.16}$$

for $\alpha_1 = 0$, $\alpha_2 \neq 0$,

$$\phi(\lambda_n, x) \sim (r(x)p(x))^{-1/4} \sin\left(\frac{2n+1}{2c}\int_{x_1}^{x} \left[\frac{r(\xi)}{p(\xi)}\right]^{1/2} d\xi\right); \tag{5.17}$$

for $\alpha_1 \neq 0$, $\alpha_2 = 0$,

$$\phi(\lambda_n, x) \sim (r(x)p(x))^{-1/4} \cos\left(\frac{2n+1}{2c}\int_{x_1}^{x} \left[\frac{r(\xi)}{p(\xi)}\right]^{1/2} d\xi\right); \tag{5.18}$$

and for $\alpha_1 = 0$, $\alpha_2 = 0$,

$$\phi(\lambda_n, x) \sim (r(x)p(x))^{-1/4} \sin\left(\frac{n}{c}\int_{x_1}^{x}\left[\frac{r(\xi)}{p(\xi)}\right]^{1/2}d\xi\right); \tag{5.19}$$

The value of c is defined in (5.4). In all cases, for $n \gg 1$ we have

$$\|\phi(\lambda_n, x)\|_{L_r^2}^2 \sim \frac{1}{2}\int_{x_1}^{x}\left[\frac{r(\xi)}{p(\xi)}\right]^{1/2}d\xi. \tag{5.20}$$

More accurate asymptotic approximations are given in [132].

Now let $\alpha_1^2 + \beta_1^2 \neq 0$, $\alpha_2^2 + \beta_2^2 \neq 0$, $p(x) > 0$ on $[x_1, x_2]$, and let $\phi(\lambda_n, x)$, $n = 1, 2, \ldots$ be constructed using (2.24–2.25). Then

$$\frac{1}{\alpha_1}\phi(\lambda_n, x_1) = -\frac{1}{\beta_1}\frac{d\phi}{dx}(\lambda_n, x_1) = \frac{\sigma}{p(x)}, \tag{5.21}$$

$$\frac{1}{\alpha_2}\phi(\lambda_n, x_2) = -\frac{1}{\beta_2}\frac{d\phi}{dx}(\lambda_n, x_2) = \frac{\sigma}{p(x_2)}\frac{\alpha_1\frac{dM}{dx}(\lambda_n, x_1) + \beta_1 M(\lambda_n, x_1)}{\alpha_2\frac{dM}{dx}(\lambda_n, x_2) + \beta_2 M(\lambda_n, x_2)}, \tag{5.22}$$

where $M(\lambda, x)$ is any function satisfying equation (2.15) such that the last expression in (5.22) is finite. The equality (5.21) holds for any admissible α_1, β_1, including their limiting values $\alpha_1 = 1$ or $\beta_1 = 0$. Likewise, (5.22) also holds when either $\alpha_2 = 0$ or $\beta_2 = 0$.

Finally, a key property of eigenfunctions is given by the "oscillation theorem" of Sturm [94]: there exists an unbounded increasing sequence of eigenvalues $\lambda_1^2, \lambda_2^2, \ldots, \lambda_n^2, \ldots$ for problem (2.14), and each corresponding eigenfunction $\phi(\lambda_n, x)$ has exactly $(n-1)$ zeros on the interval (x_1, x_2).

5.4 Extremal properties of eigenvalues and eigenfunctions [169]

Let the coefficients and parameters in system (5.1–5.2) satisfy the inequalities

$$p(x) > 0, \quad q(x) \leq 0, \quad r(x) > 0, \quad \alpha_1\beta_1 \leq 0, \quad \alpha_2\beta_2 \geq 0. \tag{5.23}$$

Consider the following isoperimetric problem: among all functions $u(x) \in \mathbb{C}_2[x_1, x_2]$ satisfying (5.2) and the conditions

$$\|u(x)\|_{L_r^2}^2 = 1 \tag{5.24}$$

and

$$\int_{x_1}^{x_2} \phi(\lambda_k, x)u(x)r(x)\,dx = 0, \quad k = 1, 2, \ldots, (m-1), \tag{5.25}$$

find the function which gives a minimum for the functional

$$J = (-u, L[u]) = -\int_{x_1}^{x_2} [p(x)uu'' + p'(x)uu' + q(x)u^2]\,dx. \tag{5.26}$$

The solution to this problem is given by the normalized eigenfunction

$$\phi^*(\lambda_m, x) = \frac{\phi(\lambda_m, x)}{\|\phi_m\|_{L_r^2}^2} \tag{5.27}$$

and the minimum for J is equal to the eigenvalue λ_m^2. Thus, the problem of finding and investigating eigenvalues and eigenfunctions leads to a variational problem and, in particular, to direct methods of minimization. This approach can be used, for instance, for approximationg the eigenvalues and eigenfunctions in cases where their exact analytical description is difficult.

5.5 Asymptotic and approximate expressions for the kernel of the Sobolev transform

For $\lambda \gg 1$, asymptotic expressions for the kernel of the Sobolev transform (2.48) can be obtained, taking into account (2.24), (2.32), (2.35), and (2.37), on the basis of fundamental solutions of equation (5.1) in the form

$$M(\lambda, x) \sim (r(x)p(x))^{-1/4} \cos\left(\lambda \int_{x_1}^{x} \left[\frac{r(\xi)}{p(\xi)}\right]^{1/2} d\xi\right), \tag{5.28}$$

$$N(\lambda, x) \sim (r(x)p(x))^{-1/4} \sin\left(\lambda \int_{x_1}^{x} \left[\frac{r(\xi)}{p(\xi)}\right]^{1/2} d\xi\right). \tag{5.29}$$

For $|\lambda^2| < r_c$, where r_c is the radius of convergence [98], the kernel can be estimated in the form of a partial sum of Neumann's series (2.45). The behaviour of the kernel near an eigenvalue λ_m^2 is defined by the equation [138]

$$\Gamma(x, \xi, \lambda) = \frac{\phi_1(\lambda_m, x)\phi_1(\lambda_m, \xi)r(\xi)}{(\lambda^2 - \lambda_m^2)\|\phi_1(\lambda_m, x)\|_{L_r^2}^2} + \Gamma_m(x, \xi, \lambda), \tag{5.30}$$

where $\Gamma_m(x, \xi, \lambda)$ is a holomorphic function of λ in the vicinity of the point $\lambda^2 = \lambda_m^2$.

Furthermore, if $\alpha_1^2 + \beta_1^2 \neq 0$, $\alpha_2^2 + \beta_2^2 \neq 0$, and $p(x) > 0$ on $[x_1, x_2]$, then on the boundary of the square $x_1 \leq x, \xi \leq x_2$, we have

$$\frac{1}{\alpha_1}\frac{\Gamma(x, x_1, \lambda)}{r(x_1)} = -\frac{1}{\beta_1}\frac{\partial}{\partial \xi}\frac{\Gamma(x, x_1, \lambda)}{r(x_1)} = \frac{\phi_2(\lambda, x)}{\Delta(\lambda^2)p(x_1)}, \tag{5.31}$$

$$\frac{1}{\alpha_2}\frac{\Gamma(x, x_2, \lambda)}{r(x_2)} = -\frac{1}{\beta_2}\frac{\partial}{\partial \xi}\frac{\Gamma(x, x_2, \lambda)}{r(x_2)} = \frac{\phi_1(\lambda, x)}{\Delta(\lambda^2)p(x_2)}, \tag{5.32}$$

THE PRACTICE OF FINDING CHARACTERISTICS

$$\frac{1}{\alpha_1}\Gamma(x_1,\xi,\lambda) = -\frac{1}{\beta_1}\frac{\partial}{\partial x}\Gamma(x_1,\xi,\lambda) = \frac{\phi_2(\lambda,\xi)r(\xi)}{\Delta(\lambda^2)p(x_1)}, \quad (5.33)$$

$$\frac{1}{\alpha_2}\Gamma(x_2,\xi,\lambda) = -\frac{1}{\beta_2}\frac{\partial}{\partial x}\Gamma(x_2,\xi,\lambda) = \frac{\phi_1(\lambda,\xi)r(\xi)}{\Delta(\lambda^2)p(x_2)}. \quad (5.34)$$

These equations hold for any admissible $\alpha_1, \beta_1, \alpha_2, \beta_2$, including the limiting values $\alpha_1 = 0$ or $\beta_1 = 0$ in (5.31), (5.32) and $\alpha_2 = 0$ or $\beta_2 = 0$ in (5.33), (5.34).

5.6 Integral equations for the kernel of the Sobolev transform

From (2.30) with $\gamma_1 = \gamma_2 = 0$ and from (2.39), (2.40) and (2.42) with $f(x) = \delta(x - \xi)$ we have

$$\Gamma(x,\xi,\lambda) + \lambda^2 \int_{x_1}^{x_2} \Gamma(x,\eta,0)\Gamma(\eta,\xi,\lambda)\,d\eta = \Gamma(x,\xi,0), \quad (5.35)$$

$$\Gamma(x,\xi,\lambda) + \lambda^2 \int_{x_1}^{x_2} \Gamma(\eta,\xi,0)\Gamma(x,\eta,\lambda)\,d\eta = \Gamma(x,\xi,0). \quad (5.36)$$

Let $P(x)$ be the solution of (2.30) with $\gamma_1 = \gamma_2 = 0$ and $\lambda^2 = \mu^2$, that is,

$$P(x) = \left(\frac{1}{r(x)}L + \mu^2\right)^{-1}[f(x)] = \int_{x_1}^{x_2} \Gamma(x,\eta,\mu)f(\eta)\,d\eta. \quad (5.37)$$

Then (2.41) is generalised to the form

$$Q(x) = \left(\frac{1}{r(x)}L + \lambda^2\right)^{-1}\left(\frac{1}{r(x)}L + \lambda^2 + \mu^2 - \lambda^2\right)\left(\frac{1}{r(x)}L + \mu^2\right)^{-1}[f(x)]. \quad (5.38)$$

Hence, for $f(x) = \delta(x - \xi)$ and taking (2.38) into account we find

$$\Gamma(x,\xi,\lambda) - \Gamma(x,\xi,\mu) = (\mu^2 - \lambda^2)\int_{x_1}^{x_2} \Gamma(x,\eta,\lambda)\Gamma(\eta,\xi,\mu)\,d\eta. \quad (5.39)$$

§ 6. Application of finite integral transforms to the analysis of distributed parameter systems

The characteristics of different kinds of distributed parameter systems can be obtained using the formalism of finite integral transforms of Greenberg (2.26) and Sobolev (2.48) as presented in Sections 2 and 3 and in [124, 134, 166]. The tables for these transforms published in [124] and the auxiliary data given in Sections 4 and 5 are also helpful in this regard. In this section, we illustrate this use of finite integral transforms by presenting a detailed derivation of the characteristics for a particular system. The system we shall study is given by

$$a_1 \frac{\partial^2 Q(x,t)}{\partial t^2} + b_1 \frac{\partial Q(x,t)}{\partial t} = L_0[Q(x,t)] + f(x,t), \qquad (6.1)$$

with boundary conditions

$$\left.\begin{array}{l} \alpha_1 \dfrac{\partial Q}{\partial x}(x_1,t) + \beta_1 Q(x_1,t) = g_1(t), \\[6pt] \alpha_2 \dfrac{\partial Q}{\partial x}(x_2,t) + \beta_2 Q(x_2,t) = g_2(t), \end{array}\right\} \qquad (6.2)$$

and initial conditions

$$Q(x,0) = Q_0(x), \quad \frac{\partial Q}{\partial t}(x,0) = Q_1(x). \qquad (6.3)$$

where $\alpha_1^2 + \beta_1^2 > 0$, $\alpha_2^2 + \beta_2^2 > 0$, $x_1 \leq x \leq x_2$, $t \geq 0$, and $f(x,t)$, $g_1(t)$, $g_2(t)$ are given inputs.

In principle, the same kind of procedure can be applied, with no qualitative increase in complexity, to any multidimensional linear stationary plant whose space operators admit the technique of separation of variables. The same can be said for a wide class of multiconnected distributed systems whose elementary blocks are such plants. The procedure for finding the characteristics of distributed systems described by integral equations is analogous and has been presented in [124]. Similar procedures can be developed for plants described by integro-differential equations, and multiconnected systems which include such plants as elementary blocks. In all these cases the basic approach remains the same, the qualitative differences being connected with the nature of the problem but not, as a rule, with the technique of using the transforms. A more detailed description of this technique is given in [124].

6.1 Standardising functions

It is not difficult to show [35] that the standardising function $w(x,t)$ for problem (6.1–6.3) has the form

$$w(x,t) = f(x,t) + w^0(x,t) + Q_0(x)[a_1 \delta'(t) + b_1 \delta(t)] + Q_1(x) a_1 \delta(t), \qquad (6.4)$$

where $w^0(x,t)$ is the standardising function for the quasistatical problem

$$L_0[Q(x,t)] \equiv \frac{1}{r(x)} \left(\frac{\partial}{\partial x} \left[p(x) \frac{\partial Q}{\partial x} \right] + q(x) Q \right) = 0, \qquad (6.5)$$

THE PRACTICE OF FINDING CHARACTERISTICS 343

$$\left. \begin{aligned} \alpha_1 \frac{\partial Q}{\partial x}(x_1, t) + \beta_1 Q(x_1, t) &= g_1(t), \\ \alpha_2 \frac{\partial Q}{\partial x}(x_2, t) + \beta_2 Q(x_2, t) &= g_2(t). \end{aligned} \right\} \quad (6.6)$$

The standard form for this last problem is

$$L_0[Q(x,t)] + w^0(x,t) \equiv \frac{1}{r(x)}\left(\frac{\partial}{\partial x}\left[p(x)\frac{\partial Q}{\partial x}\right] + q(x)Q\right) + w^0(x,t) = 0, \quad (6.7)$$

$$\alpha_1 \frac{\partial Q}{\partial x}(x_1, t) + \beta_1 Q(x_1, t) = 0, \quad \alpha_2 \frac{\partial Q}{\partial x}(x_2, t) + \beta_2 Q(x_2, t) = 0. \quad (6.8)$$

Simultaneously applying the Greenberg transform (2.26) to problems (6.5–6.6) and (6.7–6.8), and taking into account (2.29), yields

$$R(\lambda_n, t) = \bar{w}^0(\lambda_n, t). \quad (6.9)$$

The application of the Sobolev transform (2.48) to the same problems, and taking into account (2.52), yields

$$R(x, \lambda, t) = \bar{w}_S^0(x, \lambda, t). \quad (6.10)$$

Thus, the functions $R(\lambda_n, t)$ and $R(x, \lambda, t)$ are, respectively, the Greenberg and Sobolev transforms of $w^0(x, t)$. It then follows that the contribution of $w^0(x, t)$ to the standardising function $w(x, t)$ in (6.4) can be represented either as the inverse Greenberg transform (2.28) of $R(\lambda_n, t)$, given by

$$w^0(x, t) = \sum_{\lambda_n} \frac{\phi(\lambda_n, x)}{\|\phi_n\|_{L_r^2}^2} R(\lambda_n, t) \quad (6.11)$$

or as the inverse Sobolev transform (2.51) of $R(x, \lambda, t)$, given by

$$w^0(x, t) = \frac{1}{2\pi j} \oint_\Omega R(x, \lambda, t)\, d\lambda^2. \quad (6.12)$$

Combining (2.16–2.18) with (6.11) or (2.54–2.56) with (6.12) leads to the explicit form

$$w^0(x, t) = w_{x_2}(x, t) - w_{x_1}(x, t), \quad (6.13)$$

where, for $i = 1, 2$: if $\alpha_i \neq 0$, $\beta_i \neq 0$,

$$w_{x_i}(x, t) = \frac{g_i(t)p(x)}{\alpha_i r(x)}\delta(x - x_i) = \frac{g_i(t)}{\beta_i r(x)}[p(x)\delta(x - x_i)]'_x; \quad (6.14)$$

if $\alpha_i \neq 0$, $\beta_i = 0$,

$$w_{x_i}(x, t) = \frac{g_i(t)p(x)}{\alpha_i r(x)}\delta(x - x_i); \quad (6.15)$$

and if $\alpha_i = 0$, $\beta_i \neq 0$,

$$w_{x_i}(x, t) = \frac{g_i(t)}{\beta_i r(x)}[p(x)\delta(x - x_i)]'_x; \tag{6.16}$$

Using the relations (2.4–2.5), the expressions (6.14–6.16) can also be written in terms of the coefficients $A(x)$ and $B(x)$ appearing in the differential expression (2.1).

Relationships (6.9) and (6.10) are often helpful when studying problems in terms of their images.

6.2 Modal representation of the solutions

The standard form of problem (6.1–6.3) is

$$a_1 \frac{\partial^2 Q(x, t)}{\partial t^2} + b_1 \frac{\partial Q(x, t)}{\partial t} - L_0[Q(x, t)] = w(x, t), \tag{6.17}$$

$$\alpha_1 \frac{\partial Q}{\partial x}(x_1, t) + \beta_1 Q(x_1, t) = 0, \quad \alpha_2 \frac{\partial Q}{\partial x}(x_2, t) + \beta_2 Q(x_2, t) = 0, \tag{6.18}$$

$$Q(x, 0) = 0, \quad \frac{\partial Q}{\partial t}(x, 0) = 0. \tag{6.19}$$

The image of this problem under the Greenberg transform (2.26) has the form

$$a_1 \frac{d^2 \bar{Q}(\lambda_n, t)}{dt^2} + b_1 \frac{d\bar{Q}(\lambda_n, t)}{dt} + \lambda_n^2 \bar{Q}(\lambda_n, t) = \bar{w}(\lambda_n, t), \tag{6.20}$$

$$\bar{Q}(\lambda_n, 0) = 0, \quad \frac{d\bar{Q}}{dt}(\lambda_n, 0) = 0. \tag{6.21}$$

Applying the inversion formula (2.28) gives the solution of (6.17–6.19) in the form

$$Q(x, t) = \sum_{\lambda_n} \bar{Q}(\lambda_n, t) \frac{\phi(\lambda_n, x)}{\|\phi_n\|_{L_r^2}^2}. \tag{6.22}$$

This form of solution is a typical one for a wide class of distributed parameter systems. In accordance with accepted terminology [35], the term $\phi(\lambda_n, x)\|\phi_n\|_{L_r^2}^{-2}$ is called the n-th spatial mode, and $\bar{Q}(\lambda_n, t)$ is called the n-th temporal mode or the amplitude of the n-th space mode. Accordingly, the problem (6.20–6.21) is called the modal representation of problem (6.17–6.19). Its solution can be presented in the form

$$\bar{Q}(\lambda_n, t) = \int_0^t \bar{w}(\lambda_n, \tau) g(\lambda_n, t - \tau) d\tau = g(\lambda_n, t) * \bar{w}(\lambda_n, t), \tag{6.23}$$

where $g(\lambda_m, t)$ is the Green's function of the modal representation (6.20–6.21). Thus, the amplitude $\bar{Q}(\lambda_n, t)$ can be interpreted as a finite integral transform of Greenberg type (2.26) of the state $Q(x, t)$. In particular, from (6.23) it can be seen that the amplitude is the convolution along the t axis of the Greenberg transform of the standardising function

THE PRACTICE OF FINDING CHARACTERISTICS 345

$w(x, t)$ with the Green's function $g(\lambda_n, t)$ of the modal representation of the system (6.1–6.2).

It is not difficult to show [124] that

$$g(\lambda_n, t) = \frac{e^{z_{n1}t} - e^{z_{n2}t}}{\Delta_n}, \qquad (6.24)$$

where z_{n_1} and z_{n_2} are the roots of equation $a_1 z^2 + b_1 z + \lambda_n^2 = 0$, and $\Delta_n = \sqrt{b_1^2 - 4a_1\lambda_n^2}$. In this connection see also Section 6.4.

The specific details of the Green's function (6.24) finally depend on whether the problem is of parabolic, hyperbolic, or elliptic type [124].

Inserting (6.23) into (6.22) and inverting $\bar{w}(\lambda_n, t)$, we immediately come to the solution of problem (6.17–6.19) as

$$Q(x, t) = \int_0^t \int_{x_1}^{x_2} w(\xi, \tau) G(x, \xi, t - \tau) \, d\xi \, d\tau = G(x, \xi, t) \odot w(x, t), \qquad (6.25)$$

where $G(x, \xi, t)$ is the Green's function of problem (6.17–6.19) or, equivalently, of problem (6.1–6.3). The inversion

$$G(x, \xi, t) = \sum_{\lambda_n} \frac{\phi(\lambda_n, x)\phi(\lambda_n, \xi)r(\xi)}{\|\phi_n\|_{L_r^2}^2} g(\lambda_n, t) \qquad (6.26)$$

gives us the connection between the Green's function for the original problem and the Green's function for its modal representation. This relation shows that to construct $G(x, \xi, t)$ it is only necessary to know the kernel of the corresponding Greenberg transform.

Repeating the above development, but now with the Sobolev transform (2.48), we arrive at another expression for the Green's function of problem (6.17–6.19), namely,

$$G(x, \xi, t) = \frac{1}{2\pi j} \oint_\Omega \Gamma(x, \xi, \lambda) g(\lambda, t) \, d\lambda^2, \qquad (6.27)$$

where $g(\lambda, t)$ is the Green's function of the problem in the image space of the Sobolev transform. Applying (2.33) to (6.27) leads again to (6.26). However, preliminary deformation of the contour of integration in (6.27), together with the use of (2.34), can lead to other exact closed forms for the Green's function [50].

6.3 Transfer functions

By definition, the transfer function is the Laplace transform with respect to t of the Green's function, the space variables remaining fixed [31]. Hence

$$W(x, \xi, p) = \tilde{G}(x, \xi, p) \qquad (6.28)$$

is the transfer function of system (6.17–6.18), and

$$W(\lambda_n, p) = \tilde{g}(\lambda_n, p) \tag{6.29}$$

is the transfer function of the modal representation (6.20) of the same system.

The equations

$$\tilde{Q}(\lambda_n, p) = W(\lambda_n, p)\tilde{w}(\lambda_n, p), \tag{6.30}$$

$$\tilde{Q}(x, p) = \int_{x_1}^{x_2} \tilde{w}(\xi, p) W(x, \xi, p)\, d\xi = W(x, \xi, p) \otimes \tilde{w}(x, p) \tag{6.31}$$

are the transfer function analogues of (6.23) and (6.25). The transfer function $W(\lambda_n, p)$ can therefore be established using the relationship between the input $\tilde{w}(\lambda_n, p)$ and the output $\tilde{Q}(\lambda_n, p)$ in the Laplace transform image of system (6.20–6.21). Obviously,

$$(a_1 p^2 + b_1 p + \lambda_n^2)\tilde{Q}(\lambda_n, p) = \tilde{w}(\lambda_n, p), \tag{6.32}$$

and comparing this with (6.30) we obtain

$$W(\lambda_n, p) = \frac{1}{a_1 p^2 + b_1 p + \lambda_n^2}. \tag{6.33}$$

Analogously, the transfer function $W(x, \xi, p)$ can be established using the relationship between the input $\tilde{w}(\lambda_n, p)$ and the output $\tilde{Q}(\lambda_n, p)$ in the Laplace transform image of system (6.17–6.19). We have

$$(a_1 p^2 + b_1 p)\tilde{Q}(x, p) - L_0[\tilde{Q}(x, p)] = \tilde{w}(x, p) \tag{6.34}$$

$$\alpha_1 \frac{\partial \tilde{Q}}{\partial x}(x_1, p) + \beta_1 \tilde{Q}(x_1, p) = 0, \quad \alpha_2 \frac{\partial \tilde{Q}}{\partial x}(x_2, p) + \beta_2 \tilde{Q}(x_2, p) = 0, \tag{6.35}$$

and comparing this with (2.30) with $\gamma_1 = \gamma_2 = 0$ and (2.38) we obtain [124]

$$W(x, \xi, p) = -\Gamma(x, \xi, \sqrt{-a_1 p^2 - b_1 p}). \tag{6.36}$$

This equation gives a simple connection between the transfer function of system (6.17–6.19) and the kernel of the Sobolev transform. Together with (2.34) this immediately leads to a closed form expression for the transfer function $W(x, \xi, p)$.

Substituting (6.26), (6.29) and (6.33) into (6.28) gives

$$\begin{aligned} W(x, \xi, p) &= \sum_{\lambda_n} \frac{\phi(\lambda_n, x)\phi(\lambda_n, \xi)r(\xi)}{\|\phi_n\|_{L_r^2}^2} W(\lambda_n, p) \\ &= \sum_{\lambda_n} \frac{\phi(\lambda_n, x)\phi(\lambda_n, \xi)r(\xi)}{(a_1 p^2 + b_1 p + \lambda_n^2)\|\phi_n\|_{L_r^2}^2}, \end{aligned} \tag{6.37}$$

which is another form for the transfer function $W(x, \xi, p)$. Note that in order to construct this transfer function it is only necessary to know the kernel of the Greenberg transform (2.26).

Analogously,

$$W(x, \xi, p) = \frac{1}{2\pi j} \oint_{\Omega} \Gamma(x, \xi, \lambda) W(\lambda, p) \, d\lambda^2 \qquad (6.38)$$

is the transfer function relation corresponding to (6.27). Integrating (6.38) leads again to (6.36–6.37).

Finally, the relationship (5.39) can be written in the form

$$\Gamma(x, \xi, \lambda) \otimes \Gamma(x, \xi, \mu) = -\frac{\Gamma(x, \xi, \lambda) - \Gamma(x, \xi, \mu)}{\lambda^2 - \mu^2}, \qquad (6.39)$$

which, together with (6.36), is useful for finding the transfer functions for elementary blocks connected in series [34].

6.4 The dispersion equation; the sign of the eigenvalues

From (6.29) and (6.33) we have

$$\tilde{q}(\lambda_n, p) = \frac{1}{a_1 p^2 + b_1 p + \lambda_n^2}. \qquad (6.40)$$

It follows that the properties of $g(\lambda_n, t)$ and, consequently, system (6.1–6.2), depend in an essential way on the roots of the equation

$$a_1 p^2 + b_1 p + \lambda_n^2 = 0, \quad (n = 1, 2, \ldots). \qquad (6.41)$$

This equation is called the *dispersion equation* for system (6.1–6.2), or, in the terminology of [35], the first dispersion equation. The roots of (6.41), denoted p_{1,λ_n} and p_{2,λ_n}, are the natural frequencies (temporal eigenvalues) of the system, and (6.41) expresses the relationship between them and the spatial eigenvalues (or wave numbers) λ_n^2, $(n = 1, 2, \ldots)$.

Recall [35] that the distribution of the roots p_{1,λ_n} and p_{2,λ_n} in the complex plane determine the character of the evolution of the system in time. In particular, the process is asymptotically stable if $\text{Re}(p_{1,\lambda_n}) < 0$ and $\text{Re}(p_{2,\lambda_n}) < 0$ for all $n = 1, 2, \ldots$, and is unstable if $\text{Re}(p_{1,\lambda_n}) > 0$ or $\text{Re}(p_{2,\lambda_n}) > 0$ for any n. Obviously, the distribution of the roots depends on the distribution of the eigenvalues λ_n^2, $(n = 1, 2, \ldots)$. In particular, the sign of the eigenvalues play a key role. Let us consider this point in more detail [124].

From (2.14) we have

$$\lambda_n^2(r\phi_n, \phi_n) = -\left(p\phi_n \frac{d\phi_n}{dx}\right)_{x_1}^{x_2} + \int_{x_1}^{x_2} p\left(\frac{d\phi_n}{dx}\right)^2 dx - \int_{x_1}^{x_2} q\phi_n^2 \, dx. \qquad (6.42)$$

From this relation we may conclude that if $\alpha_1\beta_1 \leq 0$, $\alpha_2\beta_2 \geq 0$, $p(x) > 0$, $q(x) \leq 0$, and $r(x) > 0$ (resp. $r(x) < 0$) on $[x_1, x_2]$, then $\lambda_n^2 > 0$ (resp. $\lambda_n^2 < 0$) for all $n = 1, 2, \ldots$, except that in the case where $\beta_1 = \beta_2 = 0$ and $q(x) \equiv 0$ we have $\lambda_1^2 = 0$ and $\phi(\lambda_1, x) \equiv \text{const.}$.

If in (6.42) we have $p(x) > 0$ and $q \in \mathbb{C}[x_1, x_2]$, then we may invoke the generalised mean value theorem to obtain

$$\lambda_n^2(r\phi_n, \phi_n) = -\left(p\phi_n \frac{d\phi_n}{dx}\right)_{x_1}^{x_2} + \int_{x_1}^{x_2} p\left(\frac{d\phi_n}{dx}\right)^2 dx - \frac{q(\xi)}{r(\xi)}(r\phi_n, \phi_n) \geq$$
$$\geq -\left(p\phi_n \frac{d\phi_n}{dx}\right)_{x_1}^{x_2} - \frac{q(\xi)}{r(\xi)}(r\phi_n, \phi_n), \qquad (6.43)$$

where $\xi \in (x_1, x_2)$. From this relation we may conclude that if, in addition, $r(x) > 0$ (resp. $r(x) < 0$), then the sequence λ_n^2, $(n = 1, 2, \ldots)$ is bounded from below (resp. from above). This gives a necessary condition for the existence of a *finite* number of negative (resp. positive) eigenvalues.

§ 7. Generalised (modified) Green's functions

We consider again the restricted problem (2.30), which can be written in the standard form

$$\frac{1}{r(x)}L[Q] + \lambda^2 Q = w(x), \quad \ell_1[Q] = 0, \quad \ell_2[Q] = 0. \qquad (7.1)$$

The solution to this problem may not exist for some functions $r(x)$ or values of the parameter λ^2 [169]. Even if the solution exists, it may happen that the Green's function does not exist, in the sense that the solution to problem (7.1) cannot be presented in the form

$$Q(x) = \int_{x_1}^{x_2} w(\xi) G(x, \xi, \lambda) d\xi. \qquad (7.2)$$

We discuss this situation in more detail. [124].

The starting point for the discussion is Fredholm's alternative for problem (7.1) [133]. The idea is the following. Consider (7.1) for some concrete $\lambda^2 = \lambda_k^2$. Then, either the corresponding homogeneous problem has no nontrivial solution, and the nonhomogeneous problem has a unique solution for any $w(x)$, or the corresponding homogeneous problem has a nontrivial solution $\phi(\lambda_k, x)$, in which case a solution exists for the nonhomogeneous problem if and only if the Greenberg transform (2.26) of $w(x)$ satisfies the condition

$$\bar{w}(\lambda_k) = 0. \qquad (7.3)$$

(If the eigenvalue λ_k^2 has two eigenfunctions then condition (7.3) must be fulfilled for both eigenfunctions.) When this condition holds, the problem (7.1) has uncountably many solutions of the form

$$Q(x) = \sum_{\substack{\lambda_n \\ (n \neq k)}} \frac{\phi(\lambda_n, x)\bar{w}(\lambda_n)}{(\lambda_k^2 - \lambda_n^2)\|\phi_n\|_{L_r^2}^2} + c_k \phi(\lambda_k, x), \qquad (7.4)$$

where c_k is an arbitrary constant.

Consider now the case where problem (7.1) has a zero eigenvalue, say

$$\lambda_1^2 = 0. \tag{7.5}$$

In this case the homogeneous problem

$$\frac{1}{r(x)} L[Q] = 0, \quad \ell_1[Q] = 0, \quad \ell_2[Q] = 0 \tag{7.6}$$

has a nontrivial solution $\phi(\lambda_1, x)$. By Fredholm's alternative, the corresponding nonhomogeneous problem

$$\frac{1}{r(x)} L[Q] = w(x), \quad \ell_1[Q] = 0, \quad \ell_2[Q] = 0. \tag{7.7}$$

has a solution if and only if

$$\bar{w}(\lambda_1) = 0. \tag{7.8}$$

To find the Green's function $G(x, \xi, 0)$, it is necessary to solve (7.7) with $w(x) = \delta(x - \xi)$. Since this function does not satisfy condition (7.8), it can be concluded that the Green's function does not exist for this problem.

However, the generalised [169] or modified [98] Green's function $G^*(x, \xi, 0)$ does exist for problem (7.7). It satisfies

$$\frac{1}{r(x)} L[G^*(x, \xi, 0)] = \delta(x - \xi) - \frac{\phi(\lambda_1, x)\phi(\lambda_1, \xi)r(\xi)}{\|\phi_1\|_{L_r^2}^2} \tag{7.9}$$

with

$$\ell_1[G^*] = 0, \quad \ell_2[G^*] = 0, \tag{7.10}$$

and the additional condition

$$\bar{G}^*(\lambda_1, \xi, 0) = 0. \tag{7.11}$$

This last condition ensures the uniqueness of the generalised Green's function.

An explicit closed form expression for the generalised Green's function is

$$G^*(x, \xi, 0) = \begin{cases} -[N(0, \xi) + a(x) + a(\xi)]r(\xi), & \text{if } x_1 \leq \xi \leq x, \\ -[N(0, x) + a(\xi) + a(x)]r(\xi), & \text{if } x \leq \xi \leq x_2, \end{cases} \tag{7.12}$$

where

$$\left. \begin{array}{l} N(0, x) = \int_{x_0}^{x} p^{-1}(\xi) \, d\xi, \quad x_0 \in [x_1, x_2], \\[6pt] a(x) = -\frac{F(x)}{R} + \frac{1}{2R^2} \int_{x_1}^{x_2} F(\xi) r(\xi) \, d\xi, \quad R = \int_{x_1}^{x_2} r(\xi) \, d\xi, \\[6pt] F(x) = \int_{x_1}^{x} N(0, \xi) r(\xi) \, d\xi + N(0, x) \int_{x}^{x_2} r(\xi) \, d\xi. \end{array} \right\} \tag{7.13}$$

Here we assume the convergence of integral (2.7).

The generalised Green's function can also be given in terms of the decomposition

$$G^*(x, \xi, 0) = - \sum_{\substack{\lambda_n \\ (n \neq 1)}} \frac{\phi(\lambda_n, x)\phi(\lambda_n, \xi)r(\xi)}{\lambda_n^2 \|\phi_n\|_{L_r^2}^2}. \qquad (7.14)$$

Under condition (7.8), the solution of problem (7.7) is given by

$$Q(x) = \int_{x_1}^{x_2} w(\xi) G^*(x, \xi, 0) \, d\xi + c_1, \qquad (7.15)$$

where c_1 is an arbitrary constant.

Applying the Greenberg transform (2.26) to problem (7.1) with $\lambda^2 \neq \lambda_1^2$, we find that condition (7.8) implies $\bar{Q}(\lambda_1) = 0$. In this case, the constant c_1 in (7.15) is zero. (Here, in accordance with (7.1), $w(\xi)$ is replaced by $\lambda^2 Q(\xi) + w(\xi)$.) Consequently, the boundary value problem (7.1) is equivalent to the integral equation

$$Q(x) + \lambda^2 \int_{x_1}^{x_2} Q(\xi) G^*(x, \xi, 0) \, d\xi = F^*(x) \qquad (7.16)$$

where

$$F^*(x) = \int_{x_1}^{x_2} w(\xi) G^*(x, \xi, 0) \, d\xi. \qquad (7.17)$$

Let us consider an example. We wish to determine the characteristics of the distributed system

$$\frac{d^2 Q(x)}{dx^2} = f(x), \quad \frac{dQ}{dx}(0) = g_1, \quad \frac{dQ}{dx}(1) = g_2. \qquad (7.18)$$

Here $\beta_1 = \beta_2 = 0$, $q(x) \equiv 0$, and consequently (see Section 6.4) $\lambda_1^2 = 0$. Since also $\lambda^2 = 0$, it follows that the Green's function does not exist. Let us construct the generalised Green's function $G^*(x, \xi, 0)$. Under conditions (7.18) and (7.13) we have $x_1 = 0$, $x_2 = 1$, $r(x) \equiv 1$, $p(x) \equiv 1$, $N(0, x) = x$, $F(x) = -\frac{1}{2}x^2 + x$, and $a(x) = \frac{1}{2}x^2 - x + \frac{1}{6}$. Consequently, in accordance with (7.12), we get

$$G^*(x, \xi, 0) = \begin{cases} -\dfrac{1}{2}\xi^2 - \dfrac{1}{2}(1-x)^2 + \dfrac{1}{6}, & \text{if } 0 \leq \xi \leq x, \\[2mm] -\dfrac{1}{2}x^2 - \dfrac{1}{2}(1-\xi)^2 + \dfrac{1}{6}, & \text{if } x \leq \xi \leq 1. \end{cases} \qquad (7.19)$$

Since (see [124]) $\lambda_n^2 = \pi^2(n-1)^2$ and $\phi(\lambda_n, x) = \cos[\pi(n-1)x]$ for $n = 1, 2 \ldots$, and $\|\phi_n\|_{L_r^2}^2 = \frac{1}{2}$ for $n = 2, 3 \ldots$, then (7.14) has the form

$$G^*(x, \xi, 0) = -\frac{2}{\pi^2} \sum_{n=1}^{\infty} \frac{\cos \pi n x \cos \pi n \xi}{n^2}. \qquad (7.20)$$

The standardising function has the form

$$w(x) = f(x) - g_2\delta(x - 1) + g_1\delta(x). \tag{7.21}$$

Under condition (7.8), which here takes the form

$$\int_0^1 w(\xi)\,d\xi = 0, \tag{7.22}$$

the solution of (7.18) is (7.15).

There are simple physical interpretations [35] for the nonexistence of the Green's function, the presence of the constant c_1 in (7.15), and condition (7.22). Let $Q(x)$ in (7.18) be interpreted as the static displacement of a taut string subjected to a distributed load $f(x)$ and with sliding end supports. Because there are no fixed support reactions to balance the exterior forces, then it is clear that there can be no static solution unless the exterior forces and moments are in equilibrium. This condition corresponds to (7.22). The static equilibrium is neutral, and may always be shifted by an arbitrary constant c_1.

If $Q(x)$ is interpreted as the static distribution of temperature in an bar with specified heat flow conditions on the ends, then obviously it is necessary for equilibrium that the input heat flow be in balance with the output heat flow. This condition corresponds to (7.22). The constant c_1 implies that temperatures can be measured relative to any constant level.

§ 8. On the form of presentation of the states of distributed parameter systems containing boundary conditions of the first kind

We consider now the important practical question of the form of presentation of solutions of problems with boundary conditions of the first kind. Let the given system be

$$a\frac{\partial^2 Q(x,t)}{\partial t^2} + b\frac{\partial Q(x,t)}{\partial t} - \frac{1}{r(x)}L[Q(x,t)] + cQ(x,t) = f(x,t), \tag{8.1}$$

$$Q(x_1, t) = g_1(t), \quad Q(x_2, t) = g_2(t), \tag{8.2}$$

$$Q(x, 0) = Q_0(x), \quad \frac{\partial Q}{\partial t}(x, 0) = Q_1(x). \tag{8.3}$$

Using the results of Section 6, we see that the standardising function here has the form

$$w(x, t) = f(x, t) + w^0(x, t) + w^1(x, t), \tag{8.4}$$

where

$$w^0(x, t) = \frac{g_2(t)}{r(x)}[p(x)\delta(x - x_2)]'_x - \frac{g_1(t)}{r(x)}[p(x)\delta(x - x_1)]'_x \tag{8.5}$$

and
$$w^1(x,t) = Q_0(x)[a\delta'(t) + b\delta(t)] + Q_1(x)a\delta(t). \tag{8.6}$$

The Green's function for system (8.1–8.3) is the solution to the boundary value problem

$$K_{x,t}[G(x,\xi,t-\tau)] \equiv a\frac{\partial^2 G(x,\xi,t-\tau)}{\partial t^2} + b\frac{\partial G(x,\xi,t-\tau)}{\partial t} -$$
$$- \frac{1}{r(x)} L_x[G(x,\xi,t-\tau)] + cG(x,\xi,t-\tau) =$$
$$= \delta(x-\xi)\delta(t-\tau), \tag{8.7}$$

$$G(x_1,\xi,t-\tau) = 0, \quad G_2(x,\xi,t-\tau) = 0, \tag{8.8}$$

and, for all $t < \tau$,

$$G(x,\xi,t-\tau) = \frac{\partial G}{\partial t}(x,\xi,t-\tau) = 0. \tag{8.9}$$

The full solution of problem (8.1–8.3) contains, obviously, a term $Q^0(x,t)$ corresponding to the functions $g_1(t)$ and $g_2(t)$ in the boundary conditions (8.2). This term is

$$Q^0(x,t) = \int_0^t \int_{x_1}^{x_2} w^0(\xi,\tau) G(x,\xi,t-\tau) \, d\xi \, d\tau =$$
$$= -\int_0^t g_2(\tau) p(x_2) \frac{\partial}{\partial \xi} \frac{G(x,x_2,t-\tau)}{r(x_2)} \, d\tau +$$
$$+ \int_0^t g_1(\tau) p(x_1) \frac{\partial}{\partial \xi} \frac{G(x,x_1,t-\tau)}{r(x_1)} \, d\tau. \tag{8.10}$$

This form of representation for $Q^0(x,t)$ is not convenient for practical applications, for the following reasons. As in (6.26), we have

$$G(x,\xi,t) = \sum_{\lambda_n} \frac{\phi(\lambda_n,x)\phi(\lambda_n,\xi)r(\xi)}{\|\phi_n\|_{L_r^2}^2} g(\lambda_n,t) \tag{8.11}$$

from which we get

$$\frac{\partial}{\partial \xi} G(x,\xi,t) = \sum_{\lambda_n} \frac{\phi(\lambda_n,x)}{\|\phi_n\|_{L_r^2}^2} \frac{d\phi(\lambda_n,\xi)}{d\xi} g(\lambda_n,t) \tag{8.12}$$

First of all, substituting x_1 and x_2 into (8.12) gives zero, which is not in agreement with the boundary condition (8.2). This phenomenon is connected with the convergence properties of orthogonal series. These properties are quite similar to the properties of trigonometric Fourier series [152]. The correct values for $Q^0(x,t)$ at the end points can be found by taking one-sided limits from within the interior of the interval $[x_1,x_2]$.

THE PRACTICE OF FINDING CHARACTERISTICS 353

However, this limiting procedure is not very convenient for practical applications and calculations.

Secondly, in (8.10) it is not the series (8.11) itself which appears, but only its derivative (8.12). It is known that, as a rule, a series of derivatives has worse convergence properties and requires more terms to achieve a given precision of approximation.

We therefore derive a formula for $Q^0(x, t)$ which is free of the above-described difficulties.

We introduce the function

$$U(x, t) = \frac{x - x_1}{x_2 - x_1} g_2(t) + \frac{x_2 - x}{x_2 - x_1} g_1(t). \tag{8.13}$$

Obviously,

$$U(x_1, t) = g_1(t), \quad U(x_2, t) = g_2(t). \tag{8.14}$$

Furthermore, similarly to Section 3, it is not difficult to show that the Green's function $G(x, \xi, t)$ satisfies, besides (8.7–8.9), the problem

$$K^*_{\xi,\tau}[G(x, \xi, t - \tau)] \equiv a \frac{\partial^2 G(x, \xi, t - \tau)}{\partial \tau^2} - b \frac{\partial G(x, \xi, t - \tau)}{\partial \tau} -$$
$$- L_\xi \left[\frac{G(x, \xi, t - \tau)}{r(\xi)} \right] + cG(x, \xi, t - \tau) =$$
$$= \delta(\xi - x)\delta(\tau - t), \tag{8.15}$$

$$G(x, x_1, t - \tau) = 0, \quad G_2(x, x_2, t - \tau) = 0, \tag{8.16}$$

and, for all $\tau > t$,

$$G(x, \xi, t - \tau) = \frac{\partial G}{\partial \tau}(x, \xi, t - \tau) = 0. \tag{8.17}$$

Then we have

$$U(x, t) = \int_0^t \int_{x_1}^{x_2} U(\xi, \tau)\delta(\xi - x)\delta(\tau - t) \, d\xi \, d\tau =$$
$$= \int_0^t \int_{x_1}^{x_2} U(\xi, \tau) K^*_{\xi,\tau}[G(x, \xi, t - \tau)] \, d\xi \, d\tau. \tag{8.18}$$

Taking into account Green's formula (2.8), we obtain from (8.18), after some elementary transformations,

$$U(x, t) = \int_{x_1}^{x_2} \left\{ \left[a \frac{\partial G(x, \xi, t)}{\partial t} + bG(x, \xi, t) \right] U(\xi, 0) + aG(x, \xi, t) \frac{\partial U}{\partial t}(\xi, 0) \right\} d\xi +$$
$$+ \int_0^t \int_{x_1}^{x_2} K_{\xi,\tau}[U(\xi, \tau)] G(x, \xi, t - \tau) \, d\xi \, d\tau -$$
$$- \int_0^t g_2(\tau) p(x_2) \frac{\partial}{\partial \xi} \frac{G(x, x_2, t - \tau)}{r(x_2)} \, d\tau +$$
$$+ \int_0^t g_1(\tau) p(x_1) \frac{\partial}{\partial \xi} \frac{G(x, x_1, t - \tau)}{r(x_1)} \, d\tau. \tag{8.19}$$

The last two terms in (8.19) together give us $Q^0(x,t)$, as in (8.10). Therefore, finally we obtain

$$Q^0(x,t) = U(x,t) - \int_{x_1}^{x_2} \left\{ \left[a \frac{\partial G(x,\xi,t)}{\partial t} + bG(x,\xi,t) \right] U(\xi,0) + aG(x,\xi,t) \frac{\partial U}{\partial t}(\xi,0) \right\} d\xi$$
$$- \int_0^t \int_{x_1}^{x_2} K_{\xi,\tau}[U(\xi,\tau)]G(x,\xi,t-\tau) d\xi d\tau. \qquad (8.20)$$

This is the desired formula for the $Q^0(x,t)$ term of the solution $Q(x,t)$. Indeed, it can be verified from (8.8) and (8.14) that with this formula, the boundary conditions (8.2) are satisfied by direct substitution $x = x_1$ and $x = x_2$, so that it is not necessary to take limits. Also, instead of derivatives as in (8.10), in (8.20) we have integrals of $G(x,\xi,t)$ with respect to ξ. This leads to better convergence properties.

It is possible to derive formula (8.20) in another way [163]. The function $Q^0(x,t)$ satisfies the system

$$K_{x,t}[Q^0(x,t)] = 0, \qquad (8.21)$$

$$Q^0(x_1,t) = g_1(t), \quad Q^0(x_2,t) = g_2(t), \qquad (8.22)$$

$$Q^0(x,0) = 0, \quad \frac{\partial Q^0}{\partial t}(x,0) = 0. \qquad (8.23)$$

We assume that the solution has the form

$$Q^0(x,t) = U(x,t) + P(x,t). \qquad (8.24)$$

Substituting (8.24) into (8.21–8.23), and taking (8.14) into account, we obtain the following system of equations for the new function $P(x,t)$:

$$K_{x,t}[P(x,t)] = -K_{x,t}[U(x,t)], \qquad (8.25)$$

$$P(x_1,t) = 0, \quad P(x_2,t) = 0, \qquad (8.26)$$

$$P(x,0) = -U(x,0), \quad \frac{\partial P}{\partial t}(x,0) = -\frac{\partial U}{\partial t}(x,0). \qquad (8.27)$$

In accordance with (8.4) and (8.6), the standardising function for problem (8.25–8.27) has the form

$$w(x,t) = -K_{x,t}[U(x,t)] - U(x,0)[a\delta'(t) + b\delta(t)] - \frac{\partial U}{\partial t}(x,0)a\delta(t). \qquad (8.28)$$

Consequently, we have

$$P(x,t) = \int_0^t \int_{x_1}^{x_2} w(\xi,\tau) G(x,\xi,t-\tau) \, d\xi \, d\tau =$$

$$= -\int_{x_1}^{x_2} \left\{ \left[a \frac{\partial G(x,\xi,t)}{\partial t} + b G(x,\xi,t) \right] U(\xi,0) + a G(x,\xi,t) \frac{\partial U}{\partial t}(\xi,0) \right\} d\xi -$$

$$- \int_0^t \int_{x_1}^{x_2} K_{\xi,\tau}[U(\xi,\tau)] G(x,\xi,t-\tau) \, d\xi \, d\tau. \tag{8.29}$$

Substituting (8.29) into (8.24) again leads to (8.20).

Formula (8.20) is much simpler when $g_1(t) = g_2(t) = g(t)$ and, in accord with (8.23), $g(0) = \dot{g}(0) = 0$. In this case we have $U(x,t) = g(t)$ and (8.20) has the form

$$Q^0(x,t) = g(t) - \int_0^t \int_{x_1}^{x_2} K_{\xi,\tau}[g(\tau)] G(x,\xi,t-\tau) \, d\xi \, d\tau. \tag{8.30}$$

As an example, let us compare different forms of representation for the solution of the system

$$\frac{\partial Q(x,t)}{\partial t} = \frac{\partial^2 Q(x,t)}{\partial x^2}, \quad Q(x,0) = 0, \tag{8.31}$$

$$Q(0,t) = Q(\pi,t) = g(t), \quad g(0) = 0. \tag{8.32}$$

Here we have

$$w(x,t) = w^0(x,t) = g(t)[\delta'(x-\pi) - \delta'(x)], \tag{8.33}$$

$$G(x,\xi,t) = \frac{2}{\pi} \sum_{n=1}^{\infty} \sin(nx) \sin(n\xi) e^{-n^2 t}. \tag{8.34}$$

In accordance with (8.10) we get the traditional representation

$$Q(x,t) = -\int_0^t g(\tau) \left[\frac{\partial G}{\partial \xi}(x,\pi,t-\tau) - \frac{\partial G}{\partial \xi}(x,0,t-\tau) \right] d\tau =$$

$$= -\int_0^t g(\tau) \frac{2}{\pi} \sum_{n=1}^{\infty} [(-1)^n - 1] n \sin(nx) e^{-n^2(t-\tau)} d\tau, \tag{8.35}$$

which has the disadvantages mentioned earlier. However, following formula (8.20), the solution has the alternative representation

$$Q(x,t) = g(t) - \int_0^t \frac{dg(\tau)}{d\tau} \int_0^\pi G(x,\xi,t-\tau) \, d\xi \, d\tau =$$

$$= g(t) + \int_0^t \frac{dg(\tau)}{d\tau} \frac{2}{\pi} \sum_{n=1}^{\infty} \frac{(-1)^n - 1}{n} \sin(nx) e^{-n^2(t-\tau)} d\tau, \tag{8.36}$$

which does not have any of the disadvantages of the first representation. Note that integrating (8.36) by parts leads back to (8.35).

§ 9. Normal and anormal systems

Consider the system of equations

$$\left. \begin{array}{l} b_{11}\dfrac{dQ_1(t)}{dt} + b_{12}\dfrac{dQ_2(t)}{dt} + c_{11}Q_1(t) + c_{12}Q_2(t) = b_{11}f_1(t) + b_{12}f_2(t), \\[2mm] b_{21}\dfrac{dQ_1(t)}{dt} + b_{22}\dfrac{dQ_2(t)}{dt} + c_{21}Q_1(t) + c_{22}Q_2(t) = b_{21}f_1(t) + b_{22}f_2(t), \end{array} \right\} \quad (9.1)$$

$$Q_1(0) = Q_{10}, \quad Q_2(0) = Q_{20}, \qquad (9.2)$$

$$(b_{11} \neq 0, \quad c_{11}c_{22} - c_{12}c_{21} \neq 0).$$

System (9.1) is said to be normal if it is solvable for the derivatives; otherwise it is said to be anormal [52]. This departs slightly from the conventional nomenclature in the literature, where normal systems are those which have the derivatives given explicitly.

The system (9.1–9.2) can be written in matrix form as

$$B\dfrac{dQ(t)}{dt} + CQ(t) = Bf(t), \quad Q(0) = Q_0. \qquad (9.3)$$

Obviously, the system is normal if and only if the matrix B^{-1} exists, or equivalently, if $\det(B) \neq 0$. Let us consider in detail the cases of normal and anormal systems.

9.1 Normal system

For a normal system, $\det(B) \neq 0$, and the system (9.3) may be solved to give

$$\dfrac{dQ(t)}{dt} = -AQ(t) + f(t), \quad Q(0) = Q_0. \qquad (9.4)$$

where $A = B^{-1}C$. Applying the Laplace transform to (9.4) we obtain

$$\tilde{Q}(p) = (pE + A)^{-1}[\tilde{f}(p) + Q_0], \qquad (9.5)$$

where E is the identity matrix. Consequently, the Laplace transform of the standardising function is

$$\tilde{w}(p) = \tilde{f}(p) + Q_0 \qquad (9.6)$$

and the transfer function is

$$W(p) = (pE + A)^{-1} = \qquad (9.7)$$

$$= \dfrac{1}{\Delta_1(p)} \begin{bmatrix} p + a_{22} & -a_{12} \\ -a_{21} & p + a_{11} \end{bmatrix} \qquad (9.8)$$

where
$$\Delta_1(p) = p^2 + (a_{11} + a_{22})p + a_{11}a_{22} - a_{12}a_{21}, \quad (9.9)$$

$$a_{ij} = \frac{a_{ij}^0}{b_{11}b_{22} - b_{12}b_{21}}, \quad i,j = 1,2, \quad (9.10)$$

$$\left. \begin{array}{l} a_{11}^0 = c_{11}b_{22} - c_{21}b_{12}, \quad a_{12}^0 = c_{12}b_{22} - c_{22}b_{12}, \\ a_{21}^0 = c_{21}b_{11} - c_{11}b_{21}, \quad a_{22}^0 = c_{22}b_{11} - c_{12}b_{21}. \end{array} \right\} \quad (9.11)$$

Finally, taking the inverse Laplace transform of (9.6–9.10) we obtain the components of the standardising vector-function

$$w_1(t) = f_1(t) + Q_{10}\delta(t), \quad w_2(t) = f_2(t) + Q_{20}\delta(t), \quad (9.12)$$

and the Green's matrix function

$$G(p) = \begin{bmatrix} G_{11}(p) & G_{12}(p) \\ G_{21}(p) & G_{22}(p) \end{bmatrix} =$$

$$= \frac{1}{p_1 - p_2} \begin{bmatrix} (p_1 + a_{22})e^{p_1 t} - (p_2 + a_{22})e^{p_2 t} & -a_{12}(e^{p_1 t} - e^{p_2 t}) \\ -a_{21}(e^{p_1 t} - e^{p_2 t}) & (p_1 + a_{11})e^{p_1 t} - (p_2 + a_{11})e^{p_2 t} \end{bmatrix} \quad (9.13)$$

where p_1 and p_2 are the roots of the equation $\Delta_1(p) = 0$.

9.2 Anormal system

For an anormal system, $\det(B) = 0$. By the Kronecker-Capelli theorem of the theory of linear algebraic equations [98], it is not difficult to see that the system (9.1) is compatible if and only if

$$\det\left(\begin{bmatrix} b_{11} & b_{11}f_1(t) + b_{12}f_2(t) - c_{11}Q_1(t) - c_{12}Q_2(t) \\ b_{21} & b_{21}f_1(t) + b_{22}f_2(t) - c_{21}Q_1(t) - c_{22}Q_2(t) \end{bmatrix}\right) = 0 \quad \text{for all } t \geq 0. \quad (9.14)$$

Taking into account the condition $\det(B) = 0$, (9.14) can be written as

$$\det\left(\begin{bmatrix} b_{11} & -c_{11}Q_1(t) - c_{12}Q_2(t) \\ b_{21} & -c_{21}Q_1(t) - c_{22}Q_2(t) \end{bmatrix}\right) = 0 \quad \text{for all } t \geq 0. \quad (9.15)$$

Using the notation introduced in (9.11), condition (9.15) in turn can be simplified to the form

$$a_{21}^0 Q_1(t) + a_{22}^0 Q_2(t) = 0 \quad \text{for all } t \geq 0. \quad (9.16)$$

This, as can readily be verified by substitution, is the necessary and sufficient condition for compatibility of the system (9.1).

If $a_{21}^0 = a_{22}^0 = 0$ then the system is compatible without any additional conditions on $Q_1(t)$ and $Q_2(t)$. In this case we have two unknown functions but effectively only one differential equation, and the system is indefinite. This case is excluded by the requiring, as we did at the beginning of this section, that $\det(C) \neq 0$. (To show this, note that $a_{21}^0 = a_{22}^0 = 0$ in (9.11) implies that the rows of C are linearly dependent, and hence $\det(C) = 0$.) Hence, in the sequel we restrict our attention to the case where at least one of the parameters a_{21}^0 or a_{22}^0 is nonzero.

A compatible anormal system of two differential equations is thus equivalent to a system consisting of on differential equation and one algebraic equation:

$$\left. \begin{array}{l} b_{11}\dfrac{dQ_1(t)}{dt} + b_{12}\dfrac{dQ_2(t)}{dt} + c_{11}Q_1(t) + c_{12}Q_2(t) = b_{11}f_1(t) + b_{12}f_2(t), \\[2mm] a_{21}^0 Q_1(t) + a_{22}^0 Q_2(t) = 0. \end{array} \right\} \quad (9.17)$$

Taking the limit of the second equation in (9.17) as t approaches 0 from the right, we obtain

$$a_{21}^0 Q_1(+0) + a_{22}^0 Q_2(+0) = 0. \quad (9.18)$$

However, from the initial conditions (9.2) we have

$$a_{21}^0 Q_1(0) + a_{22}^0 Q_2(0) = a_{21}^0 Q_{10} + a_{22}^0 Q_{20}. \quad (9.19)$$

This appears to be in contradiction with (9.18) since the given initial conditions do not generally lead to a zero right hand side for (9.19). As is shown in [52], there is no contradiction, since in fact the initial conditions should be understood as limits as t approaches 0 *from the left*. Thus (9.19) should properly be written

$$a_{21}^0 Q_1(-0) + a_{22}^0 Q_2(-0) = a_{21}^0 Q_{10} + a_{22}^0 Q_{20}. \quad (9.20)$$

From (9.18) and (9.20) we conclude that, in general, anormal systems have jump discontinuities at t=0, that is, $Q_1(+0) \neq Q_{10}$ and $Q_2(+0) \neq Q_{20}$, except when the right hand side of (9.20) is equal to zero. This property must be kept in mind when working with anormal systems, for example when checking the answers. For normal systems there is no discontinuity at the origin.

The characteristics of anormal systems are now listed. It is shown in [52] that the operational rules of Laplace transforms hold also for anormal systems. Applying the Laplace transform to (9.3) we obtain

$$\tilde{Q}(p) = (pB + C)^{-1} B[\tilde{f}(p) + Q_0], \quad (9.21)$$

Note that this equation is a generalisation of (9.5), since, if B^{-1} exists, we have

$$(pB + C)^{-1}B = [B(pE + B^{-1}C)]^{-1}B = (pE + A)^{-1}B^{-1}B = (pE + A)^{-1} \quad (9.22)$$

From (9.21) it follows that the standardising function is given by (9.12) as before, while the transfer matrix is given by

$$W(p) = (pB + C)^{-1} B \quad (9.23)$$

$$= \dfrac{1}{\Delta_2(p)} \begin{bmatrix} b_{11} a_{22}^0 & b_{12} a_{22}^0 \\ -b_{11} a_{21}^0 & -b_{12} a_{21}^0 \end{bmatrix} \quad (9.24)$$

where
$$\Delta_2(p) = b_{11}(a_{11}^0 + a_{22}^0)p + b_{11}(c_{11}c_{22} - c_{12}c_{21}). \qquad (9.25)$$

Taking the inverse Laplace transform we obtain the Green's matrix function

$$G(p) = \frac{e^{-ct/a}}{a} \begin{bmatrix} a_{22}^0 & b_{12}a_{22}^0/b_{11} \\ -a_{21}^0 & -b_{12}a_{21}^0/b_{11} \end{bmatrix}, \qquad (9.26)$$

where
$$a = a_{11}^0 + a_{22}^0, \quad c = c_{11}c_{22} - c_{12}c_{21}. \qquad (9.27)$$

Formulas (9.24–9.27) can also be derived directly from (9.17).

Finally, from (9.2,9.12,9.26,9.27) the jumps at the origin are found as

$$Q_1(+0) - Q_{10} = b_{12}\frac{a_{21}^0 Q_{10} + a_{22}^0 Q_{20}}{b_{11}a_{22}^0 - b_{12}a_{21}^0}, \qquad (9.28)$$

$$Q_2(+0) - Q_{20} = -b_{11}\frac{a_{21}^0 Q_{10} + a_{22}^0 Q_{20}}{b_{11}a_{22}^0 - b_{12}a_{21}^0}. \qquad (9.29)$$

The concept of anormal systems can be extended to the case of systems of n ordinary differential equations with n unknown functions, and also to systems of partial differential equations. For example, the distributed parameter system

$$\left.\begin{array}{l} \dfrac{\partial^2 Q_1(x,t)}{\partial t^2} + b_1\dfrac{\partial Q_1(x,t)}{\partial t} - \dfrac{\partial^2 Q_1(x,t)}{\partial x^2} + c_{11}Q_1(x,t) + c_{12}Q_2(x,t) = f_1(x,t), \\[6pt] b_2\dfrac{\partial Q_2(x,t)}{\partial t} - \dfrac{\partial^2 Q_2(x,t)}{\partial x^2} + c_{21}Q_1(x,t) + c_{22}Q_2(x,t) = f_2(x,t) \end{array}\right\} \qquad (9.30)$$

is an anormal system with respect to the highest derivatives of time. The B matrix corresponding to (9.30) has the form

$$\begin{bmatrix} 1 & 0 \\ 0 & 0 \end{bmatrix}$$

which is degenerate. Additional information on anormal systems can be found in [52].

Appendix

Tables of characteristic values

In tables 1–3 are listed the first five roots of the characteristic equation

$$\frac{\tan(\mu)}{\mu} = \frac{\kappa_1 + \kappa_2}{\mu^2 - \kappa_1 \kappa_2}. \tag{1}$$

Table 1 lists the roots of equation (1) for values of the parameters κ_1 and κ_2 lying in the quadrant

$$0.0001 \leq \kappa_1, \kappa_2 \leq 100. \tag{2}$$

Table 2 lists the roots of

$$\mu \tan \mu = \kappa, \tag{3}$$

which is obtained as a special case of equation (1) when $\kappa_1 = 0$ and $\kappa_2 = \kappa$. The roots of equation (3) are listed for values of κ in the interval

$$0 \leq \kappa < \infty. \tag{4}$$

Table 3 lists the roots of

$$\frac{\tan \mu}{\mu} = -\frac{1}{\kappa}, \tag{5}$$

which is obtained as a special case of equation (1) when $\kappa_1 = \infty$ and $\kappa_2 = \kappa$. The roots of equation (5) are listed for values of κ in the interval

$$-1 \leq \kappa < \infty. \tag{6}$$

Other characteristic equations in this handbook and elsewhere in the literature often have a structure similar to one of the above equations. If the parameters of these equations lie within the regions covered by these tables, as given by inequalities (2), (4), or (6), then the roots of these equations may be computed from tables 1–3 by simple interpolation [124]. This fact in many cases relieves one of the necessity of solving a *pair* of complicated transcendental equations, such as often arise as characteristic equations. Thus, the tables may be used not only for direct application to isolated special cases, but are sources of information on characteristic values for a wide class of distributed parameter systems.

Table 1.1: Zeros of $\frac{\tan(\mu)}{\mu} - \frac{\kappa_1+\kappa_2}{\mu^2-\kappa_1\kappa_2}$ for $\kappa_1 = 0.001$

κ_2	μ_1	μ_2	μ_3	μ_4	μ_5
0.0001	0.0142	3.1416	6.2832	9.4248	12.5664
0.002	0.0458	3.1423	6.2835	9.4250	12.5665
0.006	0.0780	3.1435	6.2842	9.4254	12.5668
0.01	0.1003	3.1448	6.2848	9.4258	12.5672
0.04	0.1989	3.1543	6.2896	9.4290	12.5696
0.08	0.2793	3.1669	6.2959	9.4333	12.5727
0.2	0.4330	3.2040	6.3149	9.4460	12.5823
0.4	0.5933	3.2636	6.3462	9.4670	12.5981
0.6	0.7052	3.3204	6.3770	9.4879	12.6139
0.8	0.7911	3.3744	6.4074	9.5087	12.6296
1.0	0.8604	3.4256	6.4373	9.5293	12.6453
2.0	1.0769	3.6436	6.5784	9.6296	12.7223
4.0	1.2647	3.9352	6.8140	9.8119	12.8678
6.0	1.3496	4.1116	6.9924	9.9667	12.9988
8.0	1.3979	4.2264	7.1263	10.0949	13.1141
10.0	1.4289	4.3058	7.2281	10.2003	13.2142
20.0	1.4962	4.4915	7.4954	10.5117	13.5420
40.0	1.5326	4.5980	7.6647	10.7334	13.8048
60.0	1.5451	4.6353	7.7259	10.8172	13.9094
100.0	1.5553	4.6658	7.7764	10.8871	13.9981

Table 1.2: Zeros of $\frac{\tan(\mu)}{\mu} - \frac{\kappa_1+\kappa_2}{\mu^2-\kappa_1\kappa_2}$ for $\kappa_1 = 0.002$

κ_2	μ_1	μ_2	μ_3	μ_4	μ_5
0.0001	0.0458	3.1423	6.2835	9.4250	12.5665
0.002	0.0632	3.1429	6.2838	9.4252	12.5667
0.006	0.0894	3.1441	6.2844	9.4256	12.5670
0.01	0.1094	3.1454	6.2851	9.4260	12.5673
0.04	0.2037	3.1549	6.2899	9.4292	12.5697
0.08	0.2828	3.1675	6.2962	9.4335	12.5729
0.2	0.4353	3.2045	6.3152	9.4462	12.5824
0.4	0.5951	3.2641	6.3464	9.4672	12.5983
0.6	0.7067	3.3209	6.3773	9.4881	12.6140
0.8	0.7926	3.3749	6.4077	9.4089	12.6298
1.0	0.8618	3.4262	6.4376	9.5295	12.6454
2.0	1.0782	3.6441	6.5786	9.6298	12.7224
4.0	1.2659	3.9356	6.8143	9.8121	12.8679
6.0	1.3508	4.1120	6.9926	9.9669	12.9990
8.0	1.3991	4.2268	7.1265	10.0951	13.1143
10.0	1.4301	4.3062	7.2284	10.2004	13.2143
20.0	1.4974	4.4919	7.4957	10.5118	13.5421
40.0	1.5338	4.5984	7.6649	10.7336	13.8050
60.0	1.5463	4.6357	7.7262	10.8174	13.9095
100.0	1.5565	4.6662	7.7766	10.8873	13.9982

Table 1.3: Zeros of $\frac{\tan(\mu)}{\mu} - \frac{\kappa_1+\kappa_2}{\mu^2-\kappa_1\kappa_2}$ for $\kappa_1 = 0.006$

κ_2	μ_1	μ_2	μ_3	μ_4	μ_5
0.0001	0.0780	3.1435	6.2842	9.4254	12.5668
0.002	0.0894	3.1441	6.2844	9.4256	12.5670
0.006	0.1095	3.1454	6.2851	9.4260	12.5673
0.01	0.1264	3.1467	6.2857	9.4265	12.5676
0.04	0.2134	3.1562	6.2905	9.4296	12.5700
0.08	0.2899	3.1687	6.2968	9.4339	12.5732
0.2	0.4401	3.2058	6.3158	9.4466	12.5827
0.4	0.5989	3.2653	6.3471	9.4676	12.5986
0.6	0.7101	3.3221	6.3779	9.4886	12.6144
0.8	0.7957	3.3760	6.4083	9.5093	12.6301
1.0	0.8647	3.4272	6.4382	9.5299	12.6457
2.0	1.0809	3.6451	6.5792	9.6302	12.7228
4.0	1.2684	3.9365	6.8148	9.8125	12.8682
6.0	1.3534	4.1129	6.9931	9.9672	12.9993
8.0	1.4016	4.2276	7.1271	10.0955	13.1146
10.0	1.4327	4.3071	7.2289	10.2008	13.2146
20.0	1.4999	4.4927	7.4962	10.5122	13.5424
40.0	1.5363	4.5992	7.6654	10.7340	13.8053
60.0	1.5489	4.6366	7.7267	10.8177	13.9098
100.0	1.5591	4.6670	7.7771	10.8877	13.9985

Table 1.4: Zeros of $\frac{\tan(\mu)}{\mu} - \frac{\kappa_1+\kappa_2}{\mu^2-\kappa_1\kappa_2}$ for $\kappa_1 = 0.01$

κ_2	μ_1	μ_2	μ_3	μ_4	μ_5
0.0001	0.1003	3.1448	6.2848	9.4258	12.5672
0.002	0.1094	3.1454	6.2851	9.4260	12.5673
0.006	0.1264	3.1467	6.2857	9.4265	12.5676
0.01	0.1413	3.1479	6.2864	9.4269	12.5680
0.04	0.2226	3.1574	6.2911	9.4301	12.5703
0.08	0.2969	3.1700	6.2975	9.4343	12.5735
0.2	0.4449	3.2070	6.3164	9.4470	12.5830
0.4	0.6026	3.2665	6.3477	9.4681	12.5989
0.6	0.7133	3.3232	6.3785	9.4890	12.6147
0.8	0.7987	3.3771	6.4089	9.5097	12.6304
1.0	0.8677	3.4283	6.4388	9.5304	12.6461
2.0	1.0835	3.6460	6.5798	9.6306	12.7231
4.0	1.2710	3.9374	6.8154	9.8129	12.8685
6.0	1.3559	4.1138	6.9937	9.9676	12.9996
8.0	1.4042	4.2285	7.1276	10.0959	13.1149
10.0	1.4352	4.3079	7.2294	10.2012	13.2149
20.0	1.5025	4.4936	7.4967	10.5126	13.5427
40.0	1.5388	4.6001	7.6659	10.7343	13.8055
60.0	1.5514	4.6374	7.7272	10.8181	13.9101
100.0	1.5616	4.6679	7.7776	10.8880	13.9988

Table 1.5: Zeros of $\frac{\tan(\mu)}{\mu} - \frac{\kappa_1+\kappa_2}{\mu^2-\kappa_1\kappa_2}$ for $\kappa_1 = 0.04$

κ_2	μ_1	μ_2	μ_3	μ_4	μ_5
0.0001	0.1989	3.1543	6.2896	9.4290	12.5696
0.002	0.2037	3.1549	6.2899	9.4292	12.5697
0.006	0.2134	3.1562	6.2905	9.4296	12.5700
0.01	0.2226	3.1574	6.2911	9.4301	12.5703
0.04	0.2819	3.1668	6.2959	9.4333	12.5727
0.08	0.3441	3.1793	6.3022	9.4375	12.5759
0.2	0.4789	3.2161	6.3211	9.4502	12.5854
0.4	0.6295	3.2753	6.3524	9.4712	12.6013
0.6	0.7373	3.3318	6.3832	9.4921	12.6171
0.8	0.8211	3.3854	6.4135	9.5129	12.6328
1.0	0.8890	3.4364	6.4434	9.5335	12.6484
2.0	1.1030	3.6534	6.5842	9.6336	12.7254
4.0	1.2899	3.9442	6.8195	9.8158	12.8708
6.0	1.3747	4.1203	6.9977	9.9705	13.0018
8.0	1.4229	4.2350	7.1315	10.0987	13.1171
10.0	1.4539	4.3143	7.2333	10.2040	13.2171
20.0	1.5212	4.5000	7.5005	10.5153	13.5448
40.0	1.5576	4.6064	7.6697	10.7370	13.8077
60.0	1.5701	4.6437	7.7310	10.8208	13.9122
100.0	1.5803	4.6742	7.7815	10.8908	14.0009

Table 1.6: Zeros of $\frac{\tan(\mu)}{\mu} - \frac{\kappa_1+\kappa_2}{\mu^2-\kappa_1\kappa_2}$ for $\kappa_1 = 0.08$

κ_2	μ_1	μ_2	μ_3	μ_4	μ_5
0.0001	0.2793	3.1669	6.2959	9.4333	12.5727
0.002	0.2828	3.1675	6.2962	9.4335	12.5729
0.006	0.2899	3.1687	6.2968	9.4339	12.5732
0.01	0.2969	3.1700	6.2975	9.4343	12.5735
0.04	0.3441	3.1793	6.3022	9.4375	12.5759
0.08	0.3974	3.1917	6.3085	9.4417	12.5791
0.2	0.5199	3.2282	6.3274	9.4544	12.5886
0.4	0.6630	3.2870	6.3586	9.4754	12.6044
0.6	0.7674	3.3431	6.3893	9.4963	12.6202
0.8	0.8494	3.3965	6.4196	9.5170	12.6359
1.0	0.9162	3.4471	6.4494	9.5376	12.6516
2.0	1.1280	3.6632	6.5900	9.6377	12.7285
4.0	1.3142	3.9531	6.8250	9.8197	12.8738
6.0	1.3989	4.1290	7.0030	9.9743	13.0048
8.0	1.4471	4.2435	7.1368	10.1025	13.1200
10.0	1.4781	4.3229	7.2385	10.2077	13.2200
20.0	1.5454	4.5084	7.5056	10.5190	13.5477
40.0	1.5818	4.6148	7.6748	10.7407	13.8105
60.0	1.5944	4.6522	7.7361	10.8245	13.9150
100.0	1.6046	4.6827	7.7865	10.8944	14.0037

Table 1.7: Zeros of $\frac{\tan(\mu)}{\mu} - \frac{\kappa_1+\kappa_2}{\mu^2-\kappa_1\kappa_2}$ for $\kappa_1 = 0.2$

κ_2	μ_1	μ_2	μ_3	μ_4	μ_5
0.0001	0.4330	3.2040	6.3149	9.4459	12.5823
0.002	0.4353	3.2045	6.3152	9.4461	12.5824
0.006	0.4401	3.2058	6.3158	9.4466	12.5827
0.01	0.4449	3.2070	6.3164	9.4470	12.5830
0.04	0.4789	3.2161	6.3211	9.4502	12.5854
0.08	0.5199	3.2282	6.3274	9.4544	12.5886
0.2	0.6221	3.2640	6.3462	9.4670	12.5981
0.4	0.7503	3.3216	6.3772	9.4880	12.6139
0.6	0.8477	3.3766	6.4077	9.5088	12.6297
0.8	0.9256	3.4290	6.4379	9.5295	12.6454
1.0	0.9899	3.4789	6.4675	9.5500	12.6610
2.0	1.1970	3.6921	6.6074	9.6499	12.7378
4.0	1.3819	3.9797	6.8415	9.8315	12.8829
6.0	1.4666	4.1548	7.0190	9.9858	13.0137
8.0	1.5149	4.2690	7.1524	10.1138	13.1289
10.0	1.5461	4.3482	7.2540	10.2189	13.2288
20.0	1.6136	4.5336	7.5209	10.5299	13.5562
40.0	1.6502	4.6400	7.6900	10.7516	13.8190
60.0	1.6628	4.6773	7.7513	10.8354	13.9235
100.0	1.6730	4.7078	7.8017	10.9053	14.0122

Table 1.8: Zeros of $\frac{\tan(\mu)}{\mu} - \frac{\kappa_1+\kappa_2}{\mu^2-\kappa_1\kappa_2}$ for $\kappa_1 = 0.4$

κ_2	μ_1	μ_2	μ_3	μ_4	μ_5
0.0001	0.5933	3.2636	6.3461	9.4670	12.5981
0.002	0.5951	3.2641	6.3464	9.4672	12.5983
0.006	0.5989	3.2653	6.3471	9.4676	12.5986
0.01	0.6026	3.2665	6.3477	9.4681	12.5989
0.04	0.6295	3.2753	6.3524	9.4712	12.6013
0.08	0.6630	3.2870	6.3586	9.4754	12.6044
0.2	0.7503	3.3216	6.3772	9.4880	12.6139
0.4	0.8657	3.3774	6.4079	9.5089	12.6297
0.6	0.9564	3.4308	6.4382	9.5296	12.6454
0.8	1.0304	3.4818	6.4680	9.5502	12.6610
1.0	1.0923	3.5304	6.4974	9.5707	12.6766
2.0	1.2955	3.7393	6.6361	9.6701	12.7533
4.0	1.4803	4.0232	6.8687	9.8511	12.8981
6.0	1.5657	4.1970	7.0453	10.0049	13.0286
8.0	1.6145	4.3107	7.1783	10.1325	13.1435
10.0	1.6460	4.3896	7.2796	10.2375	13.2433
20.0	1.7145	4.5747	7.5461	10.5481	13.5705
40.0	1.7516	4.6811	7.7152	10.7697	13.8331
60.0	1.7643	4.7185	7.7765	10.8534	13.9376
100.0	1.7747	4.7490	7.8269	10.9234	14.0263

Table 1.9: Zeros of $\frac{\tan(\mu)}{\mu} - \frac{\kappa_1+\kappa_2}{\mu^2-\kappa_1\kappa_2}$ for $\kappa_1 = 0.6$

κ_2	μ_1	μ_2	μ_3	μ_4	μ_5
0.0001	0.7051	3.3204	6.3770	9.4879	12.6139
0.002	0.7067	3.3209	6.3773	9.4881	12.6141
0.006	0.7100	3.3221	6.3779	9.4886	12.6144
0.01	0.7133	3.3232	6.3785	9.4890	12.6147
0.04	0.7373	3.3318	6.3832	9.4921	12.6171
0.08	0.7674	3.3431	6.3893	9.4963	12.6202
0.2	0.8477	3.3766	6.4077	9.5088	12.6297
0.4	0.9564	3.4308	6.4382	9.5296	12.6454
0.6	1.0436	3.4828	6.4682	9.5503	12.6611
0.8	1.1156	3.5325	6.4978	9.5708	12.6767
1.0	1.1763	3.5800	6.5269	9.5911	12.6922
2.0	1.3781	3.7849	6.6645	9.6901	12.7687
4.0	1.5643	4.0654	6.8956	9.8705	12.9132
6.0	1.6509	4.2381	7.0714	10.0239	13.0435
8.0	1.7005	4.3513	7.2040	10.1512	13.15823
10.0	1.7326	4.4300	7.3050	10.2560	13.2578
20.0	1.8023	4.6149	7.5712	10.5662	13.5846
40.0	1.8400	4.7213	7.7402	10.7877	13.8472
60.0	1.8531	4.7587	7.8014	10.8715	13.9517
100.0	1.8636	4.7892	7.8519	10.9414	14.0404

Table 1.10: Zeros of $\frac{\tan(\mu)}{\mu} - \frac{\kappa_1+\kappa_2}{\mu^2-\kappa_1\kappa_2}$ for $\kappa_1 = 0.8$

κ_2	μ_1	μ_2	μ_3	μ_4	μ_5
0.0001	0.7911	3.3744	6.4074	9.5087	12.6296
0.002	0.7926	3.3749	6.4077	9.5089	12.6298
0.006	0.7957	3.3760	6.4083	9.5093	12.6301
0.01	0.7987	3.3771	6.4089	9.5097	12.6304
0.04	0.8211	3.3854	6.4135	9.5129	12.6328
0.08	0.8494	3.3965	6.4196	9.5170	12.6359
0.2	0.9256	3.4290	6.4379	9.5295	12.6454
0.4	1.0304	3.4818	6.4680	9.5502	12.6610
0.6	1.1156	3.5325	6.4978	9.5708	12.6767
0.8	1.1865	3.5811	6.5271	9.5912	12.6923
1.0	1.2466	3.6276	6.5560	9.6115	12.7078
2.0	1.4485	3.8289	6.6925	9.7101	12.7840
4.0	1.6369	4.1063	6.9222	9.8898	12.9282
6.0	1.7251	4.2779	7.0972	10.0428	13.0583
8.0	1.7757	4.3907	7.2293	10.1698	13.1728
10.0	1.8084	4.4692	7.3301	10.2743	13.2723
20.0	1.8795	4.6540	7.5959	10.5843	13.5988
40.0	1.9180	4.7604	7.7649	10.8056	13.8612
60.0	1.9313	4.7978	7.8261	10.8894	13.9657
100.0	1.9421	4.8283	7.8766	10.9593	14.0544

Table 1.11: Zeros of $\frac{\tan(\mu)}{\mu} - \frac{\kappa_1+\kappa_2}{\mu^2-\kappa_1\kappa_2}$ for $\kappa_1 = 1.0$

κ_2	μ_1	μ_2	μ_3	μ_4	μ_5
0.0001	0.8604	3.4256	6.4373	9.5293	12.6453
0.002	0.8618	3.4262	6.4376	9.5295	12.6454
0.006	0.8647	3.4272	6.4382	9.5299	12.6457
0.01	0.8677	3.4283	6.4388	9.5304	12.6461
0.04	0.8890	3.4364	6.4434	9.5335	12.6484
0.08	0.9162	3.4471	6.4494	9.5376	12.6516
0.2	0.9899	3.4789	6.4675	9.5500	12.6610
0.4	1.0923	3.5304	6.4974	9.5707	12.6766
0.6	1.1763	3.5800	6.5269	9.5911	12.6922
0.8	1.2466	3.6276	6.5560	9.6115	12.7078
1.0	1.3065	3.6732	6.5846	9.6317	12.7232
2.0	1.5094	3.8712	6.7202	9.7299	12.7993
4.0	1.7004	4.1458	6.9485	9.9090	12.9432
6.0	1.7902	4.3164	7.1227	10.0615	13.0730
8.0	1.8419	4.4288	7.2544	10.1883	13.1873
10.0	1.8753	4.5073	7.3550	10.2926	13.2867
20.0	1.9480	4.6919	7.6204	10.6022	13.6129
40.0	1.9873	4.7984	7.7893	10.8234	13.8752
60.0	2.0009	4.8359	7.8506	10.9072	13.9797
100.0	2.0119	4.8664	7.9010	10.9771	14.0684

Table 1.12: Zeros of $\frac{\tan(\mu)}{\mu} - \frac{\kappa_1+\kappa_2}{\mu^2-\kappa_1\kappa_2}$ for $\kappa_1 = 2.0$

κ_2	μ_1	μ_2	μ_3	μ_4	μ_5
0.0001	1.0769	3.6436	6.5783	9.6296	12.7223
0.002	1.0782	3.6441	6.5786	9.6298	12.7224
0.006	1.0809	3.6451	6.5792	9.6302	12.7228
0.01	1.0835	3.6461	6.5798	9.6306	12.7231
0.04	1.1030	3.6534	6.5842	9.6336	12.7254
0.08	1.1280	3.6632	6.5900	9.6377	12.7285
0.2	1.1970	3.6921	6.6074	9.6499	12.7378
0.4	1.2955	3.7393	6.6361	9.6701	12.7533
0.6	1.3781	3.7849	6.6645	9.6901	12.7687
0.8	1.4485	3.8289	6.6925	9.7101	12.7840
1.0	1.5094	3.8712	6.7202	9.7299	12.7993
2.0	1.7207	4.0575	6.8512	9.8263	12.8746
4.0	1.9262	4.3218	7.0734	10.0025	13.0169
6.0	2.0246	4.4892	7.2443	10.1530	13.1455
8.0	2.0816	4.6006	7.3741	10.2783	13.2590
10.0	2.1186	4.6787	7.4736	10.3818	13.3576
20.0	2.1993	4.8639	7.7378	10.6897	13.6823
40.0	2.2430	4.9712	7.9066	10.9106	13.9442
60.0	2.2580	5.0090	7.9679	10.9943	14.0486
100.0	2.2703	5.0398	8.0184	11.0642	14.1373

Table 1.13: Zeros of $\frac{\tan(\mu)}{\mu} - \frac{\kappa_1+\kappa_2}{\mu^2-\kappa_1\kappa_2}$ for $\kappa_1 = 4.0$

κ_2	μ_1	μ_2	μ_3	μ_4	μ_5
0.0001	1.2647	3.9352	6.8140	9.8119	12.8678
0.002	1.2659	3.9356	6.8143	9.8121	12.8679
0.006	1.2684	3.9365	6.8148	9.8125	12.8682
0.01	1.2710	3.9374	6.8154	9.8129	12.8685
0.04	1.2899	3.9442	6.8195	9.8158	12.8708
0.08	1.3142	3.9531	6.8250	9.8197	12.8738
0.2	1.3819	3.9797	6.8415	9.8315	12.8829
0.4	1.4803	4.0232	6.8687	9.8511	12.8981
0.6	1.5643	4.0654	6.8956	9.8705	12.9132
0.8	1.6369	4.1063	6.9222	9.8898	12.9282
1.0	1.7004	4.1458	6.9485	9.9090	12.9432
2.0	1.9262	4.3218	7.0734	10.0025	13.0169
4.0	2.1537	4.5779	7.2872	10.1740	13.1567
6.0	2.2653	4.7439	7.4535	10.3211	13.2831
8.0	2.3306	4.8559	7.5810	10.4442	13.3949
10.0	2.3731	4.9351	7.6793	10.5461	13.4924
20.0	2.4664	5.1243	7.9425	10.8516	13.8145
40.0	2.5171	5.2347	8.1120	11.0722	14.0757
60.0	2.5346	6.2736	8.1737	11.1560	14.1800
100.0	2.5488	6.3054	8.2246	11.2261	14.2687

Table 1.14: Zeros of $\frac{\tan(\mu)}{\mu} - \frac{\kappa_1+\kappa_2}{\mu^2-\kappa_1\kappa_2}$ for $\kappa_1 = 6.0$

κ_2	μ_1	μ_2	μ_3	μ_4	μ_5
0.0001	1.3496	4.1116	6.9924	9.9667	12.9988
0.002	1.3508	4.1120	6.9926	9.9669	12.9990
0.006	1.3534	4.1129	6.9931	9.9672	12.9993
0.01	1.3559	4.1138	6.9937	9.9676	12.9996
0.04	1.3747	4.1203	6.9977	9.9705	13.0018
0.08	1.3989	4.1290	7.0030	9.9743	13.0048
0.2	1.4666	4.1548	7.0190	9.9858	13.0137
0.4	1.5657	4.1970	7.0453	10.0049	13.0286
0.6	1.6509	4.2380	7.0714	10.0239	13.0435
0.8	1.7251	4.2779	7.0972	10.0428	13.0583
1.0	1.7902	4.3164	7.1227	10.0615	13.0730
2.0	2.0246	4.4892	7.2443	10.1530	13.1455
4.0	2.2653	4.7439	7.4535	10.3211	13.2831
6.0	2.3849	4.9113	7.6175	10.4659	13.4079
8.0	2.4554	5.0251	7.7440	10.5874	13.5184
10.0	2.5015	5.1060	7.8420	10.6884	13.6149
20.0	2.6029	5.3005	8.1061	10.9926	13.9352
40.0	2.6582	5.4145	8.2772	11.2135	14.1960
60.0	2.6773	5.4547	8.3395	11.2977	14.3004
100.0	2.6928	5.4975	8.3910	11.3680	14.3893

Table 1.15: Zeros of $\frac{\tan(\mu)}{\mu} - \frac{\kappa_1+\kappa_2}{\mu^2-\kappa_1\kappa_2}$ for $\kappa_1 = 8.0$

κ_2	μ_1	μ_2	μ_3	μ_4	μ_5
0.0001	1.3979	4.2264	7.1263	10.0949	13.1141
0.002	1.3991	4.2268	7.1265	10.0951	13.1143
0.006	1.4016	4.2276	7.1271	10.0955	13.1146
0.01	1.4042	4.2285	7.1276	10.0959	13.1149
0.04	1.4229	4.2350	7.1315	10.0987	13.1171
0.08	1.4471	4.2435	7.1368	10.1025	13.1200
0.2	1.5149	4.2690	7.1524	10.1138	13.1289
0.4	1.6145	4.3107	7.1783	10.1325	13.1435
0.6	1.7005	4.3513	7.2040	10.1512	13.1582
0.8	1.7757	4.3907	7.2293	10.1698	13.1728
1.0	1.8219	4.4288	7.2544	10.1883	13.1873
2.0	2.0816	4.6006	7.3741	10.2783	13.2590
4.0	2.3306	4.8559	7.5810	10.4442	13.3949
6.0	2.4554	5.0251	7.7440	10.5874	13.5184
8.0	2.5292	5.1409	7.8703	10.7081	13.6280
10.0	2.5776	5.2234	7.9685	10.8085	13.7238
20.0	2.6844	5.4227	8.2344	11.1124	14.0428
40.0	2.7428	5.5399	8.4074	11.3341	14.3037
60.0	2.7630	5.5813	8.4706	11.4186	14.4083
100.0	2.7794	5.6151	8.5227	11.4894	14.4974

Table 1.16: Zeros of $\frac{\tan(\mu)}{\mu} - \frac{\kappa_1+\kappa_2}{\mu^2-\kappa_1\kappa_2}$ for $\kappa_1 = 10.0$

κ_2	μ_1	μ_2	μ_3	μ_4	μ_5
0.0001	1.4289	4.3058	7.2281	10.2003	13.2142
0.002	1.4301	4.3062	7.2284	10.2004	13.2143
0.006	1.4327	4.3071	7.2289	10.2008	13.2146
0.01	1.4352	4.3079	7.2294	10.2012	13.2149
0.04	1.4539	4.3143	7.2333	10.2040	13.2171
0.08	1.4781	4.3229	7.2385	10.2077	13.2200
0.2	1.5461	4.3482	7.2540	10.2189	13.2288
0.4	1.6460	4.3896	7.2796	10.2375	13.2433
0.6	1.7326	4.4300	7.3050	10.2560	13.2578
0.8	1.8084	4.4692	7.3301	10.2743	13.2723
1.0	1.8753	4.5073	7.3550	10.2926	13.2867
2.0	2.1186	4.6787	7.4736	10.3818	13.3576
4.0	2.3731	4.9351	7.6793	10.5461	13.4924
6.0	2.5015	5.1060	7.8420	10.6884	13.6149
10.0	2.6277	5.3073	8.0671	10.9087	13.8192
20.0	2.7383	5.5107	8.3351	11.2129	14.1375
40.0	2.7988	5.6305	8.5101	11.4356	14.3987
60.0	2.8198	5.6729	8.5741	11.5207	14.5036
100.0	2.8368	5.7075	8.6269	11.5920	14.5930

Table 1.17: Zeros of $\frac{\tan(\mu)}{\mu} - \frac{\kappa_1+\kappa_2}{\mu^2-\kappa_1\kappa_2}$ for $\kappa_1 = 20.0$

κ_2	μ_1	μ_2	μ_3	μ_4	μ_5
0.0001	1.4962	4.4915	7.4954	10.5117	13.5420
0.002	1.4974	4.4919	7.4957	10.5118	13.5421
0.006	1.4999	4.4927	7.4962	10.5122	13.5424
0.01	1.5025	4.4936	7.4967	10.5126	13.5427
0.04	1.5212	4.5000	7.5005	10.5153	13.5448
0.08	1.5454	4.5084	7.5056	10.5190	13.5477
0.2	1.6136	4.5336	7.5209	10.5299	13.5562
0.4	1.7145	4.5747	7.5461	10.5481	13.5705
0.6	1.8023	4.6149	7.5712	10.5663	13.5846
0.8	1.8795	4.6540	7.5959	10.5843	13.5988
1.0	1.9480	4.6919	7.6204	10.6022	13.6129
2.0	2.1993	4.8639	7.7378	10.6897	13.6823
4.0	2.4664	5.1243	7.9425	10.8516	13.8145
6.0	2.6029	5.3005	8.1061	10.9926	13.9352
8.0	2.6844	5.4227	8.2344	11.1124	14.0428
10.0	2.7383	5.5107	8.3351	11.2129	14.1375
20.0	2.8577	5.7255	8.6116	11.5211	14.4562
40.0	2.9235	5.8532	8.7941	11.7495	14.7208
60.0	2.9463	5.8984	8.8611	11.8372	14.8277
100.0	2.9648	5.9354	8.9165	11.9107	14.9190

Table 1.18: Zeros of $\frac{\tan(\mu)}{\mu} - \frac{\kappa_1+\kappa_2}{\mu^2-\kappa_1\kappa_2}$ for $\kappa_1 = 40.0$

κ_2	μ_1	μ_2	μ_3	μ_4	μ_5
0.0001	1.5326	4.5980	7.6647	10.7334	13.8048
0.002	1.5338	4.5884	7.6649	10.7336	13.8050
0.006	1.5363	4.5992	7.6654	10.7340	13.8053
0.01	1.5388	4.6001	7.6659	10.7343	13.8055
0.04	1.5576	4.6064	7.6697	10.7370	13.8077
0.08	1.5818	4.6148	7.6748	10.7407	13.8105
0.2	1.6502	4.6400	7.6900	10.7516	13.8190
0.4	1.7516	4.6811	7.7152	10.7697	13.8331
0.6	1.8400	4.7213	7.7402	10.7877	13.8472
0.8	1.9180	4.7604	7.7649	10.8056	13.8612
1.0	1.9873	4.7984	7.7893	10.8234	13.8752
2.0	2.2430	4.9712	7.9066	10.9106	13.9442
4.0	2.5171	5.2347	8.1120	11.0722	14.0757
6.0	2.6582	5.4145	8.2772	11.2135	14.1960
8.0	2.7428	5.5399	8.4074	11.3341	14.3037
10.0	2.7988	5.6305	8.5101	11.4356	14.3987
20.0	2.9235	5.8532	8.7941	11.7495	14.7208
40.0	2.9923	5.9861	8.9830	11.9842	14.9908
60.0	3.0161	6.0333	9.0525	12.0746	15.1004
100.0	3.0355	6.0719	9.1100	12.1505	15.1941

Table 1.19: Zeros of $\frac{\tan(\mu)}{\mu} - \frac{\kappa_1+\kappa_2}{\mu^2-\kappa_1\kappa_2}$ for $\kappa_1 = 60.0$

κ_2	μ_1	μ_2	μ_3	μ_4	μ_5
0.0001	1.5451	4.6353	7.7259	10.8172	13.9094
0.002	1.5463	4.6357	7.7262	10.8174	13.9095
0.006	1.5489	4.6366	7.7267	10.8177	13.9098
0.01	1.5514	4.6374	7.7272	10.8181	13.9101
0.04	1.5701	4.6437	7.7310	10.8208	13.9122
0.08	1.5944	4.6522	7.7361	10.8245	13.9150
0.2	1.6628	4.6773	7.7513	10.8354	13.9235
0.4	1.7643	4.7185	7.7765	10.8534	13.9376
0.6	1.8531	4.7587	7.8014	10.8715	13.9517
0.8	1.9313	4.7978	7.8261	10.8894	13.9657
1.0	2.0009	4.8359	7.8506	10.9072	13.9797
2.0	2.2580	5.0090	7.9679	10.9943	14.0486
4.0	2.5346	5.2736	8.1737	11.1560	14.1800
6.0	2.6773	5.4547	8.3395	11.2977	14.3004
8.0	2.7630	5.5813	8.4706	11.4186	14.4083
10.0	2.8198	5.6729	8.5741	11.5207	14.5036
20.0	2.9463	5.8984	8.8611	11.8372	14.8277
40.0	3.0161	6.0333	9.0525	12.0746	15.1004
60.0	3.0403	6.0812	9.1230	12.1662	15.2114
100.0	3.0600	6.1204	9.1814	12.2432	15.3063

Table 1.20: Zeros of $\frac{\tan(\mu)}{\mu} - \frac{\kappa_1+\kappa_2}{\mu^2-\kappa_1\kappa_2}$ for $\kappa_1 = 100.0$

κ_2	μ_1	μ_2	μ_3	μ_4	μ_5
0.0001	1.5553	4.6658	7.7764	10.8871	13.9981
0.002	1.5565	4.6662	7.7766	10.8873	13.9982
0.006	1.5591	4.6670	7.7771	10.8877	13.9985
0.01	1.5616	4.6679	7.7776	10.8880	13.9988
0.04	1.5803	4.6742	7.7815	10.8908	14.0009
0.08	1.6046	4.6827	7.7865	10.8944	14.0037
0.2	1.6730	4.7078	7.8017	10.9053	14.0122
0.4	1.7747	4.7490	7.8269	10.9234	14.0263
0.6	1.8636	4.7892	7.8519	10.9414	14.0404
0.8	1.9421	4.8283	7.8766	10.9593	14.0544
1.0	2.0119	4.8664	7.9010	10.9771	14.0684
2.0	2.2703	5.0398	8.0184	11.0642	14.1373
4.0	2.5488	5.3054	8.2246	11.2261	14.2687
6.0	2.6928	5.4875	8.3910	11.3680	14.3893
10.0	2.8368	5.7075	8.6269	11.5920	14.5930
20.0	2.9648	5.9354	8.9165	11.9107	14.9190
40.0	3.0355	6.0719	9.1100	12.1505	15.1941
60.0	3.0600	6.1204	9.1814	12.2432	15.3063
100.0	3.0800	6.1601	9.2405	12.3212	15.4023

Table 2: Zeros of $\mu \tan(\mu) - \kappa$

κ	μ_1	μ_2	μ_3	μ_4	μ_5
0.0	0.0	3.1416	6.2832	9.4248	12.5664
0.001	0.0316	3.1419	6.2833	9.4249	12.5665
0.002	0.0447	3.1422	6.2835	9.4250	12.5665
0.004	0.0632	3.1429	6.2838	9.4252	12.5667
0.006	0.0774	3.1435	6.2841	9.4254	12.5668
0.008	0.0893	3.1441	6.2845	9.4256	12.5670
0.01	0.0998	3.1448	6.2848	9.4258	12.5672
0.02	0.1410	3.1479	6.2864	9.4269	12.5680
0.04	0.1987	3.1543	6.2895	9.4290	12.5696
0.06	0.2425	3.1606	6.2927	9.4311	12.5711
0.08	0.2791	3.1668	6.2959	9.4333	12.5727
0.1	0.3111	3.1731	6.2991	9.4354	12.5743
0.2	0.4328	3.2039	6.3148	9.4459	12.5823
0.3	0.5218	3.2341	6.3305	9.4565	12.5902
0.4	0.5932	3.2636	6.3461	9.4670	12.5981
0.5	0.6533	3.2923	6.3616	9.4775	12.6060
0.6	0.7051	3.3204	6.3770	9.4879	12.6139
0.7	0.7506	3.3477	6.3923	9.4983	12.6218
0.8	0.7910	3.3744	6.4074	9.5087	12.6296
0.9	0.8274	3.4003	6.4224	9.5190	12.6375
1.0	0.8603	3.4256	6.4373	9.5293	12.6453
1.5	0.9882	3.5422	6.5097	9.5801	12.6841
2.0	1.0769	3.6436	6.5783	9.6296	12.7223
3.0	1.1925	3.8088	6.7040	9.7240	12.7966
4.0	1.2646	3.9352	6.8140	9.8119	12.8678
5.0	1.3138	4.0336	6.9096	9.8928	12.9352
6.0	1.3496	4.1116	6.9924	9.9667	12.9988
7.0	1.3766	4.1746	7.0640	10.0339	13.0584
8.0	1.3978	4.2264	7.1263	10.0949	13.1141
9.0	1.4149	4.2694	7.1806	10.1502	13.1660
10.0	1.4289	4.3058	7.2281	10.2003	13.2142
15.0	1.4729	4.4255	7.3959	10.3898	13.4078
20.0	1.4961	4.4915	7.4954	10.5117	13.5420
30.0	1.5202	4.5615	7.6057	10.6543	13.7085
40.0	1.5325	4.5979	7.6647	10.7334	13.8048
50.0	1.5400	4.6202	7.7012	10.7832	13.8666
60.0	1.5451	4.6353	7.7259	10.8172	13.9094
80.0	1.5514	4.6543	7.7573	10.8606	13.9644
100.0	1.5552	4.6658	7.7764	10.8871	13.9981
∞	1.5708	4.7124	7.8540	10.9956	14.1372

Table 3: Zeros of $\frac{\tan(\mu)}{\mu} + \frac{1}{\kappa}$

κ	μ_1	μ_2	μ_3	μ_4	μ_5
-1.0	0.0	4.4934	7.7253	10.9041	14.0662
-0.995	0.1224	4.4945	7.7259	10.9046	14.0666
-0.99	0.1730	4.4956	7.7265	10.9050	14.0669
-0.98	0.2445	4.4979	7.7278	10.9060	14.0676
-0.97	0.2991	4.5001	7.7291	10.9069	14.0683
-0.96	0.3450	4.5023	7.7304	10.9078	14.0690
-0.95	0.3854	4.5045	7.7317	10.9087	14.0697
-0.94	0.4217	4.5068	7.7330	10.9096	14.0705
-0.93	0.4551	4.5090	7.7343	10.9105	14.0712
-0.92	0.4860	4.5112	7.7356	10.9115	14.0719
-0.91	0.5150	4.5134	7.7369	10.9124	14.0726
-0.90	0.5423	4.5157	7.7382	10.9133	14.0733
-0.85	0.6609	4.5268	7.7447	10.9179	14.0769
-0.8	0.7593	4.5379	7.7511	10.9225	14.0804
-0.7	0.9208	4.5601	7.7641	10.9316	14.0875
-0.6	1.0528	4.5822	7.7770	10.9408	14.0946
-0.5	1.1656	4.6042	7.7899	10.9499	14.1017
-0.4	1.2644	4.6261	7.8028	10.9591	14.1088
-0.3	1.3525	4.6479	7.8156	10.9682	14.1159
-0.2	1.4320	4.6696	7.8284	10.9774	14.1230
-0.1	1.5044	4.6911	7.8412	10.9865	14.1301
0.0	1.5708	4.7124	7.8540	10.9956	14.1372
0.1	1.6320	4.7335	7.8667	11.0047	14.1443
0.2	1.6887	4.7544	7.8794	11.0137	14.1513
0.3	1.7414	4.7751	7.8920	11.0228	14.1584
0.4	1.7906	4.7956	7.9046	11.0318	14.1654
0.5	1.8366	4.8158	7.9171	11.0409	14.1724
0.6	1.8798	4.8358	7.9295	11.0498	14.1795
0.7	1.9203	4.8556	7.9419	11.0488	14.1865
0.8	1.9586	4.8751	7.9542	11.0677	14.1935
0.9	1.9947	4.8943	7.9665	11.0767	14.2005
1.0	2.0288	4.9132	7.9787	11.0856	14.2075
1.5	2.1746	5.0037	8.0385	11.1296	14.2421
2.0	2.2889	5.0870	8.0962	11.1727	14.2764
3.0	2.4557	5.2329	8.2045	11.2560	14.3434
4.0	2.5704	5.3540	8.3029	11.3349	14.4080
5.0	2.6537	5.4544	8.3914	11.4086	14.4699
6.0	2.7165	5.5378	8.4703	11.4773	14.5288
7.0	2.7654	5.6078	8.5406	11.5408	14.5847
8.0	2.8044	5.6669	8.6031	11.5994	14.6374
9.0	2.8363	5.7172	8.6587	11.6532	14.6870
10.0	2.8628	5.7606	8.7083	11.7027	14.7335
15.0	2.9476	5.9080	8.8898	11.8959	14.9251
20.0	2.9930	5.9921	9.0019	12.0250	15.0625
30.0	3.0406	6.0831	9.1294	12.1807	15.2380
40.0	3.0651	6.1311	9.1987	12.2688	15.3417
50.0	3.0801	6.1606	9.2420	12.3247	15.4090
60.0	3.0901	6.1805	9.2715	12.3632	15.4559
80.0	3.1028	6.2058	9.3089	12.4124	15.5164
100.0	3.1105	6.2211	9.3317	12.4426	15.5537
∞	3.1416	6.2832	9.4248	12.5664	15.7080

Bibliography

[1] M. A. Abramowitz and I. A. Stegun, eds., *Handbook of Mathematical Functions*, Dover, New York, 1965.

[2] Z. S. Agranovich and A. Ya. Povzner, *Primenenie operatsionnykh metodov k resheniyu nekotorykh zadach matematicheskoi fiziki* (Application of operational methods to the solution of certain problems of mathematical physics), Khar'kov. Gos. Univ., Khar'kov, 1954.

[3] N. I. Akhiezer, *Lektsii po teorii approksimatsii*, Nauka, Moscow, 1965. Translation: Theory of Approximation, Ungar, 1956.

[4] V. M. Amerbayev, *O konechnom preobrazovanii Laplasa* (On the finite Laplace transform), Inzhenerno-fizicheskii zhurnal, **IX** (1), 1961.

[5] V. M. Amerbayev, *Operatsionnoe ischislenie i obobshchennye ryady Lagerra* (Operator calculus and generalised Laguerre series), Izdat. AN KazSSR, Alma-Ata, 1974.

[6] E. Angel and R. Bellman, *Dynamic Programming and Partial Differential Equations*, Academic Press, New York, 1972.

[7] A. Ango, *Matematika dlya elektro- i radioinzhenerov* (Mathematics for electrical and radio engineers), 2nd ed., Nauka, Moscow, 1967.

[8] V. Ya. Arsenin, *Matematicheskaya fizika*, Nauka, Moscow, 1966. Translation: Basic Equations and Special Functions of Mathematical Physics, Iliffe Books, London, American Elsevier Publ. Co., New York, 1968.

[9] V. Ya. Arsenin, *Metody matematicheskoi fiziki i spetsial'nye funktsii* (Methods of mathematical physics and special functions), Nauka, Moscow, 1974.

[10] G. Astarita, *Massoperedacha s khimicheskoi reaktsiei* (Mass transport in chemical reactions), Khimia, Moscow, 1971.

[11] F. Atkinson, *Discrete and Continuous Boundary Problems*, Academic Press, London, 1964.

[12] V. M. Babich, M. B. Kapilevich, et al., *Lineinye uravneniya matematicheskoy fiziki*(Linear equations of mathematical physics), Nauka, Moscow, 1964.

[13] B. G. Belen'kii and L. Z. Vilenchik, *Khromatografiya polimerov* (Polymer chromatography), Khimia, Moscow, 1978.

[14] Yu. M. Berezanskii, *Razlozhenie po sobstvennym funktsiyam samosopryazhennykh operatorov*, Naukova Dumka, Kiev, 1965. Translation: Expansions in Eigenfunctions of Selfadjoint Operators, American Mathematical Society, Providence, RI, 1968.

[15] L. Bers, F. John and M. Schechter, *Partial Differential Equations*, Interscience, New York, 1964.

[16] M. S. Birman, N. Ya. Vilenkin, E. A. Gorin et al.,*Funktsional'nyi analiz* (Functional analysis), Nauka, Moscow, 1972.

[17] A. V. Bitsadze and D. F. Kalinchenko, *Sbornik zadach po uravneniyam matematicheskoi fiziki* (A collection of problems on the equations of mathematical physics), Nauka, Moscow, 1977.

[18] A. V. Bitsadze, *Nekotorye klassy uravnenii v chastnykh proivodnykh* (Some classes of partial differential equations), Nauka, Moscow, 1981.

[19] L. A. Brichkin, Yu. V. Darinskii and L. M. Pustyl'nikov, *Nagrev pologo tsilindra podvizhnym istochnikom* (Heating of a cylindrical shell by a moving source), Izd. MV i SSO KazSSR, Alma-Ata, 1971.

[20] L. A. Brichkin, Yu. V. Darinskii and L. M. Pustyl'nikov, "O nagrebe pologo ogranichennogo okhlazhdaemogo tsilindra proizvol'no peremeshchayushchimsya istochnikom" (On the heating of a finite cylindrical shell by an arbitrary moving source), *Fizika i Khimia Obrabotki Materialov*, 6, 1972.

[21] L. A. Brichkin, A. G. Butkovskiy and L. M. Pustyl'nikov, "Primenenie konechnykh integral'nykh preobrazovanii k zadacham optimal'nogo upravleniya" (Applications of finite integral transforms to problems of optimal control), *Avtomatika i Telemekhanika*, 7, 1973.

[22] L. A. Brichkin, Yu. V. Darinskii and L. M. Pustyl'nikov, "Analiz giperbolicheskogo protsessa teploprovodnosti dlya pologo tsilindra, nagrevaemogo podvizhnym istochnikom" (Analysis of hyperbolic thermoconductivity processes for a cylindrical shell heated by a moving source), *Inzhenerno-fizicheskii zhurnal*, XXVI (3), 1974.

[23] I. N. Bronshtein and K. A. Semendyayev, *Spravochnik po Matematike*, Nauka, Moscow, 1981. Translation: A Guide-book to mathematics, Harri Deutsch, Frankfurt/Main, 1971.

[24] Yu. A. Brychkov and A. P. Prudnikov, *Integral'nye preobrazovaniya obobshchennykh funktsii* (Integral transforms for generalised functions), Nauka, Moscow, 1977.

[25] B. M. Budak, A. A. Samarskii and A. N. Tikhonov, *Sbornik zadach po matematicheskoi fizike* (A collection of problems in mathematical physics), Nauka, Moscow, 1972.

[26] A. G. Butkovskiy, *Teoriya optimal'nogo upravleniya sistemami s raspredelennymi parametrami*, Nauka, Moscow, 1965. Translation: [27].

[27] A. G. Butkovksiy, *Distributed Control Systems*, Elsevier Publ. Co., New York, 1969.

[28] A. G. Butkovskiy, S. A. Malyi and Yu. N. Andreev, *Optimal'noe upravlenie nagrevom metalla* (Optimal control of heating of metal), Metallurgiya, Moscow, 1972.

[29] A. G. Butkovskiy and A. Yu. Cherkashin, *Optimal'noe upravlenie elektromekhanicheskimi ustroistvami* (Optimal control of electromechanical apparatus), Energia, Moscow, 1972.

[30] A. G. Butkovskiy, *Metody upravleniya sistemami s raspredelennymi parametrami* (Methods for the control of distributed parameter systems), Nauka, Moscow, 1975.

[31] A. G. Butkovskiy, "Strukturnii metod dlya system s raspredelennymi parametrami," *Avtomat. i Telemekh.*, 5, 1975. Translation: "A Structural Method for Distributed Parameter Systems," Automat. Remote Control, No. 5, 703–731,1975.

[32] A. G. Butkovskiy, "Upravlenie sistemami s raspredelennymi parametrami (obzor)" (Survey of control of distributed parameter systems), *Avtomat. i Telemekh.*, 11, 1979.

[33] A. G. Butkovskiy and L. M. Pustyl'nikov, *Teoria podvizhnogo upravleniya sistemami s raspredelennymi parametrami*, Nauka, Moscow, 1980. Translation: [40].

[34] A. G. Butkovskiy, *Strukturnaya teoriya raspredelennykh sistem*, Nauka, Moscow, 1977. Translation: Structural theory of distributed systems, Ellis Horwood, Chichester, 1983.

[35] A. G. Butkovskiy, *Kharakteristiki sistem s raspredelennymi parametrami*, Nauka, Moscow, 1979. Translation: [37].

[36] A. G. Butkovskiy, Yu. N. Andreev and S. A. Malyi, *Upravlenie nagrevom metalla* (Control of heating of metal), Metallurgiya, Moscow, 1981.

[37] A. G. Butkovskiy, *Green's Functions and Transfer Functions Handbook*, Ellis Horwood, Chichester, 1982.

[38] A. G. Butkovskiy and Yu. I. Samoilenko, *upravlenie kvantovomekhanicheskimi protsessami*, Nauka, Moscow, 1984. Translation: Control of Quantum-Mechanical Processes and Systems, Kluwer, Dordrecht, 1990.

[39] A. G. Butkovskiy, *Fazovie portreti upravlyaemykh dinamicheskikh system*, Nauka, Moscow, 1985. Translation: [41].

[40] A. G. Butkovskiy and L. M. Pustyl'nikov, *Mobile Control of Distributed Parameter Systems*, Ellis Horwood, Chichester, 1987.

[41] A. G. Butkovskiy, *Phase Portraits of Control Dynamical Systems*, Kluwer, Dordrecht, 1991.

[42] H. S. Carslaw and J. C. Jaeger, *Conduction of Heat in Solids*, Oxford Univ. Press, Oxford, 1947.

[43] E. A. Coddington and N. Levinson, *Theory of Ordinary Differential Equations*, McGraw-Hill, New York, 1955.

[44] L. Collatz, *Eigenwertaufgaben mit Technischen Anwendungen*, Geest & Portig, Leipzig., 1963.

[45] E. T. Copson, *Asymptotic Expansions*, Cambridge University Press, Cambridge, 1965.

[46] R. Courant and D. Hilbert, *Methoden der Mathematischen Physik I*, Springer, 1931. Translation: Methods of Mathematical Physics, Vol. I, Interscience, New York, 1953.

[47] R. Courant and D. Hilbert, *Methoden der Mathematischen Physik II*, Springer, 1931. Translation: Methods of Mathematical Physics, Vol. II, Interscience, New York, 1962.

[48] R. Courant, *Uravneniya c chactnymi proizvodnymi* (Partial Differential Equations), Mir, Moscow, 1964.

[49] V. L. Danilov and A. N. Ivanova, eds., *Matematicheskii analiz: funkstii, predely, ryady, tsepnye drobi* (Calculus: Functions, limits, series, continued fractions), Fizmatgiz, Moscow, 1961.

[50] Yu. V. Darinski, Zelichenko, A. T. Luk'yanov, and L. M. Pustyl'nikov, "Temperaturnoe pole v polom ogranichennom tsilindre pri nalichii skaniruyushchego istochnika" (Temperature fields in finite cylindrical shells induced by a scanning source), *Fizika i khimia obrabotki materialov*, 3, 1975.

[51] P. M. Derusso, R. J. Roy, and C. M. Close, *State Variables for Engineers*, J. Wiley and Sons, New York, 1966.

[52] S. Deutsch, *Anleitung zum praktischen Gebrauch der Laplace-Transformation und der Z-Transformation*, Odenbourg, Munich, 1967.

[53] *Differentsial'nye uravneniya s chastnymi proizvodnymi, Sb.* (Partial differential equations, Collected works), Nauka, Moscow, 1970.

[54] I. H. Dimovski, *Convolution Calculus*, Bulgarian Academy of Sciences, Sofia, 1982.

[55] V. A. Ditkin and A. P. Prudnikov, *Integral'nye preobrazovaniya i operatsionnoe ischislenie*, Fizmatgiz, Moscow, 1961. Translation: Integral transforms and operational calculus, Pergamon, Oxford, 1965.

[56] V. A. Ditkin and A. P. Prudnikov, *Spravochnik po operatsionnomu ischisleniyu* (Handbook on operational calculus), Vysshaya Shkola, Moscow, 1965.

[57] V. A. Ditkin and A. P. Prudnikov, *Operatsionnoe ischislenie* (Operational calculus), Vysshaya Shkola, Moscow, 1966.

[58] H. B. Dwight, *Tables of Integrals and other Mathematical Data*, Macmillan, 1961.

[59] V. F. D'yachenko, *Osnovnye ponyatiya vychislitel'noi matematiki* (Fundamentals of numerical mathematics), Nauka, Moscow, 1972.

[60] S. D. Eidel'man, *Parabolicheskie sistemy*, Nauka, Moscow, 1964. Translation: Parabolic Systems, North Holland Publ. Co., Amsterdam, Wolters-Noordhoff Publ., Groningen, 1969.

[61] M. V. Elistratova, "Ob odnoi konechnom integral'nom preobrazovanii Khankelya," (On a finite Hankel integral transform), *Inzhenerno-fizicheskii zhurnal*, III, 1960.

[62] M. V. Elistratova, "O konechnykh integral'nykh preobrazovaniakh Khankelya," (On the finite Hankel integral transforms), *Dokladi AN SSSR*, **140** (2), 1961.

[63] M. V. Elistratova, "Konechnye integral'nye preobrazovaniya Khankelya-Soboleva...," (Finite integral Hankel-Sobolev transforms: representation of solutions of boundary problems of mathematical physics in integral form), *Izvestiya VUZov, Matematika*, **8**, 1968.

[64] L. E. El'sgol'ts, *Differentsial'nie upravneniya i variatsionnoe ischislenie*, Nauka, Moscow, 1965. Translation: Differential Equations and the Calculus of Variations, Beekman, 1970.

[65] A. Erdélyi et al., *Higher Transcendental Functions*, Vol. I, McGraw-Hill, New York, 1953.

[66] A. Erdélyi et al., *Higher Transcendental Functions*, Vol. II, McGraw-Hill, New York, 1953.

[67] A. Erdélyi et al., *Tables of Integral Transforms*, Vol. I, McGraw-Hill, New York, 1954.

[68] A. Erdélyi et al., *Tables of Integral Transforms*, Vol. II, McGraw-Hill, New York, 1954.

[69] D. K. Faddeev and I. S. Sominski, *Sbornik zadach po vysshei algebre* (A collection of problems in higher algebra), Fizmatgiz, Moscow, 1961.

[70] A. A. Fel'dbaum, *Osnovy teorii optimal'nykh sistem* (Principles of optimal systems), Fizmatgiz, Moscow, 1966.

[71] A. A. Feld'baum and A. G. Butkovskii, *Metody teorii avtomaticheskogo upravleniya* (Methods of automatic control theory), Nauka, Moscow, 1971.

[72] G. M. Fikhtengol'ts, *Kurs differentsial'nogo i integral'nogo ischisleniya, Tom 1*, Fizmatgiz, Moscow-Leningrad, 1960. Translation: Fundamentals of Mathematical Analysis, Vol. 1, Pergamon, 1965.

[73] G. M. Fikhtengol'ts, *Kurs differentsial'nogo i integral'nogo ischisleniya, Tom 3* (A course of differential and integral calculus, Vol. 3), Fizmatgiz, Moscow-Leningrad, 1960.

[74] P. F. Fil'chakov, *Spravochnik po vysshei matematike* (Handbook of higher mathematics), Naukova Dumka, Kiev, 1973.

[75] P. Frank and R. von Mises, *Die Differential- und Integralgleichungen der Mechanik und Physik*, Vols. 1–2, Vieweg, Braunschweig, 1930–5.

[76] A. Friedman, *Partial Differential Equations of Parabolic Type*, Prentice-Hall, Englewood Cliffs, N. J., 1964.

[77] R. Gabasov and F. Kirillova, *Kachestvennaya teoria optimal'nykh protsessov*, Nauka, Moscow, 1971. Translation: The Qualitative Theory of Optimal Processes, Dekker, New York, 1976.

[78] F. D. Gakhov, *Kraevye zadachi*, Fizmatgiz, Moscow, 1963. Translation: Boundary Value Problems, Pergamon, Oxford, 1966.

[79] F. D. Gakhov and Yu. I. Cherskii, *Uravneniya tipa svertki* (Convolution equations), Nauka, Moscow, 1978.

[80] I. M. Gelfand and S. V. Fomin, *Variatsionnoe ischislenie*, Fizmatgiz, Moscow, 1961. Translation: Calculus of Variations, Prentice-Hall, Englewood Cliffs, 1963.

[81] M. L. Gerver, *Obratnaya zadacha dlya odnomernogo volnovogo uravneniya s neizvestnym istochnikom kolebaniy* (Inverse problem for one-dimensional wave equation with unknown source of oscillation), Nauka, Moscow, 1974.

[82] S. K. Godunov, *Uravneniya matematicheskoi fiziki* (Equations of mathematical physics), Nauka, Moscow, 1971.

[83] I. S. Gradshtein and I. M. Ryzhik, *Tablitsy integralov, summ, ryadov i proizvedenii*, Nauka, Moscow, 1971. Translation: Tables of Integrals, Series and Products, Academic Press, London, 1980.

[84] A. Gray and G. B. Matthews, *A Treatise on Bessel Functions*, Macmillan, London, 1922.

[85] G. A. Grinberg, *Izbrannye voprosy matematicheskoi teorii elektricheskikh i magnitnykh yavlenii* (Selected problems in the mathematical theory of electrical and magnetic phenomena), Akad. Nauk SSSR, Moscow, 1948.

[86] N. M. Gyunter and R. 0. Kuz'min, *Sbornik zadach po vysshei matematike* (A collection of problems on higher mathematics), Part III, Gostekhizdat, Moscow, 1951.

[87] I. I. Hirschman and D. V. Widder, *The Convolution Transformation*, Princeton University Press, New Jersey, 1955.

[88] L. Hörmander, *Linear Partial Differential Operators*, Springer, Berlin, 1963.

[89] E. L. Ince, *Ordinary Differential Equations*, Dover, New York, 1953.

[90] E. Jahnke and F. Emde, *Tables of Functions with Formulae and Curves*, Dover Publ., New York, 1945.

[91] M. M. Jarbashyan, *Integral'nye preobrazovaniya i predstavlenie funktsii v kompleksnoi oblasti*, (Integral transforms and representation of functions in complex domains), Nauka, Moscow, 1966.

[92] H. Jeffreys and B. Swirles, *Methods of Mathematical Physics*, Cambridge Univ. Press, Cambridge, 1946.

[93] E. Kamke, *Differentialgleichungen, Losungsmethoden und Losungen I: Gewöhnliche Differentialgleichungen*, Geest & Portig, Leipzig, 1943.

[94] E. Kamke, *Differentialgleichungen, Losungsmethoden und Losungen II: Partielle Differentialgleichungen erster Ordnung für eine gesuchte Funktion*, Geest & Portig, Leipzig, 1965.

[95] A. P. Kartashev, E. D. Rozhdestvenskii, *Obyknovennye differentsal'nye uravneniya i osnovy variatsionnogo ischisleniya* (Ordinary differential equations and principles of the calculus of variations), Nauka, Moscow, 1986.

[96] J. B. Keller and J. S. Papadakis, eds., *Wave Propagation and Underwater Acoustics*, Springer, 1977.

[97] V. Komkov, *Optimal Control Theory for the Damping of Vibrations of Simple Elastic Structures*, Springer, New York, 1972.

[98] G. Korn and T. M. Korn, *Mathematical Handbook for Scientists and Engineers*, McGraw-Hill, New York, 1968.

[99] N. S. Koshlyakov, E. B. Gliner and M. M. Smirnov, *Osnovye differentsial'nye uravneniya matematicheskoi fiziki*, Fizmatgiz, Moscow, 1962. Translation: Differential Equations of Mathematical Physics, Wiley, New York, 1964.

[100] N. S. Koshlyakov, M. M. Smirnov and E. B. Gliner, *Uravneniya v chastnykh proizvodnykh matematicheskoi fiziki* (The partial differential equations of mathematical physics), Vysshaya Shkola, Moscow, 1970.

[101] A. G. Kostyuchenko and I. S. Sargsyan, *Raspredelenie sobstvennykh znachenii* (Distributions of eigenvalues), Nauka, Moscow, 1979.

[102] M. L. Krasnov, *Integral'nye uravneniya* (Integral equations), Nauka, Moscow, 1975.

[103] M. L. Krasnov, A. N. Kiselev and G. I. Makarenko, *Integral'nye uravneniya* (Integral equations), Nauka, Moscow, 1976.

[104] A. Kratzer and V. Franz, *Transtsendentnye funktsii* (Transcendental functions), Inostrannaya Literatura, Moscow, 1963.

[105] M. G. Krein and A. A. Nudel'man, *Problema momentov Markova i ekstremal'nie zadachi*, Nauka, Moscow, 1973. Translation: The Markov Moment Problem and Extremal Problems, American Mathematical Society, Providence, RI, 1977.

[106] G. Ya. Krichevskaya and L. M. Pustyl'nikov, "Ob odnoi zadache optimal'nogo upravleniya sistemami s raspredelennymi parametrami" (On an optimal control problem for a distributed parameter system), in *Upravlenie i informatsiya* (Control and information), DVNC AN SSSR, 1973.

[107] A. N. Krylov, *O nekotorykh differentsial'nykh uravneniyakh matematicheskoi fiziki, imeyushchikh prilozhenie v tekhnicheskikh voprosakh* (On some differential equations of mathemetical physics having an application in technical problems), Gostekhizdat, Moscow, 1950.

[108] L. D. Kudryavtsev, *Sovremennaya matematika i eyo prepodavanie* (Modern mathematics and its teaching), Nauka, Moscow, 1985.

[109] L. Lanczos, *Applied Analysis*, Prentice-Hall, Englewood Cliffs, NJ, 1956.

[110] N. N. Lebedev, I. P. Skal'skaya and Ya. S. Uflyand, *Sbornik zadach po matematicheskoi fizike*, Gostekhizdat, Moscow, 1955. Translation: Worked Problems in Applied Mathematics, Dover, New York, 1965.

[111] Lee T. D., *Matematicheskie metody v fisike* (Mathematical methods in physics), Mir, Moscow, 1965.

[112] V. I. Levin, *Metody matematicheskoi fiziki* (Methods of mathematical physics), Uchpedgiz, Moscow, 1956.

[113] B. M. Levitan, *Razlozhenie po sobstvennym funktsiyam differentsial'nogo uravneniya vtorogo poryadka* (Eigenfunction expansions for a second order differential equation), Gostekhizdat, Moscow, 1950.

[114] B. M. Levitan and I. S. Sargsjan, *Vvedenie v spektral'nuyu teoriu*, Nauka, Moscow, 1970. Translation: Introduction to Spectral Theory: Selfadjoint Ordinary Differential Operators, American Mathematical Society, Providence, RI, 1975.

[115] J.-L. Lions and E. Magenes, *Problèmes aux limites non homogènes et applications*, Vol. I–III, Dunod, Paris, 1968.

[116] P. I. Lizorkin, *Kurs differentsial'nykh i integral'nykh uravnenii* (A course in differential and integral equations), Nauka, Moscow, 1981.

[117] K. A. Lur'e, *Optimal'noe upravlenie v zadachakh matematicheskoi fiziki* (Optimal control in problems of mathematical physics), Nauka, Moscow, 1975.

[118] A. V. Lykov and Yu. A. Mikhailov, *Teoria perenosa energii i veshchestva* (Theory of energy and mass transfer), AN BSSR, Minsk, 1959.

[119] A. V. Lykov and Yu. A. Mikhailov, *Teoriya teplo i massoobmena*, Gosenergoizdat, Moscow, 1963. Translation: Theory of heat and mass transfer, Keter, Jerusalem, 1965.

[120] A. V. Lykov, *Teoriya teploprovodnosti* (Theory of heat conduction), Vysshaya Shkola, Moscow, 1967.

[121] Yu. Lyuk, *Spetsial'nye matematichskie funktsii i ikh approksimatsii* (Special mathematical functions and their approximation), Mir, Moscow, 1980.

[122] E. Madelung, *Die mathematischen Hilfsmittel des Physikers*, 4th ed., Springer, Berlin, 1950.

[123] V. A. Marchenko, *Spektral'naya teoria operatorov Shturma-Liuvillya* (Spectral theory of Sturm-Liouville operators), Naukova Dumka, Kiev, 1972.

[124] N. A. Martynenko and L. M. Pustyl'nikov, *Konechnye integral'nye preobrazovaniya i ikh primenenie k issledovaniyu sistem s raspredelennymi parametrami* (Finite integral transforms and their application to the investigation of distributed parameter systems), Nauka, Moscow, 1986.

[125] J. Mathews and R. L. Walker, *Mathematical Methods of Physics*, W. A. Benjamin, New York, 1970.

[126] M. D. Mikhailov, *Nestatsionarnye temperaturnye polya v obolochkakh* (Non-stationary temperature fields in membranes), Energiya, Moscow, 1967.

[127] S. G. Mikhlin, *Integral'nye uravneniya*, Gostekhizdat, Moscow, 1947. Translation: Integral Equations, Pergamon, Oxford, 1957.

[128] S. G. Mikhlin, *Lektsii po lineinym integral'nym uravneniyam*, Fizmatgiz, Moscow, 1959. Translation: Linear Integral Equations, Gordon and Breach, 1961.

[129] K. Miranda, *Equazioni alle derivate parziali di tipo ellittico*, Springer, 1955. Translation: Partial Differential Equations of Elliptic Type, 2nd. ref. ed., Springer, 1970.

[130] I. V. Misyurkeev, *Sbornik zadach po metodam matematicheskoi fiziki* (A collection of problems on the methods of mathematical physics), Prosveshchenie, Moscow, 1975.

[131] H. Müntz, *Integral'nye uravneniya* (Integral equations), GTTI, Moscow, 1934.

[132] M. A. Naimark, *Lineinye differentsial'nye operatory*, Nauka, Moscow, 1969. Translation: Linear differential operators, Ungar.

[133] I. G. Petrovskii, *Lektsii po teorii integral'nykh uravnenii*, Nauka, Moscow, 1965. Translation: Lectures on the theory of integral equations, Graylock, Rochester, 1957.

[134] G. N. Polozhii, *Uravneniya matematicheskoi fiziki* (Equations of mathematical physics), Vysshaya Shkola, Moscow, 1964.

[135] G. N. Polozhii et al., *Matematicheskii praktikum* (Mathematical methods), Fizmatgiz, Moscow, 1969.

[136] L. S. Pontryagin, *Obyknovennye differentsial'nye uravneniya*, Nauka, Moscow, 1974. Translation: Ordinary differential equations, Addison-Wesley, Reading, Mass., 1962.

[137] I. I. Privalov, *Integral'nye uravneniya* (Integral equations), ONTI, Moscow 1937.

[138] I. I. Privalov, *Vvedenie v teroiyu funktsii kompleksnogo peremennogo* (Introduction to functions of a complex variable), Fizmatgiz, Moscow, 1960.

[139] A. P. Prudnikov, Yu. A. Brychkov and O. I. Marichev, *Integraly i ryadi, elementarnye funktsii* (Integrals and series, elementary functions), Nauka, Moscow, 1981.

[140] L. M. Pustyl'nikov, "Osnovnye integral'nye uravneniya v zadachakh podvizhnogo upravleniya" (Principles of integral equations in problems of mobile control), *Doklady AN SSSR*, **247** (2), 1979.

[141] Yu. N. Rabotnov, *Polzuchest' elementov konstruktsii* (Creep of structural elements), Nauka, Moscow, 1966.

[142] M. L. Rasulov, *Metod konturnogo integrala* ... (The contour integral method with application to problems in differential equations), Nauka, Moscow, 1964.

[143] M. Reed and B. Simon, *Methods of Modern Mathematical Physics, Part I: Functional Analysis*, Academic Press, New York, 1972.

[144] G. F. Roach, *Green's Functions*, 2nd ed., Cambridge University Press, Cambridge, 1982.

[145] P. I. Romanovski, *Ryadi Furie, teoria polya, analiticheskie i spetsial'nye funktsii, preobrazovaniya Laplasa* (Fourier series, theory of fields, analytical and special functions, Laplace transform), Nauka, Moscow, 1973.

[146] L. Schwartz, *Méthodes mathématiques pour les sciences physiques*, Hermann, Paris, 1961.

[147] O. V. Shalyapina, "Sintez upravlenii i formula Koshi dlya leneinykh sistem s otklonyayushchimsya argumentom neitral'nogo tipa" (Control synthesis and Cauchy's formula for linear delay systems of neutral type), *Vestnik LGU*, **1** (1), 1984.

[148] O. V. Shalyapina and A. I. Kurjanen, "O matritse Koshi system s zapasdyvaniem" (On the Cauchy matrix of delay systems), *Vestnik LGU*, **4** (1), 1988.

[149] F. A. Shelkovnikov and K. G. Takaishvili, *Sbornik uprazhnenii po operatsionnomu ischisleniyu* (A collection of exercises in operational calculus), Vysshaya Shkola, Moscow, 1961.

[150] G. E. Shilov, *Matematicheskii analiz, vtoroi spetsial'nyi kurs*, Nauka, 1965. Translation: Mathematical Analysis, Volume 2, Elementary Functional Analysis, MIT Press, 1974.

[151] N. G. Shimko, "Konechnoe integral'noe preobrazovanie Khankelya" (The finite integral Hankel transform), *Inzhenerno-fizicheskii zhurnal*, **III** (10), 1960.

[152] V. I. Smirnov, *Kurs vysshei matematiki*, Nauka, Moscow, 1957 (Vol. I, Part 1), 1958 (Vol. IV), 1959 (Vol. V), 1967 (Vols. II and III), 1969 (Vol. I, Part 2). Translation: A Course of Higher Mathematics, Addison-Wesley, Reading, Mass., 1964.

[153] M. M. Smirnov, *Zadachi po uravneniyam matematicheskoi fiziki*, Nauka, Moscow, 1975. Translation: Problems on the Equations of Mathematical Physics, Gordon and Breach, 1968.

[154] I. N. Sneddon, *Fourier Transforms*, McGraw-Hill, New York, 1951.

[155] S. L. Sobolev, *Nekotorye primeneniya funktsional'nogo analiza k matematicheskoi fizike*, Leningrad. Gos. Univ., Leningrad, 1950. Translation: Applications of Functional Analysis in Mathematical Physics, American Mathematical Society, Providence, R. I., 1963.

[156] S. L. Sobolev, *Uravneniya matematicheskoi fiziki*, Nauka, Moscow, 1966. Translation: Partial Differential Equations of Mathematical Physics, Pergamon, Oxford, Gauthier-Villars, Paris, 1964.

[157] A. Sommerfield, *Partial Differential Equations in Physics*, Academic Press, New York, 1949.

[158] V. A. Steklov, *Osnovnye zadachi matematicheskoi fiziki* (Basic problems in mathematical physics), Parts I–II, Petrogradsk. Univ., Petrograd, 1922–3.

[159] V. V. Stepanov, *Kurs differentsial'nykh uravnenii* (A course in differential equations), Fizmatgiz, Moscow, 1958.

[160] P. K. Suetin, *Klassicheskie ortogonal'nye mnogochleny* (Classical orthogonal polynomials), Nauka, Moscow, 1979.

[161] V. A. Svetlitskii and I. V. Stasenko, *Sbornik zadach po teorii kolebanii* (A collection of problems in the theory of vibrations), Vysshaya Shkola, Moscow, 1973.

[162] G. Szego, *Orthogonal Polynomials*, 4th ed., American Mathematical Society, Providence, RI, 1981.

[163] A. N. Tikhonov and A. A. Samarskii, *Uravneniya matematicheskoi fiziki*, Nauka, Moscow, 1972. Translation: Partial Differential Equations of Mathematical Physics, Holden-Day, New York, 1964.

[164] E. C. Titchmarsh, *Introduction to the Theory of Fourier Integrals*, Oxford University Press, London, 1948.

[165] E. C. Titchmarsh, *Eigenfunction Expansions Associated with Second Order Differential Equations*, Oxford Univ. Press, Oxford, 1960.

[166] C. J. Tranter, *Integral Transforms in Mathematical Physics*, Methuen, London, 1951.

[167] F. G. Tricomi, *Integral Equations*, Interscience, New York, 1957.

[168] F. G. Tricomi, *Equazioni a derivate parziali*, Ed. Cremonese, Rome, 1958.

[169] L. Ya. Tslaf, *Variatsionnoe ischislenie i integral'nye uravneniya* (The calculus of variations and integral equations), Nauka, Moscow, 1970.

[170] Ya. S. Uflyand, *Integral'nye preobrazovaniye v zadachakh teorii uprugosti* (Integral transformations in problems of elasticity theory), Akad. Nauk SSSR, Moscow, 1963.

[171] V. V. Veselov, D. P. Gontov and L. M. Pustyl'nikov, *Variatsionnyh podhod k zadacham interpolatsii fisicheskikh polei* (Variational approach to interpolation problems of physical fields), Nauka, Moscow, 1983.

[172] N. Ya. Vilenkin, E. A. Gorin, A. G. Kostuchenko, et al., *Funktsional'nyi analiz* (Functional analysis), Nauka, Moscow, 1964.

[173] V. S. Vladimirov, ed., *Sbornik zadach po uravneniyam matematicheskoi fiziki* (A collection of problems on the equations of mathematical physics), Nauka, Moscow, 1974.

[174] V. S. Vladimirov, *Obobshchennyi funktsii v matematicheskoi fizike*, Nauka, Moscow, 1976. Translation: Generalised Functions of Mathematical Physics, Mir, Moscow, 1979.

BIBLIOGRAPHY

[175] V. S. Vladimirov, *Uravneniya matematicheskoi fiziki*, 3rd ed., Nauka, Moscow, 1976. Translation: Equations of mathematical physics, Dekker, New York, 1971.

[176] A. A. Voronov, *Osnovy teorii avtomaticheskogo regulirovaniya* (Fundamentals of the theory of automatic control), Energiya, Leningrad, 1966.

[177] A. A. Voronov, *Ustoichivost', upravlyaemost', nablyudaemost'* (Stability, controllability, observability), Nauka, Moscow, 1979.

[178] A. A. Voronov, *Osnovy teorii avtomaticheskogo upravleniya* (Fundamentals of the theory of automatic control), Energia, Moscow, 1981.

[179] E. A. Vukolov, ed., *Sbornik zadach po matematike dlya VTUZov, spetsial'nye kursy* (A collection of problems in mathematics, special courses), Nauka, Moscow, 1984.

[180] G. N. Watson, *A Treatise on the Theory of Bessel Functions*, Cambridge Univ. Press, Cambridge, 1944.

[181] A. G. Webster, *Partial Differential Equations of Mathematical Physics*, Dover Publ., New York, 1955.

[182] E. T. Whittaker and G. N. Watson, *A Course of Modern Analysis*, Cambridge University Press, Cambridge, 1927.

[183] G. Wiarda, *Integralgleichungen unter besonderer Berücksichtigung der Anwendungen*, Teubner, Leipzig, 1930.

[184] P. P. Zabreiko et al., *Integral'nye uravneniya* (Integral equations), Nauka, Moscow, 1968.

[185] Zaezdny, *Garmonicheskii sintez v radiotekhnike i elektrosvyazi* (Harmonic analysis in radiotechnology and communications systems), Energia, Leningrad, 1972.

[186] G. M. Zvereva, N. A. Martynenko, and L. M. Pustyl'nikov, *Primenenie konechnykh integral'nykh preobrazovanii k resheniyu defferentsial'nykh i integral'nykh uravnenii* (Application of finite integral transformations in solving differential and integral equations), DVGV, Vladivostok, 1985.

Index

adjoint kernel (adjoint resolvent) 324
adjoint problem xvi
analytic function 332–333 (*see also* holomorphic)
anormal system 356ff
asymptotic formulas 338
asymptotic stability 347

bar 351
beam 48
boundary conditions ix
 first, second, third kind, 317
 periodic, 317, 319–320

Cauchy integral formula 332
Cauchy principal value 167ff
causality principle xv
characteristic equation 361, 321
characteristic function x
chemical reaction 230, 263
chromatographic process 249
capillary-porous medium 263
classification of problems xvii
closed loop system 316
closure condition 320
compatible system 357
complete set of eigenfuntions 320
convergence 318, 320, 340, 350, 352–354
convolution xi

delay block 29
delta function x
 Greenberg transform of, 334
derivatives, Greenberg transform of 335
differential-algebraic equation system 358
Dimovski, I. 326
dispersion equation 347
dispersion relations xvi
distributed blocks 316
distributed parameter systems, control viii
distributed parameter systems, structural theory vii, 316
disturbance xv

eigenfunctions xvi, 320
 asymptotic formulas for, 338
 extremal properties of, 339
 oscillatory properties of, 338
eigenvalues x, xvi, 320
 asymptotic formulas for, 338
 extremal properties of, 339
electric field 49
entire function 323–324
Euclidean space xii

finite integral transforms xvi, 317
forcing term ix
Fourier series 352
Fourier transform 326
Fredholm formulas 324
Fredholm integral equation 323
Fredholm's alternative 348

generalised function xii–xiii, 328
generalised Green's function ix, 349
Green's formula 318, 328
Green's function viii–ix, 316, 328, 331
Green's resolvent x, 324
Greenberg transform 321
 of delta functions 334
 of derivatives 335
groups of problems xvii

Hankel transform 167, 326
Hilbert-Schmidt formula 324
Hilbert transform 167
holomorphic function 323, 340 (*see also* analytic)
hyperbolic equation 29
hypergeometric function 173

identity matrix ix
image space 317
impulse response function ix, xiii
influence function xiii
initial state x
input ix, 342, 346, 351

instability 347
interpolation 361
isoperimetric problem 339

Jacobi theta function 174
jump discontinuity 328, 358–359

kernel x
Kontorovich-Lebedev transform 171
Kronecker's symbol x, xiv
Kronecker-Capelli theorem 357

Laplace transform ix–x, xv, 170, 326, 345, 358
Liouville's transformation 336–337
l.i.m. 169

mean value theorem 348
Mehler-Fock transform 168
meromorphic function 322
Mittag-Leffler function 183
modal representation x, 344
mode, spatial x, 344
mode, temporal 344
modified Green's function 349

natural frequencies 347
Neumann series 324, 340
normal system 356
normalising weight functions xvi

original space 317
orthogonal series 321, 352
oscillation theorem 339
oscillator 49
oscillatory properties of eigenfunctions 338
output x, 346, 351

parallel connection 316
periodicity 317, 319–320

quantum wave function, *see* wave function
quasimonochromatic signal 48
quasistatical problem 342 (*see also* static)

Rabotnov function 183
resolvent x
restricted problem 322
Riemann integral 328

scalar product x, 318
Shalyapina, O. V. viii, 162
Shlomikh equation 174

separation of variables 342
series connection 316, 347
series, Fourier 352
series, Neumann 324, 340
series of derivatives 353
series of eigenfunctions 324, 327
series, orthogonal 321, 352
Sobolev transform 325–326, 336–337, 340–341, 343, 345–346
Sommerfeld radiation conditions 141
source function xiii
spatial boundary value problem xvi
spatial eigenfrequencies xvi
spatial eigenvalues 347
spatial mode x, 344
spectral problem 320
spectrum x, 320
stability 347
standard form xii–xiii, xv
standardising function x, xiii, xv
state x
static equilibrium 351
static problem xiii, xv
stationary equation xv
stationary problem xv, 316
Stieltjes transform 168
string 351
Sturm oscillation theorem 339
Sturm-Liouville problem x, 319

tables 361
temporal eigenfrequencies xvi
temporal eigenvalues 347
temporal mode 344
transcendental equations 361
transfer function x, xv, 316, 345
translation-invariant problem xv
transport delay 29

unstable system 347

variation of parameters 322
variational problem 340

wave numbers xvi, 347
wave function 48–49

Other *Mathematics and Its Applications* titles of interest:

A.M. Samoilenko: *Elements of the Mathematical Theory of Multi-Frequency Oscillations*. 1991, 314 pp. ISBN 0-7923-1438-7

Yu.L. Dalecky and S.V. Fomin: *Measures and Differential Equations in Infinite-Dimensional Space*. 1991, 338 pp. ISBN 0-7923-1517-0

W. Mlak: *Hilbert Space and Operator Theory*. 1991, 296 pp. ISBN 0-7923-1042-X

N.J. Vilenkin and A.U. Klimyk: *Representations of Lie Groups and Special Functions. Volume 1: Simplest Lie Groups, Special Functions, and Integral Transforms*. 1991, 608 pp. ISBN 0-7923-1466-2

K. Gopalsamy: *Stability and Oscillations in Delay Differential Equations of Population Dynamics*. 1992, 502 pp. ISBN 0-7923-1594-4

N.M. Korobov: *Exponential Sums and their Applications*. 1992, 210 pp.
ISBN 0-7923-1647-9

Chuang-Gan Hu and Chung-Chun Yang: *Vector-Valued Functions and their Applications*. 1991, 172 pp. ISBN 0-7923-1605-3

Z. Szmydt and B. Ziemian: *The Mellin Transformation and Fuchsian Type Partial Differential Equations*. 1992, 224 pp. ISBN 0-7923-1683-5

L.I. Ronkin: *Functions of Completely Regular Growth*. 1992, 394 pp.
ISBN 0-7923-1677-0

R. Delanghe, F. Sommen and V. Soucek: *Clifford Algebra and Spinor-valued Functions. A Function Theory of the Dirac Operator*. 1992, 486 pp.
ISBN 0-7923-0229-X

A. Tempelman: *Ergodic Theorems for Group Actions*. 1992, 400 pp.
ISBN 0-7923-1717-3

D. Bainov and P. Simenov: *Integral Inequalities and Applications*. 1992, 426 pp.
ISBN 0-7923-1714-9

I. Imai: *Applied Hyperfunction Theory*. 1992, 460 pp. ISBN 0-7923-1507-3

Yu.I. Neimark and P.S. Landa: *Stochastic and Chaotic Oscillations*. 1992, 502 pp.
ISBN 0-7923-1530-8

H.M. Srivastava and R.G. Buschman: *Theory and Applications of Convolution Integral Equations*. 1992, 240 pp. ISBN 0-7923-1891-9

A. van der Burgh and J. Simonis (eds.): *Topics in Engineering Mathematics*. 1992, 266 pp. ISBN 0-7923-2005-3

F. Neuman: *Global Properties of Linear Ordinary Differential Equations*. 1992, 320 pp. ISBN 0-7923-1269-4

A. Dvurecenskij: *Gleason's Theorem and its Applications*. 1992, 334 pp.
ISBN 0-7923-1990-7

Other *Mathematics and Its Applications* titles of interest:

D.S. Mitrinovic, J.E. Pecaric and A.M. Fink: *Classical and New Inequalities in Analysis.* 1992, 740 pp. ISBN 0-7923-2064-6

H.M. Hapaev: *Averaging in Stability Theory.* 1992, 280 pp. ISBN 0-7923-1581-2

S. Gindinkin and L.R. Volevich: *The Method of Newton's Polyhedron in the Theory of PDE's.* 1992, 276 pp. ISBN 0-7923-2037-9

Yu.A. Mitropolsky, A.M. Samoilenko and D.I. Martinyuk: *Systems of Evolution Equations with Periodic and Quasiperiodic Coefficients.* 1992, 280 pp.
ISBN 0-7923-2054-9

I.T. Kiguradze and T.A. Chanturia: *Asymptotic Properties of Solutions of Non-autonomous Ordinary Differential Equations.* 1992, 332 pp. ISBN 0-7923-2059-X

V.L. Kocic and G. Ladas: *Global Behavior of Nonlinear Difference Equations of Higher Order with Applications.* 1993, 228 pp. ISBN 0-7923-2286-X

S. Levendorskii: *Degenerate Elliptic Equations.* 1993, 445 pp.
ISBN 0-7923-2305-X

D. Mitrinovic and J.D. Kečkić: *The Cauchy Method of Residues, Volume 2.* Theory and Applications. 1993, 202 pp. ISBN 0-7923-2311-8

R.P. Agarwal and P.J.Y Wong: *Error Inequalities in Polynomial Interpolation and Their Applications.* 1993, 376 pp. ISBN 0-7923-2337-8

A.G. Butkovskiy and L.M. Pustyl'nikov (eds.): *Characteristics of Distributed-Parameter Systems.* 1993, 386 pp. ISBN 0-7923-2499-4

If you have any concerns about our products,
you can contact us on
ProductSafety@springernature.com

In case Publisher is established outside the EU,
the EU authorized representative is:
**Springer Nature Customer Service Center GmbH
Europaplatz 3, 69115 Heidelberg, Germany**

Printed by Libri Plureos GmbH
in Hamburg, Germany